科学技术部科技基础性工作专项
"澜沧江中下游与大香格里拉地区科学考察"
（2008FY110300）
第五课题
（2008FY110305）

"十三五"国家重点出版物出版规划项目

澜沧江流域与大香格里拉地区科学考察丛书

澜沧江流域农业文化遗产考察报告

闵庆文 袁 正 何 露 崔明昆 等 编著

科学出版社

北 京

内 容 简 介

　　本书是科学技术部科技基础性工作专项重点项目"澜沧江中下游与大香格里拉地区科学考察"课题"自然遗产与民族生态文化多样性考察"主要成果之一。本书以多年实地考察和广泛文献收集为基础，系统介绍了澜沧江流域系统性农业文化遗产和要素类农业文化遗产的资源状况，并重点围绕稻作文化、古茶园与茶文化、山地农业、食用生物资源等问题进行了专题研究。

　　本书可供地理学、生态学、资源科学、旅游科学、民族学、社会学、区域发展和农业文化遗产保护等相关学科的科研工作者、高等学校师生及有关部门管理人员参考。

图书在版编目(CIP)数据

澜沧江流域农业文化遗产考察报告 / 闵庆文等编著 . —北京：科学出版社，2018.2

（澜沧江流域与大香格里拉地区科学考察丛书）

"十三五"国家重点出版物出版规划项目

ISBN 978-7-03-055083-5

Ⅰ. ①澜⋯　Ⅱ. ①闵⋯　Ⅲ. ①澜沧江–流域–农业–文化遗产–考察报告　Ⅳ. ①S

中国版本图书馆 CIP 数据核字（2017）第 267437 号

责任编辑：王　倩／责任校对：彭　涛
责任印制：肖　兴／封面设计：李姗姗

科学出版社 出版

北京东黄城根北街 16 号
邮政编码：100717
http://www.sciencep.com

中国科学院印刷厂 印刷

科学出版社发行　各地新华书店经销
*

2018 年 2 月第 一 版　开本：889×1194　1/16
2018 年 2 月第一次印刷　印张：21 3/4　插页：2
字数：700 000

定价：298.00 元

（如有印装质量问题，我社负责调换）

科技基础性工作专项项目
结题验收专家组意见表

项目编号	2008FY110300	负责人	成升魁
项目名称	澜沧江中下游与大香格里拉地区科学考察		

　　2015 年 2 月 5 日，科技部基础司在北京组织召开了由中国科学院地理科学与资源研究所主持完成的国家科技基础性工作专项重点项目"澜沧江中下游与大香格里拉地区科学考察（2008FY110300）"（以下简称《考察》）结题验收会。与会专家听取项目负责人的汇报并进行了质询，查阅了相关技术文件，经讨论，形成验收意见如下：

　　1. 项目提交的验收材料齐全，符合国家科技基础性工作专项验收的要求。

　　2. 在流域尺度上开展的多学科、多尺度、大范围的综合科学考察，通过点、线、面结合，遥感监测、实地调查与样点分析相结合，对考察区水资源与水环境、土地利用与土地覆被、生物资源及生物多样性、生态系统本底与生态服务功能、山地地质灾害、人居环境、民族文化等开展了实地考察，获取了项目区内包括水、土地覆被、森林、灌丛、草地等 300 多个样方数据以及植物、动物和菌物等样品和标本 5 万多份（号），收集了大量的地图和数据文献资料，构建了数据库（集） 6 个，编制了图集 3 部，计划出版考察专著 8 部。发表论文 120 余篇，形成咨询报告 14 份以及博士、硕士学位论文 50 篇，推进建立遗产地

2 处。

3. 在综合多源科学数据的基础上，科学评估了气候变化及水电开发、产业发展等人类活动对区域水土资源、生态环境、生态系统服务功能、人居环境的影响以及山地灾害的敏感性；《考察》成果为我国今后开展中国西南周边国家及相关地区科学研究工作积累了基础科学数据，并提出了相关政策建议。

4. 开辟了中国-湄公河次区域国家开展资源环境国际合作研究的渠道，建立了密切合作关系，签署了 5 项国际合作备忘录，建立了一支老中青结合的跨国综合科学考察人才队伍。

该项目整体设计思路清晰，采用的技术路线合理，组织管理和经费使用规范，完成了项目任务书规定的考核指标，待数据汇交通过后同意该项目通过验收。

验收等级： ☑优秀　□良好　□一般　□差

验收专家组组长签字：

2015 年 2 月 5 日

《澜沧江流域与大香格里拉地区科学考察丛书》
编 委 会

本书编写组

主　笔　闵庆文　袁　正　何　露　崔明昆

成　员　(按姓氏拼音顺序排列)

白艳莹　曹　智　陈　楠　李海强

李洪朝　马　楠　孙　琨　孙雪萍

杨　波　杨丽韫　杨　伦　杨新丽

余　勇　张祖群　赵贵根

"澜沧江中下游与大香格里拉地区科学考察"
项 目 组

专家顾问组

组长　王克林　研究员　中国科学院亚热带农业生态研究所

成员　孙鸿烈　中国科学院院士　中国科学院地理科学与资源研究所

　　　李文华　中国工程院院士　中国科学院地理科学与资源研究所

　　　孙九林　中国工程院院士　中国科学院地理科学与资源研究所

　　　梅旭荣　研究员　中国农业科学院农业环境与可持续发展研究所

　　　黄鼎成　研究员　中国科学院地质与地球物理研究所

　　　尹绍亭　教授　云南大学

　　　邱华盛　研究员　中国科学院国际合作局

　　　王仰麟　教授　北京大学

参 与 单 位

负责单位　中国科学院地理科学与资源研究所

协作单位　中国科学院西双版纳热带植物园

　　　　　中国科学院成都山地灾害与环境研究所

　　　　　中国科学院成都生物研究所

　　　　　中国科学院动物研究所

　　　　　中国科学院昆明动物研究所

　　　　　中国科学院昆明植物研究所

　　　　　云南大学

　　　　　云南师范大学

　　　　　云南省环境科学研究院

项 目 组

项目负责人　成升魁

课题负责人

　　　　课题 1　水资源与水环境科学考察　李丽娟

　　　　课题 2　土地利用与土地覆被变化综合考察　封志明

　　　　课题 3　生物多样性与重要生物类群变化考察　陈　进

　　　　课题 4　生态系统本底与生态系统功能考察　谢高地

　　　　课题 5　自然遗产与民族生态文化多样性考察　闵庆文

　　　　课题 6　人居环境变化与山地灾害考察　沈　镭

　　　　课题 7　综合科学考察数据集成与共享　刘高焕

　　　　课题 8　综合考察研究　成升魁

野外考察队长　沈　镭

学 术 秘 书　徐增让　刘立涛

总　序

中华人民共和国成立后，鉴于我国广大地区特别是边远地区缺乏完整的自然条件与自然资源科学资料的状况，国务院于1956年决定由中国科学院组建"中国科学院自然资源综合考察委员会"（简称"综考会"），负责综合考察的组织协调与研究工作。之后四十多年间，综考会在全国范围内组织了34个考察队、13个专题考察项目、6个科学试验站的考察、研究工作，取得了丰硕的成果，培养了一支科学考察队伍，为国家经济社会建设、生态与环境保护以及资源科学的发展，做出了重要的贡献。

2000年后，科学技术部为了进一步支持基础科学数据、资料与相关信息的收集、分类、整理、综合分析和数据共享等工作，特别设立了包括大规模科学考察在内的科技基础性工作专项。2008年，科学技术部批准了由中国科学院地理科学与资源研究所等单位承担的"澜沧江中下游与大香格里拉地区综合科学考察"项目。项目重点考察研究了水资源与水环境、土地利用与土地覆被变化、生物多样性与生态系统功能、自然遗产与民族文化多样性、人居环境与山地灾害、资源环境信息系统开发与共享等方面。经过5年的不懈努力，初步揭示了该地区的资源环境状况及其变化规律，评估了人类活动对区域生态环境的影响。这些考察成果将为保障澜沧江流域与大香格里拉地区资源环境安全提供基础图件和科学数据支撑。同时，通过这次考察推进了多学科综合科学考察队伍的建设，培养和锻炼了一批中青年野外科学工作者。

该丛书是上述考察成果的总结和提炼。希望通过丛书的出版与发行，将进一步推动澜沧江流域和大香格里拉地区的深入研究，以求取得更多高水平的成果。

2013 年 10 月

总　前　言

科学技术部于 2008 年批准了科技基础性工作专项"澜沧江中下游与大香格里拉地区综合科学考察"项目，中国科学院地理科学与资源研究所作为项目承担单位，联合了中国科学院下属的西双版纳植物园、昆明植物研究所、昆明动物研究所、成都山地灾害与环境研究所、成都生物研究所、动物研究所，以及云南大学、云南师范大学、云南环境科学研究院等 9 家科研院所，对该地区进行了历时 5 年的大规模综合科学考察。

从地理空间看，澜沧江-湄公河流域和大香格里拉地区连接在一起，形成了一个世界上生物多样性最为丰富、水资源水环境功能极为重要、地形地貌极为复杂的独特地域。该地区从世界屋脊的河源到太平洋西岸的河口，涵盖了寒带、寒温带、温带、暖温带、亚热带、热带的干冷、干热和湿热等多种气候；跨越高山峡谷、中低山宽谷、冲积平原等各种地貌类型；包括草甸、草原、灌丛、森林、湿地、农田等多种生态系统，也是世界上能矿资源、旅游资源和生物多样性最丰富的地区之一。毋庸置疑，开展这一地区的多学科综合考察，对研究流域生态系统、资源环境梯度变化规律和促进学科交叉发展具有重大的科学价值。

本项目负责人为成升魁研究员，野外考察队长为沈镭研究员。项目下设 7 个课题组，分别围绕水资源与水环境、土地利用与土地覆被变化、生物多样性、生态系统功能、自然遗产与民族文化多样性、人居环境与山地灾害、资源环境信息系统开发与共享等，对澜沧江中下游与大香格里拉地区展开综合科学考察和研究。各课题负责人分别是李丽娟研究员、封志明研究员、陈进研究员、谢高地研究员、闵庆文研究员、沈镭研究员和刘高焕研究员。该项目的目的是摸清该地区的本底数据、基础资料及其变化规律，为评估区域关键资源开发、人居环境变化与人类活动对生态环境的影响，保障国家与地区资源环境安全提供基础图件和科学数据，为我国科学基础数据共享平台建设提供支持，以期进一步提高跨领域科学家的协同考察能力，推进多学科综合科学考察队伍建设，造就一批优秀的野外科学工作者。

5 年来，项目共组织了 4 次大规模的野外考察与调研，累计行程为 17 600km，历时共 90 天，其中：第一次野外考察于 2009 年 8 月 16 日至 9 月 8 日完成，重点考察了大香格里拉地区，行程涵盖四川、云南 2 省 9 县近 3600km，历时 23 天；第二次野外科学考察于 2010 年 11 月 3 日至 11 月 28 日完成，行程覆盖澜沧江中下游地区的云南省从西双版纳到保山市 4 市 13 县，行程 4000 余千米，历时 26 天；第三次考察于 2011 年 9 月 10 日至 9 月 27 日完成，考察重点是澜沧江上游及其源头地区，行程近 5000km，历时 18 天；第四次野外考察于 2013 年 2 月 24 日至 3 月 17 日在境外湄公河段进行，从云南省西双版纳州的景洪市磨憨口岸出发，沿老挝、柬埔寨至越南，3 月 4 日至 6 日在胡志明市参加"湄公河环境国际研讨会"之际考察了湄公河三角洲地区的胡志明市和茶荣省，3 月 8 日自胡志明市、柬埔寨、泰国，再回到磨憨口岸，行程近 5000km，历时 23 天。

5 年来，整个项目组累计投入 4200 多人次，完成了 4 国、40 多个县（市、区）的座谈与调研，走访了 10 多个民族、40 多家农户，完成了 2800 多份资料和 15 000 多张照片的采集，完成了 8000 条数据、3000 多张照片的编录与整理，完成了近 1000 多个定点观测、70 篇考察日志和流域内 45 个县（市、区）的县情撰写。在完成野外考察和调研的基础上，已经撰写和发表学术论文 30 多篇，培养了博士和硕士研究生共 30 多名。

在完成了上述 4 次大规模的野外考察和资料收集的基础上，项目组又完成了大量的室内分析、数据整理和报告的撰写，先后召开了 20 多次座谈会。以此为基础，各课题先后汇编成系列考察报告并陆续出版。我们希望并深信，该考察报告的出版，无论是在为今后开展本地区的深入科学研究还是在为区域社会经济发展提供基础性科技支持方面，都将是十分难得的宝贵资料和具有重要参考价值的文献。

2013 年 10 月

前　言

农业是国民经济和社会发展的基础。农业文化遗产根植于悠久的文化传统和长期的时间经验之中，传承了固有的系统、协调、循环、再生的思想，因地制宜地发展了许多宝贵的模式和好的经验，蕴含着丰富的天人合一的生态哲学思想，与现代社会倡导的可持续发展概念一脉相承（Li，2001；李文华，2015）。广义的农业文化遗产指人类在长期农业生产活动中所创造的、以物质和（或）非物质形态存在的各种技术与知识集成，包括了农业遗址、农业工具、农业文献、农业民俗、农业技术、农业物种、农业工程、农业景观、农业特产、农业聚落等要素，亦可称为要素类农业文化遗产。狭义的农业文化遗产指历史时期创造并传承至今、人与自然协调，包括技术与知识体系在内的农业生产系统，特指联合国粮食及农业组织认定的全球重要农业文化遗产（Globally Important Agricultural Heritage Systems，GIAHS）与中国农业部认定的中国重要农业文化遗产（China Nationally Important Agricultural Heritage Systems，China-NIAHS），亦可称为系统性农业文化遗产。

按照联合国粮食及农业组织的定义，GIAHS 是"农村与其所处环境长期协同进化和动态适应下所形成的独特的土地利用系统和农业景观，这种系统与景观具有丰富的生物多样性，而且可以满足当地社会经济与文化发展的需要，有利于促进区域可持续发展"。据此理解，GIAHS 是包括农、林、牧、渔的复合系统；是植物、动物、人类与景观在特殊环境下共同适应与共同进化的系统；是通过高度适应的社会与文化实践和机制进行管理的系统；是为当地居民提供食物与生计安全和社会、文化、生态系统服务功能的系统；是在地区、国家和国际水平具有重要意义的系统；是面临着威胁的系统。

按照中国农业部的有关文件，China-NIAHS 是"人类与其所处环境长期协同发展中，创造并传承至今的独特的农业生产系统，这些系统具有丰富的农业生物多样性、传统知识与技术体系和独特的生态与文化景观等，对我国农业文化传承、农业可持续发展和农业功能拓展具有重要的科学价值和实践意义"。

总的来讲，农业文化遗产与一般的自然与文化遗产是不同的，有着自己的特性。主要特性如下：①活态性，即农业文化遗产是历史悠久，至今仍然具有较强的生产、生态与文化功能的农业系统，是保障农民生计和乡村和谐发展的重要基础；②动态性，即随着社会经济发展与技术进步以及满足人类不断增长的生存与发展需要，农业文化遗产表现出系统稳定基础上的结构与功能的调整；③适应性，即随着自然条件的变化，农业文化遗产表现出系统稳定基础上的协同进化，充分体现出人与自然和谐的生存智慧；④复合性，即农业文化遗产不仅包括一般意义上的传统农业知识和技术，还包括那些历史悠久、结构合理的传统农业景观，以及独特的农业生物资源与丰富的生物多样性，体现了自然遗产、文化遗产、非物质文化遗产的多重特征；⑤战略性，即农业文化遗产对于应对全球化和全球变化、生物多样性、生态安全、粮食安全、贫困等人类发展所面临的重大问题及促进农业可持续发展、生态文明建设以及促进乡村振兴，都具有重要的战略意义；⑥多功能性，即农业文化遗产除具有一般农业生产系统的食物保障、原料供给、就业增收等功能外，还具有生态保护、观光休闲、文化传承、科学研究等多种功能；⑦可持续性，即农业文化遗产通过内部要素间的相互作用与互利共生机制，表现出生态、经济与社会子系统的可持续；⑧濒危性，即由于政策与技术原因和社会经济发展阶段性，造成农业文化遗产系统的不可逆变化，面临农业生物多样性减少、传统农业技术和知识丧失以及农业生态系统功能退化的风险。

2011 年，中国共产党十七届六中全会提出的"推动社会主义文化大发展大繁荣"的战略决策，以及习近平总书记关于弘扬优秀传统文化的系列重要讲话，为中国农业文化遗产保护与发展带来空前的发展机遇。2012 年，中国农业部在全球首先开展国家级农业文化遗产的发掘与保护工作，以扩大中国范围内优秀传统农耕文化的保护范围，截至 2017 年 9 月，共分 4 批发布了 91 项中国重要农业文化遗产。2015年，国务院办公厅印发的《关于推动农村一二三产业融合发展的指导意见》和《关于加快转变农业发展方式的意见》文件中明确指出加强重要农业文化遗产的发掘和保护。特别是在 2016 年中共中央国务院印发的"中央一号文件"《关于落实发展新理念加快农业现代化实现全面小康目标的若干意见》中，明确指出"开展农业文化遗产普查与保护"。开展农业文化遗产普查不仅要考察特定区域传统农业生产系统的分布状况和濒危程度，全面掌握某一区域农业文化遗产资源状况，更要以其为基础为该区域中申报中国重要农业文化遗产和全球重要农业文化遗产提供支持，为采取有效措施加强该区域农业文化遗产发掘、保护、利用和传承提供重要基础和依据。因此，农业文化遗产普查对于提升区内各民族保护农业文化遗产意识、传承农耕文明、弘扬中华优秀传统文化、发展休闲农业、推动农业可持续发展以及促进乡村振兴均具有十分重要的意义。

澜沧江发源于我国青海省玉树藏族自治州治多县阿青乡拉赛贡玛山南麓海拔 5167m 处的冰川末端，流经青海省、西藏自治区、云南省。流域内地形复杂，涉及青藏高原、横断山区（滇西纵谷区）、云贵高原及下游地区的河谷平坝地区等，覆盖从寒带、寒温带、温带、暖温带、亚热带到热带等多种气候带，穿越冰川、高原、高山峡谷、中低山宽谷、冲积平原等各种地貌类型。其生态环境复杂多样，山区气候垂直特征明显。在这一区域，高山峡谷阻隔了文化的交流，形成了多样的民族和丰富的文化特征。澜沧江中下游地区是我国民族分布最为丰富和集中的地区，除鄂伦春族外，55 个民族均有分布，其中世居少数民族 24 个。复杂的自然条件与悠久的人文历史孕育了丰富、厚重的农业文化，发展传承至今，那些蕴涵着深刻人类智慧的农业文化要素仍然在通过不同的方式发挥着作用，形成了种类丰富数量繁多的农业文化遗产。

"自然遗产与民族生态文化多样性考察"是科学技术部基础性工作专项"澜沧江中下游与大香格里拉地区科学考察"项目下设的课题之一。农业文化遗产兼具自然与文化遗产的特征，是本课题重要的考察内容。为了适应当前农业文化遗产挖掘与保护工作快速发展的要求，并为该地区农业文化遗产保护与利用提供基础，特将农业文化遗产考察部分单独成书。考虑到实地考察的区域及所收集的相关资料状况，本书内容主要集中在澜沧江流域内。希望这本书能成为"一扇窗"，使读者可以从农业文化遗产的视角认识这一区域，吸引更多的科研人员关注并开展相关研究，同时提高管理者对农业文化遗产的认识和保护意识，在决策中能够更好地平衡保护和利用之间的关系。

全书分为绪论及上、下篇三部分。绪论主要介绍考察目的与意义、考察概况和主要成果，较为全面地展示了本书的背景；上篇为考察报告，包括3章，围绕系统性农业文化遗产、要素类农业文化遗产以及重点少数民族农业文化知识所展开的调查，系统梳理了澜沧江流域的农业文化遗产资源现状；下篇为专题研究，包括6章，针对澜沧江流域茶文化及其变迁、稻作文化及其变迁、古茶树资源、傈僳族垂直农业、云南双江主要食用生物资源、茶与景迈傣族社会文化变迁等进行了专题研究。

作为本课题负责人和本书框架的设计者，我特别感谢项目专家组特别是李文华院士、尹绍亭教授的指导和帮助，感谢多年来关心和参与农业文化遗产保护研究与实践的各位同行与领导的启发与支持，感谢项目首席科学家成升魁研究员的信任，感谢野外考察队长沈镭研究员的精心组织，感谢封志明研究员、刘高焕研究员、谢高地研究员、李丽娟研究员等的精诚合作，感谢崔明昆教授及课题组所有成员的辛勤劳动，感谢袁正和何露博士在统稿与校对方面付出的努力。

必须说明的是，对于农业文化而言，澜沧江流域是一座资源极为丰富的"宝库"，更是一本内涵极为深奥的"天书"。对农业文化遗产多年的思考结合几年的考察工作，我们收集了一些颇有价值的资料，也发现了一些问题。但我们也很清楚，对于这座宝库的探索，虽尽力设计周到并付出艰辛努力，但仍有"盲人摸象"之感，难免"挂一漏万"；而针对若干问题进行的专题研究及所得到的观点，亦难免"以偏概全"。热忱欢迎各位专家的批评意见，同时希望有更多的人士和我们一道共同发掘这一"宝库"，共同解读这一"天书"，促进这一地区的生态保护、文化传承与经济发展。

2017 年 10 月 13 日

目　录

总序
总前言
前言
绪论 ··· 1
　0.1　目的与意义 ··· 1
　0.2　考察任务 ·· 2
　0.3　方法与过程 ·· 2
　0.4　主要工作与成果 ·· 3

上篇　考察报告

第1章　系统性农业文化遗产 ·· 7
　1.1　云南普洱古茶园与茶文化系统 ··· 7
　1.2　云南漾濞核桃–作物复合系统 ··· 20
　1.3　云南剑川稻麦复种系统 ··· 24
　1.4　云南双江勐库古茶园与茶文化系统 ··· 32
　1.5　潜在的以种植业为主体的农业文化遗产 ··· 42
　1.6　潜在的以养殖业为主体的农业文化遗产 ··· 45
　1.7　潜在的以林业为主体的农业文化遗产 ·· 47
　1.8　其他潜在的农业文化遗产 ··· 50
第2章　要素类农业文化遗产 ·· 53
　2.1　农业遗址 ·· 53
　2.2　农业景观 ·· 59
　2.3　农业聚落 ·· 65
　2.4　农业技术 ·· 74
　2.5　农业工具 ·· 86
　2.6　农业物种 ·· 91
　2.7　农业特产 ··· 173
　2.8　农业民俗 ··· 201
第3章　重点少数民族传统农业知识 ·· 227
　3.1　澜沧江上游及大香格里拉地区农业管理及相关传统知识 ······························· 227
　3.2　澜沧江中下游农业管理及相关传统知识 ··· 230

下篇　专题研究

第4章　澜沧江流域茶文化及其变迁 ·· 249
　4.1　引言 ··· 249

　　4.2　流域内茶的分布以及茶文化 ··· 250
　　4.3　茶文化的变迁与影响 ··· 261
　　4.4　茶文化保护的建议 ··· 262
第5章　澜沧江流域稻作文化及其变迁 ··· 265
　　5.1　引言 ··· 265
　　5.2　澜沧江中游地区的稻作文化 ··· 265
　　5.3　澜沧江下游地区的稻作文化 ··· 269
　　5.4　澜沧江流域稻作文化面临的挑战 ··· 277
　　5.5　澜沧江流域稻作文化保护与发展建议 ··· 278
第6章　澜沧江中下游地区古茶园的农业文化遗产特征 ··· 280
　　6.1　引言 ··· 280
　　6.2　古茶树资源价值分析 ··· 281
　　6.3　古茶园的农业文化遗产特征 ··· 283
　　6.4　古茶园的保护与发展 ··· 284
第7章　傈僳族垂直农业的生态人类学研究 ··· 286
　　7.1　引言 ··· 286
　　7.2　同乐村概况 ··· 286
　　7.3　同乐村傈僳族的垂直农业 ··· 287
　　7.4　同乐村垂直农业面临的挑战与对策 ··· 290
第8章　云南双江4个主要民族的食用生物资源利用研究 ······································· 292
　　8.1　引言 ··· 292
　　8.2　拉祜族 ··· 292
　　8.3　佤族 ··· 295
　　8.4　布朗族 ··· 298
　　8.5　傣族 ··· 301
　　8.6　4个民族食用生物资源的比较分析 ··· 305
第9章　景迈傣族茶与社会文化变迁研究 ··· 312
　　9.1　引言 ··· 312
　　9.2　茶文化与茶产业变迁 ··· 313
　　9.3　茶与社会文化的变迁 ··· 320
　　9.4　几点反思与建议 ··· 323
参考文献 ··· 328

绪　论[①]

0.1　目的与意义

澜沧江发源于我国青海省玉树藏族自治州治多县阿青乡拉赛贡玛山南麓海拔5167m处的冰川末端，在我国境内流经青海省、西藏自治区、云南省。澜沧江流域地处94°E～102°E，21°N～34°N，地势北高南低，自北向南呈条带状，流域面积164 766km²。其中，源头至昌都段为上游，昌都至云南大理功果桥为中游，功果桥以下至南阿河口为下游，上、下游流域面积较宽阔，中游狭窄。澜沧江中下游地区地形复杂，涉及青藏高原、横断山区（滇西纵谷区）、云贵高原及下游地区的河谷平坝地区等。其生态环境复杂多样，山区气候垂直特征明显。在这一区域，高山峡谷阻隔了文化的交流，形成了多样的民族和丰富的文化特征。流域内气候复杂、地貌奇特、物种多样，由于地形复杂，海拔各异，立体气候明显，动植物的遗传变异类型丰富。优越的生态环境条件也为许多传统动植物品种如野生稻的保存、传统农耕方式、民居建筑等的传承提供了良好的栖息地。同时，流域为少数民族聚居地，居住着24个世居少数民族，多样化的生产生活方式也极大地丰富了农业文化遗产的类型，可以说是农业文化遗产的热点区域。

农业文化遗产从概念上有广义和狭义之分。广义的农业文化遗产指人类在历史时期农业生产活动中所创造的以物质或非物质形态存在的各种技术与知识集成，也可称为要素类农业文化遗产。狭义的农业文化遗产指历史时期创造并延续至今、人与自然协调，包括技术与知识体系在内的农业生产系统，也可称为系统性农业文化遗产，特指联合国粮食及农业组织（FAO）推进的全球重要农业文化遗产（GIAHS）与农业部推进的中国重要农业文化遗产（China-NIAHS）。

全球重要农业文化遗产是FAO在全球环境基金（GEF）支持下，于2002年发起的一个大型项目，旨在建立全球重要农业文化遗产及其有关的景观、生物多样性、知识和文化保护体系，并在世界范围内得到认可与保护，使之成为可持续管理的基础。该项目将努力促进地区和全球范围内对当地居民和少数民族关于自然和环境的传统知识和管理经验的更好认识，并运用这些知识和经验来应对当代发展所面临的挑战，特别是促进可持续农业和农村振兴。按照FAO的定义，GIAHS是"农村与其所处环境长期协同进化和动态适应下所形成的独特的土地利用系统和农业景观，这些系统与景观具有丰富的生物多样性，而且可以满足当地社会经济与文化发展的需要，有利于促进区域可持续发展。"

中国具有悠久灿烂的农耕文化历史，加上不同地区自然与人文的巨大差异，创造了种类繁多、特色明显、经济与生态价值高度统一的重要农业文化遗产。这些都是我国劳动人民凭借独特而多样的自然条件和他们的勤劳与智慧，创造出的农业文化典范，蕴含着天人合一的哲学思想，具有极高的历史文化价值与丰富的生态文明内涵。但是，在经济快速发展、城镇化加快推进和现代技术应用的过程中，由于缺乏系统有效的保护，一些重要农业文化遗产正面临着被破坏、被遗忘、被抛弃的危险，亟须发掘与保护。因此，中国重要农业文化遗产的保护工作应运而生。根据农业部《中国重要农业文化遗产认定标准》，中国重要农业文化遗产是指"人类与其所处环境长期协同发展中，创造并传承至今的独特的农业生产系统，这些系统具有丰富的农业生物多样性、传统知识与技术体系和独特的生态与文化景观等，对我国农业文化传承、农业可持续发展和农业功能拓展具有重要的科学价值和实践意义"。其主要特征表现在活态性、

---

① 本章执笔者：闵庆文、袁正、何露。

适应性、复合性、战略性、多功能性和濒危性等方面，具有悠久的历史渊源、独特的农业产品，丰富的生物资源，完善的知识技术体系，较高的美学和文化价值，以及较强的示范带动能力。

2008 年年底，科学技术部批准于 2009 年开始实施的科技基础性工作专项"澜沧江中下游与大香格里拉地区科学考察"（项目编号：2008FY110300）项目，下设 7 个课题和 1 个综合课题，其中的第五课题是"自然遗产与民族生态文化多样性考察"（课题编号：2008FY110305）。农业文化遗产具有自然遗产、文化遗产、文化景观及非物质文化遗产的综合特点，因此也是第五课题的重要考察内容之一。

普查是摸清农业文化遗产资源家底的重要途径。通过对澜沧江流域的农业文化遗产进行实地考察、资料梳理以及专题研究，对该区域农业文化遗产"摸家底"，了解资源本底情况与潜在的农业文化遗产，为农业文化遗产评估、研究、保护与发展提供基础资料、图件和科学数据，并以此为基础促进农业文化遗产的保护与发展，科学拟定可持续发展战略，保障国家与地区的生态与文化安全。

0.2 考察任务

本课题重点是开展自然遗产与民族生态文化多样性考察，考察区域生态旅游资源状况，建立生态旅游资源数据集，编制自然与文化遗产建议清单，绘制自然与文化遗产分布图；开展典型传统农牧业物种资源与农业生产方式考察，开展民族生态文化多样性考察，建立典型传统农牧业物种资源与民族生态文化资源数据集。

在课题设计之初，农业文化遗产就被设定为课题的内容之一。其基本任务是：调查、收集典型传统农作物与牲畜品种资源，建立典型传统农牧业物种种质资源数据集，对其生态经济性状进行科学评价；开展传统农牧业生产方式、农业文化与农业景观考察，系统收集整理传统农牧业知识，分析传统农牧业生产方式的生态合理性，提出动态保护途径；针对农业文化遗产数据与保护开展相关专题研究，为区域生态保护、文化传承和经济发展提供政策参考。

本书是农业文化遗产考察与研究成果的汇集，其他涉及自然遗产与旅游资源的考察内容另书出版。

0.3 方法与过程

澜沧江中下游与大香格里拉地区农业文化遗产考察根据澜沧江中下游和大香格里拉地区的地理特征与考察目标，遵循"点、线、面"相结合的原则，采用文献研究、实地考察、问卷调查、重点访谈、室内分析等科学考察方法，从宏观、中观和微观三个尺度，重点围绕农业文化遗产组成要素、世居少数民族生态文化及传统知识、重要农业文化遗产系统等开展考察工作。最终将数据成果（基础数据和本底资料、基础图件和科学数据、考察报告）汇交到地球系统科学数据共享服务网。

"点上考察"主要围绕重要农业文化遗产系统的考察展开；"线上考察"以澜沧江干流为轴线，选择南北贯穿、东西横切的考察路线，具体考察过程分阶段展开，并在一些点上进行补充考察；"面上考察"通过大量的文献阅读与地图分析，获得区域内农业生态本底资源。

澜沧江中下游与大香格里拉地区自然遗产与民族生态文化多样性考察自 2008 年 12 月正式立项以来，按照科学技术部和中国科学院的安排，在充分做好大量的外业准备工作之后，于 2009 年 8 月 17 日在云南省迪庆藏族自治州正式启动野外考察，全部考察工作于 2014 年 12 月结束。

在 5 年时间里，课题组参与了项目组组织的三次大规模的野外考察与调研。第一次野外考察于 2009 年 8 月 16 日 ~9 月 8 日完成，重点是大香格里拉地区，行程涵盖四川、云南两省 9 县近 3600km，历时 23 天。第二次野外科学考察于 2010 年 11 月 3 ~28 日完成，行程覆盖澜沧江中下游地区的云南省西双版纳、普洱、临沧和保山市，行程 4000 余千米，历时 26 天。第三次考察于 2011 年 9 月 10 ~27 日完成，本次考察重点是澜沧江上游地区及其源头地区，路线是沿国道 214 线，逆澜沧江而上，行程近 5000km，历时 18 天。考察路线：香格里拉→德钦→芒康→左贡→察雅→昌都地区→类乌齐→囊谦→杂多→玉树→玛多→西宁。

此外，课题组还单独进行了多次点上考察，重点考察了云南省普洱、临沧两市的古茶园以及迪庆藏族自治州。点上考察分散在 2011~2014 年进行，考察总时长超过 50 天。

0.4　主要工作与成果

5 年多时间里，课题组投入科研人员 20 余人，共完成 170 余天实地考察，行程在 20 000km 以上。在考察过程中，课题组到达 40 余个县区，完成相关调研、座谈与访谈；完成了 700 余份资料和 2800 余张照片的采集，图片涉及途经地区的自然与文化景观、民俗与社会生活、主要农业形式及各类农业文化遗产组成要素等。

课题组通过野外考察、观察、访谈、座谈会和问卷相结合的方法，收集了丰富、翔实的数据和资料。考察过程中，我们与所到地方的县级文化、文物、宗教、旅游、农业和环境等部门进行了座谈；针对各地不同特点与技术人员和当地居民进行了访谈；给茶农发放调查问卷，共获得有效问卷 50 余份，深入访谈农户 30 余户。

此外，课题组在总结野外调研基础上，另查阅文献和书籍 500 余篇（册），科学总结分析了研究区所涉及的 3 省 56 县的生态旅游、文化、遗产资源数据。

基于以上工作，根据考察目标的要求，本课题围绕农业文化遗产考察所获得的主要成果包括以下三个方面。

首先，建立了《2009~2013 年澜沧江流域典型传统农牧业物种种质资源数据集》，该数据集是共通过野外考察辅助文献资料整理获得，2036 条记录。工作人员均为在读硕士、博士生，他们在阅读大量文献的基础上，经过仔细甄别、筛选、分类、剔除重复数据，得到最终结果。该数据集是本书要素类农业文化遗产资源农业物种部分的主要资料源。

其次，课题组构建完成农业文化遗产数据库。澜沧江流域农业文化遗产数据库，对其中有重要价值的遗产资源，按遗址类、景观类、聚落类、物种类、技术类、工具类、特产类、民俗类等 8 类主要的农业文化遗产组成要素的基本情况，进行了系统调查和整理，建立了澜沧江流域农业文化遗产的名录和资料库。同时对 4 个重要农业文化遗产系统从遗产地概况、系统组成和遗产功能与重要性评估三方面进行了整理。

在此基础上，课题组成功推荐 1 个全球重要农业文化遗产和 3 个中国重要农业文化遗产。在对流域综合考察的基础上，课题组通过针对农业文化遗产资源状况的补充考察及识别围绕澜沧江中下游古茶树资源现状、农业文化遗产价值及其保护利用进行了 3 次专题考察。考察以普洱市和临沧市为主，考察内容涉及茶树种质资源、茶园生物多样性调查、茶园生态系统服务功能评估、与茶有关的少数民族文化、茶农生计与茶产业和作为农业文化遗产系统的濒危性及保护与发展方向等。编制云南普洱古茶园与茶文化系统全球重要农业文化遗产申报文本，成功推荐其为全球重要农业文化遗产保护试点；编制云南双江勐库古茶园与茶文化系统中国重要农业文化遗产申报书及保护与发展规划，成功推荐其为第三批中国重要农业文化遗产。此外，通过专家咨询等方式参与并推荐云南漾濞核桃-作物复合系统、云南剑川稻麦复种系统为中国重要农业文化遗产。

最后，形成了《澜沧江流域农业文化遗产考察报告》。报告中对澜沧江流域所涉及县区内的 4 个重要农业文化遗产系统进行了较为详细的描述与评估，并利用 2016 年农业部组织的全国农业文化遗产普查资料，获得了一些系统性农业文化遗产；分类汇集整理了澜沧江流域主要要素类农业文化遗产，并对其代表性项目进行了描述；整理了 24 个世居民族的传统农业文化知识，并分析了在农业系统中的地位与作用；围绕考察过程中的新发现及撰写的报告，在所发表农业文化遗产相关论文的基础上完成了 6 章专题研究报告。

上　篇
考察报告

第1章 系统性农业文化遗产[①]

系统性农业文化遗产是指历史时期创造并传承至今、人与自然协调，包括技术与知识体系在内的农业生产系统，这一概念与传统意义上的农业遗产有所区别，更加强调活态的农业生产系统，来自于联合国粮食及农业组织发起的全球重要农业文化遗产（GIAHS）保护工作（闵庆文，2006）。2015年8月，农业部颁布《重要农业文化遗产管理办法》（简称《办法》）。《办法》中对重要农业文化遗产进行了如下界定："本办法所称重要农业文化遗产，是指我国人民在与所处环境长期协同发展中世代传承并具有丰富的农业生物多样性、完善的传统知识与技术体系、独特的生态与文化景观的农业生产系统，包括由联合国粮食及农业组织认定的全球重要农业文化遗产和由农业部认定的中国重要农业文化遗产。"《办法》还指出，重要农业文化遗产应当具备以下条件：①历史传承至今仍具有较强的生产功能，为当地农业生产、居民收入和社会福祉提供保障；②蕴涵资源利用、农业生产或水土保持等方面的传统知识和技术，具有多种生态功能与景观价值；③体现人与自然和谐发展的理念，蕴含劳动人民智慧，具有较高的文化传承价值；④面临自然灾害、气候变化、生物入侵等自然因素和城镇化、农业新技术、外来文化等人文因素的负面影响，存在着消亡风险。

从农业文化遗产一词诞生以来，虽然不同视野下的农业文化遗产研究各有侧重，但农业文化遗产的活态性、系统性与复合性的特征及其作为传统农业系统能够发挥重要的生态系统服务功能这一认知已逐渐得到认同。

考察中，我们对澜沧江流域内的系统性农业文化遗产进行了重点考察，并对其特征、功能及保护现状进行了系统评估。本章重点介绍已被联合国粮食及农业组织、农业部认定的全球重要农业文化遗产与中国重要农业文化遗产项目4项，以及2016年农业部普查所获得的该区域具有潜在保护价值的一些系统性农业文化遗产25项。

1.1 云南普洱古茶园与茶文化系统

普洱茶是以产地为名的地理标志产品，属于云南省大叶种茶，生长在云南省普洱市及周边地区。明清以来，普洱成为澜沧江中下游地区茶叶贸易的集散地，周边茶山所产茶叶大都送至普洱府经加工精制后，运销国内外，人们习惯上称这一地区所产茶为普洱茶。明代李时珍《本草纲目》中记载"普洱茶出云南普洱"，是以产地为茶名的佐证。事实上，早在唐朝以前，这一地区就已经开始了茶的利用和栽培。唐樊绰编撰的《蛮书》中记载"茶出银生城界诸山，散收无采造法，蒙舍蛮以椒姜桂和烹而饮之"。研究认为这是对于普洱茶种植和饮茶习俗的最早记载。对于"银生城界"的理解不同的学者见解各异，小至仅指今普洱市景东县，大至指今普洱市和西双版纳傣族自治州一带。无论哪一种说法，都证明了早在1100多年前，这一地区就已经开始了茶叶的采摘和利用。

现普洱茶主要种植区域为我国云南省澜沧江中下游地区。这一区域包括普洱市、西双版纳傣族自治州、临沧市和保山市等，分属滇南和滇西茶区，是云南省古茶树的主要分布区域，是普洱茶的主产区。其中，普洱市位于该区域的中心位置，是重要的普洱茶产区，具有完整的茶树垂直演化区系，丰富的生物多样性和文化多样性，且作为茶马古道的起点是普洱茶文化的中心地带，能够较为综合地反映普洱古

[①] 本章执笔者：袁正、闵庆文、马楠、何露、杨波、杨丽韫。

茶园与茶文化的各种特征。2012 年被联合国粮食及农业组织列为全球重要农业文化遗产，2013 年被农业部列为首批中国重要农业文化遗产。

1.1.1 系统组成

普洱古茶园与茶文化包括古茶树资源与古茶园生态系统、传统知识及其应用和茶文化三个部分。其中古茶树资源与古茶园生态系统包括木兰化石、野生茶树居群、过渡型古茶树和栽培型森林古茶树（园）4 个部分内容。

1.1.1.1 古茶树资源与古茶园生态系统

根据《云南省古茶树保护条例》中所提出定义："古茶树是指分布于天然林中的野生古茶树及其群落，半驯化的人工栽培的野生茶树和人工栽培的百年以上的古茶园（林）。"古茶树资源包括野生古茶树、野生古茶树群落、栽培型古茶树、过渡型古茶树及古茶园。云南澜沧江流域分布的古茶树就包括野生型、栽培型和过渡型三种生态类型，分别以普洱市镇沅千家寨野生古茶树、澜沧邦崴过渡型古茶树、澜沧惠民景迈芒景栽培型古茶园等为代表。从表 1-1 可以看出云南省古茶树资源类型完整丰富，且大部分集中在无量山、哀牢山以及澜沧江中下游。

表 1-1　云南省古茶树资源主要分布地区

类型	分布地区
古茶树资源	镇沅、勐海、景谷、景东、宁洱、澜沧、龙陵、昌宁、腾冲、临沧、云县、双江、镇康、凤庆、永德、沧源、金平、南涧
野生古茶树	景东、镇沅、宁洱、澜沧、西盟、永德、勐海、保山
栽培型古茶树	镇沅、宁洱、景谷、双江、凤庆、云县、勐海、腾冲
古茶园	景谷、景东、镇沅、墨江、澜沧
古茶树群落	哀牢山、勐库大雪山、千家寨、无量山、南糯山、佛海茶山、巴达山、布朗山、景迈山、白莺山、勐宋山、南峤山

（1）木兰化石

茶树起源于第三纪宽叶木兰目前已经被学术界所公认。景谷宽叶木兰化石，发现于普洱市景谷盆地芒线，属第三纪早中新世植物群遗迹，距今约 3540 万年，是以宽叶木兰为主体的植物群化石，在地质古生物学上被称为"景谷植物群"。

古木兰是被子植物纲、山茶目、山茶科、茶属、茶种的祖宗。景谷植物群发现的化石共有 19 科 25 属 39 种，其中包括宽叶木兰（新种）和中华木兰两个种，是中国境内木兰化石仅有的两个种。到目前为止，全国只在云南省普洱市景谷县发现了宽叶木兰化石（新种）；中华木兰化石在普洱市的景谷县、澜沧县、景东县，临沧市的沧源县、临沧县，以及保山市的腾冲县和德宏傣族景颇族自治州的梁河县均有发现。

（2）野生茶树居群

野生茶树居群指自然繁衍的茶树相对集中在一特定地域，占据特定的空间，在林相构成中形成一定的群居优势，由组成单位起功能作用，如镇沅无量山支系等。野生型古茶树及野生型古茶树居群主要分布在无量山、哀牢山以及澜沧江中下游地区两岸，海拔 1830～2600m。据不完全统计，普洱市野生型古茶树居群主要有 19 处（表 1-2），多长在原始森林之中。茶树树型为高大乔木，树高 4.35～45m，基部干茎在 0.3～1.43m，树龄在 550～2700 年。从芽叶来看，芽梢色泽为绿色或红绿色（绿芽和紫芽）。

表 1-2　普洱市野生茶树居群分布

居群名	面积/hm²	相关乡镇
无量山居群	16 534	景东县的锦屏、文龙、安定、漫湾、林街、景福、大朝山东镇等乡（镇）以及镇沅县的勐大镇白水村后山
哀牢山居群	8 164	景东县的花山、大街、太忠、龙街乡，镇沅县的九甲、者东和平乡（镇）
镇沅无量山支系居群	6 657	镇沅县的恩乐、勐大、按板、田坝乡（镇）
牛角尖山居群	1 727	墨江县联珠镇
羊神庙大山居群	800	墨江县鱼塘乡、通关镇
芦山居群	473	墨江县雅邑乡芦山村阿八丫口、大鱼塘箐、山星街边
苏家山曼竜山居群	967	景谷县益智、正兴、威远三乡（镇）
宁洱、景谷无量山支系居群	8 087	宁洱县的德安乡、把边乡、磨黑镇以及宁洱镇后山与景谷县正兴乡
板山居群	775	宁洱县的普义、勐先乡
大石房后山居群	788	宁洱县的黎明乡和江城县康平乡
大尖山居群	625	江城县曲水乡
帕岭、马打死、大空树、蚌潭居群	4 488	澜沧县酒井、勐朗、发展河、糯扎渡乡的帕岭黑山、马打死梁子、大空树大山、蚌潭后山
大黑山居群	2 103	澜沧县竹塘乡
龙潭居群	5 705	西盟县力所乡、勐梭镇
翁嘎科居群	2 652	西盟县翁嘎科乡
佛殿山城子水库居群	2 144	西盟县老县城至缅甸交界处
拉斯陇居群	1 370	西盟县新厂、中课乡
野牛山居群	1 028	西盟县力所乡
腊福大黑山居群	5 444	孟连县勐马镇

在哀牢山居群中，生长着目前世界上发现最古老的千家寨大茶树。镇沅千家寨 1# 野生大茶树属野生型大树群落中的一株，生长在原始森林中，海拔 2450m。树高 25.6m，树幅 22m×20m，基部干径 1.02m，生长正常。树龄约 2700 年，如图 1-1 所示。

图 1-1　镇沅千家寨 1# 野生大茶树

(3) 过渡型古茶树

过渡型古茶树是人类驯化和利用茶树的历史见证，现在澜沧江中下游地区仍有树龄在千年以上的过渡型古茶树存活。例如，澜沧邦崴过渡型古茶树。

澜沧邦崴过渡型古茶树（图1-2）生长在海拔 1900m 的澜沧拉祜族自治县富东乡邦崴村新寨家脚的斜坡园地里，属乔木型大茶树，树姿直立，分枝密。树高 11.8m，树幅 8.2m×9m，根部干径 1.14m。叶形呈长椭圆，叶面微隆，有光泽；叶背、主脉、叶柄多毛，鳞片、芽叶、内少多毛，芽叶黄绿色。专家认为，澜沧邦崴大茶树既具有野生大茶树的花果种子形态特征，又具有栽培性茶树芽叶枝梢的特点，是野生型与栽培型之间的过渡类型，属古茶树，可直接利用。树龄在千年以上，反映了茶树发源早期驯化利用同源。

图 1-2　澜沧邦崴过渡型古茶树

澜沧邦崴过渡型古茶树的发现，对研究茶树的起源和进化、茶树原产地、茶树驯化生物学、茶树良种选育、农业遗产与农业史、地方社会学方面具有重要的科学价值，为中国茶史和世界茶史都补充了重要的一环。

1997 年 4 月 8 日，中国原国家邮电部（现国家邮政局）发行了《茶》邮票一套 4 枚，第一枚《茶树》即为澜沧邦崴过渡型古茶树（图1-3）。

图 1-3　《茶》系列邮票

（4）栽培型森林古茶园

栽培型森林古茶园指栽培年限在百年以上的茶园，如澜沧景迈山古茶园、宁洱困鹿山古茶园（图1-4和图1-5）。传统森林茶园多为栽培型茶树，多呈区域性集中分布或零星分布于海拔1500~2300m的红壤、黄棕壤山区或农作区；主要位于普洱市景东县的花山、景福，澜沧县的景迈山，镇沅县的河头，景谷县的田坝、文山，宁洱县的困鹿山，墨江县的界牌、茶厂，孟连县的糯东等地。

图1-4　澜沧景迈山古茶园

图1-5　宁洱困鹿山古茶园

栽培型古茶树树型为直立乔木，高5.5~9.8m，树幅在2.7~8.2m，基部干径在0.3~1.4m，树龄在181~800年。普洱市共有森林茶园26个，面积达12 123 hm²。与其他作物一样，茶树也经历了一个野生采集利用，逐步驯化栽培到引入种植的阶段。

栽培型森林茶园生态系统通常可分为三层，包含高大乔木（非茶树）层、茶树和林下灌木层和草本植物层（图1-6）。

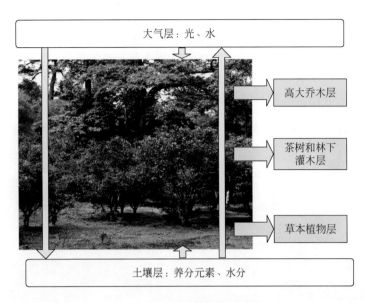

图1-6　古茶园生态系统示意图

乔木一般为自然生长的高大树木（有农户会根据需要对树种进行选择）；茶树和林下灌木层主要为经济作物，多为种植作物；草本植物层为自然生长的草本植物，也有人工种植的粮食作物、蔬菜等；茶园中多种寄生植物、菌类等不规则分布于各层之中（图1-7）。家禽牲畜也于林间自由活动。目前，普洱市正着力将现代茶园按照森林茶园生态系统的模式进行改造。

图1-7　茶树与其他作物混合种植

1.1.1.2　传统知识及其应用

森林茶园历史悠久，生活在其中的各族人民在长期的劳作中积累了丰富的生产生活经验，以文字和口承方式代代相传，形成了有关管理利用和保护森林的茶园传统知识体系。

在森林茶园的管理过程中，当地人有意识地选择和保护古茶园中的遮阴树种，而这些树木大多具有一定的经济或文化价值。在茶树的栽培中，一些少数民族为防治病虫害、提升茶叶的口感等，在茶园中有意识地栽种树木、花果或蔬菜，这不但提高了土地利用效率，同时获得了更好的茶叶品质。例如，布朗族以栽培和野生栽培普洱茶为主，在森林茶园保留了大量野生水果和木本蔬菜，家庭手工制作的生茶品质优良，香味极佳。普洱市各民族创立了大叶种茶与云南樟（*Cinnamomum glanduliferum*）、大叶种茶与旱冬瓜（*Alnus nepalensis*）等多种间种系统，既防治了茶树病虫害，生产出优质茶叶，也保护了水土和生态环境。

少数民族对茶园的粗放式管理在一定程度上是由茶园本身的特点决定的。森林茶园生态系统中上层乔木和茶树本身的枯枝落叶为茶园提供了丰富的养料。古茶园生态系统本身具有较强的病虫害抗性，系统稳定性较高。人们在研究传统茶园的生态系统结构后发现了这一生态系统的科学价值，并仿照传统森林茶园的生态系统结构对现代茶园进行改造，构建现代生态茶园。目前，在普洱市生态茶园的建设中，按照以茶为主，立体种植，多物种组合的形式。按林–茶–草的主体种植模式进行茶园的改造。在茶园内纵横交错种植高大乔木为茶树遮阴，树种可选用香樟、松、杉、千丈、岩桂及水果等，以每 0.06hm² 栽植 6 个树种以上、8 棵树木的标准进行配置；茶树下种牧草或其他作物，减少杂草危害，发展养殖业，减少病虫危害（图 1-8）。

图 1-8　现代生态茶园

1.1.1.3　茶文化

普洱茶产区是中国民族最为丰富的地区之一，仅普洱市境内就居住着汉族、哈尼族、彝族、拉祜族、佤族、傣族等 26 个民族，其中世居民族 14 个，少数民族人口 155.13 万人，具有丰富的文化多样性。其与茶相关的少数民族文化也是茶文化系统中重要的组成部分。茶文化指涵盖各民族与茶相关的物质文化、信仰禁忌、制度文化、风俗习惯、行为方式和历史记忆等文化特质及文化体系。

云南是个多民族的边疆省份，特别是以普洱市为中心的澜沧江中下游世居少数民族悠久的种茶、制茶历史孕育了风格独异的民族茶道、茶艺、茶礼、茶俗、茶医、茶歌、茶舞、茶膳等内涵丰富的茶文化和饮茶习俗。陈进（中国科学院昆明植物研究所）等通过茶民族植物学研究，认为云南及其邻近地区各民族（主要是布朗族、佤族等）可能是最早引种、驯化野生茶树和食用茶叶的先民。不同民族对茶的加工和饮用方式更是各具特色，如傣族的"竹筒茶"、哈尼族的"土锅茶"、布朗族的"青竹茶"和"酸茶"、基诺族的"凉拌茶"、佤族的"烧茶"、拉祜族的"烤茶"、彝族的"土罐茶"等已作为传统的饮茶习俗，代代相传（图 1-9）。在各民族的婚丧、节庆、祭祀等重大节日和礼仪习俗中，茶叶常常作为必需的饮品、礼品和祭品。同时茶还包括了许多药用的功效如提神解乏、消炎解毒、腹泻腹胀等。茶对当地各民族的影响已经浸透到生活、精神和宗教各个方面。

(a) 拉祜族烤茶　　　　　　　　　　　(b) 佤族铁板烧茶

(c) 傣族竹筒香茶　　　　　　　　　　(d) 彝族土罐茶、糊米灌灌香茶

图 1-9　少数民族饮茶习俗

　　茶文化的另一个重要组成部分是茶马古道，它是亚洲大陆上以茶叶为纽带的古代交通网络，是世界上地势最高、形态最为复杂的古商道，具有重要的历史文化价值。茶马古道存在于中国西南地区，是以马帮为主要交通工具的民间国际商贸通道，是中国西南民族经济文化交流的走廊，是一个非常特殊的地域称谓。它兴于唐宋，盛于明清，是茶马互市的结果。茶马古道证明了茶在人们生活中的重要地位以及澜沧江中下游地区茶产业的兴盛。

1.1.2　遗产功能与重要性

1.1.2.1　生计服务

（1）产品与食品安全

　　人们在茶园中获得的产品除了茶以外还有野生和人工种植的菌类、寄生生物（如螃蟹脚），粮食作物、果蔬、油料、药材及其他经济作物。这些产品不仅为农户提供了家庭必需的基本口粮，也成为当地农村家庭的生计基础。茶农将粗制的茶叶送到加工厂进行精加工后，可制做成多种多样的茶产品，远销世界各地。

　　古茶园是独特的茶林混种系统，排除了人为的营养物质供给和病虫害的防治，没有使用农药和化肥等，形成了无污染的自然有机茶园。同时，古茶园由于有乔灌木的遮阴作用故保证了适于茶树生长的湿度和温度，形成了特有的小气候，也使古茶树的茶叶品质更优良。

　　随着消费水平的提高及消费观念的转变，无公害茶、有机茶产品已经成为广大消费者的首选。虽然古茶园的茶叶产量比现代茶园低，但其价格大约是普通茶树茶叶产品的 5 倍甚至更高，其经济上的价值差距是显而易见的。2009 年，澜沧县茶叶种植总面积达 $1.75 \times 10^4 hm^2$，茶农 6.76×10^4 户，27.05×10^4 人，户均收入 1377 元, 人均收入 344 元。2010 年来, 普洱市推广生态茶园的种植, 将传统的现代茶园进行改造, 控制每 $0.06hm^2$ 现代茶园种植株数在 300 株左右, 并在茶园中种植多种树木, 提倡绿色生产, 从而提高现代茶园茶叶品质和价格。在改造初期, 由于茶株的骤减, 茶农收入略有下降。而传统茶园生态系统是半人工生态系统, 不使用化肥和农药, 保证了食品初级生产过程的安全。

（2）居住与能源

茶园离不开人的管理, 在传统森林茶园地区, 村寨与茶园往往是你中有我我中有你的。人居住在茶园之中, 村寨的房前屋后也种植茶树, 茶树为人类提供了良好的自然生态环境。同时, 收集茶园中高大乔木的枯枝以备燃烧, 也为当地居民提供了部分能源。

1.1.2.2 环境服务

普洱茶森林茶园是处于天然森林生态系统与园地生态系统之间的生态系统类型, 具有多重的环境服务功能。

（1）气候调节

古茶园有高大树木遮蔽, 树木冠层对光具有较强的反射和吸收作用, 这使得昼间热力效应呈现负值, 降低了茶树附近的空气温度; 而夜间热力效应呈现正值, 起到了保持茶树近旁气温的作用, 有利于局域气候的调节。在低纬度地区, 日间光照较强, 气温和表温都较高, 因此植物的蒸腾作用强。传统森林茶园通过茶树对小气候进行调节作用以有效减少其蒸腾, 获得优良的茶叶品质和良好的经济效益, 同时对于涵养土壤水分也有积极的意义。

（2）碳平衡

研究表明, 中国的茶园生态系统中净生态系统生产力（NEP）为正值, 相比于森林和农田生态系统都有更好的固碳功能。具体表现为, 大量的修剪物和凋落物返还土壤补充了耕作中土壤有机碳的损失, 形成了系统的碳积累。茶园比周边森林具有更高的 NEP 和异养呼吸, 表明相对于森林, 成熟的茶园是一个有高碳输入和高碳输出的高碳流系统。研究表明（李世玉, 2010）, 中国茶园的平均 NEP 是中国森林平均 NEP（0.7 MgC/hm^2）的 3 倍, 是中国草地平均 NEP（0.04 MgC/hm^2）的 50 倍。普洱市茶园总面积为 $21.2×10^4$ hm^2, 据此估算, 每年普洱市茶园可实现碳汇 $44.52×10^4 MgC$。

（3）水源涵养和土壤保育

传统森林茶园生态系统具有森林生态系统的特征, 森林在涵养水源的作用主要有森林的水文效应及森林的蓄水功能, 其具体体现在: 林冠层对降雨再分配、森林下层灌木与草本截留降水效应、森林枯落物涵养水源、林下土壤涵养水源及森林调节径流、削减洪峰作用。

森林茶园的生长发育及其代谢产物不断对土壤产生物理及化学影响, 参与土壤内部的物质循环和能量流动, 其对土壤的作用主要体现在两个方面——保持水土和保持肥力。简单地说, 就是固土和保肥。

而现代茶园采用梯地种植的模式, 与普通坡耕地相比, 保水固土的效果更好。

（4）生物控制

传统森林茶园生态系统本身具有较强的病虫害抗性, 系统稳定性较高。研究表明, 适时采摘、合理修剪、冬季清园等传统茶园管理方式能够提高茶园的抗病抗虫能力。利用生态系统中物种间的竞争关系防治病虫, 如青蛾瘦姬蜂能够有效地控制白青蛾幼虫数量, 花翅跳小蜂可以寄生茶硬胶蚧。森林中有些树种能够明显地减少害虫的数量, 如樟树。同时, 古茶园郁闭度大, 气温日差较小, 有利于天敌的繁衍, 相比于其他茶园类型增加了对病虫害的自然控制。

1.1.2.3 社会与文化服务

茶园生态系统是地区少数民族文化与民族认同的基础, 它关系到与茶相关的物质文化、信仰禁忌、制度文化、风俗习惯、行为方式与历史记忆等文化特质及文化体系。传统知识、节庆、人生礼仪等重大社会、个人的文化行为都或多或少地与茶相关。年代久远生长茂盛的茶树往往成为地方的小片茶园中的茶神树，人们认为其能够保佑茶园获得丰收，是一种精神寄托。例如，布朗族的山康节是规模较大，参与人数较多的典范。除布朗族外，这一地区还有其他众多少数民族有着茶树崇拜和"茶王"信仰，这与普洱茶为主的栽培与野生栽培茶的起源密切相关。在一片茶园之中，往往有一棵历史悠久且长势较好的茶树被选作茶魂树，人们在采茶前向其祭献，以求保佑茶园丰收。

1.1.2.4　全球重要性

茶是世界三大饮料之一，也是中国人基本食物之一，茶文化是中国文化的重要组成部分。唐人裴汶在《茶述》中形容茶"其性精清，其味浩洁，其用涤烦，其功致和。参百品而不混。越众饮而独高。烹之鼎水，和以虎形。人人服之，永永不厌。得之则安，不得则病。"寥寥数语，道出了茶在我国饮食文化中的地位、茶的药用价值以及中国人寄托于茶中的眷恋。茶，不仅仅是人们日常生活的必需品，也更多的寄托着情感上的依恋和文化上的内涵。

普洱茶是中国十大名茶之一，这不仅是从人们对它的喜爱程度而言，同时也代表着蕴含的丰富的历史文化和生态价值。以普洱为核心的澜沧江中下游地区是我国普洱茶的主要产区，也是世界普洱茶文化的中心地带。今天，普洱市以"世界茶源、中国茶城、普洱茶都"的定位，着力打造传统普洱茶产区的新形象。

景迈芒景古茶园是目前世界上保存最完好、年代最久远、面积最大的人工栽培型古茶园，被国内外专家誉为"茶树的自然博物馆"，是茶叶天然林下种植方式的起源地，是茶叶生产规模化产业化的发祥地，是世界茶文化的源头之一，保存完好的茶树基因是未来茶产业发展的基础。

（1）澜沧江中下游地区是世界上重要的物种基因库

澜沧江流域具有多样的地貌特征和气候特征，是全球生物物种的高富集区和世界级基因库，是地学和生物学等研究地表复杂环境系统与生命系统演变规律的关键地区，在全球具有不可替代性。景迈古茶园内万木丛生，古木参天，生长着数百种珍贵动植物，是珍贵的物种基因库。古茶园生态系统植物多样性丰富，保存了大量的野生植物资源。仅澜沧景迈山地区的古茶园生态系统就有 125 科 489 属 943 种植物。

从茶种来看，迄今为止，世界上已发现茶组植物 4 个系，37 个种，3 个变种，云南茶区就分布有 4 个系，31 个种，两个变种，占世界已发现茶种总数的 82.5%，其中云南独有 25 个种，两个变种，是重要的茶种基因库。

（2）世界茶树起源地之一

通过对木兰化石的时空分布、古地理气候环境、现代木兰与茶树生态习性、茶树叶片形态特征、遗传基因等系列特征剖析，茶树可能由宽叶木兰经中华木兰进化而来，从景谷木兰植物群化石与本区茶树的地理分布如此重叠，与千家寨野生古茶树植物群落如此临近，在形态特征、生态习性上的进化之如此相似，以及从第三纪木兰和现代茶树时空分布系统的密切联系，从景谷木兰植物群化石的出土到镇沅千家寨大面积原始野生古茶树植物群落这一茶树活化石的新发现，有力地印证了云南的南部和西南部是茶树的发祥地。学界认为，云南思普地区具有茶树原产地三要素：茶树的原始型生理特征；古木兰和茶树的垂直演化系统；为第三纪木兰植物群地理分布区系——因此，这一地区是世界茶树的起源地。

临沧凤庆 3200 年栽培型古茶树的发现，证明了这一地区是世界上最早驯化和利用茶树的地区。

而景迈、芒景古茶林在所发现栽培型古茶树中茶树数目最多、面积最大，茶树个体年龄相对较大，是栽培种普洱茶古树的代表。而连片万亩的景迈古茶园，是具有悠久历史且仍在利用之中的栽培型古茶园。在云南其他地方看不到如此规模的普洱茶种的古茶林，景迈、芒景古茶林可能是云南大叶种的正宗原变种，三种类型的大茶树的发现，证明了茶树起源与驯化栽培在地理上同源。

（3）茶马古道的起点——亚洲茶文化的中心地带

中国饮茶历史悠久。饮茶一事始于神农，兴于唐，盛于元，自明清以来成为民众日常生活的基本饮品。普洱茶的历史与我国茶的发展轨迹基本吻合，是茶的利用与茶文化发展历程的代表。不同的少数民族皆有其祖先利用茶作为药品的传说。三国时期，诸葛亮率兵南征之时当地就已经开始饮用茶品。唐朝时，普洱茶已经进入贸易市场，"西番之用普查始于唐时"。至宋代，已有茶马互市，元代时茶叶已成为边疆地区重要的交易货品。到明代，已经到了"士庶所用，皆普茶也"，万历年间，普洱府已设官职专门管理茶叶交易。清代以来，普洱茶成为皇家贡品，国内外交易路线也已基本畅通，普洱府（包括今普洱和西双版纳地区）成为普洱茶生产和贸易的集散地，是茶马古道的起点，也成为茶文化的中心地带。

据史学家考证，普洱市（古称普洱府）在东汉时期已有人工栽培茶树，距今有1800多年；唐朝时，普洱茶已作为商品销往西藏等地，明清时已大批运往海内外，并形成了"普洱昆明官马大道""普洱大理西藏茶马大道"等6条保存完好的茶马古道，被称为"世界上地势最高的文明文化传播古道"。这里的人、茶叶、茶文化沿着茶马古道向国内外扩散，将普洱茶带出大山，走向世界。

（4）普洱茶区是我国重要的茶产区

近年来，云南省茶产业迅猛发展，茶叶产量、茶农收入、企业效益均快速增长。2010年年底，云南省茶园面积达37.3万hm^2，其中采摘面积26.9万hm^2，产量19.72万t，茶叶综合产值150亿元，农民来自茶叶的纯收入为29.51亿元；茶叶初制所（厂）5644家，精制厂1000多家，生产能力突破25万t。

茶产业是云南省的传统优势产业，2005年，云南省出台了《加快茶叶产业发展的意见》，2006年发布了云南省地方标准《普洱茶综合标准》，2008年实施《地理标志产品普洱茶》国家标准，2009年发布了《普洱茶地理标志产品保护管理办法》，2010年又出台《进一步加快茶叶产业发展的意见》，明确茶产业在云南农业经济中的地位，保障了茶产业向标准化、产业化、集约化的良好发展方向，提高了茶叶产品的安全性与质量标准。目前整个云南省茶叶营销网络完善，以普洱茶为代表的云南茶叶产品从原有的华南和西北市场正逐步拓展到华东、华中、华北和东北等地；茶叶出口远销俄罗斯、东欧、西欧、北美以及韩国、日本、马来西亚等30多个国家和地区。

同时，普洱茶区不断创新，开发了许多名优茶品。据初步统计，截至1999年，云南茶区共创全国性（红茶、绿茶、紧茶、黑茶）名茶21个，其中，普洱茶区占13个，约占62%，全省创云南省级名茶65个，普洱茶区有32个，约占50%。

位于澜沧江中下游的西双版纳傣族自治州、普洱市、临沧市、保山市、大理白族自治州等州市是云南省茶叶产业的领先地区。2010年，5州市总计茶叶产量超过云南省茶叶总产量的80%，实现产值53.14亿元，占云南省茶产业总产值的35.5%。截至2010年，普洱市茶园总面积21.2万hm^2，其中，现代茶园9.3万hm^2，野生茶树群落7.9万hm^2，栽培型古茶园面积1.2万hm^2。全市茶园面积占云南省的24.7%。

1.1.3 核心保护区

1.1.3.1 景迈古茶园

景迈古茶园已有800年以上的历史，为当地布朗族和傣族人民所栽培，清代以来，便是闻名遐迩的"普洱茶"原产地之一（张启龙，1996）。在上万亩连片的土地上都有分布，但疏密不均，一亩面积内有500株以上的成园面积约3.33 km^2。茶园中的古茶树胸围最粗的有158 cm，树干上苔藓斑斑，树枝多岔，枝形曲虬，苍古的枝端生长着一种在其他地方的茶树上均未发现过的奇特寄生植物，形似蟹肢，当地百姓称为"螃蟹脚"，此物具有独特的药用价值，且成为景迈茶的标志。据有关茶树专家研究，这些成行成排、整齐种植的古茶树已有1000多年的树龄，然而，至今古茶树仍郁郁葱葱，生机盎然，丰采不减当年。古茶树绿叶繁茂，年年产茶，而且茶叶品质优良，茶体肥嫩柔软，白毫丰满（图1-10）。

图 1-10 景迈古茶园
资料来源：普洱市农业局

1.1.3.2 困鹿山古茶园

困鹿山位于宁洱哈尼族自治县境内，距县城 31km，属无量山南段余脉，山中峰峦叠翠，古木参天，最高峰海拔 2271m，是宁洱境内较高的山峰之一。困鹿为傣语，"困"为凹地，"鹿"为雀、鸟，"困鹿山"意为雀鸟多的山凹。这里生长着万亩野生古茶林，属较完好的原始茶树林群落，总面积达 10 122 亩，是目前宁洱哈尼族自治县发现的最大的茶林群落体。困鹿山位于无量山南段余脉，为澜沧江水系和红河水系的分水岭。困鹿山历史上为皇家专用贡茶园，贡茶的采摘和制作均由官府派兵监制，曾秘而不宣，鲜为人知（图 1-11）。

图 1-11 困鹿山野生古茶树
资料来源：普洱市农业局

1.1.3.3 镇沅千家寨野生古茶树群落

镇沅千家寨野生古茶树群落（图 1-12）地处 101°14′E，24°7′N，海拔 2100～2500m。在哀牢山自然保护区这一我国面积最大、植被最完整的中亚热带中山湿性阔叶林中，野生古茶树是其中的优势树种。它们均为乔木型，多属大理茶种。此外，在这个群落中，有第三纪遗传演化而来的的亲缘、近缘植物，如壳斗科、木兰科、山茶科等植物群。而古茶树作为国家二级保护植物，分布在千家寨范围内的上坝、古炮台、大空树、大吊水头、小吊水和大明山等处。九甲乡和平村的群众很早就知道千家寨有野生茶树生长，每年都有村民进山采摘茶叶自饮或出售。1991 年，村民采茶时发现了 1 号野生古茶树，后经专家推定，这棵古老的茶树树龄在 2700 年左右，是世界上现存最为古老的野生型古茶树；2 号古茶树树龄在 2500 年左右；镇沅千家寨野生茶树群落是世界上现存最为古老的大面积野生茶树群落。

图 1-12　镇沅千家寨古茶树群落

资料来源：普洱市农业局

1.1.3.4　罗东山野生茶树群落

罗东山野生茶树群落位于宁洱县梅子乡永胜村上旧陆社，海拔 2370 m。专家认定为属大理茶种（*C. talibnsis*），罗东山野生茶树群落茶树密度高，生态环境优越，生长旺盛，是最具典型性的野生茶树群落。经生态环境评估并与其他古茶树比较分析，树龄约为 1800 年，是迄今为止普洱境内所发现的最古老的大叶茶种茶树（图 1-13）。

图 1-13　罗东山野生茶树群落中的大茶树 5 号

资料来源：http：//www.teaculture.org.cn/zazhi7/32.htm

1.2 云南漾濞核桃–作物复合系统

中国是世界核桃的原产地之一，全国各省（区、市）都有核桃分布，主要产区在云南、陕西、山西、甘肃、河北、四川、新疆等省（区），核桃是我国经济树种中栽培最广的树种之一。漾濞得天独厚的地理、气候和土壤条件孕育出了漾濞核桃，并以其果大、壳薄、仁白、味香、营养丰富、出油率高而久负盛名，誉满中外。1978 年，科技工作者在县境内发现一段核桃阴沉木，经中国科学院化验表明，这段核桃木距今已 3325±75 年（树轮校正年代为 3564±125 年）。明代著作《南诏通记》记载，有段思平"获商人遗以核桃一笼"之事，可知远在 1000 年前的宋代大理一带已将核桃作为商品。康熙《云南通志》卷十记载"核桃大理漾濞者佳"。《滇海虞蘅志》记载"核桃以漾濞江为上，壳薄可捏而破之"。由此可推断，在清朝以前漾濞江流域已培育出了闻名遐迩的漾濞大泡核桃。可见，漾濞江流域在核桃生产的发展历史上有重要地位，大泡核桃这个品种有 1000 多年的栽培历史，并由漾濞逐步扩展到西南各省市。

云南漾濞核桃–作物复合系统核心保护区（光明万亩核桃生态园）属漾濞彝族自治县苍山西镇光明村委会，涵盖整个光明村，地处漾濞彝族自治县东部，苍山西坡腹地，位于 100°01′05.8″E ~ 100°01′33.2″E，25°38′48.9″N ~ 25°41′34.2″N，总面积 15.73 km²，辖 7 个村民小组。核心区鸡茨坪村民小组有 3.1km²。

光明村属亚热带和温带高原季风气候区，干湿季节变化分明，垂直气候差异明显，光照充足，冬无严寒，夏无酷暑。光明村海拔 1650 ~ 2200m，年平均气温 20℃，降雨充沛，年平均降水量 1056mm，土壤肥沃，属残坡积母质发育形成的棕壤、黄棕壤、黄红壤、紫色土等类型。境内水资源丰富，生态环境优越，植被繁茂，较适宜种植核桃和玉米等多种农作物。

漾濞人工栽培核桃的历史已十分悠久，地方史料证明，远在千年以前的宋代，漾濞江流域已有泡核桃良种分布，而且大理一带已将泡核桃作为商品，千百年来林农不断实践总结，形成了一套核桃良种选育、嫁接繁殖、栽培管理的传统技术。境内的千年崖画"采果图"便是核桃农耕文化形成的象征。

光明核桃是漾濞核桃的典型代表。一个物种的演变形成需要漫长的时期，一个核桃品种的形成也需要很长的时期。同科的物种丰富，同种的品种繁多，铁核桃呈原始分布、野生状态，这是其历史悠久的有力见证，是原产地的重要特征。在漫长的历史进程中，人们对粮食的需求是第一位的，核桃和农作物就这么相依相伴，共存共荣，造福一方百姓，传承至今（图1-14）。2013 年，云南漾濞核桃–作物复合系统被农业部列为首批中国重要农业文化遗产。

图 1-14 云南漾濞核桃–作物复合系统

1.2.1 系统组成

1.2.1.1 核桃品种资源

漾濞核桃种类繁多，有大泡核桃、小泡核桃、娘青、圆菠萝、大核桃夹绵、小核桃夹绵、鸡蛋皮、拔绵格、阿卡门、滑皮、木瓜、撒麦老、小核桃、圆壳子、油皮、猫头等20余个品种，其中大泡核桃（别名绵核桃、茶核桃、麻子）享誉中外，大泡核桃属无性系，故名漾濞大泡核桃。其主要分布在海拔1300~2500m的地带。目前已成为云南省泡核桃的主栽品种，是全省分布最广，产量最高的泡核桃品种。

境内核桃种质资源非常丰富，有野生型、过渡型、栽培型等；境内有很多不同品种的老树、古树，全村树龄在200年以上的约有6000株，100年以上的比较普遍；境内有与漾濞核桃有亲缘关系的多种同科异属植物，有毛叶黄杞、云南黄杞、云南枫杨、枫杨、越南山核桃等。

1.2.1.2 核桃栽培技术

由从先民的先知先觉总结形成的传统核桃栽培技术发展成为现在的核桃丰产栽培技术，漾濞已经形成了包括农作技术、水土资源管理技术、灾害防控技术等一系列技术，特别是比较完备的核桃栽培管理的技术体系，涉及核桃良种选择、嫁接繁殖、栽培管理、古树保护管理等各个环节。同时，还形成了核桃与各种农作物间套作、核桃林下养殖的多种生态农业的生产模式，在耕种农作物的同时，又起到了给核桃施肥、中耕松土、除草、浇灌的作用，核桃生长快、结果早、结果多，而且还多收了粮食。长期以来，与核桃间套作复合栽培的主要农作物有玉米、小麦、大麦、蚕豆、豌豆、杂豆、荞麦、马铃薯、蔬菜、中药材等，形成了核桃与各种农作物间套作复合栽培的多种生产模式（图1-15），实现了生态环境保育、农业生产良性循环、可持续发展。

图1-15　林下种植

数十年来，经过科技人员的艰苦努力，开展了全面系统的科学研究，从选种育种、生长发育、生理生化、繁殖技术、铁核桃改良、栽培试验、嫁接试验、采收储藏、病虫害防治等一系列辛勤探索中总结出了一整套先进的核桃丰产栽培技术，编写了《漾濞核桃》《云南核桃》等优秀科技著作，在用于指导核桃生产方面，取得了显著成果。

1.2.1.3 核桃林景观

光明万亩核桃生态园地处大理著名的苍山西坡腹地，境内土壤肥沃、降雨充沛、水源丰富，植物分布呈多样性，植被优越，处于横断山半湿润常绿阔叶林、松林区域，植被区系复杂多样，为众多特有植物的分布与分化（变异）中心，森林覆盖率达 78.5%，居全省之首，特别是以核桃栽培形成了独特和优良的生态特征。据中英联合进行的苍山科学考察资料分析，可能有 6000 余种植物生存在该地，其中已查实的有 182 科 2849 种。核桃园郁郁葱葱，生机盎然，景色秀丽（图 1-16）。错落有致的村落民居及和谐安详的林园农家，仿佛让人感受到了"村在林中，林在村中，房在树中，人在景中"的人与自然和谐共融的精彩画卷。2010 年 6 月光明村被评为"全国生态文化村"，具有观光、旅游、探险、科学考察等各种价值。

图 1-16　核桃园

1.2.1.4　传统知识与文化

当地居民注重生物多样性、水土资源等方面的保护与利用，积累了丰富的生物多样性保护与利用和水土资源合理利用的传统知识，这在历来的村规民约中都有明确规定。海拔 2400m 以上是苍山自然保护区，他们绝不损坏环境；在很陡的山崖山沟或山箐边不破坏植被，有效保护山坡和涵养水源。例如，在有山体裸露、崩塌之险的地方，他们采取加固、绿化等措施。在村子周边还有意识地保护或栽种核桃以外的风景林、果树林、涵养水源林等。目前，光明村委会制定了系统完善的村规民约，这对"全国生态文化村"作出高规格、高标准的保护与发展规划，他们深深懂得，只有生态环境好了，核桃生产才能长久健康发展。

核桃在国内外享有"益智果""长寿果"的美称，也是人们心中的保健食品。漾濞因盛产大泡核桃，被国务院誉为"中国核桃之乡"。漾濞核桃自古有之，历经上千年演变、人工驯化和选育，漾濞大泡核桃成为具有代表性的云南核桃，闻名海外。据史志记载，远在汉置郡县制以前，漾濞即为云南泡核桃的主要栽培地和交流集散地；到了南诏大理国时代，地方官还把漾濞核桃作为珍果礼品贡奉朝廷。1955 年大理（白族自治）州（简称大理州）漾濞核桃成为大理州第一个进入国际市场的商品，被外商赞誉"个大、壳薄、仁白、味香"，畅销欧洲、中东、东南亚和港澳等地。核桃使漾濞传名，人们通过核桃进一步了解了漾濞，核桃文化成为了漾濞的特色文化。

在一年一度的"中国·大理漾濞核桃文化节"期间，漾濞四乡八寨的人民群众自发组织在光明万亩核桃生态园进行祭祀核桃神活动，祈求风调雨顺、国泰民安、五谷丰登、核桃丰收。并且还举行核桃开杆仪式。每年的"白露"时节，是漾濞核桃大面积成熟的丰收季节。在核桃节上，会请与会嘉宾和朋友为漾濞核桃开杆，吹响每年核桃丰收的号角。漾濞彝族群众热情好客，有客登门，并以核桃仁刨花和食糖混合冲调，用瓷碗盛装，敬奉客人；在大理漾濞，核桃宴是漾濞人民招待贵客的最高礼节，核桃宴是以核桃为主要材料做成菜肴置办的宴席，核桃节上，彝家人民会准备核桃宴，请四海宾朋共享丰收的喜悦。

1.2.2 遗产功能与重要性

1.2.2.1 物质与产品生产

核桃主要收获核桃果，销售核桃果是当地群众的主要收入来源，而且核桃与作物双丰收，将促使全村经济、社会协调发展，群众生活富裕、安居乐业。

核桃食品清香味美、富含营养（图 1-17），是补脑、健脑食品，核桃干果经加工形成核桃仁、核桃乳、核桃粉、核桃精炼油、琥珀核桃、蜜香核桃、椒盐核桃等一系列核桃食品；核桃木可加工成高档家具，铁核桃壳可加工成"核壳瑰宝核桃秀"工艺品，核桃精深加工和核桃农家乐的发展增加了当地村民的就业渠道，以核桃嫁接繁殖为主的农民技术工外出就业的人数也在逐年增多，这些都是农民增加经济收入的主要来源。核桃与作物形成的复合系统在当地居民的食物安全、生计安全、原料供给、人类福祉方面具有不可替代的保障能力。

图 1-17　核桃仁

1.2.2.2 生态系统服务

位于苍山西坡腹地的光明村植被优越，境内有核桃野生型、过渡型、栽培型等植物，并且发现有胡桃科植物 4 个属，品种资源丰富；境内生物呈多样性分布，林间除有丰富多彩的飞禽走兽出没外，据中英联合进行的苍山科学考察资料分析，可能还有 6000 余种植物生存在该地，其中已查实的有 182 科 2849 种；经普查，境内昆虫天敌有 131 种之多。境内植被优越、生物多样、系统遗传资源丰富。

光明万亩核桃生态园更是天然大氧吧、人工水源林，复合系统对水土保持、水源涵养、生物多样性保护、气候调节与适应、病虫草害控制、养分循环等方面具有重要意义，具有不可替代的生态系统服务功能。

1.2.2.3 文化传承

"漾濞核桃甲天下，独领风骚三千年"，这是漾濞最响亮的名牌，核桃使漾濞传名，人们通过核桃进一步了解漾濞，核桃是漾濞的致富源泉，核桃是漾濞值得自豪的精神支柱，核桃文化成了漾濞的特色文化。

漾濞核桃文化源远流长，充满了宗教方面的神秘色彩，有的民族将最古老的核桃树，当做核桃神树年年祭拜；每年 9 月在光明村举行隆重而庄严的核桃节请神祭奠活动，按其内部特有的组织程序庄严肃穆地进行祭拜庆典，香烟缭绕、礼乐声声、队列整齐、祭品丰饶、舞姿翩翩、服饰华美、场面壮观。观者心中无限敬畏，如痴如醉，又仿佛飘然欲仙。人们期盼核桃神保护村寨安宁、六畜兴旺、核桃丰收、禳灾祛病。

漾濞核桃全身是宝，树木芯材精工细雕而成的家具典雅豪华；核桃壳工艺品千姿百态，高雅富丽；核桃生态宴制品争奇斗艳，可口爽心。这些都包含着核桃文化的精华和传承。

漾濞核桃拥有丰富的文化多样性，在社会组织、精神、宗教信仰、生活和艺术等方面发挥着重要作用，在文化传承与和谐社会建设方面具有较高价值。

1.2.2.4 多功能农业发展

随着光明万亩核桃生态园建设初具规模，优势逐显，旅游部门因势利导群众开办了以核桃园生态旅游为主的农家乐休闲度假服务，农家乐从无到有，全年旅游经济收入十分可观，接待游客逐年增加。

核桃生产的发展，逐步带动了核桃加工业的发展，形成了山上搞种植、山下搞加工、城里搞销售的公司加基地联农户的核桃产业化生产格局，推动了第二、第三产业的发展。把核桃果加工成核桃仁出售，可增值40%以上，一批专门经营核桃加工销售的私营企业和个体工商户应运而生。漾濞核桃通过加工升值，产品进入国际市场，成为该地唯一出口创汇产品。

漾濞核桃的发展带动了全县经济社会的发展，这个模式在大理州已成为典型示范模式并作全面推广。同时也在云南省的木本油料发展方面起到了积极推动作用，省内各州市纷纷组团前来考察取经，甚至甘肃、新疆等省（区）的远方客人也慕名来访。

漾濞核桃生产的发展，在就业增收、发展休闲农业、生态安全、科学研究等方面具有较高的功能与价值。

1.2.2.5 在生态文明建设、社会主义新农村建设、农业可持续发展的重要性

遗产地郁郁葱葱、清凉静谧，村庄、农作物与核桃林融为一体，仿佛让人感受到了林在村中、村在林中、人在画中、景在情中。这是"生态建设产业化、产业发展生态化"的具体表现，在云南省乃至全国生态文明建设方面极具代表性。

光明村注重生态文明建设与社会主义新农村建设有机结合，相辅相成，山、水、田、园、房屋、道路等协调有序，融为一体，民居建筑有突出特点：土木结构、青瓦白墙、木制门窗等，它们体现及发扬了当地民居风格，保证了整个村落景观的整体性和协调性。

发展生态农业，不仅有效保护了农业生态环境，而且美化了环境，促进了农业可持续发展。

1.3 云南剑川稻麦复种系统

云南剑川稻麦复种系统是白族人民充分利用土地、气象及水资源等条件，在高海拔冷凉地区形成的以水稻和小麦、水稻和大麦轮作的复种方式，其不仅实现与自然相互依存，协调发展，而且还提高了农田的产量，最大限度地发挥了土地的产出效益。从我国的水稻栽培区域划分，剑川为滇西北稻作区，属于低纬度高原高寒稻作区，也是国内外稻作的极限区。这种农业复种系统在现代农业发展的今天，还具有深远和较高的农业文化价值。

云南剑川稻麦复种系统涵盖全县的4667 hm² 水稻面积，其中核心区为剑湖周边的剑川县金华镇（桑岭、禄寿、金星、向前等）、甸南镇（天马、海虹、狮河、永和等），以及沙溪镇寺登、东南、北龙、甸头、石龙等村。地跨99°33′E~100°33′E，26°13′N~26°24′N。核心区面积为2000 hm²。

剑川稻麦复种系统已有3000多年的开垦、耕作、发展历史，至今仍持续延用和发展。海门口遗址所出土的稻、粟、麦等多种谷物遗存，证明了来自黄河流域的粟作农业，其南界已经延伸到滇西地区；稻、麦的共存现象，则为认识中国古代稻麦轮作农业技术的起源时间和地点提供了重要的信息（图1-18）。

图 1-18 云南剑川稻麦复种系统

云南剑川稻麦复种系统农耕文化至今能原生态般地保留下来，主要是缘于剑川特殊的地理、气候和自然环境，其作为一种文化现象，深藏在滇西北高原，根植在生活繁衍于斯的白族文化之中，它在中国及世界农耕文化链中，有独具魅力的地域文化特征，见证着人类生生不息的历程。在 3000 多年前剑川就有了高度发达的农耕文明，开放包容的胸襟使这里很早就有了商贸往来，本土文化、汉藏文化、中原文化、欧亚文化在这里相互碰撞和交流，形成了多元化交相辉映的文化生态，使这里的民族文化具有极高价值和唯一性。2014 年被剑川稻麦复种系统农耕文化农业部列为第二批中国重要农业文化遗产。

1.3.1　系统组成

1.3.1.1　海门口遗址

海门口遗址是目前中国发现的最大水滨木构"干栏式"建筑聚落遗址。专家组认为，海门口遗址年代是从新石器时代晚期至青铜时代，它填补了中国西南地区的史前文化谱系空白。出土的稻、麦、粟等农作物遗存（图 1-19），证明了来自黄河流域的粟作农业，其南界已经延伸到长江以南的滇西地区；而稻、麦共存的现象，为重新认识中国古代稻麦复种技术的起源时间和地点提供了重要线索。

(a)海门口出土的碳化稻

(b)海门口出土的碳化麦

图 1-19　海门口遗址出土的碳化稻麦

云南剑川稻麦复种制度的形成与其自然气候息息相关，云南剑川与江南有着不同的雨量季节变化规律。每年 11 月至次年 4 月，剑川均为干季，这时云量较少，日照丰富，气温较高，降水较少，为明显的干季气候特点。干季的出现，解决了许多水田改旱地而带来的耕作技艺上的麻烦，因而剑川人民是有可能率先采用稻麦两熟制的。西部民族是我国最早的麦作民，小麦是通过新疆、河湟这一途径传入中原的，而我国西南少数民族地区是大麦的起源地或起源地之一。在距今 3000 多年的云南剑川海门口遗址中，发现栽培稻的同时也发现了麦穗。这说明这里种麦的历史和种稻的历史同样悠久，生息在这里的人们把稻和麦这两种作物结合成一种耕作制，这是不足为奇的。

1.3.1.2　稻麦品种资源及相关农作物多样性

剑川地处滇西北高海拔冷凉区，原主要水稻品种如下：本地传统品种东岭花谷、弥沙红谷、六联灰谷、长毛谷、老君山、小白谷等。小麦以光头麦、福利麦、778、2931、2426 为主，大麦主要是象图大麦。过渡时期农作物品种以外引为主，水稻以 50701、选二、合系 40 号等为主栽种，小麦为凤麦 13-14 号为主要品种，大麦一直沿用本地大麦和象图大麦。通过剑川农业部门几十年的不懈努力，现已培育筛选出相对适宜剑川县气候的一系列品种：水稻剑粳 3 号、剑粳 6 号、剑 90-27 糯，小麦 79-16、87-3、啤麦 500 号、秀麦 3 号、如东 7 号等。优质高产剑粳系列水稻品种在满足剑川县种子需求的同时，也开始向滇西北其他县市辐射，成效非常显著。剑川已成为滇西北高海拔冷凉地区水稻种子基地县。

剑川由于地处低纬度、高海拔的滇西北横断山区，立体气候明显、小环境气候复杂多样，自然和农业生态系统保存较为原始和完整，物种资源十分丰富，森林覆盖率达 69.87%。目前，已被先人驯化、引种和培育的农业植物在县域内种植生产的种类就多达近百种，主要有水稻、包谷、马铃薯、芸豆、大麦、小麦、油菜、蚕豆、大豆、地参以及各种小杂豆、中药材和蔬菜（图 1-20）。剑川农业作物种植生产的多样性基本满足了剑川 17 万人民的粮食自给和菜蔬需求，尤其是近年剑川将具有地域特色的马铃薯、芸豆、地参、玛咖、重楼、独定子、灯盏细辛、香葱、莴笋等作物进行了产业化发展，为全县现代农业发展做出了新的贡献。

1.3.1.3　技术体系

剑川稻麦复种系统从最初的刀耕火种逐步发展到牛耕马驮、二牛抬杠（图 1-21）、品种演变，水稻水育秧、薄膜育秧、旱育秧、麦类散播、理墒条播再到现代先进的高原粳稻优质、高产栽培技术，其间经历了数十代先民的付出与创新，也有当代农业人的辛勤劳作。

图 1-20　蚕豆和大麦间种

图 1-21　二牛抬杠

（1）水土资源管理

一是实施工程拦沙，减少泥沙流入剑湖，在剑湖的水源河、永丰河、金龙河、螳螂河、石狮子河等河道采取工程措施，分别修建拦沙坝、谷坊，减轻泥沙危害。二是在剑湖海尾河建节制闸，以控制剑湖的最佳蓄水水位，提高剑湖的蓄排水和生态平衡功能。三是在田间修建排灌沟渠网，改善土壤物理化学性状，提高土壤肥力，减轻土壤侵蚀，减轻干旱、洪涝对农业生产的威胁。例如，每年村社组织当地农民对田间主要排灌沟渠进行清挖，以保持田间排灌沟渠的畅通。四是加强环境绿化，加大对入湖水系、剑湖四周的环境绿化，在湿地缓冲区的适宜地带人工造林，实行封山育林，恢复植被，提高地面林草被覆程度，防止水土流失。还有相关的村规民约：人人都有保护环境的义务；保持溪流洁净，按区域分段包干，保洁责任落实到户到人；大力发展生态农业，科学使用化肥农药，有效控制化肥农药使用量，鼓励和扶持绿色农产品的生产；大力开展生态建设，争创生态环保先进；禁止在海尾河用农药毒鱼、电鱼和炸鱼等。

（2）病虫草鼠害综合防控

在 20 世纪 70 年代以前，剑川农作物生产还是典型的传统农业生产，农作物病虫草鼠害的综合防控技术主要以人工和自然生态调控为主，辅以物理和生物措施。例如，利用水旱轮作、土地轮歇、火烧土壤等手段不断改变和破坏病虫草鼠害滋生和生存环境；利用人工薅锄和抹杀措施清除杂草和害虫；利用生石灰浸种杀灭病菌；利用农作物间套种和混种技术控制病虫的扩散、蔓延和暴发；利用鱼藤、烟草和石硫合剂等生态农药喷、防病虫；利用养殖鱼、鸭和保护蛙、鸟、鹰、猫、螳螂等有益生物的生存环境来生态控制害虫；利用种植标靶作物吸引害虫并统一消灭；等等。随着现代技术进步，将农作物病虫草鼠害综合防控的法规手段、物理措施、生物措施、农艺措施以及化学药物应用措施等有机结合，严密监测、预报和预警，科学规范落实农作物间作套种、色诱和灯诱防虫等科技措施以实现人与自然的和谐共处、共同繁荣。

1.3.1.4　景观资源

剑川县生态良好，历史悠久，文化灿烂，旅游资源较为丰富，素有"文献名邦"和"白族文化的聚宝盆"之美誉。境内石宝山景区为国家级风景名胜区，石宝山歌会被列入国家级非物质文化遗产保护名录，石钟寺石窟为全国重点文物保护单位；老君山为世界自然遗产八大景区中的野生杜鹃林带；沙溪寺登街为世界濒危建筑遗产、茶马古道上唯一幸存的古集市，是国家级历史文化名镇；剑川古城为省级历史文化名城，是赵藩、周钟岳、赵式铭等历史名人和白族第一代共产党人张伯简的故乡，西门街古建筑群为全国重点文物保护单位。

剑湖景区（图 1-22）于 1996 年被列为云南省风景名胜区，是云南省现存为数不多的高原断陷层淡水湖泊之一，径流面积 918km²，内流域 486km²，属澜沧江水系。该景观体系有着宜人的生态环境、名人文化等。"剑阳八景"中的郊边牧笛、海面鱼灯、海门秋月、华顶朝阳、东岭夕辉等乡村景观在剑川历代文献中多有记载。

图 1-22　剑湖

1.3.1.5　文化民俗

（1）崇拜

剑川白族至今仍保留着大量原始社会的泛自然崇拜遗痕，包括天地、山川、动物、植物等。天、地崇拜：白族最早的原始崇拜之一，天崇拜的对象，无论天母、日神、月神、风神、雨神都没有具体形象，也没有象征性的灵物，而地崇拜的对象，不论山神、猎神、土地之神、五谷之神，其形象非常具体鲜明。

本主崇拜：后来大都演化为"本主崇拜"，每个白族村寨都有山神土地庙、本主庙、佛教或道教寺庙。动植物崇拜：内容丰富。五谷崇拜：常作为某种"神灵"或"神灵"的象征物出现，白桦作为五谷之神的象征物，"五谷"（稻谷、荞麦、青稞、大麦、黄豆）为人生"衣禄"的象征物。

（2）岁时节庆

立春：白语称为"打春"，白族视为一年之首、节气之始，忌下田劳动，是春耕备耕前的休息日，食花卷五辛盘，喂役畜与猪精饲料，家长作春耕安排。有"迎春"和"打春牛"之俗。迎青帝、芒神，象征性地鞭打泥塑春牛三鞭，称为"打春"，人们争抢春牛泥块，放入自家田中，认为这样庄稼能避免虫害，能获丰收。

素祭：正月初一日出前，以油煎糯米粉团、彩色米干片、干香椿嫩芽等素品及僧饭、素茶、素酒，对天神、灶神、本门历代宗亲、井神、门神进行祭祀。然后到本村的山神土地庙、本主庙、观音庙或道观祭祀。

拜年：正月初二开始携带饵块、红糖、烟、茶等拜年。

元宵节：正月十五为元宵节，早上吃元宵，白天祭祀本主、观音，晚上闹"花灯"。

清明节：祭祖扫墓，祭奠食品中一定要有用豆腐、香椿尖、核桃仁拌在一起的"寒食"，有茴香糯米粑粑。

中元节：主要是祭祀祖先，是给祖先奉寄冥钱冥衣表示报本追远的节日，入夜则到江河湖泊中放"兰盆会"（用大麦、荞麦放盆中发芽育成，长约5寸[①]，点烛于芽盆中央），成为僧俗共举的盛会。

中秋节：月饼是中秋节必备的食品，主要以小麦面粉为原料烤制。

除夕：活动有植天神树，大年三十在天井中植一株童松，作天神之位，年祭的牲礼主要有猪头、公鸡、生鱼、豆腐、僧饭、素酒、清茶，先祭天神，再祭家坛祖宗、门神、井神、畜神等。

（3）民族节日

二月八节：祭祖牲礼如除夕，食猪头、饵块等物，坝区的白族称"二月八"为"插田节"，做春播的准备，俗传此日百虫去做会，种瓜豆不生虫害，金华古城和沙溪古镇则以此日游"太子"释迦牟尼逾城，称"太子游四门"，沙溪古镇还举行骡马、物资、农具交易会。

桃花节：视当地桃花开放而定，坝区以撒播头丘小秧，山区以撒播头块春荞或包谷为准，播种的第一天清晨，在田头水口处插一对纸花、一枝桃花，以夹糖糯米粉粑粑、油煎五色干粉片祭青苗之神，以祈求丰收，桃花节为古代白族以桃花为物候进行春播的古俗遗风。

立夏节：白族又称"勒垩"，是白族通过吃青蚕豆、插桦树枝祭祀纪念历经千辛万苦从天帝那里为人们讨来五谷种子的五谷之神"拔达"的节日，同时在房屋四周撒一圈灶灰，俗传可防蛇、蜈蚣进入室内。

浴佛：阴历四月八为浴佛节、佛诞节、龙华会，传说这天为佛祖释迦牟尼的诞辰，弥沙等地会有举佛会和表演"耍春牛"等活动，也属古老农耕古俗遗风。

绕海会：于每年农历六月十五在剑湖旁举行，这一天，剑川坝子四乡八寨的白族群众都聚集到剑湖旁，以村为单位，成群结队，开展绕海活动。一路上唱白曲，跳霸王鞭舞，参观各处禾苗长势，品评庄稼盘的好坏，还到本主庙里烧香磕头。活动时，常以某村为起点和终点，绕海一周方结束。这一天整个剑川坝子，村村余烟缭绕，寺庙钟鼓齐鸣，香客络绎不绝，沉浸在"妙香佛国"之中。

火把节：阴历六月二十五为白族火把节，是白族火崇拜的节日，是庆祝新生和缅怀死者的节日，也有祈求五谷丰登、六畜兴旺之意。

石宝山"歌会节"：每年农历七月的最后三天为剑川石宝山"歌会节"，以男女对唱白族调情歌为主，剑川石宝山"歌会节"历史悠久，影响较大，是滇西北著名的民族盛会。

八月会：又称"骡马会"，是以骡马物资交易为主的商业盛会，还举办文艺汇演，阴历八月上中旬在

---

① 1 寸=3.33cm。

金华古城举办，剑川地处滇藏咽喉，自古以来就是附近各民族的贸易集散地，剑川畜牧业历来极为发达，素有"羊以箐量、牛以群分"和"马匹之乡"的美誉，是滇西北著名的民族贸易盛会，会期各乡人民，扶老携幼来"逛会"，熙熙攘攘，热闹非凡。

尝新节：意为"头一回吃新米"，选择在稻谷基本黄熟时期的属鼠、狗、龙、羊日过尝新节，以煮好的鲜肉、新米僧饭等牲礼祭祀本主、山神、土地、护甸神鹰。

冬至节：为牛节，养牛的农户早上喂牛一盆稀饭，让耕牛休息一天，养耕牛者聚于牛王庙或牛神祠，会餐祭祀耕牛。

（4）传统风俗

剑川白族在嗣育婚丧、生老病死等习俗中也深深烙上了古老农耕文化的烙印，如绕海会祈嗣、歌会节朝山祈嗣、发愿祈嗣等。产妇坐月子要吃米酒、汤圆之类食品，婴儿满月时亲戚邻里送红糖汤圆、元宵，请家庭长辈、奶妈、头客、接生人员吃汤圆、米糕、饼子，送祝生礼中有米酒、糯米粉、大米、麦面等。新娘出嫁的嫁礼"装箱锁柜"仪式要给红糖4~8盒，稻谷1~2斗①，俗称"打发红米白谷"，农村还打发农具、仔猪等。临丧病人未咽气前要喂一点米饭和一枚内装银屑的大枣，忌"空腹见阎王"，入殓和下葬时使用"五谷"。

（5）餐饮文化

剑川白族以稻谷、小麦为主食，兼食青稞、燕麦、荞麦、豆类、马铃薯。白族习惯早午晚一日三餐，农忙则加早点，年头节庆加夜宵（夜点），成五餐之数。白族善养家禽家畜，肉食以猪为主，兼食牛、羊、鸡、鸭、鱼等。每年冬至前后宰杀1~2头"年猪"。酒以大麦、小麦、荞麦、稗子、包谷等杂粮配制，性烈味甘。酒不仅为平时饮料，设筵开席宴时，更为必备品。白族以奉壶相劝，推搡斟酌为敬，有"茶满欺人、酒满敬人"的说法。白族还善于利用稻麦粮食制作各种糕点小吃，传统的有月饼、白饼、酥饼、鸡蛋糕、破酥糕、米糕、饴糖（麦芽糖）、米凉宵等几十种，种类繁多、品味丰富。

（6）白族服饰

白族服饰具有悠久的历史传统和鲜明的民族特色，不同乡镇的男子服饰稍有差异，但差异不大。妇女服饰，因地而异，大体分为普通式、三河式、东山式、沙溪式、马登式、米子坪式等，妇女服饰的围腰带上绣有稻麦穗的图纹。

（7）白族民居

白族民居布局格式有一正一耳、三坊一照壁、四合五天井、鹿鹤同春等，白族民居建筑木雕、石雕、绘画装饰极为丰富。民居建造中要进行一系列祭祀活动，破土动工要祭太岁、土神；开始动工称为"圆木架马"，要祭木神；竖柱上梁这天，要以丰盛的"八大碗"宴请宾客，招待工匠和帮忙竖柱上梁的亲友，至亲者则以猪头、鲜鱼、馒头、饵块、红米白面、烟酒糖茶、对联锦幛等礼品相贺，主持竖柱上梁的掌墨师傅还要大声唱"吉利词"并在新房上抛撒馒头。上述这些都与稻麦复种农耕文化密切相关。

1.3.2 遗产功能与重要性评估

1.3.2.1 物质与产品生产

剑川自然气候由于受海拔高差和地形地势的影响，呈环境立体气候，有"一山分四季、十里不同天"的特点，同时受冬夏不同气流的影响，形成境内雨热同季、干凉同时的低纬高海拔独特气候。因而自然资源十分丰富，物种繁多，生物资源开发具有很大的潜力和优势。特色产业主要是高原粳稻、芸豆、马铃薯、中药材、地参、季差蔬菜等。剑川工业不发达，环境污染小，发展无污染绿色有机食品有较好的

---

① 斗为中国古代计量单位，1斗为1L，1L约为1.5kg。

前景。剑川的芸豆、山嵛菜、松茸、牛肝菌已进入日本及欧盟市场，并在国际市场内享有较好的声誉。

剑川在20世纪70年代开始实施水稻自主育种，现已成为滇西北高海拔冷凉地区水稻种子基地县。剑川县先后筛选出一批高产、优质、抗病性强、适应广的啤饲大麦良种。

1.3.2.2 生态系统服务

稻麦复种系统对水土保持、水源涵养、生物多样性保护、气候调节、病虫草防控、养分循环等方面具有重要的意义。系统中的养分循环对生产效益、生态环境有着直接的影响。随着科技进步，稻麦复种生产中肥料施用从盲目逐步发展到合理，特别是近年测土配方施肥技术的大力推广，土壤养分盈亏量逐渐趋于正值，提高了养分利用率，减少了流失量。系统中养分的合理循环不仅保持了土壤的宜耕性和地力，而且还最大限度地减少了对水体的污染，有效保护了以剑湖为主的水体水系和生态环境。

水土保持和水土涵养结合中低产田改造，以山、水、田、林、路综合治理为主，工程、生物农艺措施相结合。以建成树成行、路相连、渠相通、田成块成方、旱能灌、涝能排、环境优美、适应机械化操作和规模化经营的高稳产农田为目标。通过中低产田改造，土壤性状得到改善，提高了有机质含量，改善了生态环境，涵养了水源，减少了水土流失，提高了耕地保水、保土、保肥的能力及提高了耕地质量、利用等级，使农产品产量和品质得到提升。

1.3.2.3 多功能农业发展

保护云南剑川稻麦复种系统对于维护乡村景观、保护生物多样性、传承传统农耕文化、促进区域可持续发展具有重要的意义。旅游部门因势利导群众在剑湖周边开办了以生态旅游为主的农家乐休闲度假服务。保护项目的开展，不仅加强了稻麦复种系统在本地的保护和可持续的利用，也提高了公众对农业传统文化重要性的认识，改善了当地环境和乡村景观。更重要的是稻麦复种系统促进了当地农民的增收和农业的增效（图1-23），这关乎全县甚至滇西北地区人民的粮食安全和生计安全，产生了非常好的经济、社会和生态效益，为新农村建设，以及现代农业的发展都起到很好的示范作用。

图1-23　庆丰收

1.3.2.4 文化传承

以亘古不衰的剑川稻麦复种系统为代表的农业文化蕴含的生态价值理念和自然农法思想以及那些农

具、农耕技术及耕作习惯和种植的作物，处处都或隐或显地展现了白族先民的身影和智慧。"民本思想"和"农本思想"是农耕文化的核心体现，"衣食足而知荣辱""仓廪实而知礼节"，民心可得，天下可得也。以剑川稻麦复种系统为代表的农业文化在这一大环境下日臻成熟、完善巩固并发展，体现其的古老与神圣。重民、富民、稳国、强国而王天下是"农本思想"的核心，对农业生产的重视强化了农耕文化稳定和谐的价值取向，促进了文化的延续和传承。厚重的剑川稻麦复种系统的农业文化对当今国民修身养性、构建和谐社会、走生态文明之路依然具有重要的积极意义。其对个人品德培养的重视，对勤俭至上的推崇，对建设资源节约型、环境友好型社会具有重要的启迪意义；在传承丰富多样的民族文化过程中，发挥着重要的基础作用。传统文化之源根植于农业，土地养育了人民，农耕孕育了文化。剑川稻麦复种系统的农业文化启示我们：虽然科学和技术的发展能够在人与自然的斗争中获得更多的利益，但资源与自然规律的约束在任何时候都是人类活动所不应该忽视的，秩序与和谐仍然是当今社会所需要的思想智慧。

稻麦复种的农事活动与生活息息相关，春耕夏耘、秋收冬藏，生存方式决定着人们的时间观，并与生命观相联系，古人所抱天人相通、天人合一的和谐观念，即来自于农事，"人法地，地法天，天法道，道法自然。"认识剑川稻麦复种系统农业文化天人合一的思想内核和本质，有助于建立新的生态伦理观，协调人地关系，为实现可持续发展提供哲学依据，方能实现生态系统的秩序和平衡，实现科学意义上的天人合一。

1.3.2.5　在生态文明建设、社会主义新农村建设、农业可持续发展方面的重要性

开展"重要农业文化遗产"保护工作，将会传承和弘扬灿烂的农业文化，铭记先古的智慧和哲学思想，保存和继承优秀的民族元素，并将传统与现代的经典有机结合，将保护和恢复生态系统，保存生物遗传资源和物种多样性，实现人与自然和谐共处、共同繁荣作为工作的根本出发点。积极从加快农业土地流转、加强农业基础设施建设，应用推广绿色、环保农业措施，大力发展农业庄园经济、休闲农业，扶大、扶强农业龙头企业，实现农业增效、农民增收。促进现代农业又好又快发展，不断巩固和提高农业在国民经济中的基础地位和贡献率，以满足人们日益增长的物质、文化和精神需求。

1.4　云南双江勐库古茶园与茶文化系统

云南双江勐库古茶园与茶文化系统和普洱古茶园与茶文化系统在地域上紧邻，因此其自然环境、系统结构与民族文化都较为相似。然而，即便如此，云南双江勐库古茶园与茶文化系统也表现出了其独特性。

云南双江勐库古茶园与茶文化系统位于云南省西南部，距离国境线 126 km，地跨 99°35′15″E ~100°09′30″E，23°11′58″N ~23°48′50″N。南北长 64.2 km，东西宽 57.9 km。具体地域如下：双江自治县全境，包含其所辖的勐库镇、勐勐镇、沙河乡、大文乡、忙糯乡、邦丙乡 6 个乡（镇）75 个村委会（社区）和勐库华侨管理区、双江农场管理委员会 20 个生产队。

特殊地理位置形成的自然条件极适合茶树生长。云南双江勐库古茶园与茶文化系统位于澜沧江与北回归线交界处，且地处太平洋与印度洋分水线的陆地延长线上，独特的地理位置与自然条件为茶树生长提供了得天独厚的自然条件。

这一系统进一步佐证了云南省澜沧江中下游地区是世界茶树原产地。勐库大雪山野生茶树群落是目前国内外所发现的生长海拔最高、面积最广、密度最大、原生植被保存最为完整的野生古茶树群落。野生古茶树群落与栽培型古茶园共同构成了澜沧江中下游海拔跨度（1050 ~ 2750m）最大的茶树生长区域。并与周边地域一起构成了茶树的起源、演化、驯化、发现与利用的完整链条，进一步证明了云南西南部（即澜沧江下游流域）是世界茶树的原产地。而北回归线横穿双江自治县县城，也证明了双江自治县是世

界茶树原产地中心地带，是勐库大叶茶原产地中心。

系统内茶树种质资源十分珍贵。勐库野生古茶树群落是珍贵的茶树种质资源宝库，由于所处海拔较高，因此它们具有较强的抗逆性，尤其是抗寒性，是抗性育种和分子生物学研究的宝贵资源。勐库野生古茶树是一个野生茶树物种，在进化上比普洱茶种及若干栽培品种更早。

该地是优质传统茶种的原产地。双江自治县勐库镇是勐库大叶种茶的原产地。这一茶树品种是我国首批认定的 3 个国家级茶树良种之一，其内含物质较其他普洱茶种品种更为丰富，口感更浓、更醇，是我国整个普洱茶区在普洱茶制作过程中用于提升茶产品品质的重要填充，被誉为勐库大叶种茶的"正宗""英豪"。

该系统部分体现出多元民族文化的交融。双江自治县是全国唯一一个由 4 个少数民族共同自治的自治县。在这里，拉祜族、佤族、布朗族、傣族文化交融共生，不同的少数民族均依赖茶树维生，在茶树种植、茶园管理、制茶饮茶及其他与茶相关的文化特质上创造出丰富的表现形式，却又在其世界观与自然观共通共融。2015 年被农业部列为第三批中国重要农业文化遗产（图 1-24）。

图 1-24　采茶

1.4.1　系统组成

1.4.1.1　野生茶树群落和古茶园

在云南双江勐库大叶种茶与茶文化系统内现存大型野生古茶树群落两个：勐库大雪山古茶树群落，现存面积 847 hm^2；仙人山古茶树群落，现存面积 67 hm^2。百年以上栽培型古茶园 1321 hm^2，古树茶产量超过 $4 \times 10^6 kg$，是临沧市古茶树保存量最多的区域。主要分布于勐库、沙河、忙糯和邦丙等 6 个乡镇，涉及 40 个行政村，构成了遗产系统的核心区域。此外，在其他区域，也有零散的野生古茶树和栽培型古茶树分布。

勐库大雪山野生古茶树群落（图 1-25），海拔 2200 ～ 2750m，是迄今世界上已发现的海拔最高、分布面积最广、种群密度最大、原生自然植被保存最为完整的野生古茶树群落。野生古茶树群落是珍贵的茶树种质资源宝库，由于所处海拔高，其具有较强的抗逆性，尤其是抗寒性，是抗性育种和分子生物学研究的宝贵资源。

图1-25 勐库大雪山古茶树群落

系统内还存有百年以上的栽培古茶园 1321 hm² （图1-26）。它与周边地域一起，构成了茶树起源、演化、被人类发现利用、驯化栽培的完整链条。这些古茶树分布在海拔 1050～2750 m 的山区与半山区，形成了大跨度垂直地带性的分布特征。

图1-26 冰岛古茶园

1.4.1.2 优质的茶树品种

系统内原产与主要栽培品种"勐库大叶种"（图1-27）是国家级茶树传统良种系统内的主要栽培品种——勐库大叶种，属山茶属普洱茶种，原产于云南省双江自治县勐库镇，在云南省西部、南部各产茶县广泛栽培，为云南省主要栽培品种之一。制成茶后其条索肥厚、芽峰显豪、滋味浓郁、回甘悠远、内含物质丰富、水浸出物高，被我国茶叶界专家誉为"云南大叶种茶的代表""云南大叶茶的英豪""云南大叶茶的正宗"。勐库大叶种于 1984 年被认定为全国第一批茶树优良品种；1985 年被全国农作物品种审定委员会认定为国家品种，编号：GS13012-1985。

图 1-27　勐库大叶种新叶

1.4.1.3　技术体系

（1）传统农耕技术

旧茶园大部分比较零星分散，管理较为粗放，且多间作，不锄耕。具体传统农耕方式如下。

1）地块选择：茶地多选择在林木多的向阳山坡上，土层深厚、肥沃、日照早、雾露多、相对湿度较大的地块种植，故有"高山云雾出好茶"之说。坡度在 15° 以下平缓坡地，直接开垦，开垦由下而上按横坡等高进行，两行距 1.6～2.1m。坡度在 15°～25° 的山地直接开成水平梯面，梯面宽度 1.5～1.8m，种植两行茶树的梯面应为 3 m 左右。

2）品种的选择：以勐库大叶种茶为主，其他品种为零星种植。

3）种植方式：最初是用茶籽直播方法，将成熟茶籽采收后，用水选法将空籽除掉；开挖纵横各 67 cm 左右的坑，每一坑下籽一掬，覆土 3 cm；第二年降雨来时进行分植，三年便可采摘。1939 年，开始应用茶树压条繁殖技术。

4）茶园的管理：很少提到茶园中耕管理，对农药的依赖性小；增肥不用化肥，也不使用时下流行的农家肥，多用腐殖质较为丰富的"黑土"与茶园土壤进行调和，或将茶园杂草割下来晒干，然后埋回茶园土壤里沤制天然肥料；采用人工方法除草，人工割除和在夏日最烈时用锄头铲除草根，晒干后堆捂于茶根作为其肥料。

5）树冠整理：古茶树多为自然生长，仅进行轻度人为修整。例如，在每年茶季结束时的 11～12 月会在树冠面上进行一次平剪，每次修剪在上年剪口基础上提高 4～6cm。或根据茶树长势每隔 4～5 年进行修剪，整个茶树树冠低 15～20cm 平剪。对已呈衰老或未老先衰，树势衰退，萌芽力低，产量明显下降的茶树，须进行重修剪，剪去茶树 1/3～1/2，保留高度为 40～50cm，在春茶前、后进行。对于严重衰退的茶树，多数树梢已散失萌发能力，产量急趋下降，须进行台刈更新，即在离地面 10～15cm 处，用手锯或利刀除去全部树冠，刈桩要平滑，在春茶前、后进行。

6）茶叶采摘（图1-28）：开始只采春、夏茶，并且在天气晴朗时采摘。随着商品生产的发展，目前也已开始采秋茶。采茶的标准为第一蕊尖（一芽）无叶，皇尖只取"一旗一枪"（一芽一叶），第三客尖（一芽二叶），第四细连枝（一芽三叶），第五是白茶（内有粗老叶，梗有骨，大小不齐）。制作普洱茶的鲜叶采摘最佳时间是在日出半小时后，这样就可以避免由于鲜叶水分含量过高产生的不利萎凋与杀青的问题。采茶可以有旱季、雨季之分，其中旱季春茶在2月下旬至5月中旬；雨季夏茶和秋茶在5月中下旬至11月下旬（其中，夏茶在5月中下旬至8月下旬）；秋茶（谷花茶）在9月上旬至11月下旬。春茶因为还没有受到雨水的影响，茶气比较充足，是制作普洱茶的最佳原料。

图1-28　采茶

（2）自然灾害防御技术

根据茶区分布的情况，特别是处在气候多变的区域，茶树在复杂的自然环境中，易受自然灾害影响。特别是受病虫害和寒冻、干旱和冰雹的侵袭，这些自然灾害威胁着茶树生长，轻则造成茶叶产量减少、品质下降；重则使茶树死亡。因此，加强对这些灾害的防御，对茶叶产业的发展具有重要意义。防治需遵循"预防为主、综合防治"的植保方针，以改善茶园生态环境，维持茶园生态平衡为基础，加强合理施肥、及时采摘芽叶、人工除草等农业栽培管理措施，保护和利用天敌，积极开展生物防治，推行茶园病虫害综合防治技术，做好病虫草害防治工作。同时，采用茶园覆盖、茶园灌溉、茶园间作和肥塘管理，建设茶、林、果复合生态茶园，提高茶树抗旱防冻能力。

（3）生态环境保护技术

采用高大乔木–茶树–绿肥立体复合的模式种植生态茶园，根据所处地块的生态环境因地制宜，中间种植茶树，尽量保护茶园中的树木、植被，使茶园遮阴达30%；地表种植绿肥或有根瘤菌的植物以保水保肥。最后建成林中有茶，茶中有林的生态茶园。

（4）制作茶叶的技术

勐库大叶种茶晒青毛茶加工基本工艺流程：鲜叶→摊晾→杀青→揉捻→解块→日光干燥→包装，完成这样的程序后所做成的茶叶就叫生散茶。冰岛茶晒青紧压茶加工基本工艺流程：晒青散茶→筛制→蒸压→干燥→检验→包装。如果把生散茶经紧压成型，就成为紧压生茶品，俗称青饼。生散茶经人工快速后熟发酵、洒水渥堆工序，即为熟散茶（普洱散茶）。再经紧压成型，成为紧压熟茶品。需要注意的是新鲜茶叶采摘完毕后不能在箩筐或是蛇皮袋子里放太久，否则茶叶会因为潮湿而发霉或变质，影响茶的品质口感。加工鲜叶按标准验收。鲜叶按级验收后分级摊晾，摊晾叶含水量降到70%左右应及时杀青。杀青叶要杀匀，柔软度一致，无青草味和烟焦味。根据鲜叶嫩度适度揉捻成条，揉捻后进行解块，解散团块茶，将揉捻叶薄摊在专用晒场或摊晾设备上进行干燥，晒干至含水量不超过10%。

1.4.1.4 知识体系

（1）森林保护的传统知识

作为双江自治县主要民族之一的布朗族信奉原始宗教、崇拜自然神灵。树木给山民们带来肥源、水源，给野禽野兽以栖身之所，而村寨周围的参天古树又是优美的风景线和抵御风暴的天然屏障，因而成为了人们的崇拜对象。村寨附近的林木允许砍伐。每年各寨还有祭龙树（神树）活动，祈求龙树保佑庄稼丰收，人畜平安。

（2）利用茶预防和治疗疾病的传统知识

各族人民在漫长的生产生活实践中总结了茶叶的药用方法，主要如下。

轻度感冒：用土罐煮浓茶兑明子、生姜服用，一两个时辰后，感冒自然消除。

腰酸背痛腿抽筋病：煮浓茶兑猪油，喝两碗冒汗，经络通畅，疾病好得快。

偶发性头痛：冲泡式茶水兑两滴清风油。

慢性肠胃病：用茶叶、石榴尖、梨果树尖混煮服用。

急性腹泻：用茶叶、糯米、红糖炒焖后混煮服用。

高血压、高血脂、冠心病：用生长百年以上的老茶树根煮服或制成干泡服。

眼热病：用鲜茶叶或干青茶泡水冲洗眼睛，并将茶叶糊在眼眶上撒火，5小时后视力恢复。

（3）确保系统稳定的相关规约

为保证勐库大叶种茶资源合理利用及开发，双江自治县人民政府出台了《云南省双江拉祜族佤族布朗族傣族自治县古茶树保护管理条例》，对分布于县境内的野生古茶、野生近缘型古茶、栽培型古茶树的管理及开发利用从法律角度给予保护。此外，还在勐库镇重点茶叶生产区制定有相关的村规民约对茶叶的生产管理作了相关的规定，如冰岛村村规民约中专门设有一章关于冰岛茶保护规定，丙山村的村规民约中也特别提到了古茶树及茶产业的保护和管理。

1.4.1.5 丰富的茶文化

茶农业是双江自治县各民族重要的生计来源，并形成了丰富的茶文化。双江自治县是我国唯一一个由4个少数民族共同自治的自治县，在这里，拉祜族、佤族、布朗族、傣族、汉族等民族世代与茶共生。双江历史上属"夷方地"，属茶马古道南道支网，勐库大叶种茶北路通过泰恒镇茶市（今博尚镇）远销康藏，南路通过沧源、耿马与缅甸通商。各世居民族视茶为经济支撑、健康良药、交流纽带，孕育出各民族底蕴厚重、丰富多彩的文化，并与其世界观与自然观共通共融。以茶为饮、引茶入药、用茶做菜的食俗在系统内仍有体现，民族茶文化渗透在生产生活各方面（图1-29）。

图1-29　民族茶艺表演

1.4.2 遗产功能与重要性

1.4.2.1 物质与产品生产

（1）主要农产品及生计安全

云南双江勐库古茶园与茶文化系统除最主要的农产品茶叶外，还包括茶园内套种的其他农林植物附加农产品，如芋芳、花生、龙眼、杜仲、黄花梨等。勐库大叶种茶，又名勐库大叶茶、勐库种、勐库茶，属于有性群体品种，被我国茶叶界专家称誉为"云南大叶种的代表""云南大叶茶品种英豪——勐库种""'云南大叶种'正宗——勐库大叶茶"，按植物学形态特征分类，属山茶属普洱茶种，勐库大叶种茶因品质优良而驰名中外。

2013年全县茶叶面积139 466亩①，采摘面积107 128亩，毛茶总产量7820t，精制茶总产量7058t。全县现有各类茶叶加工单位808户，茶叶精制加工32户，茶叶初制加工776户，仓储能力4000多吨。2013年，全县有销售收入千万元以上的茶企业3家，销售收入在500万元以上的企业两家。这些茶企中，1家为农业产业化经营国家重点龙头企业（云南双江勐库茶叶有限责任公司），3家为农业产业化经营市级重点龙头企业。全县共有43个农民茶叶专业合作社，茶叶销售网点127个（县内4个、县外市内3个、市外省内34个、省外80个、境外6个）。2013年，全县实现茶叶工农业总产值5.96亿元，涉茶农户27 632户，涉茶农业人口达12.3万人，占农业人口的82.36%。可见，双江茶产业不仅为当地人民的生计提供了保障，而且也是地方经济的主要支柱。

（2）原料供给

云南省双江勐库大叶种茶是茶叶精深加工业的重要原料。以大叶种茶鲜叶或成品茶为原料，从茶中分离和纯化抽提出其特效成分，或改变茶本质制成新的产品，如酚性物系列、维生素系列、茶色素系列、嘌呤碱系列、多糖体系列。根据茶叶成分的药理功能和保健功能，以茶为主成分，加工生产各种药茶和保健茶等产品。可利用茶叶中多种有机成分、微量矿质元素及防病治病特效成分，作为食品的辅料进行综合性加工。目前，云南双江勐库茶叶有限责任公司、双江津乔茶业有限公司、云南双龙古茶园商贸有限公司等企业，围绕茶叶食品饮料以及茶叶药用、保健功能等科目，利用现代生物、医药、食品加工等技术，成功开发茶多酚、茶氨酸等茶叶生物科技产品，发展袋泡茶、速溶茶、茶水饮料，使双江茶产品加快向多元化、高端化迈进。

（3）保健、药用功效

普洱茶茶性温和，耐储藏，适用烹用或者泡饮，不仅解渴、提神，还可做药用，对人体健康十分有益。经过千百年历史检验和长时期精雕细刻的茶叶精品，有很好的保健效果。

茶叶含有丰富的营养素和药效成分，具有多种防治疾病的功能和保健作用，因而被称为天然的健康或保健饮料。法国巴黎圣安东尼医学院临床教学主任艾米尔·卡罗比医生用云南大叶种普洱沱茶临床试验证明："云南大叶种普洱茶对减少类脂化合物、胆固醇含量有良好效果"。中国昆明医学院也对云南大叶普洱沱茶治疗高脂血病作了55例临床试验，并与降脂效果较好的药物安妥明治疗的31例对比，普洱茶的疗效高于安妥明。长期饮用大叶种普洱茶能使胆固醇及甘油酯减少，所以长期饮用大叶种普洱茶有治疗肥胖症的功效。饮用大叶种普洱茶能引起人的血管舒张、血压下降、心率减慢和脑部血流量减少等生理效应，所以对高血压和脑动脉硬化患者有良好治疗作用。大叶种普洱茶能调节新陈代谢，促进血液循环，调节人体，自然平衡体内机能，因而有美容的效果，在海外被称为"美容茶"。

---

① 1亩≈666.67m²。

科学家通过大量的人群比较，证明饮茶人群的癌症发病率较低，而大叶种普洱茶含有多种丰富的抗癌微量元素，普洱茶杀癌细胞的作用强烈。据测定，双江大叶种内含茶多酚21.2%，咖啡因2.59%，游离氨基酸3.9%，儿茶素4.03%，水浸出物35.4%。儿茶素类（尤其是EGCG）具有很强的抗癌变和抗氧化活性。在适宜的浓度下，饮用平和的大叶普洱茶对肠胃不产生刺激作用，黏稠、甘滑、醇厚的普洱茶进入人体肠胃形成的膜附着胃的表层，对胃产生有益的保护，长期饮用大叶普洱茶可以起到护胃、养胃的作用。这是国内外崇尚饮用普洱茶的消费者称谓普洱茶为"美容茶"和"益寿茶"的主要原因。

1.4.2.2 生态系统服务

云南双江勐库古茶园与茶文化系统是由植物、动物和微生物群落以及非生物环境共同构成的动态综合体。茶园生态系统通过各部分之间和生态系统与周围环境之间的物质及能量的交换，发挥着多种多样的功能，并直接和间接地为人类提供多种服务，在维系生命，支持系统和环境的动态平衡方面起着不可取代的重要作用。因此，双江勐库大叶种茶园系统不仅为当地居民提供了生计保障和经济支持，而且由于茶园还具有调节气候、净化空气、涵养水源、保持水土、保护生物多样性等服务功能，进而为当地居民提供了良好的生态环境。

（1）生物多样性保护

生物多样性是一定空间范围内多种多样的有机体有规律结合在一起的总称。茶园中生态网络包括植物类、动物类、鸟类、昆虫类及微生物类，种类多样、丰富，从宏观到微观，从动物到植物，它们相互利用，相互依存，形成了错综复杂的生态关系。

云南双江勐库古茶园与茶文化系统中有62科145属288种植物资源，主要包括麻栎、旱黑黄檀、山龙眼、樱花树、桦木、木姜子、山茶、云南铁杉、云南红豆杉、华山松等。竹类有11种。有野生动物87种，其中，兽类40种，鸟类47种，其中绿孔雀、白鹇、原鸡、白腹锦鸡、红腹锦鸡是国家一级、二级保护动物。

此外，由于农民对栽培型古茶园物种有意识地进行选择，茶园与同纬度地区农业物种相比，丰富度指数要高得多。因此，古茶园在生物多样性的保护上起着非常重要的作用。

（2）水源涵养

云南双江勐库古茶园与茶文化系统实施生态立体栽培：采用高大乔木-茶树-绿肥立体复合的模式种植生态茶园，根据所处地块的生态环境因地制宜，中间种植茶树，尽量保护茶园中的树林、植被，使茶园遮阴达30%；地表种植绿肥或有根瘤菌的植物可保水保肥。建成林中有茶，茶中有林的生态茶园。

茶园可通过乔灌木冠层截留、草本和枯落物持水以及土壤非毛管空隙蓄水实现水源涵养的功能。通过野外调查发现，茶园乔木的郁闭度为30%，茶树的郁闭度可达95%以上，这样可避免雨水直接冲刷土壤，并且能将降雨部分截留或者全部截留，从而减少地表径流。据科学研究，立体种植茶园的0~20cm土壤层非毛管孔隙度为16.30%，根据土壤储水量公式可计算得出，茶园20cm深的土壤储水量为32.6mm。因此，双江茶园的生态立体栽培模式使茶园具有较高的水源涵养能力。

（3）气候调节与适应

云南双江勐库古茶园与茶文化系统具有调节气候功能。茶园中乔木的郁闭度为30%，茶树的郁闭度可达95%以上，高的郁闭度使茶园茶蓬表面气温比大田低3℃左右；乔木的遮阴，以及茶树及周围植被的蒸散作用使得茶园茶蓬表面空气相对湿度比大田高6%，从而使茶园微域生态湿度相对稳定。同时茶园生态系统通过园内植物的光合与呼吸作用与大气交换二氧化碳，释放氧气，对维持大气中二氧化碳与氧气的动态平衡、减缓温室效应起着不可替代的作用。

（4）保持土壤肥力

茶园土壤是地面上能够生长茶树的疏松表层，它提供茶树生长所必需的矿物元素和水分，是茶树的生长基质，也是茶园的养分储藏库。双江勐库大叶种茶园中传统土壤施肥是用腐殖质较为丰富的"黑土"与茶园土壤进行调和，或将茶园杂草割下来晒干，然后埋回茶园土壤里沤制天然肥料，使得土壤养分得到了较好的改善。据相关研究表明：杂草回填或凋落物能有效改善土壤的腐殖质层，使土壤中的有机质、全氮、全磷、有效磷、全钾均处于适宜茶树生长的国家标准范围，茶园矿质元素能够满足茶树的生长。传统的施肥方式对提高土层土壤肥力有良好作用，使茶园具有良好的土壤物理性状，从而加速了茶园土壤系统内的生物循环，保证根系对矿质元素的吸收，优化和提高了茶叶自然品质。

（5）水土保持

茶园水土保持的功能主要表现在以下方面：乔木和茶树的冠层可以拦截相当数量的降水量，减弱暴雨强度和延长其降落时间；土壤渗透力强、枯落物能有效抑制地表径流的形成，增加土壤储水量；根系和植被对土壤起到机械固持作用；茶园的生物小循环对土壤的理化性质、抗水蚀、风蚀能力起到改良作用。

调查研究表明：双江茶园系统覆盖度能达95%以上，茂盛的枝叶和地被物的综合作用，可有效防止土壤溅蚀发生。茶园系统枝叶呈多个层次遮蔽着地表，对雨滴下降时产生的动能具有分散和消能作用；在茶园中进行行间铺草覆盖，能有效减少或避免雨滴击溅侵蚀的发生。茶树根系发达，根的深度一般可达 80～90cm，根幅一般可达 1m 以上，可有效固持土体，防止面蚀、沟蚀的形成和发展。因此，成型的茶园可相当于一个小型的阔叶林生态系统，具有明显的水土保持功能。

1.4.2.3　文化传承

在千百年的种茶、制茶、饮茶、品茶实践中，双江自治县境内的各民族创造了灿烂的茶文化，茶叶应用非常广泛，已渗透到各民族人民生活的方方面面。由于各民族的风俗习惯不同，形成了不同的茶文化传承。

（1）宗教生活用茶

农村信仰佛教的各族群众，为乞求村寨平安，人丁兴旺，六畜发展，五谷丰登，凡过了天命（50岁）之年的人，无论男女都要到佛寺纳佛、做赕、滴水等佛寺活动，而茶、米、盐是必不可少的赕佛贡品。

茶，在拉祜族语言中为"腊"，而拉和腊是谐音，所以，拉祜族把茶叶同本民族的祖宗联系在一起。各民族过宗教生活时，如佛教、耶稣教、基督教等宗教活动，茶为必须物品。拉祜族信仰基督教，大部分拉祜族村寨建有基督教堂，每7天一次礼拜，主要是宣讲经文、唱赞美诗歌、集中吃"圣餐"。所谓"圣餐"就是茶水、点心、糖果之类的食品，而茶叶必不可少。每年的农历腊月三十晚上、正月十六早上和"火把节"晚上，都要将茶、盐、米、饭包好，扎上稻草、茅草人，做好竹木器枪、刀、弩，分别去拜祭山神、水神、树神，人称送鬼，乞求平安。拉祜族人打猎出发前，要用茶叶、盐、米先敬贡家神，乞求出师必胜；到山上选择野兽出没的山丫口，用茶叶、盐、米敬山神，求山神老爷恩赐猎物。傣族、佤族和布朗族信仰小城佛教，在婚丧喜事、节庆、祭拜等活动，茶叶也充当着重角色。

（2）起房盖屋、搬新居用茶

起房盖屋或搬新居时拉祜族同胞都要将茶、盐、米包好祭拜正房堂墙脚址或新房楼上，方才动工或入住，否则就不吉利，这些习俗仍在农村流传。

（3）敬客用茶

双江拉祜族、佤族、布朗族和傣族是十分好客的民族，把来客视为上宾，用茶待客是必不可少的礼仪，待客的第一件事就是敬茶。敬茶有敬茶的礼仪，妇女敬茶时，走路要小步轻盈，走到客人身旁要双脚并立、弯腰，双手把茶举过头顶，递给客人。俗话说：头茶苦、二茶涩，三茶四茶好敬客。所以头道茶汤一般是沥掉的，用二道三道四道茶汤敬客，要把茶敬完来客后，主人才能自己饮用。

（4）婚礼用茶

双江布朗族男女青年自由恋爱，订下终身，男青年告知父母，请媒人到女方家说亲。去的媒人手提礼品，待过礼时还要有茶叶两包，用红纸条扎封。到迎亲时男方上女方家迎亲也要茶叶两包，以示对女方家庭的尊敬。

1.4.2.4 多功能农业发展

（1）在促进地方农业增产增效、农民就业增收、农村稳定繁荣方面的价值

双江自治县茶叶种植历史悠久，勐库大叶种茶驰名中外，茶叶是双江自治县农民增收致富的传统支柱产业，在全县经济中有重要地位，历届政府也把茶叶当作当地经济支柱产业来发展，茶叶种植面积不断扩大，茶叶产量不断增加，茶叶产值不断提高，涉茶人平均茶叶收入达1000元以上。茶叶生产除向社会提供优质、安全、足够的农副产品外，最主要的功能是吸纳了大量的劳动力，境内的各民族在经济活动中以茶维持生计，立足茶叶资源优势，依托茶叶创业发展。茶叶产业推动了经济发展，并推动了相关产业及其经济的发展，茶叶已成为农民增收、企业增效、财政增长的支柱产业，促进了地方农业增产增效、农民就业增收、农村稳定繁荣。

（2）在发展休闲农业方面的资源潜力

休闲农业具有经济、游憩、文化、教育、社会、医疗和环保等功能，是结合生产、生活和生态"三生"一体的农业经营方式。这一新型农业经营方式的出现，可依托勐库滇濮古茶小镇，寻茶根、祭茶祖、品香茗体现4个自治民族不同的茶艺茶道的茶文化休闲园；依托古茶园、高优生态景观茶园发展休闲观光农业，享受大自然赐予的茶园风光；依托茶庄园发展休闲、养生、度假、观光、采摘项目体验休闲园。通过发展休闲农业，可以促进城乡之间的环境共享、信息互通、良性互动的好氛围。

（3）维持生态安全的作用

茶叶产业作为农业的一部分，具有和农业同样的生态功能，对农业经济的持续发展、人类生存环境的改善、保持生物多样性、防治自然灾害、为二三产业的正常运行和分解消化其排放物产生的外部负效应等，均具有积极的、重大的正效用。茶叶栽培也属于植树造林、退耕还林的措施之一，可提高绿色植物覆盖率，达到净化大气、保护水源、维护碳氧平衡等目的，对生态环境的改善发挥了良好的保护功能，有利于洁净双江的建设。无公害、绿色和有机茶叶生产技术的推广，在提高茶叶综合生产能力的同时，减少了化学投入品的使用，对维持生态安全起到了积极作用。

（4）科学研究等方面的功能与价值

1980年，双江自治县人民政府组织专家对冰岛古茶树进行考证，最大的一株，基根主干直径0.54m，株高20m，树冠覆盖面积9m^2，年产干茶百余斤，树龄鉴定为500年。据说，大茶树生长在冰岛佛寺遗址周围。目前，冰岛自然村尚存树龄500年以上的栽培古茶树4954株，这些活化石为勐库大叶种茶烙上了历史发展历程的烙印。

1997年8月，在海拔3233m的勐库大雪山中上部的原始丛林中发现的野生古茶树群落，经中科院考证鉴定，分布面积1.27万亩，海拔2200～2750m，是目前国内外已发现的海拔最高、密度最大、分布最广、原生植保存最完整的古茶树群落，它对进一步论证茶树原产于我国云南省以及研究茶树的起源、演变、分类和种质创新都具有重要的价值。

1.4.2.5 战略意义

（1）在生态文明建设与农业可持续发展方面的重要性

生态农业追求农业的全面发展，依靠现代科技，更多培养土地等生产载体的自身生产能力，同时巧妙地利用自然界本身的生态发展规律，节约生产投入，减少人工干扰产生的有害排放，既可实现农业的生产要求，又可实现保护农业生产环境的目的。因此生态文明视野下的农业发展路径是遵循循环闭合型的低投入-高产出-低排放的发展路径，最终实现农业的生态、经济和社会三大效应的综合和可持续发展。

双江勐库古茶园与茶文化系统实施的生态栽培，主要采用高大乔木-茶树-绿肥立体复合的模式种植生态茶园。在农药和化肥使用方面，积极推广使用生物农药和生物有机肥料，禁止使用高毒、剧毒农药、除草剂、叶面肥和含有稀土元素的肥料。并根据茶园土壤状况，合理施用氮肥、磷肥和钾肥，做到平衡施肥、配方施肥，避免茶园出现酸化板结。同时，通过推行茶叶标准化生产技术，建设无公害茶叶生产基地，可促进无公害农产品生产技术的推广和农业标准化建设，增强农民的无公害生产意识，促使农民自觉接受无公害生产技术，进而减少农药、化肥的使用量，从而推进全县无公害农产品的发展，因此，有效减少了农药、化肥等对生态环境造成的污染，有利于农业生态环境的保护和改善，推动农业的可持续发展。

目前，全县茶产地获得有机茶园认证 954.2hm²，获得无公害农产品茶叶产地认证 5388.7hm²。这些认证有效减少了农用化学品的投入，促进了双江良好农业生态环境条件的保护，推进了农业的生态文明建设。

（2）在社会主义新农村建设中发挥的作用

新农村建设的 20 字方针"生产发展、生活宽裕、乡风文明、村容整洁、管理民主"中的第一条就是生产发展，这是新农村建设的基础。只有加快新农村产业发展，增加农民收入，提高农民的收入水平，改善生活状况，进而才有可能实现农民"生活宽裕"，农村"乡风文明、村容整洁、管理民主"，可以说"生产发展"是新农村建设的首要任务。

双江自治县茶产业在社会主义新农村建设中发挥了重要作用。茶产业的发展，围绕产前、产中、产后不同阶段，延长农业产业链，发展劳动密集型农产品加工企业，吸纳劳动力就业和提高效益的优势，充分发挥农产品、人力资源丰富的优势，达到提高农民收入、促进农村经济增长、吸纳农村剩余劳动力的目的，为产业结构的优化和非农产业的发展创造条件。茶产业的健康发展为双江自治县"乡风文明、村容整洁、管理民主"提供了良好的基础。目前，县内有国家级龙头企业 1 家，市级龙头企业 3 家，有32 家制茶企业通过 QS 认证，有茶叶农民专业合作经济组织 43 个，这些企业和合作社有效地推动了当地社会经济的发展，为社会主义新农村建设奠定了良好的基础。

1.5 潜在的以种植业为主体的农业文化遗产

1.5.1 云南云龙稻作梯田系统

云龙县属山区，稻作梯田是云龙先民普遍选择的山地稻作方式，较为著名的包括上登坝梯田、功果桥梯田、来凤溪梯田等。

上登坝梯田属于云龙县诺邓镇永安村。该梯田的开凿与耕作始于百年前，至今仍保留着耕植传统。

功果桥镇原名旧州，2000 多年前就有人类在此繁衍生息。是一块具有悠久历史，古老神奇、山川秀美，物产丰富的土地。她自然条件好、土地肥沃，是云龙县粮食的主要产区，历史上就有云龙"鱼米之乡"美誉。旧州是云龙州治的先地，西汉元封一年（公元前 109 年）设比苏，属益州郡，东汉永平十二年（公元 69 年）属永昌郡，宋代（大理国时期）为"云龙赕"治所在地。元明两朝，该地为云龙治所，历时千余年，故名旧州。2010 年 5 月正式更名为功果桥镇。功果桥镇境内水系众多，沿澜沧江自上而下形成众多冲击平坝，呈串珠状分布，有丹梯、下坞、旧州、汤涧等小坝子，通过先民的一代代开发和中原农业文化的传入应用，形成了独特的澜沧江梯田农业生产系统。澜沧江梯田农业生产系统以传统的稻麦二熟、水旱轮作为主，丰富的水资源和独特的地理气候条件造就了功果桥镇特有的传统农业生产与相应的民俗文化。

来凤溪梯田位于宾川县拉乌乡，是云龙稻作梯田景观最美的片区之一（图 1-30）。

图 1-30　来凤溪梯田

1.5.2　云南云龙山地旱作复合系统

白石、双龙、中和据顺里巡检司副使李良于明洪武年间居白石,至今已有 600 多年历史,曾是古代银矿业的重要运输通道,是白石镇最重要的粮食生产地。现在,三村所辖 42 个村民小组,共有耕地 10 140 亩,其中水田 2300 亩,旱地 7840 亩。2269 户,总人口 7263 人,大小牲畜存栏 21 789 头(匹、只)。

作为典型的旱作农业区,白石双龙中和一直以来都是以玉米、蚕豆、小麦、核桃、中草药等为代表的旱作农业种植为主,既保持了连续的传承,又保留着古老的耕作方式、耕作工具和耕作机制,该地农作物绝大部分种在山地,这里自然条件较好,光照充足,独特的地理环境、气候条件和栽培经验,极少使用化肥农药,耕作时多使用农家肥,保证了粮食生产的天然特性古老的翻施、晒田、积肥、收打和粮食工具、收获后用马帮托运等方式依然保留至今。古衙门、水井、驿站、驿道、嘉平阁(学馆)保存完好。农副产品、生产资料交易等古集市至今非常兴旺。现代农耕对历史农耕的破坏越来越严重,加之外出务工的人员增加导致田地荒芜,本土品种的丧失。

此外,长新乡永香山地、豆寺、佳局、松炼山等地也有其特色的旱作复合系统。

1.5.3　云南云龙荞麦种植系统

新塘、新和是海拔在 2200m 以上的高寒山区,是高山苦荞、燕麦的集中生产区,这里常年种植有面积 1000 亩左右的苦荞、燕麦,平均亩产 150kg 左右,实行轮歇耕作制度,即种一熟歇 2~3 年又耕作。一般来讲,于每年的 4 月上旬至 5 月上旬播种,8 月收获。这种传统种植模式至少传承了百余年。

在种植方式上,采用撒播、点播。播种前,用牛犁、晒地。架土窝烧把子。篱笆栅栏羊踩地等工序精耕细作后再撒种,直至收割。收割时要晒垛,方才用连枷或木棍拍打收储。苦荞、燕麦经常被作为美食相互馈赠或自我犒劳。近些年来,苦荞在新塘多用来酿酒,这得益于新塘特殊的水质,加上土法酿造,俗称"焖锅酒"。该酒醇香四溢,有"小茅台"的美名。

1.5.4 云南云龙传统蔬菜种植系统

清乾隆年间是白羊厂银铜矿最兴盛的时期,有"十里长街,上万万人"的记载。随着嘉庆年间矿业的衰退,旷工就地定居,依附特殊的地理、气候,在黑土地上以种菜为生,世代延续至今。现有菜地1000多亩,种植各类蔬菜,并养殖猪、牛、羊、马用于积肥。

云龙白羊厂蔬菜品质与口感独特,被叫做"水涨菜"。所谓"水涨菜"是指菜放入锅中至水涨即熟可食,且爽口绵长。种植的蔬菜有洋芋、萝卜、莨头、芜菁、莲蓝、大头菜、甘蓝、洋花菜、大蒜、韭菜、芫荽、葱等数十种。种植方式是直接撒播、开穴点播、打塘窝播、育苗移栽,在栽培形式上多采用条栽或满天星,逢低温和喜温菜类以地膜覆盖、建棚保温保障其生长。人们利用木头制成犁架、犁铧耕地,俗称"二牛抬杠""一犁二铲"。通过人背马驮把洗涮好的蔬菜搬运到集市上出售,就近销售,基本供应了长新、检槽、白石3个乡镇的蔬菜,最远销到县城,该地蔬菜获得普遍赞誉。

栽菜最关键的环节就是管理,要时时薅锄(俗称"薅菜"),用堆肥和厩肥施三道肥(底肥、盖肥、追肥),也就形成养马种菜不得闲的农事文化。

1.5.5 云南云龙河谷灌溉农业系统

明洪武四年(1371年),迄今646年,大达先祖就开始重视水利事业,率先开挖沟渠、兴水利、稳农业、安百姓。温沟是最先开挖的沟,长约5km,期间还先后修建了新沟、大宅甸沟、清明登沟、七树木沟、豹咬羊处沟、思田大沟、赤场大沟。时至今日,包罗水库的建成,全力服务农田灌溉,新修大达(大达大沟)、豆寺干渠,共计在大达水利史上修建了10条沟,灌溉面积都在150亩以上,大达干渠全长42km,灌溉面积超过万亩,辐射包罗、长春、佳局、豆寺、丰云、松炼、丰胜等7个村87个村民小组。在不同的历史时期,它们发挥各自的功能,为农业增效,农民增产、增收创下丰功伟绩。

历代沟渠管理都设有水利委员会,具备明确的"水规水法"。设有沟长专门负责每年的两次修沟和放水管理。大沟的所有费用是按面积摊派,沟受损大的年份每亩就多承担一点人工。核算是以人工为单位,人工折成粮食,每工为几帮几升粮食,而今折算成现金,按亩交钱用水。一般用水户只知道几点几分接水,不必到沟上截水,有专门人员管护。用水以"九帮水"分到各坝水田,先灌哪一丘都有规定,违规者是要受到责罚,各个时期都刻有"碑记",它们大都保存完好。

这些沟渠为云龙县河谷地区的农业灌溉做出了巨大贡献,形成了以沟渠为特征的农业文化景观。

1.5.6 云南云龙坝区灌溉农业系统

云龙县石门罗丰甸坝塘,是云龙历史上最古老的3个蓄水坝塘之一,坝塘筑东西坝塘,东坝开闸河灌溉天耳井村的部分农田,西坝灌溉南山谷地罗丰甸坝子里的稻田。水塘和水田一并构成坝区灌溉农业系统。

松水村,共有水田678亩。其地理条件和区位有优势,形成了"坝有沟,田有水"的灌溉模式。以池场坪村的古吊水井,古水井为代表的饮水模式。历代开垦的农田,沿沘江两岸形成了"二湾一坝一村"的自然景观,形成了二牛抬杠、三梨二耙一秒的耕作模式。堆肥、厩肥为底肥、盖肥、追肥的施肥模式。开秧门祭祀摸黑脸、丢泥巴团祈求五谷丰登。祭龙祭本主,祈求风调雨顺,六畜兴旺,人丁安康的民俗模式。国家级文物水城、池场坪、大麦地等三座藤桥为群众生产生活提供方便。为古代煮盐地区"漂运春柴"而建的水城(水库坝),成为当地的地名。松水村秤子田组世代居住着傈僳族,非物质文化遗产有傈僳族的"瓜七七"打歌。大多模仿一些动物活动的动作,所有舞蹈都充分反映傈僳族人民对原始生活的追溯和对新生活的向往及追求。

1.5.7　云南巍山稻豆复种系统

巍山是南诏国的发源地，也是中华彝族祭祖圣地，据清《康熙蒙化府志》（蒙化今巍山）和《巍山农业志》记载，唐德宗兴元元年（公元748年），南诏时期，就有"蛮治山田，殊为精好""然专于农，无贵贱皆耕""禾爽主商贾""稻有20种……""蚕豆形类蚕，又名南豆，花开面向南也"之记载，说明南诏有古老的农耕历史，巍山稻—豆种植历史悠久。水稻和蚕豆是我县广大农民赖以生存和发展经济的粮经作物，巍山县稻豆复种系统涵盖了全县9万亩水稻面积，覆盖全县10个乡镇，每年5~6月栽种水稻，10~11月水稻收获后，翻耕播种蚕豆，来年4~5月收获，豆茬翻耕后再移栽水稻，实现了水旱轮作、减轻病虫草害、提高复种指数的目的，且蚕豆根部形成的根瘤，具有固氮功能，除提供自身生长发育所需氮素营养外，还能储藏一部分供下季作物吸收利用，起到培肥地力、改善土壤团粒结构及理化性状、促进养分循环的作用。水旱轮作、一年两熟的稻豆复种是巍山县主要耕作制度，是传统农业生产发展的历史见证和缩影，是农业文化、生物多样性、人与自然和谐发展的典型代表，具有文化、生态、经济等多重价值。

1.6　潜在的以养殖业为主体的农业文化遗产

1.6.1　云南云龙高原养殖系统

云龙县的云头村和云顶村位于白石镇最北端，该区海拔高，气温常年偏低，是云龙县具有代表性的高寒冷凉山区。两村田地面积5376亩，大小牲畜24 620头，其中羊15 800只。从古至今，绵羊养殖就一直是云头村和云顶村村民的主要收入来源之一，几百年来，高寒绵羊养殖凭借着独特的人文地理环境得以保存下来。

高寒地区绵羊养殖一般采用自然放养的方式，自然的更替使云头村和云顶村的绵羊具有独有的特性。春、夏、秋季节将羊赶上山后，直到冬季才将羊赶回家。民间有租养、寄牧、自牧等方式。

奉祀的白岩天子、黑岩赫威本主与绵羊养殖有美丽的传说。人们用绵羊毛织成毛衣、擀成毛毡、毡褂、毡帽等用来御寒，抵御整个冬季的严寒，绵羊的粪便用来做庄稼的肥料，减少了使用化肥对空气、土壤的污染。绵羊粪便做肥料种出来的荞麦、稗子等又可以作为冬季绵羊的饲料，这样既丰富了养殖结构，又有效改善土壤的营养成分。

1.6.2　云南云龙仔猪养殖系统

云龙县长新乡被命名为白族青筒音唢呐之乡、石雕之乡，是传统养猪盛行地。自从人们定居开始养猪否，经历了传统养殖到现在的科学饲养、适度规模养殖转变。目前，全乡养殖能繁母猪6464头，生猪存栏约在45 000头。2010年生猪存栏达最高，全乡能繁母猪存栏10 866头，生猪存栏突破10万头，以仔猪最为盛名——长新仔猪供四方，是长新乡的支柱产业。也就促成了畜牧交易市场的繁荣，目前，建有一个能容纳5000头（匹、只）大小牲畜的交易市场，街天（星期天）各地客商云集，扩大流通、活跃地区经济贡献卓越。

传统生猪养殖可以算是原始养猪，养猪叫"看猪"或"放猪"，民间还流传"租养、讨养"，主要养殖黑猪。就是每天吃过早饭，由中老年人或小孩，把猪牛羊马邀在一起到野外放养，到傍晚又赶回来。早晚喂猪食，一般都喂简单的农副产品并适当掺入玉米面加水，倒入猪食槽（用木头制作的槽）内自由采食，俗称"稀汤灌大肚"。其余时间到野外自行采食，猪喜欢将拱食的草根和泥土一起下肚，于是有白语，即"泥细吧勒得汁比"（译为泥巴乃猪油盐）之说。

1.6.3　云南云龙乌骨鸡养殖系统

云龙天灯土司贡品乌骨鸡已经有 300 多年的历史，乌骨鸡又名武山鸡，乌骨鸡有体型轻巧、营养丰富、成熟期早的特点。乌骨鸡原产于我国江西省泰和县武山西岩汪陂村。相传在清朝乾隆年间，泰和养鸡人涂文轩，选了几只最好的泰和鸡作为贡品献到京城。乾隆如获珍宝，赐名"武山鸡"。在巨著《本草纲目》里，李时珍说"乌骨鸡，有白毛乌骨者、黑毛乌骨者、斑毛乌骨者，有骨肉皆乌者、肉白乌骨者，但观鸡舌黑者，则骨肉俱乌、入药更良"。可见，在当时乌骨鸡已经并不完全相同，唯一一致的地方就是骨骼乌黑。值得注意的是，古代医学在辨别乌骨鸡是否优良时，提出的"但观鸡舌黑者，则肉骨俱黑，入药更良"的方法，似乎还是认为骨色和肉色都是黑色的为佳品。

1.6.4　云南云龙黑山羊养殖系统

云龙长新乡的黑山羊是常年生活在山坡、林地、田间地头的地方特有品种，全乡境内均有分布。长新黑山羊，因其黑色被毛居多而得名，黄褐色、青色较少。它具有适应性广、抗逆性强、耐粗饲、耐旱耐贫瘠等特点，善于攀高采食，其肉质细嫩，膻味小，使人百吃不厌。目前，全乡存栏 6 万余只，年出栏 8 万只以上，产值突破 4000 万元。除小部分规模养殖外，均为农户散养，采用全放养模式，适当补饲，因靠纯天然饲养，其风味独特，深受消费者青睐，远销湖南、海南、福建等地。

传统黑山羊养殖主要采取自然放牧，人们早饭过后，背坨盐巴，带上午饭去放羊，这潜移默化的成为一种生活方式，也是一种山野情趣，一直延续至今。民间还流传有"租养、讨养、寄牧、自牧"等方式。羊厩的建设从最初的篱笆栅栏，转变为用松毛、蕨草等垫圈的垛木房羊厩舍，直至演变为现在的高床楼式，都是为了积肥，人们视羊粪便为宝，它是最好的热性速效农家肥，在农业生产中占有重要地位。

长新人自古就有吃羊肉的习惯，曾经创造了"羊肉飘香万人街"的佳话，就目前来说，长新的"羊汤锅"美名远播，路过的人都要吃一碗解馋，与白族青筒音唢呐之乡、石雕之乡的命名息息相关。如今，受外来养羊文化的影响，养羊户随意调配品种，改变传统，本土优质黑山羊种质资源正受到侵袭，发扬传统，保种、提纯复壮形势所趋。

1.6.5　云南巍山黑山羊养殖系统

据清《康熙蒙化府志》记载南诏彝民有古老的黑山羊养殖历史。巍山县黑山羊主要分布在山区、半山区，通过人们长期的自繁自养和选育形成了巍山县的黑山羊资源、俗称老品种羊，按用途分属肉用品种。老品种羊具有体型小，性成熟早，繁殖力强、适应性好，毛色多为黑色，少数也有黄色和青色。在全年放牧不需补饲的情况下，肉质好，屠宰率可达 45%，在良好的饲养管理条件下，成年公羊体高可达 63.5cm，体长可达 72cm，胸围可达 90cm，管围可达 10.7cm，体重可达 50kg 以上。成年母羊体高可达 59cm，体长可达 63.4cm，胸围可达 76.5cm，管围可达 8cm，体重可达 34kg 以上。为了发展优质肉羊生产，巍山县创办了巍山县黑山羊品种选育场。引入了努比羊良种与本地黑山羊进行杂交改良，经过改良的黑山羊，不仅具有老品种山羊的优点，而且具有个体大、产肉量多的优点。巍山黑山羊养殖是传统特色产业，2015 年年底全县黑山羊存栏达 18.9 万只，当年出栏优质肉羊 24.7 万只。随着优质肉羊生产的不断扩大，为确保巍山县优质肉羊生产健康发展，急需对巍山黑山羊养殖系统加以保护、传承和开发。

1.6.6 云南巍山黄牛养殖系统

据史料记载：南诏时期"蛮治山田，殊为精好""然专于农，无贵贱皆耕"。在唐樊绰《蛮书》中"每耕田用三尺犁，两牛相距七八尺，一佣人前牵牛，一佃人持按犁辕，一佃人秉耒。"说明南诏彝民有古老的养牛历史。巍山最早养牛是为了耕田地，巍山本地黄牛是随着社会经济发展，在自然环境条件下，经过长期自然繁育、传统养殖形成的独特品种。

巍山县的本地黄牛具有性成熟早、繁殖力强、体质结实、适应性强、耐粗饲、役用性能好、肉质好、屠宰率高等特点。巍山县的本地黄牛头大小适中，大部分有角且较短。公牛的颈较粗，母牛的颈较细，肉垂较小。公牛躯干有肩峰，前胸发达，背腰平直，母牛后躯比前躯略高，乳房发育较差，产奶量少，尾呈扫帚状。本地黄牛属独具特色的役肉兼用型品种，是急需保护的良种资源。1978 年起以本地黄牛为基础，开展了优质肉牛品种改良筛选，改良的牛既继承了巍山本地黄牛的优点，又综合了新引进肉牛的生长发育快、体格大、个体产肉量高的优点，向着专业化、标准化、规模化生产的发展。

目前，养牛业已成为巍山县的优势特色产业，2015 年末全县黄牛存栏达 11.9 万头，当年出栏优质肉牛 9.3 万头。优质肉牛品种改良的不断推进，使巍山本地黄牛的存量越来越少。如果巍山本地黄牛一旦灭失，巍山优质肉牛的品质就会受到影响了。因此，巍山本地黄牛养殖系统急需加以保护、传承和开发。

1.7 潜在的以林业为主体的农业文化遗产

1.7.1 云南云龙古茶园与茶文化系统

云龙县沧江古树茶园位于大理白族自治州云龙县功果桥镇汤邓村，茶园坐落在澜沧江腹地、漕涧梁子原始森林边缘，海拔在 2200～2860m，这里常年雨水充沛、云雾缭绕、气候宜人、生态原始，非常适宜茶树种植，茶园种植总面积 860 亩，前身为建于 1958 年后由支边青年所管护的老茶园，是大理白族自治州最早的茶叶示范种植基地，种植历史悠久，现存的古茶树树龄在 100～300 年的有 376 棵、300～600 年的有 262 棵、600～1000 年的有 99 棵。相传当年吴三桂的女婿郭壮图曾在汤邓村乌龟奇石下避难 3 个月，部分古茶树还是吴三桂将茶树种子赠与亲戚及周边村民种植的。

20 世纪 90 年代包产到户后支边青年所管护的茶园因无人看管而撂荒。2005 年通过转让拍卖由云龙县沧江古树种植专业合作社接手管理保护，合作社坚持保护与开发相结合的理念，一方面采取有效措施保护古茶树，另一方面注重古树茶产品研发。合作社于 2013 年建厂生产有机古树红茶、生饼、绿茶等产品，其产品具有回味甘甜、持久、耐泡等特点，深受茶文化爱好者喜爱，其保护与开发理念被各级领导认可，古树茶保护受到高度重视。

1.7.2 云南云龙花椒栽培系统

云龙县俏云品花椒种植系统地处功果桥镇澜沧江东西两岸河谷区，系统种植区属南亚热带气候，年均气温 18℃，年均降水量 847.9～1000mm，海拔在 2000m 以上，水源清洁，土壤未受到污染，耕地多为冲积土层，属黑油沙土，土质肥沃，土层深厚，排水透气性能良好，生物活性较强，营养丰富，耕作层有机质含量高，自然植被丰富多样，具有得天独厚的花椒种植条件，孕育了丰富多彩的种植历史及饮食文化。

功果桥镇境内澜沧江两岸有 7 个村种植花椒，种植面积 2667hm²，产值达 3000 万元，单户最高产值达 13 万元，花椒产业逐渐成为山区群众的主要经济来源之一。近年，功果桥镇党委、政府为优化产业结构、加快山区群众增收致富步伐，致力于花椒产业培植，鼓励以龙头带动模式促进发展，成立云龙县鲁庄山农种植专业合作社，带动 240 多户农户发展 5000 多亩连片种植基地，建成加工厂房及农副产品交易市场，对云龙县境澜沧江流域的花椒进行集中保鲜、加工及销售。

俏云品花椒从起源衍生到人工种植再到现在的特色支柱产业，每一次的发展和飞越，都衍生了相应种植文化，与当地耕作、民俗等共同构成独具特色的当地文化体系，其深厚的文化内涵被当地群众所认同和传承。

1.7.3 云南巍山红雪梨栽培系统

巍山红雪梨发展历史巍山红雪梨，属自然杂交形成的优良地方品种，据史记载，巍山红雪梨在巍山县已有 200 多年的栽培历史，在海拔 2400m 的五印乡白乃新家村至今还生长着一棵"红雪梨树王"，据考证树龄已有 200 多年。巍山红雪梨具有果色艳丽、多汁、清香、味道酸甜适中、晚熟、耐储藏等特点，为云南罕见品种，具有较大开发价值。1987 年被列为云南省"星火计划"项目之一。1990 年，被云南省温带果树专家评委会评为省晚熟梨第一名，1993 年评为省优产品，1995 年评为中国第二届农业博览会银质奖产品，2011 年获绿色食品认证，2012 年获国家工商总局地理标志认证，2013 年获农业部地理标志登记，2014 年被评为云南名牌农产品。

梨花节、祭祖节、观光旅游为一体每年农历。"二月八"为中华彝族祭祖节，祭祖圣地为巍山。梨花节和祭祖节同时举行，大量的旅客涌入巍山，除祭祖外，旅客还可欣赏巍山几万亩雪白的梨花，梨花成为巍山一道亮丽的风景。

现梨树栽培主要分布在马鞍山乡、巍宝乡、五印乡、紫金乡、南诏镇、大仓镇、永建镇等，2015 年年底梨树种植面积已发展到 3333hm²，形成高原特色地方优势产业。

1.7.4 云南宾川朱苦拉古咖啡林

云南宾川朱苦拉古咖啡林的历史迄今已有 100 多年（图 1-31）。2007 年以来，有关行业专家先后多次深入朱苦拉进行考证，证实朱苦拉咖啡属于云南小粒波邦（旁）蒂（铁）皮卡品种，该品种十分稀有，品质十分优异，堪称中国咖啡的"活化石"。国际咖啡组织品尝专家在考察了云南咖啡种植及初加工基地后，将云南咖啡评价为哥伦比亚湿法加工的小粒种咖啡一类，为世界上最高品质的咖啡。一位马来西亚

图 1-31 宾川朱苦拉古咖啡林

咖啡专家曾说："保住了云南老品种咖啡，就保住了中国咖啡在世界咖啡史上的地位。朱苦拉咖啡正是属于云南小粒波邦（旁）蒂（铁）皮卡咖啡，此咖啡在云南已经很稀少了，所以我们有必要对它进行抢救性保护和开发"。2008年7月27日，中国咖啡行业唯一的国家级龙头企业德宏后谷咖啡有限公司派出专家到平川镇朱苦拉村民小组进行实地考察后，向外界公布，云南宾川朱苦拉现存的13亩咖啡是中国最古老的咖啡。13亩咖啡林里，现共存咖啡树1134株，其中100年以上的老咖啡树有24株，其余咖啡树树龄均在60年以上。

云南宾川朱苦拉古咖啡林具有古朴的历史特色、鲜明的文化特色和永恒的民族特色，其内在的历史、经济与生态等价值高度统一，是云南咖啡生产和发展的历史见证和缩影，是中国咖啡生产和发展的典型代表，具有较高的历史文化价值。

1.7.5 云南勐海古茶园与茶文化系统

勐海县是世界茶树的原产地的中心地带，全县有古茶园3067hm²，境内生长着1700多年的巴达野生茶树王和800多年的栽培型南糯山茶树王，贺开古茶园是世界已发现的百年以上规模最大且集中连片的古茶园（图1-32）。勐海古茶园及民族茶文化申报中国重要农业文化遗产对于澜沧江流域乃至中国古茶树资源、茶园生态系统与民族茶文化的保护与开发都有着重大而深远的意义。勐海古茶园及民族茶文化是以普洱茶及民族茶文化为核心，包含了最早种植茶叶的民族濮人（布朗族先人）及其他3个世居民族——傣族、爱尼族、拉祜族茶文化的演变和传承。勐海古茶园具有"茶中有林，茶在林下"的独特景观，具有丰富的生物多样性，作为民族茶文化的载体，在古茶区的生态服务系统、文化传承、多功能农业发展及生态文明建设等方面都具有不可替代的作用。

图1-32　勐海古茶树

1.8 其他潜在的农业文化遗产

1.8.1 云南云龙沟渠灌溉农业系统

云龙县诺邓镇天池村古称薯海，300多年前先人在"海"口筑土石坝一道以蓄水，用水闸管控，目的为干旱时放水灌溉农田，并以水力冲运诺邓镇石门等五井灶户所需要的柴薪。

云龙县还有许多类似的沟渠，如杏林村沟渠等，它们多在清代开凿，用以灌溉。云龙县在众多沟渠的基础上形成了众多优质的山地农业与灌溉农业景观。

1.8.2 云南云龙林下作物栽培系统

云龙县诺邓镇古林已有百年以上历史，林下种植作物。在古林周边，也种植有各类旱作植物，形成了林下作物复合与农林复合系统。

1.8.3 云南云龙核桃–作物复合系统

云龙县诺邓镇天池村自古就是云龙核桃油产地，现存原生铁核桃树百年以上的8棵，最老树龄近400年，树粗4.7m。20世纪60年代开始改造铁核桃后种植泡核桃面积大幅度增加。在核桃树下及周围，农户种植旱作物与蔬菜，并养殖家禽家畜（图1-33）。

图1-33 云龙核桃林

1.8.4 云南云龙梨–作物复合系统

云龙县天池村麦地湾梨是云龙县传统高原特色农产品，属"云南省特晚熟优质梨品种"，已被认证为绿色食品（图1-34）。麦地湾梨地域特色明显，产地环境优越，生产方式独特，人文历史悠久，文化底蕴深厚，产品品质优良，已获得地理标志产品认证。在梨园中和梨园周围，农户种植旱作物与蔬菜，并养殖家禽家畜。

图 1-34　麦地湾梨

资料来源：http：//tupian. baike. com/？

1.8.5　云南云龙诺邓古盐井

公元前 109 年，汉武帝征服云南，置益州郡，辖 24 县。其中必苏县以诺邓为中心的沘江域，"比苏"是梵语，意为"有盐的地方"。诺邓盐井自汉朝开始开采以来，至今已有 2000 余年。诺邓盐井是一口深 21m 的直井，古时采用人工取水，从盐井中取出卤水再分发给各家"灶户"煮盐，再由政府统一收购。到每年年节杀猪时，农户用自家的盐腌制火腿，色鲜味美，闻名远近。

1.8.6　云南宾川核桃-作物复合系统

拉乌乡位于宾川县东南部，距宾川县县城 78km，境内高山河谷相间，年平均气温 15.7℃，年降水量 860mm，平均海拔 2100m，全乡森林覆盖率达 92%，是国家环境保护部命名的"国家级生态乡"。该区适宜泡核桃树生长。拉乌盛产核桃，素有"核桃之乡""世外桃源"的美誉。

拉乌核桃产自，金沙江上游支流峨溪河两岸（图 1-35）。平均海拔 2200m，其独特的地理位置和气候环境，造就了型美、壳薄、脉络细小、光滑、刻纹细而浅、容易取整仁、仁白、低脂肪、高蛋白、味纯美的拉乌薄壳核桃，其果是核桃家族中的精品，其果还有食药并举的保健作用，当地彝族把它称作"金果果"。拉乌核桃是果油兼优的优良品种，被评为我国第二个优良品种，是云南省大力推广和内销外贸的优良品种之一。

图 1-35　拉乌核桃

资料来源：http：//image. baidu. com/？

拉乌乡地处山区，全乡土地以梯田为主，共计 12 000 多亩（图 1-36）。其中以来凤溪梯田和新田磨盘田有名，新田磨盘田因其中一田块中间凸起，远远望去形似一块磨盘而得名，整片田块共计 300 多亩，随

山势地形变化，因地制宜，坡缓地大则开垦大田，坡陡地小则开垦小田，甚至沟边坎下石隙也开田，梯田大者接近1亩，面积小的0.1亩不到。梯田坡度大多在30°~35°之间，主要分布在海拔1200~2300m的地方。

图1-36　拉乌乡被核桃林包围的梯田

第2章 | 要素类农业文化遗产[①]

要素类农业文化遗产是农业文化遗产的广义概念，指人类在长期农业生产活动中所创造的，以物质和（或）非物质形态存在的各种技术与知识集成，按照一般分类方法，包括农业遗址、农业工具、农业民俗、农业技术、农业物种、农业工程、农业景观、农业特产、农业聚落等（徐旺生和闵庆文，2008；王思明和李明，2015）。

澜沧江流域内气候复杂、地貌奇特、物种多样，由于地形复杂，海拔各异，立体气候明显，动植物的遗传变异类型丰富。优越的生态环境条件也为许多传统动植物品种如野生稻的保存、传统农耕方式、民居建筑等的传承提供了良好的栖息地。同时多样化的生产生活方式也极大地丰富了农业文化遗产的类型。

本次调查从名称、类型、分布区域、品质特征、保存现状等基本情况入手，重点调查了农业遗址、农业景观、农业聚落、农业技术、农业工具、农业物种、农业特产和农业民俗等农业文化遗产的组成要素，建立了澜沧江流域农业文化遗产组成要素的名录和资料库。本章汇编了澜沧江流域所涉及的3省61县的代表性要素类农业文化遗产。

2.1 农业遗址

农业遗址是指已经退出农业生产领域的早期人类农业活动和生活遗迹，这些遗产包括遗址本身，以及遗址中发掘出的各种农业生产工具遗存、生活用具遗存、农作物和家畜遗存等，包括农业生产地遗址、农业聚落遗址等。

名称：象鼻山新石器遗址
地点：云南省普洱市思茅区
象鼻山在竹林乡小橄榄坝村南500 m处，遗址在象鼻山北坡偏东10°的菠萝地里，遗址为南北向，呈纺锤状，南北稍长，地势较高，面积15 000 m²，土壤为褐色，文化层40～50 cm，有少量木炭及红烧土。1983年普查中采集样本56件，花岗岩石料55件，陶片17件。石器以打制为主，磨制石器3件。其中，长条梯形石斧31件，有肩石斧1件，石刀6件，中心钻孔扁圆形石器1件，陶片为夹砂灰陶。

名称：南夺新石器遗址
地点：云南省普洱市思茅区
南夺新石器遗址位于竹林乡南夺村西北约30 m，营盘山北约400 m处，南夺新石器遗址为村落遗址，遗址呈南北150 m，东西100 m的长方形状。普查中采集到石器标本25件，其中梯形石斧5件，椭圆形石刀两件夹砂红、黑陶个1件等（图2-1）。石器分为花岗岩打制石器和磨光石器。遗址为酸性土壤，呈灰黄色。

[①] 本章执笔者：袁正、马楠、何露、陈楠、赵贵根、曹智、孙雪萍、张祖群、孙琨、杨伦。

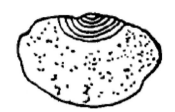

图 2-1　采集物中的椭圆形石刀

资料来源：黄桂枢，1993

名称：螺丝塘山新石器遗址

地点：云南省普洱市翠云区

螺丝塘山新石器遗址位于竹林乡小橄榄坝村东约 500 m 处的螺丝塘。遗址地处坝子东部边缘，南北稍长。呈椭圆形，地势较高，面积约 5000 m²，土为褐色。有红烧土块、炭屑等杂质。普查中采集打制矩形石斧标本 6 件，圆扁石斧两件（图 2-2）。

图 2-2　圆扁石斧

资料来源：黄桂枢，1993

名称：干坝新石器遗址

地点：云南省普洱市翠云区

干坝新石器遗址位于竹林乡迁洛寨北偏西干坝山。发现的石器多为梯形石斧（图 2-3），形状不过则，有磨制或打制痕迹的石器。石器质料有较硬的青石、细砂石、花岗石及较软的红砂石。普查中得磨制石器标本 5 件，另在满子田后山养马场发现与之相同的石器，还有夹砂陶片（雷峰，1993）。

图 2-3　梯形石斧

资料来源：http://image.baidu.com/search

名称：塘子沟遗址

地点：云南省保山市隆阳区

塘子沟遗址（图 2-4）位于云南省保山市隆阳区蒲缥镇塘子沟村村旁台地，为旧石器时代晚期遗址，面积约 1000 m^2，文化层厚 20~90 cm。塘子沟遗址为研究保山乃至云南省旧石器文化提供了重要资料。1987 年 12 月，被云南省人民政府公布为第三批省级重点文物保护单位。塘子沟遗址出土 2300 多件实物标本和丰富的文化遗迹，以及柱洞、火塘等古人类居住用火遗迹和我国最早的房屋遗址。这些丰富的遗址遗物经 ^{14}C 年代测定，距今约 8000 年，是迄今国内从更新时晚期推延到全新世时期最早见的古遗迹文化。

图 2-4　塘子沟遗址

资料来源：http://baike.baidu.com/

名称：茶马古道——梅里段和阿墩子镇

地点：云南省迪庆藏族自治州德钦县

茶马古道源于古代西南和西北边疆的茶马互市，兴于唐宋，第二次世界大战后期最为昌盛，分川藏和滇藏两线。滇藏茶马古道南起云南省的西双版纳和思茅（今普洱市），经大理、丽江、香格里拉进入西藏地区，并转口至印度、尼泊尔和不丹境内。茶马古道是中国古代一条重要的贸易通道，具有深厚的历史积淀和文化底蕴，更是西藏地区与内地联系的重要桥梁和纽带。

（1）茶马古道——梅里段

这一段的茶马古道是连接云南德钦和西藏左贡、察隅的交通要道，是具有文化意蕴和内涵的"茶马互市"的重要通道之一（李旭，1994）。云南马帮线从德钦走进西藏的门户是梅里雪山的海拔 4815 m 的说拉山口。翻过说拉山口，就进入西藏昌都地区左贡县的甲朗和碧土，然后沿玉曲河北上，经左贡到邦达。马帮说，这是上苍让马帮翻山进藏的一条天路。

（2）茶马古道——阿墩子镇

该段茶马古道位于德钦县升平镇的阿墩子古镇（图 2-5），是茶马古道上唯一保存完整的线路，是茶马古道滇藏线上的重要枢纽，又是千百年来藏民朝拜卡瓦格博圣地的重要起始和终点站。

阿墩子古镇，是茶马古道滇藏线上的三省之交的重要物资集散地和文化交流地。古镇最初人类活动可考证到 3000 年以前。据考证，明正德年间，阿墩子开始形成村落。此后，随着茶马古道的只起而逐渐成规模。阿墩子镇茶马文化与朝圣卡瓦格博文化有密切关系。古镇的三纵三横街道布局，集藏、汉、纳、白风格的传统民居形式和景观水沟系统，都是最适合于阿墩子特殊环境的布置。

自唐宋以来，随着藏汉文化、政治、经济的密切交流，阿墩子镇逐渐发展成独具特色的多民族多宗教的多元文化古镇，也成为卡瓦格博地域独特的文化中心。这些独特的文化形式表现在日常劳作、婚礼、丧礼、谈情说爱、聚会、庆典、宗教活动等各方面。歌舞类有著名的德钦弦子，锅庄舞成为人们载歌载舞庆祝互动的民间艺术。情卦，是年轻人们谈情说爱的一种对歌。劳动号子，打麦调、冲墙调等，又显示了人们在繁忙的劳动之中的乐观优雅的情调。

图 2-5　阿墩子镇
资料来源：http：//yngdzj.com/bbx/

名称：奔子栏佛塔殿壁画
地点：云南省迪庆藏族自治州德钦县

从 17 世纪末到 19 世纪中期，奔子栏村民修建了 7 座佛塔和 6 座转经堂，这几座建筑都分布在 4.3 km^2 的范围内，其中，只有建于清康熙末年和光绪年间的曲登拥曲登、娘羴曲登和习木贡洞科在 "文化大革命" 中幸存下来，其内的清代壁画是目前云南省保存最完好的清代藏族宗教壁画，壁画面积为 217 m^2。壁画的作者为当地民间工艺艺人，所以壁画在内容中不但反映了藏传佛教各种教派的题材，还表现了大量的世俗生活场景，在表现手法上少了很多寺院壁画中的清规戒律，特别是供养图和神山图中对清代奔子栏地区民间的社会生产生活有真实的描绘，是研究清代滇西北藏区的社会历史、民族关系、文化交流和各种宗教传播的珍贵实物资料。壁画用料考究，技艺精湛，具有较高的艺术价值和观赏价值（图 2-6）。

图 2-6　佛塔殿壁画
资料来源：http：//image.baidu.com/search

名称：石佛洞遗址

地点：云南省临沧市耿马傣族佤族自治县

石佛洞遗址（图2-7）系新石器时代文化遗址，由地壳的自然运动变化而形成，是云南省规模最大的洞穴遗址，属国家级文物保护单位。它位于耿马县城南25 km处的小黑江畔。整个洞深不可测，秘不可探，洞口高达20余米，宽至50多米，纵深约100m。就在洞口下文化堆积层厚达3 m，其中竟有早期人类房屋柱洞。从考古发现看，石佛洞遗址的主人早在3000年前就会牛耕、种稻、烧陶，其石器精致，陶彩精美，造型精细。该遗址是中华民族先民3000年前就在澜沧江流域创造了发达的史前文明的直接证据，是十分珍贵的历史文化遗产。

图2-7　石佛洞遗址

资料来源：http://image.baidu.com/search/

名称：宝山石头城

地点：云南省丽江市玉龙纳西族自治县

宝山石头城（图2-8）位于云南省玉龙纳西族自治县城东北，是一座建在巨石上的特殊的城堡。它建于元代，纳西族语叫"刺伯鲁盘坞"，意为"宝山白石寨"。石头城建在0.5 km²的巨石上。城北有天险太子关。城南有峭壁屏障。石头城中民居青瓦灰墙，鳞次栉比。巷道狭窄。丽江宝山石头城一带，是古代丽江纳西族由"依山负险，酋寨星列，不相统摄"的游牧阶段转向农耕阶段的历史写照。选择巨石建立城堡，除了军事攻防方面的原因之外，还有珍惜可耕土地的重要因素。

图2-8　宝山石头城

资料来源：http://www.izmzg.com/s/gzy/

丽江宝山石头城周围的所有山坡，凡能开垦的全都辟为梯田，与元江的梯田相比，丽江宝山石头城的梯田具有独特的自流灌溉系统——不是上田满了流下田，而是在每块田的下面都修有暗渠，形成一条由暗渠和水口形成的浇灌网络，堵住暗渠口，水便会流灌整块田地，满水后打开暗渠口，再堵上灌田水口，水由暗渠流下，便可浇灌下层田块。这样不会产生夺肥现象。5月麦熟，10月稻黄，碧绿金黄的麦海稻浪托举着巨轮般的石城，是宝山石头城最具观赏性的季节。

名称：小恩达遗址

地点：西藏自治区昌都市卡若区

小恩达遗址（图2-9）位于昌都县北5 km处的昂曲河东岸，海拔3263m，遗址面积约1 km²。1986年西藏自治区文物普查队首次对遗址进行了调查、试掘。遗存分为早晚两期，年代距今3000~4000年。小恩达遗址1996年被西藏自治区人民政府公布为第三批自治区级文物保护单位。小恩达遗址是藏东地区继卡若遗址之后科学发掘的第二处新石器时代遗址。它的发现对于探讨藏民族的起源、西藏地区早期和黄河流域等地的文化联系，以及建立和完善卡若文化的类型和序列提供了十分珍贵的材料。

图2-9　小恩达遗址

资料来源：http://www.saygoer.com

名称：永平新光遗址

地点：云南省大理白族自治州永平县

永平新光新石器时代遗址位于永平县城东部的新光街两侧，发现于1993年，总面积40 000 m²。先后发掘5次，长达3年之久，共发掘2700 m²。该遗址是云南省目前发现的面积最大的新石器遗址。该遗址文化内涵所代表是一种新的考古学文化，专家称为"新光类型"。

新石器时代的遗迹有灰坑、沟、房子等。在沟底发现大量碳化稻和植物籽实。房子均为干栏式或半地穴式建筑。出土遗物包括石器、陶器两大类。碳化稻和植物籽粒及狩猎工具的出现，说明当时人类已开始了种稻与打猎相结合的生活方式。用于砍伐、开垦、耕耘、穗割的不同类型的石斧、石锛、石刀，证明当时已有稳定的农业种植。根据工具功能、耕地灌溉条件和民族学资料判断，当时种植的作物可能属旱地作物。与原始农业相伴发展的另一个重要部门是饲养业，已发现的骨有牛齿。已出土较多的石镞、石矛，表明狩猎、捕鱼、采集在居民生活中占有重要地位。从发现的大量陶器，纺纶和房屋遗迹看，当时的制陶、制石、纺织等手工业到晚期已有长足发展，其中陶业生产最为发达（图2-10）。

图 2-10 陶罐

资料来源：http://www.ypx.gov.cn/ypgov/

新光遗址至少可以分为三期，因此，对研究云南新石器时代考古学文化的谱系具有重要意义。这一遗址又处于我国边境地区，它对研究我国古代边境地区考古学文化面貌，研究与中原文化的关系，研究与东南亚国家之间在古代文化关系，研究古代文化的族属问题，以及云南青铜文化的起源问题都具有重要意义。

2.2 农业景观

农业景观指具有观赏价值，但规模较小的农业设施或农业要素系统。包括农地（田）景观、林业景观、畜牧业景观、渔业景观、复合农业系统等。

2.2.1 农地（田）景观

名称：攀天阁水稻

地点：云南省迪庆藏族自治州维西傈僳族自治县

攀天阁乡地处世界自然遗产"三江并流"风景区腹地，隶属著名旅游品牌香格里拉，是被誉为"横断山区的绿宝石""维系西藏的纽带""滇金丝猴的家园""兰花之乡""动植物的基因库"的维西傈僳族自治县的一个行政乡。被世人誉为"世界高海拔产稻区"，所产的传统特色水稻"老黑谷"享誉国内。攀天阁坝子原本是一块沼泽地，是普米族放牧的地方。清光绪年间，广西通判冯舜生发动当地百姓开挖引水渠，并造田，引进了原始水稻品种老黑谷，开启了世界上最高海拔产稻区纪元。"世界上离天最近生产水稻的坝子"应运而生。"老黑谷"有近 750 年的种植历史，是攀天阁特有的特种水稻。水稻主产区位于攀天阁乡皆菊村委会，是乡政府驻地，产区海拔 2680 m。产区面积 133 hm²，实际种植面积 107 hm²。产区地势平坦，地层为草煤，保湿、保温性强，矿物元素富集。"老黑谷"米壳呈黑色，米粒油红圆润饱满，焖熟后醇香可口，是普米族群众招待和馈赠亲友的佳品（图 2-11）。

图 2-11 攀天阁 "老黑谷" 地

资料来源：http://www.ynagri.gov.cn/dq/wx/news8579/20131016/4376284.shtml

名称：青稞栽培系统

地点：青海省、西藏自治区等

青稞又称裸大麦、元麦、米大麦，主要产自中国西藏、青海、四川、云南等地，是藏民的主粮。青藏高原的青稞种植历史可推溯至约 3500 年前。青稞具有丰富的营养价值和突出的医药保健作用。在高寒缺氧的青藏高原，为何不乏百岁老人，这与常食青稞，与青稞突出的医疗保健功能作用是分不开的。据《本草拾遗》记载：青稞，下气宽中、壮精益力、除湿发汗、止泻。藏医典籍《晶珠本草》更把青稞作为一种重要药物，用于治疗多种疾病。青稞是西藏四宝之首糌粑的主要原料。此外，从物质文化之中延伸到精神文化领域，在青藏高原上形成了内涵丰富、极富民族特色的青稞文化（图 2-12）。

图 2-12 青藏高原青稞栽培

资料来源：http://www.photofans.cn/album/showpic.php?year=2012&picid=324250

名称：白族稻作农业景观

地点：云南省大理白族自治州

在新石器时代，白族先民就在以苍山洱海和滇池为中心的地区生息繁衍，在河旁湖滨的台地上创造了早期文明的水稻农耕文化，过着农耕渔猎的定居生活。从西汉至唐初，白族先民在汉文化以及其他外来文化的影响下，不断进行分散和聚合，先后形成"西洱河蛮""白子国""渠敛诏"及"六诏"等酋邦；后建立了南诏国、大理国等政权，历时500多年。元、明、清时期，白族在政治、经济、文化诸多方面与中原逐步形成一体。白族稻作历史悠久，在洱海畔形成了大规模的传统稻作景观，保留了适应当地气候与自然条件的传统稻作品种，并衍生出了极具代表性的白族稻作文化。

2.2.2 林业景观

名称：凤庆香竹箐古茶树

地点：云南省临沧市凤庆县

凤庆香竹箐古茶树（图2-13）地处云南省临沧市凤庆县香竹箐，该古茶树高达10.6m，树冠南北长11.5m，东西长11.3m，基围5.84m，周围10m以内没有树木。专家推断该树树龄在3200～3500年，当地人称为"锦绣茶祖"，学界将其称为"世界茶王之母"或"世界茶祖母"。2005年，美国茶叶学会会长奥斯丁对其考察后认为，"锦绣茶祖"是迄今世界上已发现的最大的古茶树，如果考虑到它是栽培型的，对人类茶文化的历史将具有无与伦比的意义，此株古茶树位于锦秀村上寨村民小组毕文采家房后，根部周长2.82m，直径0.9m，树高10.4m。另还有3株古茶树直径分别都在0.8m以上。香竹箐大茶树周围还有栽培的古茶树群14000多株。连片集中，生长茂盛，有明显的人工栽培的迹象，是世界上现存的最粗、最大、最古老的栽培型古茶树。这些古茶树资源是宝贵的活化石，是茶树起源地中心和人类悠久种茶历史的有力见证。

图2-13　凤庆香竹箐古茶树

资料来源：http://www.pumtea.com/h-nd-106-2_325.html

名称：凤庆古茶园

地点：云南省临沧市凤庆县

凤庆县位于云南省的西南部，是世界著名的"滇红"之乡，是世界种茶的原生地之一。凤庆位于茶树起源中心区，繁衍了数量众多的古茶树群落。按照生物进化论的观点，适宜的生态环境起源了茶树，孕育出丰富的茶树资源。凤庆县乡村的原始森林或次生阔叶林带，至今仍存活着丰富的乔木型野生古茶树群落。据初步统计，凤庆野生古茶树群落现有5800亩，主要分布在诗礼乡清华3000亩、郭大寨乡万明山1000亩、三岔河乡柏木1000亩、腰街乡新源600亩、大寺乡平河双龙200亩。其他少量分布在凤山镇和小湾镇之间的大黑龙塘菁，凤山镇和雪山乡之间的大雪山菁，勐佑乡和大寺乡之间的大尖山菁，澜沧江以北鲁史、永新、诗礼、新华等4乡镇的博刀山、山顶塘、金唐山等山（图2-14）。

图 2-14　凤庆古茶园

资料来源：http：//www. puercool. cn/2012/0907/9651. html

名称：景谷百年象牙芒
地点：云南省普洱市景谷彝族自治县

景谷象牙芒果，果实圆长肥大，一个重 0.5kg 左右，因果型如幼年象牙而得名。果实成熟时呈金黄色，可食部分占 72%，皮薄核小，果肉肥厚、鲜嫩、多汁，味美可口，香甜如蜜。含有多种维生素，被视为果类珍品，誉为"热带水果之王"。自 1914 年景谷威远镇芒昌村农民刀体清从泰国引种至今逾 100 年历史。目前，这颗年逾百年的象牙芒果祖树仍生长在景谷镇威远江旁（图 2-15）。

图 2-15　景谷象牙芒古树

资料来源：袁正拍摄

名称：橡胶林复层系统

地点：云南省

橡胶树作为一种重要的热带经济林木，广泛种植于澜沧江流域的云南省地区。为有效利用土地，各地摸索出一系列以橡胶为主的复层混农林业系统，具体类型包括橡胶+粮食作物、橡胶+经济作物、橡胶+茶、橡胶+咖啡等，在一些地方还将甘蔗、热带水果、药材等套种在橡胶林中，收到一定的经济效益（赖庆奎和晏青华，2011）。

名称：农林牧复合系统

地点：澜沧江流域

澜沧江流域很多地区都存在农林牧复合系统，其中最常见的为庭院种植和绿篱系统。绿篱系统是为防止牲畜家禽啃食践踏农作物蔬菜等，农户常在村寨附近的农地四周密植1~2行豆类植物如大叶千斤拔、银合欢、木豆等和其他树种构成绿篱，在起保护作用的同时，其枝叶也是较好的牲畜饲料，此外，还可为农户提供部分薪材（赖庆奎和晏青华，2011）。

2.2.3　畜牧业景观

名称：青藏高原草地农业系统

地点：青藏高原

青藏高原草地农业系统分布于青藏高原的高寒草地中（图2-16），以其鲜明的自然、经济和社会人文特色在我国及世界的草地畜牧业领域和草地生态系统中占有极重要的地位。高寒草地的分布高度在3000 m以上，牦牛放牧高度最高可达6200 m，创造了放牧高度的世界之最。高寒草地寒旱生草本植物占有优势，总盖度约达70%，植物种类较少，每平方米草种不超过15种，禾本科植物在高寒草地植被组成中占据最重要地位，是高寒草地放牧家畜的主要牧草来源。在这 $1.059 \times 10^8 hm^2$ 的高寒草地上，每年生产近 2×10^8 t的可食牧草，由1300万头牦牛、5000万只绵羊和其他一些草食家畜转化成近300 000 t牛、羊肉，20 000 t羊毛和近400 000 t的鲜奶及奶制品，是近200万牧民世代繁衍生息并赖以生活生产的家园。

图2-16　青藏高寒草地

资料来源：http://www.yntsti.com/news/Scientific/2015/99/139906.html

2.2.4 复合农业景观及其他

　　名称：香格里拉传统农业
　　地点：云南省香格里拉市
　　香格里拉市位于青藏高原东沿、云南省西北部、澜沧江中游地段。县内保留着十分传统的农林牧复合农业景观（图2-17）。农田生态系统包括耕地、打麦场、圈肥地和庭院菜地等，种植青稞、洋芋、蔓菁、油菜、燕麦、荞麦等适宜高原生长的农作物。林地生态系统包含了神山林、集体林、箭竹林、自留地和荒山。畜牧系统除了农户零散畜牧养殖外，还有着极具特色的高山牧场系统，包括高寒草地牧场、杜鹃灌丛、村级牧场、刈草地、积水地等。这一传统复合农业景观，使各种生物资源在系统内循环利用，形成了系统内部的自循环（龙春林，2013）。

(a) (b)

图2-17 香格里拉传统农业

资料来源：龙春林，2013

　　名称：芒康盐井古盐田
　　地点：西藏自治区昌都市芒康县
　　昌都地区一直是我国较早生产盐的地区之一，地处连通川、滇、藏地区的"茶马古道"上，是世界上海拔最高、自然环境最恶劣的盐业生产地之一，现在只有芒康县纳西乡盐井盐田继续生产。芒康盐井沿袭着早期流传下来的传统工艺，从择地凿井、搭建土木结构的盐田、晒盐及贩运均保留原有的技术和形式，是目前世界上少有的原始盐业生产活化石之一。芒康县共有盐田2655块，有盐池300多个，大小盐井60多口（图2-18）。

图 2-18　芒康盐井古盐田

资料来源：http://epaper.gmw.cn/gmrb/html/2014-04/26/nw.D110000gmrb_20140426_4-09.htm

2.3　农业聚落

名称：电达村

地点：青海省玉树藏族自治州玉树市（结古镇）

电达村（图 2-19）是青海省玉树藏族自治州玉树市仲达乡辖村，位于玉树市东北部，人口以藏族为主，其占总人口的 99% 以上。电达村地处通天河西南岸沟谷地、山地，是传统的牧区村落。农业上农牧结合，以牧业为主，牧业牧养藏系羊、牦牛、马等牲畜。农业以种植青稞、油菜，马铃薯为主。电达村是藏娘佛塔及桑周寺（北宋—清）所在地，藏式建筑典型，且具有大面积始刻于明代，延续至清代的藏传佛教石刻文物，与格鲁派教义相关。

图 2-19　电达村

资料来源：http://image.baidu.com/

名称：军拥村

地点：西藏自治区昌都市左贡县

东坝的民居（图2-20）集汉族、藏族、纳西族等风格于一体。这些房屋体积庞大，选料考究，设计巧妙，精雕精细，外观雄伟壮观，内部富丽堂皇。房屋依山、依道、依水、依果园而建，放眼望去，宛如古代的宫殿群，气势磅礴。军拥村在全区农房建设中具有重要的地位，其艺术在东坝乡最具代表性。

图2-20　军拥村东坝民居

资料来源：http://wenhua.jguo.cn/rwdl/2014/0718/53078.html

名称：上盐井村

地点：西藏自治区昌都市芒康县

上盐井村（图2-21）是西藏自治区昌都地区芒康县纳西族乡下盐井村下辖的自然村，位于林口乡东北边，海拔1840m。上盐井村位于澜沧江西岸，以盐井盐田闻名，是世界文化遗产中国预备名录收录盐井古盐田中的核心村落。上盐井村是一个无论从文化上还是地理物产上来讲都非常独特的地方。它位于沟通西藏和中原的茶马古道在西藏的第一站——盐井乡。澜沧江畔井里的卤盐水，为盐井的盐田提供了大量的盐巴。除了盐外，这里还有更罕有的西藏唯一一座天主教堂。

图2-21　上盐井村

资料来源：闵庆文拍摄

名称：师井村

地点：云南省大理白族自治州云龙县

师井村（图 2-22）隶属云南省大理白族自治州云龙县检槽乡，师里河由北向南纵贯全境，形成高山峡谷与山间小盆地相间的地形地貌，面积 414.77km²。师井村历史悠久，其早年为云龙五井之一，据清雍正《云龙州志》记载："师井在石门正北，相距百里，产六井，俱出村沿溪一带，为正井，樽节井，公卤井，公费井，香火井，小井，一日之卤，十五户按数均分，用大灶一围，铜锅六七口日夜煎盐三斤①八九两②，每灶月出盐百余斤"。

图 2-22　师井村

资料来源：http://km.house.qq.com/a/20140507/000043.htm

师井村坐北朝南，南西北三面环山，南北两山间有个大山坳，山坳东坡陡、西坡平，陡坡处为居住地，平地为良田。村东面无山靠，南边山脉不完整。村内依照风水方位，修建了关帝圣君桥和望月桥。当时因盐矿的开发和白羊厂银子的开采，师井村十分繁华，人居 360 户，居住房屋都采用古老的土木结构，大户人家建有四合五天井，三房一照壁，有古老的木雕，图案丰富。民国期间，盗匪两次放火烧村，古建筑全部被毁，现存很少，目前的建筑群 95% 是土木结构，也有当代建筑。

名称：诺邓村

地点：云南省大理白族自治州云龙县

诺邓村（图 2-23）位于云南省大理白族自治州云龙县诺邓镇。这里矿藏丰富，盛产食盐。居民以白族为主。1996 年盐井被封，停止采卤煮盐。由于产业的变化，村民生活并不富裕，然而却保留了千年的文明传统，所以，民风古朴，民居依旧，是崇山峻岭中古老而优美的白族古村落。诺邓村历史上曾一度为滇西地区的盐米交易中心之一，古代诺邓与大理、保山、腾冲等地形成的"盐米互市"关系而开通的"盐米商道"是"茶马古道"组成部分，其东向大理，南至保山、腾冲直至缅甸北部的梅恩开江一带，西接六库片马，北连兰坪丽江。由于诺邓历史上盐业兴盛，并为古道要冲，旧时马铃声声不绝于耳，往来商贾多如行云。

诺邓古村坐落在崇山峻岭之中，自唐代盐井开发以来历千余年，古村风貌基本未变，特别是明清以来形成的山村建筑景观依旧，原生态保存完好，是目前云南省保存最完整的古代建筑群落。

---

① 1 斤 = 0.5kg。

② 1 两 = 0.05kg。

名称：大村

地点：云南省大理白族自治州大理市

大村隶属于云南省大理市太邑彝族乡者么村委会，位于大理市者么山脉山腰中，是大理市唯一的山地白族传统村落（图2-24）。大村面积2.61km²，海拔2400m。下辖3个村民小组。民族主要有白族、彝族、汉族，其中，白族占总人口的98%。其产业主要以农业为主。

图2-23　诺邓村

资料来源：http://roll.sohu.com/20130408/n372007829.shtml

图2-24　大村

资料来源：http://qcyn.sina.com.cn/travel/jqtj/2011/0504/12003834982.html

　　大村村内风光秀美，文化灿烂，民风纯朴，习俗浓郁，历史文化积淀深厚悠久、白族民族文化保存丰富真实、历史村落典型完整，是典型的山地白族民族自然村。农户住房主要以土木结构为主，始终延续着青瓦白墙的白族建设风格。村民信奉本主，本主庙位于村落北部，是宣传大理白族本主文化的重要场所，每当逢年过节，这里都会有村里组织的和自发前来的祭祀活动，祈祷风调雨顺，五谷丰登；祈祷身体健康，出入平安。

名称：周城村

地点：云南省大理白族自治州大理市

　　周城村（图3-25）是位于苍山沧浪峰下的一个小村庄，是国内最大的白族聚居村，属云南省大理白族自治州大理市喜洲镇。村内粉墙青瓦，巷道幽深，南、北两个广场上，各生长着两棵高大的榕树（俗称大青树），南广场前有一巨大的照壁，嵌有"苍洱毓秀"4个大字；北广场，有一砖木结构的古戏台。这里是每日下午集市贸易的地方，每逢火把节便竖起巨大的火把，成了庆祝演出活动的场所。此外，村里还有本主庙，文昌宫等古建筑。周城村妇女服装服饰具有白族装饰的代表性，又是大理扎染、蜡染和织绣品的集散地，具有浓郁的民族风情。扎染制品是当地的传统工艺，有丰富多彩的民族节日，其中最著名为"三月街"，被形象地喻为"一街赶千年，千年赶一街"。

图2-25　周城村

资料来源：http://m.mafengwo.cn/i/3299323.html

白族房屋建筑多为"三坊一照壁""四合五天井"封闭式庭院形式构建的白族民居。有独成一院,有一进数院,平面呈方形。造型为青瓦人字大屋顶、二层、重檐;主房东向或南向,三间或五间,土木砖石结构,木屋架用榫卯组合,一院或数院连接成一个整体。白族民居特别重视照壁、门窗花枋、山墙、门楼的装饰。大门座选用海东青山石精凿成芝麻花点,砌出棱角分明的基座,上架则为结构严谨、雕刻精细、斗拱出挑、飞檐翘角的木制门楼。

名称:云南驿村
地点:云南省大理白族自治州祥云县

云南驿村(图2-26)位于云南省大理白族自治州祥云县云南驿镇北部云南驿行政村,地处坝区,海拔1980m,村舍围绕白马寺山麓沿昆畹公路两侧呈弧形分布。云南驿村,因地制宜,结合自然,打破构图方正、轴线分明的传统布局手法,整个村庄依山而建,结合地形自由布局,道路随着山势的曲直而布置,房屋就地势的高低而组合。将建筑、山体、道路、农田有机结合,融为一体,形成了丰富和谐的街景空间。

图2-26 云南驿村
资料来源:http://wldj. yn. gov. cn/NewsView. aspx? NewsID=49980

名称:板桥村
地点:云南省保山市隆阳区

板桥村隶属云南省保山市隆阳区板桥镇,全村面积2.5km²,海拔1650m(图2-27)。板桥村现保存有180余套传统民居,这些传统民居主要集中在板桥村青龙街两侧,每一户老宅都有着上百年的历史,多数保留着前店后宅式的格局。这些民居大都是小面宽、大进深,双面飞檐,形式古朴,靠墙立柱。这种古老的层进式建筑甚至是大理古城的洋人街、丽江古城的四方街所不能比拟的。

板桥村至今还保留着许多历史遗迹:青龙街马蹄印、古道钉掌铺、万家祖祠、马家大院、万家大院等。漫步在青龙街,各种老式店铺鳞次栉比,古道风貌犹存。各行"堂""店""号""记"悬挂街面,有所谓"万家的顶子、马家的银子、赵家的牌子、戈家的饼子、董家的包子、丁家的馆子"和"板桥米线"之说。传统工艺——栗炭土炉烤制的蛋糕,在滇西乃至云南都是"一绝"。丰富多彩的民俗文化、马帮文化及传统手工艺,共同构成了板桥村文化的丰富内涵。

图 2-27　板桥村

资料来源：http：//www.aphoto.com.cn/forum.php？mod＝viewthread&tid＝120455

名称：翁丁村

地点：云南省临沧市沧源佤族自治县

翁丁村（图 2-28）位于云南省临沧市沧源佤族自治县勐角民族乡北部，是中国最后一个原始部落。翁丁，在佤语中的意思就是云雾缭绕的地方，又有高山白云湖之灵秀的意思，以佤族文化著称。

翁丁村至今仍传承着佤族部落的原始文化，是迄今为止保存最为完好的原始群居村落，寨里寨外的一切事物都是佤族历史文化的结晶，是原始阿佤山的缩影，记录着阿佤山的远古和现在。寨中的牛头、木鼓、寨桩、图腾柱、阿佤人民等都是佤族历史文化的见证和象征。翁丁村最为神秘的是由寨桩、寨心、司岗里组成的村寨心脏，最具吸引力的是男人剽牛时的彪悍、女人甩发时的激情。在这个云雾缭绕、鸟语杂蝉、曲径通幽的佤族村落，延续着远古的梳头恋情，飘逸着母性崇拜的婚嫁习俗，保留着古朴文明的殡葬方式。庄重神秘的祭祀活动，葫芦里走出的传说，风情万种的歌舞，独木成林的千年古树，汇集成独具特色的佤族文化。

图 2-28　翁丁村

资料来源：http：//wo.poco.cn/ddyh/post/id/3096055？spread_id＝FXtH

名称：三营村

地点：云南省普洱市景东彝族自治县

三营村（图2-29）位于云南省普洱市景东县大街乡，地处者干河岸的河谷与丘陵相间地带。传统村落东西宽约600m，南北长约2000m。该村历史悠久，相传明朝朱元璋曾在此屯兵设营，之后内地汉族农民、商人陆续迁往屯区及其附近的土地肥沃之处，他们带来了先进文化、先进生产技术和农作物的优良品种，促进了境内经济和文化的发展。该村内较有名的文物古迹建筑有三营黉学、杨家祠堂、杨营牌坊、罗家祠堂、观音寺、老君殿等。洞经音乐在该村内有着悠久的历史和广泛的群众基础，其源远流长，它随着明朝初期明军屯军于大街而传入，因其有长期流传的环境，在境内可广泛而长期流传。

图2-29 三营村

资料来源：http：//image.baidu.com/

名称：那柯里村

地点：云南省普洱市宁洱哈尼族彝族自治县

那柯里村（图2-30）位于云南省普洱市宁洱哈尼族彝族自治县同心乡西边，是古普洱府茶马古道上的重要驿站，也是宁洱县现存较为完好的古驿站之一。那柯里村南接思茅区，是宁洱的南大门。"那柯里"为傣语发音，"那"为田，"柯"为桥，"里"为好，"那柯里"的意思是说该村小桥流水，沃土肥田，岁实年丰，是理想的人居之地。那柯里驿站具有深厚的普洱茶文化、茶马古道文化和马帮文化，其山清水秀、风景优美，保存有较为完好的茶马古道遗址——那柯里段茶马古道、百年荣发马店和那柯里风雨桥，还有当年马帮用过的马灯、马饮水石槽等历史遗迹、遗物。那柯里村具有悠久的历史痕迹和深厚的茶马古道文化。

名称：城子三寨村

地点：云南省普洱市江城哈尼族彝族自治县

城子三寨村（图2-31）系傣族村寨（三寨为曼贺组、曼贺井组和曼乱宰组），平均海拔850m。它是曼贺、曼乱宰、曼贺井三个连片的寨子，寨子中传统建筑保存相对完整，96%的建筑是传统的傣族建筑，寨子里，建筑规划有序，道路宽敞，畅通。传统傣族建筑物为木结构，砖墙维护，村落变化灵活，错落有致，建筑物下层空旷、通风好，冬暖夏凉。城子三寨虽经历百年沧桑，却依然保持着原始生态的自然资源和古朴的傣族文化特色。

图 2-30　那柯里村

资料来源：http：//z. mafengwo. cn/line/62846-141520. html

图 2-31　城子三寨村

资料来源：http：//www. nbcyl. com/nestguide/3363. html

织锦是三个村寨的家庭手工业，以家庭为单位编织和销售，代代相传。目前，三个寨子有十几个织锦能手，织出一匹傣锦所需的数十道工序，她们都掌握的非常熟练，其中咪宰君于 2005 年被命名为省级非物质文化遗产的代表性传承人。傣锦工艺精巧、图案别致、色彩艳丽，具有粗犷的质朴感和浓重的装饰性。它的图案有珍禽异兽、奇花异卉、几何图案等，每种图案的色彩，纹样都有具体的内容，展示了傣家人的智慧和对美好生活的向往、追求。

名称：洛特老寨村

地点：云南省西双版纳傣族自治州景洪市

洛特本意是石头山脚的寨子。相距约 40km 的乡村小道，小道两旁树木郁郁葱葱，植被完整，洛特老寨村四周被茂密的原始森林所包围。据说，基诺族的发祥地就是在洛特老寨寨子山头的"杰卓山"。

洛特老寨村海拔 1400m，山高、谷深、密林交错，气候宜人，日照光强，雨量充沛。登上"杰卓山"，感受雨林气候，穿梭在古茶树林中，遥望山脚，阳光照射下的茶嫩叶显得格外清透明亮。村内产茶叶（图2-32），人们喜欢用竹筒煮茶喝，煮出来的汤呈黄色，喝起来苦涩后清香甘甜，沁入心脾，回味无穷，大自然馈赠的茶饮食文化也从这里颇有感受，如凉拌茶、蚂蚁蛋茶、臭菜汤茶、螃蟹凉拌茶等。

图2-32　洛特老寨村

资料来源：http://www.puercn.com/special/2015/15451.html

名称：**易武乡村**

地点：**云南省西双版纳傣族自治州勐腊县**

易武乡村（图2-33）位于云南省西双版纳傣族自治州勐腊县易武乡，地处西双版纳六大古茶山之一的易武古茶山中。易武古茶山、古镇，曾是"镇越县"府所在地，植茶制茶易茶历史悠久，尤其在清朝后期成为了六大茶山中最热闹繁华的茶马古镇和茶叶加工、集散中心。据史料已载，清嘉庆、道光年间，易武山每年产干茶 70 000 余担[①]。所产普洱茶源源不断地由骡马队运出，经普洱、到下关、过丽江、进四川，到达康藏地区，部分运销印度、尼泊尔等国。易武古茶山海拔 656~2023m。海拔差异大，故形成了立体型气候，具有温湿、温暖型两种气候特点，十分适合茶树生长。

名称：**古墨村古磨坊群**

地点：**云南省临沧市凤庆县古墨村**

古墨村古磨坊群（图2-34）点缀在情人河上，境内山峦雄伟、河流奔放、古木参天，是古墨人眼里的风景，更是古墨人心灵的皈依。情人河将古墨一分为二，因闲暇之余，未婚青年男女常到此约会而得名。情人河上游生态植被较好，河水常年清澈见底，就算五六月份大雨倾盆，也无半点浑浊。沿河两岸与"石"有关的保存较为完整的古磨坊群、碾子坊、榨油坊、造纸坊错落有致，巧夺天工，透迤婉转的石头路、简洁精致的石板桥巧妙地连接着古磨坊群，建筑上都采用以石条为基、垒石为墙、青石板为顶、石头铺路、石板为桥的风格。古墨盛产玉米和稻谷，祖祖辈辈都靠水磨坊来磨面，最早的古磨坊建于清嘉庆年间，距今已有 200 多年历史，现有磨坊 33 间，其中可用 19 间，碾子坊 1 间，榨油坊 1 间，古磨坊遗址 14 间，造纸坊遗址 1 间，石桥 9 座，它们在情人河上见证古今，历尽沧桑，容颜却依旧灿烂。水磨坊对于研究农耕文化，研究传统米面加工、榨油工艺具有重要的历史价值和科学价值。

---

① 1 担 = 50kg。

图 2-33　易武乡村

资料来源：http：//blog. sina. com. cn/s/blog_ 899e7ed601019ax5. html

图 2-34　古磨坊群

资料来源：http：//wldj. yn. gov. cn/NewsView. aspx？ NewsID=92993

2.4　农业技术

2.4.1　农耕管理与生态保护技术

名称：中藏药种植技术

地点：青海省玉树藏族自治州

玉树州特色中藏药的种植包括整地、播种、林药间作、田间管理、收获和保存等内容。种植时首先于 10 ~ 11 月对温棚地和大田地进行深翻，深翻的同时进行土壤消毒和改良，其后于耕种年年初对育苗棚土壤再次进行深翻、粉碎、过筛，最后在整好的大田地块上进行药材种子的浅播，待苗长至一定高度时进行移苗，并且采用林药间作模式以提高收益。在整个种植过程中，浇水状况视种植植物种类及土壤、气候条件而定；松土除草以每年 5 次为宜；苗前期注意防晚霜冻，后期注意防早霜冻，成长期注意防晒；对病害可施少量磷钙肥或微量元素进行调节，虫害用手工的方法除治。最后收获时将药材洗净晒干袋装储存在通风处，防鼠咬，防发霉（祁如雄，2008）。

名称：哈尼族稻谷选种、留种方法
地点：云南省普洱市
在选种、留种方面，哈尼族掌握块选和棵（株）选两种方法，前者是在稻谷成熟收割前仔细观察稻谷长势，选择生长旺盛、穗大、籽粒饱满、无病虫害的一块稻田的全部稻粒留种；后者是选择稻田里植株长势良好、无病虫危害、籽粒饱满的单穗或数十株的种子留种。当被选作种用的稻谷生长至九成熟时他们将其收割，原因是根据他们积累的经验，此时收获的谷种在来年播种时发芽率好，产量高（戴陆园，2013）。

名称：基诺族旱稻选种、留种方法
地点：云南省西双版纳傣族自治州
基诺族在种植旱稻时，一般一个品种在种植 3 ~ 4 年后他们便要重新选种和留种，将所种的品种彻底更新一次。选种、留种工作一般在一个新品种栽种的第一年，稻谷成熟收割前两天，选择晴天上午，由有经验的中年男子在旱谷地里挑拣大穗大粒、饱满的稻穗 3 ~ 5kg 留种；第二年将这些稻种栽种于地势平坦、肥沃地块的上端，并避免与其他品种混杂，成熟时将其收割全部留种；第三或第四年全部栽种上年留种的种子，并再次挑选一片长势较好的稻穗留种。如此反复，既保持了所栽品种的纯度和种性，又为他们自身获得较好的收成提供了机会（戴陆园，2013）。

名称：哈尼族稻谷栽种方法
地点：云南省普洱市
在对稻谷进行选种、留种后，哈尼族会采用其特有的方法种植稻谷。由于山区中上部梯田不及山脚的气温高和土壤肥力高，所以他们通常选择栽种耐冷凉、耐贫瘠、需肥少而产量稳定的品种，并采用密植方式栽种。相反，对于山脚梯田，他们则选择种植产量高、需肥较多的品种，同时移栽的密度也较中上部的田块低（戴陆园，2013）。

名称：布朗族旱稻种植方法
地点：云南省西双版纳傣族自治州、普洱市、临沧市
过去，布朗族种植旱谷时一般需要根据傣族历法，在经过选地、砍地、烧地、整地、播种、膊草、割谷、堆谷、打谷、运谷和装仓 11 道工序后才能完成一个生产周期，并且几乎在每一道生产工序或细节中都有祭地神等宗教祭祀活动。随着生产方式的改变，多数布朗族已经没有了选地、砍地、烧地等生产程序，仅保留部分适合固耕地生产方式的重要环节和宗教祭祀活动（戴陆园，2013）。

名称：哈尼族山地轮作方法
地点：云南省普洱市
哈尼族村民事先将计划要种植的山地中的杂草、树枝砍伐、晒干，然后放火焚烧，使地表面覆盖一层草木灰，再把草木灰挖或翻犁进土中开垦出生地使其土质肥沃。随后，第一年种植需肥较多的旱谷，以后随土壤肥力下降选择种植相应的需肥较少的作物种类或品种，直至耕种三四年或四五年后将土地抛

荒轮休。获第一年种植成熟后其叶会自然铺在地上的黄豆或花生，第二年、第三年连续种两年旱谷，第四年改种玉米，第五年再改种耐贫瘠、耐粗放管理的芦谷（惹苗）后让土地休闲，待地力恢复后再重新轮耕（戴陆园，2013）。

名称：德昂族旱地耕作

地点：云南省临沧市

德昂族的旱地有熟地和轮歇地两种，熟地多为固定耕地，其又有园圃地和常年栽种的旱地之分；轮歇地一般只耕种3年便抛荒，然后另寻地块开垦种植。轮歇地的耕作是在冬月，先用长刀砍伐地中的灌木丛和杂草，暴晒1个月后，放火烧成炭灰作为灰肥，然后再用牛犁三道。待播种时再种甜荞、苏子（油料作物）或饭豆，以进一步培植土壤肥力；次年种植旱谷；第三年又换种甜荞、饭豆等；第四年抛荒休耕。待15~20年后，又再次砍伐、烧光换种（戴陆园，2013）。

名称：傣族"黑纳"技术

地点：云南省西双版纳傣族自治州

经过长期的水稻耕作，傣族人民总结了一套适合当地自然条件、气象特点的整田技术"黑纳"。它包括五道工序：一为"胎纳"，即犁田；二为"告纳"；即用手耖耙把田泥抄成一堆一堆的；三为"坟纳"，即沤晒半月后，由耖耙把堆起来的推下去，把下面的田泥翻上来堆起；四为"德纳"，即把田泥耙平；五为"控播"，即在耖耙下面装上2m长的大竹筒，把田泥再平整一次。这五道工序总起来叫"黑纳"即种田。通过堆、翻等二、三道工序，杂草沤烂，增加了土壤肥力，促进了土壤泥化，再通过栽秧前的耙匀整平，使表土肥分布均匀，充分做到田平泥化，这是增产的重要元素（白兴发，2003）。

名称：傣族"教秧"技术

地点：云南省西双版纳傣族自治州

"教秧"傣语称"嘎展姆"，"嘎"为稻种，"展姆"为培养，故"嘎展姆"即培育壮秧之意。傣族"教秧"技术具有省水、省田、省种的优点，秧苗分蘖力强、抗肥力、抗倒伏、抗病虫害、延长秧龄期，从而达到增产增收的效益，因而世代相传并普及开来，是投入最少而收获最大的丰产措施。西双版纳傣族地区，其水利灌溉是依靠众多的天然河流和人工挖掘的河道，并形成具有悠久历史和特点的管理系统，每个村社有运水员（傣语称"板闷"）1人，他专门负责管理本村寨水沟和分水。为能精确地处理水的渗透数量，各村的管水员都有一个木质圆锥形的分水器，按照度数给水。"每年傣历五、六月（相当于内地农历二、三月）修理水沟一次，完工后用猪、鸡祭水神，举行开水仪式。同时进行对各村寨修理水沟的工程检查，从水头寨放下一筏子，筏上放着黄布，'板闷'敲着锣鼓随着筏子顺流而下，在哪里搁浅或遇阻拦，就责令该段所属寨负责修整，还要加以处罚。筏子流到水尾寨后，把黄布取下，拿到水头寨去祭白塔"（江应梁，1983）。

名称：基诺族茶树混交方法

地点：云南省西双版纳傣族自治州

基诺族在其古茶园的生产管理中传承沿用古代种茶知识，将茶叶、砂仁、蓝靛、白豆蔻和咖啡等多种植物有机的混合栽培种植，充分利用土地（戴陆园，2013）。

名称：轮作技术

地点：云南省

澜沧江流域云南段的各少数民族大多都有将作物轮作以充分利用土地资源的技术。他们在对作物习性有了充分了解后，根据所要耕作土地的特性，结合作物习性，总结出适合他们居住区域地理条件的轮作制度。

例如，鹤庆县和剑川县白族地处高寒山区，因而他们总结出马铃薯–黑麦–蔓菁套中药材的间套种制度，如此不但充分利用了当地有限的人均耕地资源，而且发挥了蔓菁生育期短、生长快的特点，而且其宽大叶片恰好能为生长缓慢的当归或川芎苗遮挡暴雨冲刷和日光暴晒的优势，也使耕地免受了雨水的直接侵蚀而造成水土流失；普洱市总结出了水稻–秋大豆–冬春马铃薯、水稻–冬玉米、稻烟轮作等多种轮作制度（戴陆园，2013）。

名称：间作、套作技术

地点：云南省保山市、临沧市、普洱市、西双版纳傣族自治州

云南省农业生态环境复杂，为了充分利用土地的水、肥、气、热等条件，各少数民族形成了多种多样的间作套作方式，最常见的为玉米间作大豆、玉米套种甘蔗、玉米间作花生、玉米套种辣椒、马铃薯套种玉米和小麦套种玉米6种农作物间作以及柚木–菠萝间作等农林间作套种。其中小麦套种玉米以小麦为主时，复合播幅1m，小麦播幅40cm，预留空行60cm，套种1行玉米，小麦播种量9~10kg，小麦收后再套种杂粮或绿肥（云南省地方志编纂委员会，1998；赖庆奎和晏青华，2011）。

名称：稻麦二熟制

地点：云南省

云南省种植一年熟的水稻，在8月收稻后直至11月底12月初，在同一片耕地上种植大麦，大麦三四月收获之后，再种粳稻。如此一来一年在一片土地上可以同时收获到大麦和水稻，充分利用了水稻大麦的生物习性和耕地的水热条件，获得最大经济效益（董恺忱和范楚玉，2000）。

名称：改良型轮垦耕作技术

地点：澜沧江流域

在澜沧江流域，主要存在以下两种改良轮休地的途径：第一种是在火烧清理时，有意识地保留一些乔木用材树种，如食用药用植物和各类经济果木等，农户在种植收获农作物期间或停止作物种植后，皆可获得木材、食物、药材及其他林副产品。第二种是在农作物种植后期或休闲地上种植速生固氮树种，如大叶千斤拔等以加速土地肥力恢复，缩短轮休期（赖庆奎和晏青华，2011）。

名称：树篱带种植技术

地点：澜沧江流域

为维护土壤肥力，固定表土，减少坡地水土流失，提高作物产量，近年来，一些国际组织和研究机构如美国福特基金会、世界自然基金会、世界混农林业研究中心、德国哥廷根大学等先后在西双版纳、保山等地调查研究，开展了长期的定位观测、试验，将一些速生的固氮树种呈单行、双行按一定间距沿等高线密植于坡耕地上，通过截拦泥沙和绿肥面地以及提供农户薪材饲料等方式达到上述目的，收到了较好的效果（赖庆奎和晏青华，2011）。

名称：景颇族稻作方法

地点：云南省临沧市

景颇族稻作农业历史悠久，生产技术精耕细作、工序繁杂。他们喜欢用杂草沤田，以保持稻田土壤结构和肥力。其稻田一般要三犁三耙：第一次称犁板田，是在当年稻谷收获后便将稻田犁翻一次，暴晒1个月左右，使其土质疏松、熟化，然后放水泡板田，并将埂草铲入田中，再犁一道把两道，使杂草与稻茬在田中均匀分布并沤腐成肥料，后用稀泥筑埂，以防田水渗漏，并任其由水浸泡。至第二年栽秧前，再将其犁耙各一道，插秧。插秧两个月后开始薅秧，一般要薅三道，头两次是在苗期，第3次是在稻谷抽穗扬花期；然后割埂草1~2次，以防病虫害，并将埂草堆放在田边沤熟成肥，随后待稻谷成熟时控干田水并及时收割（戴陆园，2013）。

名称：纳西族混种方法

地点：云南省丽江市

纳西族在长期种植大麦的生产过程中发现净种的青稞秆软，容易倒伏，而净种的小麦很少倒伏，于是，除需要留作种子的青稞地外，他们将一定比例的小麦与青稞种子混种，以利用小麦健壮的植株及秆作为青稞倒伏时的支架，达到增加收成的目的，这样不仅积累起了青稞与小麦混种、混收的种植知识，而且也沉淀下了识别不同青稞品种特性的知识。他们通常按照青稞成熟的时间早晚、籽粒颜色和穗形而将不同特性的青稞进行命名，并按照不同品种的特性特别是熟性实行分时、错时播种与管理（戴陆园，2013）。

名称：玉米旱地耕作

地点：云南省普洱市

为了充分利用耕地的空间及水肥条件，云南省普洱市的各少数民族在对作物习性有了充分了解后，根据所要耕作土地的特性，结合作物习性，按照一定的比例和密度将不同作物在同一片土地中间作或套作，以达到最大经济效益。例如，小麦–玉米//豆类或薯类或花生模式，即种一季小麦种一季玉米，在玉米行间套豆类或薯类或花生，一年两季三熟；小麦–玉米//大豆/绿肥模式，即种一季小麦种一季玉米，在玉米行内间套大豆和绿肥，一年两季四熟；冬早玉米/马铃薯–玉米//大豆模式，即种一季早玉米行内间套马铃薯，再种一季玉米行内间种大豆，一年两季四熟。

名称：混合间作防治稻瘟病

地点：云南省普洱市

稻瘟病是稻谷最主要的病害，普洱市以矮秆杂交稻品种为主栽品种，当地高秆糯稻为间栽品种，规格化混合间栽，利用品种多样性控制稻瘟病发生程度，取得良好效果。

名称：咖啡育苗技术

地点：云南省普洱市澜沧拉祜族自治县

澜沧县咖啡育苗主要包括种子收藏、浸种、育苗地选择、搭建遮阴棚、沙床整理、沙床苗管理、装袋与移苗、咖啡苗出圃等9个过程。即在育苗前，选择种子健壮，丰产性能良好的果实留种，然后除去果皮和附在种子上的果肉胶质，洗净，然后用硫磺或多菌灵浸泡种子3～4h，在尽可能靠近咖啡种植园、排灌方便、配有遮阴棚的育苗地的沙床上播种，定时浇水以保持沙床湿润，并及时清除杂草和杀菌，待到苗种生长1年后将其袋装，移后1周内每天浇1次水，1周后，2天浇1次，两周后3天浇1次，3周后1周浇1次，以后保持土壤湿润，随后当移植袋苗长出1～2对真叶时追施苗肥。然后在出圃20～30天前，对圃内苗木进行光照锻炼，定植后减少苗木体内水分的消耗，利于成活，出圃前1～2个月内不施肥，清除园中行间杂草，修通运苗道路，保持苗园清洁。

名称：咖啡防治病虫害方法

地点：云南省普洱市澜沧拉祜族自治县

咖啡树常见的病虫害有咖啡叶锈病、炭疽病、褐斑病、煤烟病、咖啡旋皮天牛、虎天牛、木蠹蛾、绿蚧等，针对这些常见病虫害，普洱市采用其特有方法进行防治，如针对咖啡旋皮天牛，做到重防、早防，用双氯磷钠0.5kg加黄泥5kg，鲜牛粪12.5kg，水0.75g调成糊浆均匀涂刷在茎干木栓化部位，施药时间4月底至5月中旬。

名称：咖啡整形修剪技术

地点：云南省普洱市澜沧拉祜族自治县

云南省澜沧拉祜族自治县对于小粒咖啡多采用单株整形去顶控高进行树体管理，第一次在株高120cm

时去顶；第二次在树高 170cm 时去顶。控制株高在 2m 以内，修芽时每条一级，分枝离主干 15cm 外对空间均匀留 2~5 条二级分枝，每条二级分枝留 2~3 条三级分枝，其余过多的萌生芽去掉，收果后修去枯枝、病虫枝、落地枝、下垂枝等。

名称：无性系良种茶苗定植技术
地点：云南省普洱市澜沧拉祜族自治县
云南省澜沧拉祜族自治县在进行无性系良种茶苗定植之前需对台面上的草根、树木、石块等进行清洁，对台面进行整理挖沟，待到雨季来临土壤充分潮湿后即可定植。定植时一般分为双行单株或单行单株，可开沟或开塘定植，沟栽先挖 30cm 深的沟，将茶苗放入沟中，紧靠沟上壁，一手掌握茶苗深浅，一手回土按紧；塘栽开深 30cm 塘，在塘中部做 10cm 高的土墩，将茶苗放在土墩上，使根系自然向四周舒展。一手掌握茶苗深浅，一手回土按实，使根系与土壤紧密结合。对于当天定植不完的苗，应放留在阴凉处，起苗或运输途中尽量带土，不损伤根系，避免茶苗水分的蒸发。

名称：杨梅种植技术
地点：云南省普洱市澜沧拉祜族自治县
澜沧拉祜族自治县在种植杨梅时，有浇水条件的地方在初春杨梅树发芽前种植，无浇水条件的地方在夏季节正逢雨季时种植，选择生长健壮，嫁接口愈合良种，具有 3 个以上分枝，无病虫害，高度在 40cm 以上，主干近地面直径 0.5cm 以上的嫁接苗，在回填好的种植穴处挖 40cm 见方的定植坑，将苗木小心放置于定植坑中央，深度以嫁接口与地面相平或稍矮为宜，扶正苗木，填入熟土，压紧或用脚在苗木根系四周踩紧，用疏松土做成村盘，浇足定根水，在树盘内盖杂草或稻草，保持土壤湿度。种植时不能太密，一般株行距 4m×5m，每亩种植 33 株。

名称：杨梅整形修剪技术
地点：云南省普洱市澜沧拉祜族自治县
幼树整形以促为主，提早形成树冠，促进形成花芽，定植后，根据生长情况，在主干高 60~80cm 处短截，选 2~4 个生长健壮方位分布均的枝条作为主枝，密集、细弱和过旺的分枝干适当疏除，以利于长势均衡，分枝粗壮，形成自然圆头形树冠。杨梅进入结果期后，一般宜轻剪长放，不进行重剪短剪，果实采收后剪去枯枝、病枝、弱枝和徒长枝，对树冠郁闭，内膛空虚的植株采取大枝开心修剪；对于已经衰弱的结果枝则采取回缩更新方法，在分权处留 2~3cm 短截，有利于形成新的结果枝群。

名称：板栗苗木栽植技术
地点：云南省普洱市
栗树定植时，先在定植穴（沟）内施足富含磷肥的底肥再填回表土。做到根系舒展，边回填表土，边轻提栗苗，使根系与土紧密接触。注意不宜栽得过深，以浇完定根水后，根茎略高出地面或与地面齐平为宜。栽植后及时灌溉，并用稻草或薄膜覆盖树盘，减少水分蒸发，提高栽培成活率。丘陵地推行密植株行距 2m×2m，每亩栽植 166 株，实践中 2m×2m~2m×3m 株行距的栗园，约在定植后第 7 年达到树冠郁闭期。为兼顾栗园前后期产量，在密度设计时，宜采用计划密植，设置临时植株或临时行，并对其采取相应的缩冠修剪措施，在适当的时候间伐临时植株。

名称：栗园土壤管理技术
地点：云南省普洱市
新建的坡地栗园，应逐年深翻扩穴，力争在栽树后的三五年内全园扩穴完毕，以促进根系扩展。扩穴的基本方法是：在树冠周围挖宽 30~50cm，深 1m 左右的带状沟（大穴），并用有机质肥料（每株农家肥 20～50kg）或落叶、绿肥等有机物 40～100kg 等改善土壤。深翻时如伤断有较大的粗根，应将断根伤口剪平，以利伤口愈合抽发新根。埋肥时，肥料与土壤充分混合，表土放底层，底土放表层。

名称：核桃土肥水管理技术
地点：云南省普洱市
对于核桃幼树期的土肥水管理，主要以中耕除草、合理间作及施肥为主，即每年进行 3 次中耕除草，在行间种植短期经济作物或绿肥等，促根肥在地上部分休眠的季节追施，即 11～12 月，施肥以施长效肥为主，促梢肥即促进枝梢生长的肥料，必须在枝梢生长最旺盛之前施入，以施速效肥为主。对于结果树的土肥水管理以土壤管理和施肥管理为主，即深翻熟化土壤，搞好水土保持，基肥以腐熟的农家肥为主，每株 30～50kg。

名称：核桃整形修剪技术
地点：云南省普洱市
核桃的整修修剪主要分为夏剪和冬剪两次。在树龄的各时期采用不同的整形措施。在新植苗的头 3 年内，以培养向上生长的粗壮树干为主，剪除下部的细弱枝条，留下粗壮的向上生长的枝条。在 3～10 年树龄内，以培养侧展主枝为主。剪除中下部的细弱枝条，逐渐控制高度。10 年以上树龄的，主要是剪除无效枝条，使树体营养流向合理，向结果部位流动。剪除枝条时剪口要贴平主干（或主枝）；冬季剪除上部主干（或大枝）时，剪口要平滑，最好封口。

名称：茶树种植技术
地点：云南省普洱市
进行品种选择时，选择成活率高、产量高，经济性状好的无性系良种茶叶。一般雨季来临后，土壤充分湿透即可种植，台平在 1.6m 以上的进行双行条栽，株行距 30cm×30cm，亩种植 2700 株左右，台面在 1.5m 以下的单行条栽，株距 20～25cm，亩种植 2200 株左右。种植时先在茶行中开 30cm 深的沟，然后在沟中捏一小土堆，把茶苗置于土堆上，让根系自然向四周舒展，用细土边培边压实，使茶根和土壤紧密结合。盖土深度略高于茶苗根茎，有条件的地方最好浇定根水，以保证茶苗成活。

名称：茶园土壤管理技术
地点：云南省
茶园土壤耕作因时间、目的要求不同而土壤、气候和种植方式也有所不同，一般是在 5 月进行一次中耕，深度在 20cm 左右。茶园施肥因树、因土、因时和因茶而制宜，一般春茶结束后施一次追肥。茶园地面覆盖可起到保温、保水，增加肥力的作用，从而提高茶叶产量和质量。
传统上，通过每年秋茶采摘结束后（一般为 11 月）的人工除草，所除杂草铺于茶树下，既可增加土壤肥力，也可保持土壤湿度，同时还可抑制下一年杂草的滋长。

名称：茶叶采摘技术
地点：云南省
一般每年分为 3 个采茶采摘期，农历 3～5 月为春茶采摘，6～8 月为夏茶（雨水茶）采摘，9～11 月为秋茶（谷花茶）采摘。采摘方式为春茶留鱼叶，夏、秋茶留 1 叶采，均用人工手采。通过正确的采摘技术，可以促进茶芽萌发，调节鲜叶的萌发高峰，提高生产率而获得较高效益。幼龄茶树的采摘以养为主，采中间留两边，成年茶树以采为主，采养结合，根据制作的茶类、茶树品种不同而不同。制高档茶以采芽或一芽一叶为主，制大众茶以采一芽二三叶为主，一般春留鱼叶，夏留一叶，秋留真叶，不留单叶对夹叶。

名称：茶树病虫害防治技术

地点：云南省

防治茶树病虫害要"预防为主，综合防治"，以农业防治为主结合其他防治方法进行防治。具体说为新建茶园要做好检疫工作，防止将病虫带入园中；及时采摘，减小虫口密度；及时耕作，除草清园，减少病虫栖息；修剪时剪去病虫枝，并带出园外销毁；茶季结束后，用石硫合剂或波尔多液封园，防止病虫越冬。

名称：香蕉园管理技术

地点：云南省

香蕉园管理主要分为除草、轮作与间作和施肥三部分。具体即结合松土和地膜覆盖进行除草，达到保水、保肥、保温的效果。同时间作黄豆、花生、牧草及较耐阴的蔬菜等，做到以短养长。根据香蕉生长发育的各个时期，采用不同的种类肥料和用量。

名称：龙胆草种植技术

地点：云南省普洱市澜沧拉祜族自治县

龙胆草种植主要分根种植和种子直播繁殖两种，现在多用分根繁殖法，分根繁殖，可在春、秋两季进行，以秋季方便，8~9月，选育旺盛的植株分所生子根，按株距5~6cm栽种，行距8~10cm，覆盖细土到稍把根茎基埋上为止，稍压实；如春季栽，宜3~4月进行，每亩需种根11 000~12 000株。种植排列主要为横排和竖排，横排对保水肥有一定作用；竖排保肥差，对雨水冲刷有一定的保护作用。

名称：龙胆草移植技术

地点：云南省普洱市澜沧拉祜族自治县

一般龙胆草移栽小苗长到10~15cm时开始移栽，秋季8~9月，春季3~4月，小苗移栽主要有蹲苗法栽植和烙洞式栽植两种。蹲苗法栽植就是先根据苗的根系长短，挖出植苗坑，中间拢起小土堆，然后把苗植蹲在土堆上，根系摆向四周，不折根，用细土压实即可；烙洞式栽植就是用竹片或木棍削尖后，烙成"V"字形把分根植入洞内，用细土压实，做到不折根、不露根、不吊根，株行距相同。

名称：龙胆草苗园管理技术

地点：云南省普洱市澜沧拉祜族自治县

对于龙胆草种植来说，苗园管理非常关键，主要有四步：防止家畜的践踏和鼠危害，捡除杂物，保持园内清洁，常观察遮阳网和木桩是否漏洞和塌倒；播种后20~30天，任选一边掀开薄膜，进行薅除杂草，浇足水，要求除1次草，浇1次水，后进行薄膜覆盖；在出圃前30天左右进行炼苗，先把苗床薄膜两头掀开5~8天，后全部解去，15~20天拆遮阴网，全日炼苗。同时出圃前15天内，可用多菌灵和波尔多液进行杀菌、消毒。当幼苗长到10~15cm时，进行移栽，苗圃取苗选择阴天，浇足水，要求不损伤根系，做到尽量少伤茎根，用锄头挖取，或铲子连苗带根铲取，在土壤疏松、水分充足不伤种根前提下，可用手轻拔取。

名称：红壤改良技术

地点：云南省

红壤是云南省面积最大，单产很低，潜力最大的土壤资源。通过分析红壤低产的原因，总结出改坡地为梯地，防治水土流失；增施有机肥，多品种多途径地发展绿肥等几项措施来改善红壤耕层薄、干旱缺水等不良条件，使得其更加适合耕种农作物（云南省地方志编纂委员会，1998）。

名称：胶泥田改良技术

地点：云南省

胶泥田包括红胶泥田、紫胶泥田、黄胶泥田等，其低产原因主要是黏粒含量高、胶性重、通透性不良等，传统改良措施为深翻晒垡，改变微生物区系；重施有机肥，改善土壤结构和通透性能；掺砂客土，改良土壤胶性；合理轮作与复种，通过生物改良熟化（云南省地方志编纂委员会，1998）。

名称：冷浸田改良技术

地点：云南省

冷浸田水多土冷，水、肥、气、热胶不协调，有效养分供应不足，存在甲烷、亚铁、硫化氢等有毒物质。改良冷浸田的治本措施是开沟排水，切断冷浸水源；增施磷肥，氮磷配合，缺锌田地注意补施锌肥；掺砂客土，排水浅灌，晒田提高土温；选用抗逆性强的品种，合理轮作等（云南省地方志编纂委员会，1998）。

名称：建造禽畜栏圈设施技术

地点：云南省

禽畜栏圈是人们给禽畜提供的生长环境，它既要充分考虑如何适应禽畜长期在自然环境中生活所形成的习性，又要充分考虑如何提高禽畜的生产能力以达到人类所期望的要求。例如，猪、鸡是以育肥为目的的，所以采取限制其运动、减少消耗的设施和措施（董恺忱和范楚玉，2000）。

名称：生物防治技术

地点：云南省

云南省具有丰富的天地资源，目前云南省共有稻田害虫天敌 339 种，隶属于 3 纲 6 目 43 科。目前在云南省针对农业、林业上常见的、危害较大的病虫害的生物防治具有较多经验技术。例如，利用白僵菌、赤眼蜂等防治松毛虫，释放烟蚜茧蜂防治烟田蚜虫、桃蚜，引进小菜蛾姬蜂防治小菜蛾等，都具有明显的控制效果。随着天敌昆虫研究的深入和使用技术的完善，释放和利用寄生蜂成为防治斑潜蝇的一个主要生防措施（欧晓红等，2002；谷星慧等，2005）。

名称：林下放牧技术

地点：澜沧江流域

林下放牧是以现有森林为基础，充分挖掘林地生产潜力的林牧复合系统。林内冬暖夏凉，风小湿度大，草叶鲜嫩，适口性强，在山区和少数民族地区十分普遍，放牧以牛猪等为主。适合放养的森林包括天然林和人工林，但以常绿阔叶天然林居多。依据自然条件、社会经济、民族文化习俗等不同，各地制定了适合自己情况的牲畜管理方式，如在迪庆（藏族自治）州等高寒地区，村民们在夏季 5 ~ 10 月将牛马等放养在高海拔地区，冬季天气寒冷时则实行圈养，或在低海拔地区放养（赖庆奎和晏青华，2011；赖庆奎等，2008）。

名称：彝族绿肥方法

地点：云南省宁洱哈尼族彝族自治县

在彝族看来，树即是肥，砍伐树木成为增加土壤肥力的重要手段，因此，刀耕火种成为彝族多种作物传统的耕作方式。通常，彝族选择一块灌木杂草较多的山坡，砍去山坡上的灌木、杂草，晒干后燃烧，在火烧后的土灰地面上种植作物。耕种 1 ~ 2 年后，土壤肥力下降，依照相似方法另找新地开垦种植。耕种过的土地歇地 3 ~ 7 年后可再次砍烧栽种。绊牛豆是本地传统种植作物，当地农民主要在玉米地套种。据试验，连种两年绊牛豆的地，有机质增加 31%，氮增加 49%，土壤孔隙度增加 9.16%。绊牛豆有适应性广、抗逆强、适宜间套种、产量高等优点，有利于推广种植（赖毅和严火其，2015）。

2.4.2 资源利用与农产品加工技术

名称：洱海白族鱼鹰驯化技术

地点：云南省大理白族自治州

鱼鹰学名叫鸬鹚，原属野生鸟类，以鱼为食，是捕鱼能手，洱海渔民早在4000多年前，三星堆文明鼎盛时期就开始驯养鱼鹰，在祥云出土的鱼鹰手杖和浮雕鱼鹰铜棺，充分说明了洱海鱼鹰悠久的历史文化。洱海鱼鹰因渔民驯养有方，被培养成最通人性的鱼鹰，在主人优美的歌声引领下，鱼鹰捕到鱼后会主动靠船，把猎物交给主人（图2-35）。这一整套极为珍贵的驯鹰技艺，至今仍留在驯鹰人世代相教的口语秘传中，没有形成任何文字记载。千百年来渔民和鱼鹰在洱海相依为命，构成了一幅人与自然和谐共处的自然画卷，1956年洱海鱼鹰应邀前往日本，参加世界鱼鹰捕鱼技能大赛，洱海鱼鹰凭借高超的捕鱼技艺，与人亲密和谐的心灵沟通，征服了在场所有的评委及观众，最终荣获世界鱼鹰捕鱼技巧金奖，满载殊荣而归。随后，便有一些国家频频邀请洱海渔民出访表演。

图 2-35　洱海白族鱼鹰驯化

资料来源：http://guzhen.becod.com/dali/jingdian/show/12821.html

名称：拉祜族葫芦笙制作工艺

地点：云南省澜沧拉祜族自治县

拉祜族葫芦笙制作工艺在拉祜族聚居区十分普遍，思茅市澜沧拉祜族自治县木嘎乡南六村南嘎河寨是葫芦笙制作技艺水平较高的一个拉祜族村寨。拉祜族的日常生活、生产劳动、逢年过节、红白喜事等都离不开葫芦笙。南嘎河拉祜族的葫芦笙制作较精细，主要工具为6~7种大小不同的刻刀，原料包括坚竹、泡竹、空心竹、葫芦、酸蜂蜡和铅等。制作工艺十分精细考究，音管和葫芦的选择都非常认真。制作过程主要有摘葫芦、修葫芦（修整外形和掏孔）、截竹管、安装簧片、粘管、调音6道工序，其中以调音最为关键。葫芦笙有大有小，有长有短，不同的葫芦笙发出的声音高低不同。葫芦笙小的如鸡蛋大小，大的可达到1m以上。拉祜族葫芦笙制作工艺是云南省级非物质文化遗产。

名称：拉祜族竹编技艺

地点：云南省澜沧拉祜族自治县

竹编工艺是我国历史悠久的传统工艺。在云南普洱澜沧拉祜族自治县境内竹子的品种繁多、数量众多，竹编是各少数民族生活中不可或缺的用具。拉祜族有着悠久的竹编历史，澜沧县富邦乡佧朗村就是因为竹编工艺而声名远扬，被誉为拉祜族编织之乡。常见的竹编方法有底编、篾底编、方形编、六角孔编、鸟巢编、菊底编、人字编、轮口编等。竹编的纹样多是通过传承而来，主要受传统民间的审美情趣影响，多以几何形为题材。拉祜族竹编技艺是云南省省级非物质文化遗产。

名称：傣族手工艺纸制造
地点：云南省孟连傣族拉祜族佤族自治县

傣族手工造纸距今已有1000多年的历史，造纸原料为桑科植物构树的树皮，造纸工艺完整保留了造纸术发明初期的"浸泡、蒸发、捣浆、浇纸、晒纸"5步流程和11道工序。在造纸过程中不添加任何化学药剂，其纸张韧性强，而且久存不陈、防腐防蛀，除了作为佛教缅寺抄写之用外，还广泛用于民俗活动及日常生活。傣族手工艺纸制造是云南省省级非物质文化遗产。

名称：藏族手工艺纸制造
地点：云南省迪庆藏族自治州

藏纸系土法制造，原料采用一种叫"露扎"的草本植物的筋皮，并掺以小狼毒草根，捣碎成浆，制作纸张。因由小狼毒成分，藏纸不会被虫蛀，而且经受风吹雨淋也难腐蚀，反复翻阅不易破碎，墨迹也能长久保持（段森华和何耀华，2009）。

名称：纳西族传统皮革制造
地点：云南省丽江市

纳西族传统皮革制造工艺流程包括以下几个步骤：把皮子泡在水里→铲肉屑→泡石灰水→刮皮毛→在太阳光下晒→用猪油揉搓→铲平→剪裁→缝制等工序，工艺人基本不使用化学药品和颜料，对环境没有负面影响（段森华和何耀华，2009）。

名称：普洱茶手工加工方法
地点：云南省普洱市

这是传统的茶叶加工方法，现今加工高档优质名茶时仍继续采用。茶叶成品一般分为紧压茶和散茶两大类。紧压茶如普洱坨茶、方茶、七子饼茶、砖茶、团茶、竹筒茶等，是将鲜叶采回后，用锅炒杀青，手工揉捻，用木制模型捣压成坨、团、方、筒状，烘烤干燥而成。散茶将青尖、青蕊、春芽鲜叶采摘后，锅炒杀青，手工揉捻成条索状，用篾笆、簸箕晾晒而成。手工加工茶叶，可以生产出少量的功夫高档名茶，但劳动强度大，效率低，适应不了大生产的需要。1958年以前，思茅地区（今普洱市）茶叶主要靠手工加工生产（思茅地区农业志编纂委员会，2005）。

名称：大益茶传统制茶法
地点：云南省西双版纳傣族自治州勐海县

七子饼（图2-36），即七子饼茶，又称圆茶，是云南省西双版纳傣族自治州勐海县勐海茶厂生产的一种传统名茶。七子饼茶也属于紧压茶，它是将茶叶加工紧压成外形美观酷似满月的圆饼茶，然后将每7块饼茶包装为1筒，故得名"七子饼茶"。以普洱散茶为原料，经筛、拣、高温消毒、蒸压定型等工序制成，成品呈圆饼形，直径21cm，顶部微凸，中心厚2cm，边缘稍薄，为1cm，底部平整而中心有凹陷小坑，每饼重357g，以白绵纸包装后，每7块用竹笋叶包装成1筒，刚好每1筒2.5kg，这也是为了方便以前茶马古道上的茶商计算重量，包装整体古色古香，宜于携带及长期储藏。出口饼茶亦有采用古朴典雅的纸盒包装的，每盒1块。

图 2-36 "七子饼"
资料来源：http://www.114pifa.com/p5809/917292.html

2.4.3 其他技术

名称：盐水运输方法

地点：西藏自治区昌都市芒康县

运输盐水采用人力背、挑的方式。盐民从井中提取盐水，沿陡峭山坡将盐水运到盐池储存，经过风吹日晒的自然浓缩后，再将浓缩后的盐水运到盐田。"夷民拙不能汲，架梯入井，负水为盐……"由于地势的差异，两岸盐民采取了不同的运输方式，东岸的纳西村、上盐井村因地势陡峭、坡度大，只能用冬（音）背，冬（音）由木、竹制成，呈圆柱体，装满盐水时重约 30 kg。西岸的加达村因地势平缓，盐水由过去的冬（音）背改为用桶挑，一次可挑盐水 40 余千克。

名称：晒盐方法

地点：西藏自治区昌都市芒康县

晒盐只能靠天，依赖风力和阳光。生产时间依季节、天气而定，一般常年生产，但有淡旺两季。晒盐的主要特点是人工将经浓缩的盐水背或挑至盐田，直接在用泥土铺成的盐田上晒制，任由风吹日晒，自然成盐。产盐季节为每年的 11 月至次年的 6 月，这段时间由于澜沧江水退落、盐井全部露出、雨水较少，适宜盐业生产。生产的旺季在每年的 3～5 月，这时风大、光照强、雨水少，不仅成盐快，而且色较白，盐质较好。

名称：收盐方法

地点：西藏自治区昌都市芒康县

收盐主要有两次：盐经不断翻晒变干燥后，用加卡（音）或毕左（音）将盐轻轻地刮入拉雅（音）或编制袋中，是为第一道盐。过去也将它称为桃花盐，桃花盐顾名思义洁白而略带红色，又因产于 3～5 月出桃花的季节，故得名，由于此次收的盐杂质少、色较白，其品质最优，主要供当地人食用。第一次收盐后，由于泥土中还含有较多的盐，还要继续用加卡（音）或毕左（音）用力将泥土中的盐刮出，同时用老（音）不停地拍打盐田，这样做，既可将泥土中的盐拍打出来，也可将被刮松后容易漏水的盐田打平、打实，使其尽量不漏水，还可起到修复盐田的作用。刮盐时，由于泥土和盐混在一起，品不洁白，质量较差，是第二道盐，主要供牲畜食用。

名称：丽江木制工艺

地点：云南省丽江市

丽江木制工艺品主要有木碗、杯、盘、烟具、手镯盒、酥油盒等。材质采用红豆杉、山楸、野樱桃、鸭掌木等；漆水分土漆、清漆两种。土漆颜色鲜艳，华贵典雅，清漆自然古朴，美观大方；按工艺分有漆木碗和银色木碗两种。在丽江木制工艺品中，尤以山楸木制作的清漆制品逗人喜爱（段森华和何耀华，2009）。

2.5 农业工具

农业工具指曾经在农业生产过程中使用过的或正在使用的农业种植和养殖工具的总称，包括稻作工具、旱作工具、渔具、养蚕、养蜂工具、运输工具、生产保护辅助等。

名称：藏区传统农具

地点：青海省玉树藏族自治州，西藏自治区昌都市、林芝市，云南省迪庆藏族自治州等地

生产工具简单粗糙，除了少量砍刀、长刀为铁制，其他生产工具，如播种用的尖棍、锄草用的锹、锄、骨铲子、竹刮子等均为木制、骨制或竹制。具体的传统耕作工具包括耦犁（又称"二牛抬杠"）（图2-37）、木锹、木锄、耙、木锨等。其中木锹是用青木等硬质木料制成，被珞巴族人称为"打洛"，主要用于翻土，木锨是用硬杂木制板安柄而制成的铲土工具，用来铲粪，由锨头和锨把两部分构成（陶琨，2015）。

图2-37　二牛抬杠模型图

资料来源：http://blog.sina.com.cn/

昌都市（原昌都地区）很早就有适应山区生产的鸭嘴铧、尖锄、镰刀、弯刀等农具。清末年间，内地省区汉族铁匠进入昌都打造各类铁具。据民国十七年（1928年），四川大学农学院调查表明："昌都地区农业耕作主要使用挖锄（图2-38）、大小瓜米锄、2齿和7齿钉耙及犁头等传统农具"。至新中国成立前夕，一些地区仍使用木犁、牛角锄等农具。

图 2-38　挖锄

资料来源：http：//baike. baidu. com/view/1363098. htm？fr＝aladdin

名称：保山市传统农具

地点：云南省保山市隆阳区、昌宁县

保山一些农机和农具使用历史悠久，常用的有犁、耙、锄、镰刀、钉耙、掼斗、连枷、竹篮、扁担、尖杆、竹箩、麻袋、粪箕、筛子、木轮手推车等。农产品加工工具有水碓（图 2-39）、水磨、水碾、杵臼、人力榨油机、畜力榨糖机、手摇风车等。提水工具有龙骨脚踏水车、圆盘水车、圆筒闸门抽水筒、木桶等。

图 2-39　水碓

资料来源：http：//bbs. cnool. net/cthread. aspx？topicid＝48208956&page＝end

名称：临沧市传统农具

地点：云南省临沧市

志书记载，临沧境内使用的耕作工具，先为石、木、竹制的器具，后来发展为铁木制作的工具。明代有锄、铲、犁、耙的记载。新中国成立初期，农业生产工具沿用传统工具，分为铁制农具和竹木制农具。铁制农具有铁锄、镰刀、铁铲、砍刀、长刀、斧子和犁头等。犁头分山地犁头和水田犁头。山地犁头窄小厚实，顶尖腹宽尾窄，背面设双支耳、犁脑与犁架定位连接使用（图2-40）。铁锄有板锄、条锄之分。板锄一种是由当地铁匠锻打，一种是由缅甸换入，称"洋锄"或"缅锄"。镰刀有弯月形的平口单刃镰刀和弓形多刃锯齿镰刀两种。铁铲有夺铲、平铲两种。砍刀俗称芒刀，又分钐刀、长刀（或称缅刀）、斧头三种。竹木制农具有犁、耙（脚耙和手耙）、掼槽、弯棍、连枷、风扇、篾箩、囤箩、背箩（图2-41）、摊笆、筛子、簸箕、粪箕等。

图2-40　七寸步犁

资料来源：http://www.xigang-sd.gov.cn/rdxw/201511/t20151116_3003886.htm

图2-41　背箩

资料来源：http://www.southcn.com/news/community/shzt06/hz/200702140620.htm

名称：普洱市传统农具

地点：云南省普洱市

普洱市翠云区农村使用的生产工具、耕作工具有木犁、耙、锄头。收获工具有镰刀、脱粒用掼槽、连枷、弯棍。提水浇灌工具有龙骨水车、竹龙等。加工工具有水碾（图 2-42）、水碓、手碓、脚碓、石磨、擂子等。

图 2-42 水碾

资料来源：http://e.dili360.com/ezhoukan/025/12.shtml

耿马县的耕作工具形状大体相同。其中竹木农具由自己制作，铁农具购自外族（主要是户腊撒阿昌族和汉族）。农具主要包括点钟棒、竹锄、帚、骨铲（图 2-43）、锄草器、长刀等。其中，竹锄，景颇语称为"宁间"，是自制的农具。主要使用在春播仪式中，用长约 40cm 的竹子砍一孔，另制一竹片插入孔中，再以竹篾绑扎，使其呈锄状。使用时手握其柄，在地上挖洞布种。骨铲在景颇语里称为"申边"，是用生的肩胛骨绑扎上竹柄，用于铲括粮食和其他物品（罗钰，1984）。

镇沅的传统农业耕作工具以木材和竹材为主要材料，从原始农具木耒、鹤嘴锄到犁、耙。其中，"耙"常用于碎土平田，是在耕、耙地之后将土变得更碎的农具。随着农业生产规模的不断扩大，传统碎土工具由耰和三齿耙发展至以牲畜为牵引力的畜力耙，其可分为人字耙、方耙（图 2-44）及耖耙 3 个种类。

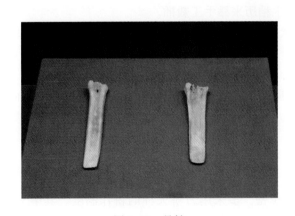

图 2-43 骨铲

资料来源：http://www.quanjing.com/share/234-1011.html

图 2-44 方耙模型图

资料来源：http://www.lubanyj.com/news_view.asp?id=735

景谷耕地历来靠牛为动力，使用犁耙，其生产工具有铁铧犁耙、木踩耙、铁齿抄耙、板锄、条锄（图2-45）、钐刀、砍刀；收割用镰刀、掼斗、笆箩、口袋；晾晒扬谷用篾笆、风扇、风柜；装粮多用箩筐、谷篮、蚌箩、麻袋、囤子；提水工具用水车、风车、拉龙；加工用水碾、水碓、脚碓、石臼、石磨、木榨压蔗、榨油等（冷启鹤等，1993）。

图 2-45　条锄示意图

资料来源：http：//www.meilishuo.com/share/1732475516

澜沧拉祜族自治县传统的耕作工具主要有木犁、木耙、锄头、钟刀（"钅"加上倒写的"中"）。木犁由犁板、犁铧、犁盖、犁箭、犁底等部件组成，除犁板、犁铧为铸铁外，其余部件均为木制。锄头分板锄（图2-46）、钢锄等，板锄主要用于翻地、糊埂，钢锄主要用于碎土、锄地。钟刀由木柄和刀两部分组成，刀的末端制成弯钩形状，刀长约1市尺[①]，木柄长约3市尺，主要用于开荒时砍除灌木和清除田地边的杂草（张启龙，1996）。

图 2-46　板锄示意图

资料来源：http：//www.huitu.com/photo/show/20130815/160442369200.html

民国时期及20世纪50年代初，农作物的播种工具主要有犁、锄、铁尖棍等。铁尖棍是原始的播种工具，通过在一木棍上安上铁尖制成，播种时用铁尖棍边戳洞边下种，锄、犁主要用于点播或条播，1957年后，旱地粮食作物的播种工具渐以锄、犁为主，种植水稻历来靠手工栽插。

传统的收割工具是镰刀和锯镰，锯镰的刃口成锯齿状，末端成弯钩形状，长约24 m。镰刀和锯镰均用于收割谷物、割草等农活。传统的脱粒工具是弯棍和掼槽，弯棍用自然生成的"7"字形小树加工制成，手握部分的柄把长约1.3 m，击打谷物的横钩部分长约25 cm，主要用于稻、麦、荞及豆类等作物的脱粒。

县内农民除使用镰刀、长刀除草外，还使用竹刀清除田埂上的杂草，竹刀是由选用的老竹削制而成，长约1.2 m，一边削成刃口，广大山区至今仍普遍使用。

名称：西双版纳傣族自治州传统农具

地点：云南省西双版纳傣族自治州

新中国成立前，由于其地域封闭、人少地多、森林茂密，多采用刀耕火种的耕作制度。其中又分为

---

① 1市尺=100/3cm。

一茬轮歇制和轮作轮歇制。一茬轮歇制以刀、斧砍树开地，戳产点播，小弯锄除草（图 2-47），生产过程简单，耕作粗放。轮作轮歇制主要使用锄犁整地，撒点播种，耕作技术较为精细。

图 2-47　小弯锄示意图
资料来源：http：//image.baidu.com/

2.6　农业物种

农业物种指劳动人民在长期农业生产实践中驯化和培育的农业种植、养殖的物种资源，包括大田作物、园艺作物、畜、禽等。

2.6.1　种植业物种

（1）稻类
名称：疣粒野生稻
拉丁名：*Oryza granulata（Nees et Arn. ex Watt.）Baill.*
主要分布地：云南省思茅地区、临沧地区、保山市、西双版纳傣族自治州
　　野生稻生长于山谷沼泽和高山洼地，是栽培稻的野生近缘种和原始祖先，是栽培稻育种和生物技术研究的重要物质基础，同时也是研究稻种起源、演化和分类的宝贵资源。在漫长的进化过程中，为适应复杂的地理环境和各种不利因素，野生稻形成了丰富的变异类型，具有抗病虫、抗旱、耐寒、耐盐碱、节间伸长、大粒、早熟、优质、广亲和、氮磷高效利用及雄性不育等众多优良基因。云南省内外农业专家、学者对野生稻进行多次考察，在思茅、普洱、景谷、墨江、澜沧、孟连 6 个县的 29 个点上发现普通野生稻、药用野生稻、疣粒野生稻（图 2-48），它们并列为国家重点保护植物。野生稻是抗性育种的宝贵材料。野生稻的发现，对稻种起源、演变、分类和遗传育种都有科学的研究价值（思茅地区农业志编纂委员会，2005；戴陆园等，2004）。

名称：药用野生稻
拉丁名：*Oryza officinalis Wall.*
主要分布地：云南省临沧市耿马傣族佤族自治县
　　药用野生稻（图 2-49）是多年生草本，高 1.5～3m，8～15 节。叶鞘长达 40cm，叶片线状披针形，长 30～80cm，宽 2～3cm。内稃有疣基硬毛。药用野生稻喜温暖、潮湿、多雨，主要分布于丘陵山地及山坡中下部的冲积地和沟边。云南耿马县的药用野生稻的植株高度可塑性大，可以根据密度和阴蔽情况自动大幅度调节株高，比其他生态群的结实率高，抗稻瘟病能力中等偏上，抗白叶枯病害能力强，抗螟虫和稻飞虱能力也很强，是水稻育种和改良品种的重要遗传资源（程在全等，2004；戴陆园等，2004）。

图 2-48 疣粒野生稻

资料来源：http：//b. hiphotos. baidu. com/baike/pic/item/562c11dfa9ec8a133295b507f503918fa1ecc04e

图 2-49 药用野生稻

资料来源：http：//a. hiphotos. baidu. com/baike/pic/item/b3b7d0a20cf431ad8b9f44974b36acaf2fdd98ca

名称：软米

拉丁名：*Oryza sativa* L.

主要分布地：云南省保山市、临沧市、西双版纳傣族自治州

软米是云南省独有的稻种资源，主要分布在海拔 1200m 以下的临沧市、保山市和西双版纳傣族自治州的傣族集居区。云南软米地方品种植株高大，一般 140 cm，最高可达 205 cm。软米品种再生能力强，谷粒形状视品种而不同，其优点是耐寒、耐旱，苗期秧龄弹性大，后期不早衰。由于其冷不回生，口感好，被当地民族广泛种植。澜沧江流域云南省境内有很多优良的云南软米品种，如沧源县的"老鼠牙"

[图2-50（a）]、腾冲市的"黄板所"[图2-50（b）]、耿马县的"花岗炸"等（刘旭等，2013a；辜琼瑶等，2006）。

(a)"老鼠牙"

(b)"黄板所"

图 2-50　云南软米
资料来源：刘旭等，2013a

名称：背子糯

拉丁名：*Oryza sativa* L.

主要分布地：云南省临沧市永德县

永德县的背子糯（图2-51）口感相当好，相当软。当地民众认为其能够抗稻瘟病、耐稻飞虱、耐贫瘠，同时根据当地群众经验，背子糯还有药理作用，其与木耳和红糖一起煮成稀饭食用，可以用于对肋骨骨折的治疗；与香葱和红糖一起煮食用于治疗头晕（刘旭等，2013a）。

名称：接骨糯

拉丁名：*Oryza sativa* L.

主要分布地：云南省普洱市澜沧拉祜族自治县

澜沧拉祜族自治县的接骨糯（图2-52）为当地优良的糯稻品种，在当地已有100多年的种植历史，米粒小，紫黑色，品质优，糯性好；当地民众认为其具有特殊的药用价值，用其做稀饭具补血的功效，骨折时与中草药一起包在伤处，可促进愈合（刘旭等，2013a，2013b）。

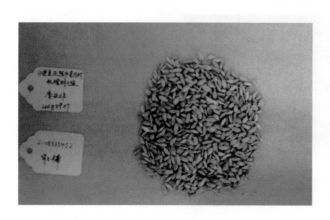

图 2-51　背子糯
资料来源：刘旭等，2013a

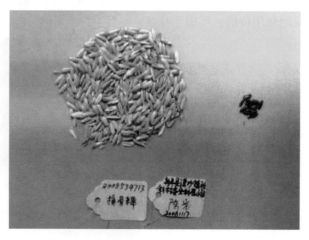

图 2-52　接骨糯子粒
资料来源：刘旭等，2013b

名称：十里香糯谷

拉丁名：*Oryza sativa* L.

主要分布地：云南省怒江傈僳族自治州泸水县

泸水县的十里香糯谷（图 2-53）因其"一家煮饭，十里飘香"而得名，其香味浓、优质，当地民众还认为其有抗病虫、耐贫瘠的优点。现直接应用于生产，或可作为水稻香米品种选育的亲本（刘旭等，2013a，2013b）。

名称：勐来香米

拉丁名：*Oryza sativa* L.

主要分布地：云南省临沧市沧源县

勐来香米（图 2-54）是当地水稻品质优良的品种，在当地仅有 10 多年的种植历史，最初是当地人从亲戚家换种而来。该品种稻米品质优，口感好，香味浓，产量在每公顷 400kg 左右。现直接应用于生产，或可作为水稻育种的亲本，特别是作为香米育种的亲本（刘旭等，2013b）。

图 2-53　十里香糯谷

资料来源：刘旭等，2013a

图 2-54　勐来香米

资料来源：刘旭等，2013b

名称：黑团糯

拉丁名：*Oryza sativa* L.

主要分布地：云南省保山市腾冲市

腾冲市的黑团糯（图 2-55）米粒呈紫色、糯性好；据当地民众介绍，其不仅营养价值高，还具有一定的药用价值，可用于补血，治疗肾结石等（刘旭等，2013a）。

图 2-55　黑团糯

资料来源：刘旭等，2013a

名称：云香糯

拉丁名：*Oryza sativa* L.

主要分布地：云南省临沧市沧源县

云香糯为当地优良的糯稻品种，在当地已有20多年的种植历史，最初是由当地人与亲戚换种得来。该品种品质优，糯性好，饭香，子粒外观品质优（图2-56），耐贫瘠性较好。现直接应用于生产，或可作为糯稻育种的亲本（刘旭等，2013b）。

图 2-56　云香糯子粒

资料来源：刘旭等，2013b

名称：荣玉芒白

拉丁名：*Oryza sativa* L.

主要分布地：西藏自治区林芝市察隅县

西藏察隅县上察隅镇的荣玉芒白（图2-57）的特点是香，作为扁米和日常主食食用，当地民众还认为其无病、虫害轻、耐贫瘠，还将其常用于贡神用（刘旭等，2013a）。

图 2-57　荣玉芒白

资料来源：刘旭等，2013a

名称：香谷

拉丁名：*Oryza sativa* L.

主要分布地：西藏自治区林芝市察隅县

西藏察隅县下察隅镇的香谷（图2-58）的主要特点是香，当地民众还将其用于贡神、煮酒，并认为其具有耐贫瘠的特点（刘旭等，2013a）。

除上述稻类品种外，在调查中我们发现澜沧江区域还有很多其他传统稻类品种，如云南省普洱市的阿丫普、矮脚糯、麻线谷、白麻蚱李谷、背子梅谷和思茅大花谷，临沧市的八月糯、大白糯、风庆雪山新仪、风庆小红谷、大花糯、云县早白谷和黄壳细，西双版纳傣族自治州的坝散花谷、大红谷、毫安洪、芭蕉糯、毫浪糯和帮科千粳，保山市的矮脚白谷、白紫秆、摆郎谷、大白香糯和大黑糯等。

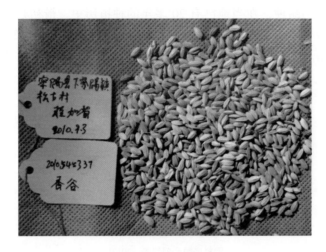

图 2-58　香谷
资料来源：刘旭等，2013a

（2）麦类

名称：长芒小麦

拉丁名：*Triticum aestivum* L.

主要分布地：云南省普洱市澜沧拉祜族自治县

澜沧拉祜族自治县的长芝小麦（图 2-59）较其他品种耐储藏，仓储时不用放防仓储害虫的药仍能保持长时间的无仓储害虫危害（刘旭等，2013a）。

图 2-59　长芒小麦
资料来源：刘旭等，2013a

名称：抗锈麦

拉丁名：*Triticum aestivum* L.

主要分布地：云南省永德县

抗锈麦具有高抗条锈病，抗蚜虫，耐低温，耐贫瘠，耐粗放管理的特点。该品种株高 85cm，穗长

9cm，长芒，子粒大小中等，粉质，口感好（图 2-60）。现直接应用于生产，或可作为抗病育种的亲本，特别是抗条锈病育种的亲本（刘旭等，2013b）。

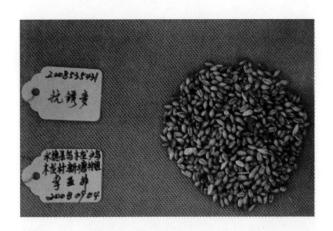

图 2-60　抗锈麦子粒
资料来源：刘旭等，2013b

名称：Muzixi
拉丁名：*Avena nuda* L.
主要分布地：云南省怒江傈僳族自治州贡山独龙族怒族自治县

Muzixi（图 2-61）属于裸粒型特早熟类型，生育期 153 天，较其他品种早熟 30～40 天。落粒性好，分蘖能力强，抗干旱、白粉病和散黑穗病，抗蚜虫。该品种矮秆，侧散型穗，株高一般为 40～50cm，抗倒伏能力强。现直接应用于生产，或可作为燕麦育种的亲本，特别是早熟品系的亲本（刘旭等，2013b）。

图 2-61　Muzixi 子粒
资料来源：刘旭等，2013b

名称：藏白小麦、邦达红小麦
拉丁名：*Triticum aestivum* L.
主要分布地：西藏自治区昌都市芒康县

昌都市芒康县帮达乡的藏白小麦［图 2-62（a）］、邦达红小麦［图 2-62（b）］其口感好，全生育期只在播种时施用农家肥和少量浇水（刘旭等，2013a）。

(a)藏白小麦

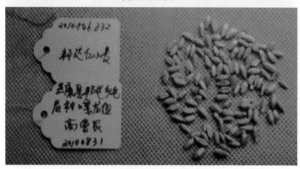

(b)邦达红小麦

图 2-62　藏白小麦和邦达红小麦

资料来源：刘旭等，2013a

名称：白小麦

拉丁名：*Triticum aestivum* L.

主要分布地：西藏自治区昌都市芒康县

白小麦在当地俗称巴珠小麦，属于特殊的 *Wx-Bl* 缺失自然突变体（图 2-63）。其子粒的总淀粉含量为 602%，直链淀粉含量为 18.22%。通过田间抗性鉴定发现其具有高抗条锈病和高抗白粉病能力。株高适中，一般 90cm 左右，抗倒伏能力强。现可直接应用于生产，可作为小麦育种的亲本，特别是特殊的 *GBSSI*（*Wx*）缺失类型育种的亲本（刘旭等，2013b）。

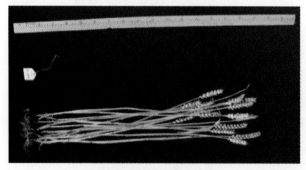

图 2-63　白小麦

资料来源：刘旭等，2013b

名称：蓝青稞

拉丁名：*Hordeum vulgare* L. var. *nudum* Hook. f.

主要分布地：青海省玉树自治州

蓝青稞呈四棱形，裸皮，短芒形，齿芒形，穗密度疏，穗和麦色为灰色，粒色为绿色，春大麦，为中熟品种，分蘖力强。

名称：四棱黑青稞

拉丁名：*Hordeum vulgare* L. var. *nudum* Hook. f.

主要分布地：青海省玉树藏族自治州

四棱黑青稞呈四棱形，裸皮，短芒形，齿芒形，穗密度疏，穗和麦色为紫色，粒色为紫色，春大麦，为中熟品种，分蘖力强。

名称：洛隆小麦

拉丁名：*Triticum aestivum* L.

主要分布地：西藏自治区昌都市洛隆县

洛隆小麦的麦芒位于麦穗顶部，麦壳为白色，粒色为红色，弱冬性小麦，为晚熟品种。

名称：仁达长光麦

拉丁名：*Triticum aestivum* L.

主要分布地：西藏自治区昌都市察雅县

仁达长光麦的麦芒勾曲，麦壳为红毛色，粒色为红色，春小麦，为早熟品种。

名称：黑颖麦

拉丁名：*Triticum aestivum* L.

主要分布地：西藏自治区昌都市察雅县

黑颖麦的麦芒勾曲，麦壳为红壳黑边，粒色为红色，春小麦，为中熟品种。

名称：贯龙麦

拉丁名：*Triticum aestivum* L.

主要分布地：西藏自治区林芝市察隅县

贯龙麦的麦芒位于麦穗顶部，麦壳为白色，粒色为红色，春小麦，为中熟品种。

名称：生格小麦

拉丁名：*Triticum aestivum* L.

主要分布地：西藏自治区昌都市

生格小麦的麦芒位于麦穗顶部，麦壳为红色，粒色为红色，春小麦，为中熟品种。

名称：昌都红冬麦

拉丁名：*Triticum aestivum* L.

主要分布地：西藏自治区昌都市

昌都红冬麦无麦芒，麦壳为红色，粒色为红色，冬小麦，为早熟品种。

名称：贡热春麦

拉丁名：*Triticum aestivum* L.

主要分布地：西藏自治区昌都市

贡热春麦的麦芒长，麦壳为红毛色，粒色为红色，春小麦，为中熟品种。

名称：灰粒苦荞

拉丁名：*Fagopyrum tataricum*（L.）Gaertn.

主要分布地：西藏自治区昌都市、林芝市

灰粒苦荞是西藏自治区栽培最广的品种。它既可春播又能复种，适应性较强，对土壤条件要求不高，产量变幅较大，亩产在 20~50kg，茎为绿色或红色，单株分枝 3~9 个，株型紧凑。花呈淡绿色，粒长型或中短型，皮浅灰或暗灰色，千粒重 14~21g，生育期较短 75~85 天（张亚生等，1998）。

名称：白花甜荞

拉丁名：*Fagopyrum esculontum* Moench

主要分布地：西藏自治区林芝市

白花甜荞多与红花甜荞混生在一起，生态条件及生物学特征也较相似。该品种适应性较广，茎为绿色或红色。株型一般紧凑，干粒重低于红花甜荞，结实率较高（张亚生等，1998）。

名称：黑粒米荞

拉丁名：*Fagopyrum esculontum* Moench

主要分布地：西藏自治区林芝市察隅县

黑粒米荞的茎为绿色，叶为深绿色，花为淡绿色，籽粒为黑色长形，落粒性轻，倒伏性中等。

除上述麦类品种外，在调查中我们发现澜沧江区域还有很多其他传统麦类品种，如青海省玉树藏族自治州的二长四短芒、紫青稞和红胶泥，西藏自治区昌都市的扎仁玛布、丁青毛颖麦、扎娜花壳、达当卓、察卓布嘎、长芒毛颖麦和毛颖白麦，林芝市的沙马比卓、桑久比卓、贡吉卓、松冷比卓和无芒红麦，云南省保山市的红粘芒、白粘芒、火烧麦和连枷麦，临沧市的凤庆小麦、小白麦、高拉山小麦和铁壳麦等。

（3）玉米类

名称：临改白

拉丁名：*Zea mays* L.

主要分布地：云南省临沧市沧源县

临改白（图 2-64）是玉米马齿型品种，抗旱、耐贫瘠，产量高，果穗较长，适宜高寒山区种植（刘旭等，2013b）。

图 2-64　临改白果穗和子粒

资料来源：刘旭等，2013b

名称：高山早

拉丁名：*Zea mays* L.

主要分布地：云南省普洱市景谷傣族彝族自治县

高山早（图2-65）是玉米的硬粒型品种，适宜高海拔种植，酿酒出酒率高，抗旱、抗寒，耐贫瘠，产量高，果穗较长（刘旭等，2013b）。

图 2-65　高山早果穗

资料来源：刘旭等，2013b

名称：黄包谷

拉丁名：*Zea mays* L.

主要分布地：云南省普洱市孟连县

黄包谷（图2-66）是玉米的硬粒型品种，淀粉含量高，酿酒出酒率高，病害少，不生虫，抗穗发芽，好保存，产量高，果穗较长，株高，生育期短（刘旭等，2013b）。

图 2-66　黄包谷果穗和子粒

资料来源：刘旭等，2013b

名称：白包谷

拉丁名：*Zea mays* L.

主要分布地：云南省普洱市孟连傣族拉祜族佤族自治县

白包谷（图2-67）是玉米的马齿型品种，可烤酒，无病虫害，产量高，果穗较长（刘旭等，2013b）。

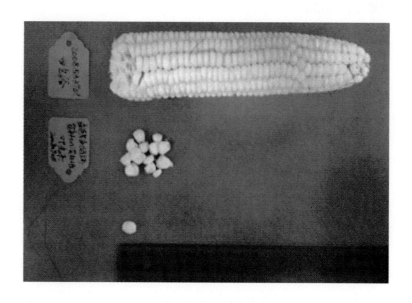

图2-67　白包谷果穗和子粒

资料来源：刘旭等，2013b

名称：贺格黄包谷

拉丁名：*Zea mays* L.

主要分布地：云南省普洱市傣族拉祜族佤族自治县

贺格黄包谷（图2-68）是玉米的马齿型品种，嫩玉米口感好，抗病能力比杂交玉米强，产量高，果穗较长，可作青食玉米（刘旭等，2013b）。

图2-68　贺格黄包谷果穗和子粒

资料来源：刘旭等，2013b

名称：小矮株包谷

拉丁名：*Zea mays* L.

主要分布地：云南省普洱市江城哈尼族彝族自治县

小矮株包谷（图 2-69）是玉米的马齿型品种，抗病性较强，产量高，果穗较粗，一般作饲料（刘旭等，2013b）。

图 2-69　小矮株包谷果穗和子粒

资料来源：刘旭等，2013b

名称：大黄玉米

拉丁名：*Zea mays* L.

主要分布地：云南省临沧市永德县

大黄玉米（图 2-70）是玉米的硬粒型品种，该品种耐寒性较强，在当地已有百年历史；株高 355cm，穗长 18.4cm，子粒为硬粒型，耐大、小斑病，产量高，果穗较长。一般做青食玉米，可作饲料（刘旭等，2013b）。

图 2-70　大黄玉米果穗和子粒

资料来源：刘旭等，2013b

名称：紫糯包谷

拉丁名：*Zea mays* L.

主要分布地：云南省普洱市江城哈尼族彝族自治县

紫糯包谷（图2-71）是玉米的糯质型品种，该品种抗病虫，耐贫瘠，耐干旱，品质好，糯性好，口味甜，可作青食玉米（刘旭等，2013b）。

图 2-71　紫糯包谷果穗和子粒

资料来源：刘旭等，2013b

名称：黄玉米

拉丁名：*Zea mays* L.

主要分布地：西藏自治区昌都市左贡县

黄玉米为硬粒型，穗型为锥形，粒色为黄色，轴色为白色，倒伏度轻。

名称：黄玉米（红轴）

拉丁名：*Zea mays* L.

主要分布地：西藏自治区林芝市察隅县

黄玉米（红轴）为偏硬粒型，穗型为柱形，粒色为黄色，轴色为红色，倒伏度重。

除上述玉米品种外，在调查中我们发现澜沧江区域还有很多传统玉米品种，如云南省迪庆藏族自治州的红麦夫早包谷、黄包谷和小白包谷，丽江市的高足白包谷、洋包谷和黄马牙包谷，怒江傈僳族自治州的俄沙爬和雪山早，大理白族自治州的洱源小黄、宾川包谷、凤仪包谷和小金黄，保山市的保山白糯，临沧市的杂花玉麦，普洱市的白包谷，怒江傈僳族自治州的石登白包谷和阿奶格格等。

（4）高粱类

名称：闭眼高粱

拉丁名：*Sorghum bicolor*（L.）Moench

主要分布地：云南省普洱市景谷傣族彝族自治县

闭眼高粱（图2-72）结实率高，分蘖多，成熟早，抗寒性好，可以在高海拔地区种植，抗旱，耐贫瘠（刘旭等，2013b）。

图 2-72　闭眼高粱子粒

资料来源：刘旭等，2013b

名称：红糯高粱

拉丁名：*Sorghum bicolor*（L.）Moench

主要分布地：云南省普洱市孟连自治县

红糯高粱（图 2-73）是高粱的一个糯性品种，结实率高，糯性好，是抗病虫害，杆甜可吃，子粒一般用于烧酒（刘旭等，2013b）。

图 2-73　红糯高粱子粒

资料来源：刘旭等，2013b

除上述高粱品种外，在调查中我们发现澜沧江区域还有很多传统的高粱品种，如普洱市的饭高粱，丽江市的紫红高粱，怒江傈僳族自治州的糯高粱等。

（5）苋类

名称：玉米子

拉丁名：*Amaranthus paniculatus* L.

主要分布地：云南省普洱市景谷傣族彝族自治县

玉米子（图 2-74）是繁穗苋的一个品种，该品种株型好，结实率高，抗旱，抗病能力强，耐贫瘠，一般用作酿酒（刘旭等，2013b）。

图 2-74　玉米子子粒
资料来源：刘旭等，2013b

名称：仙米

拉丁名：*Amaranthus paniculatus* L.

主要分布地：云南省大理白族自治州鹤庆县

仙米是繁穗苋的一个品种，株型具有观赏性，结实率高，生存能力强，叶子可作蔬菜，子粒可作香料（图 2-75）（刘旭等，2013b）。

图 2-75　仙米子粒
资料来源：刘旭等，2013b

名称：小红米

拉丁名：*Eleusine coracana*（L.）Gaertn.

主要分布地：云南省临沧市

小红米的茎色为绿色，叶色为黑绿色，花序下垂，花序色为红色，粒色为红色。

除上述苋类品种外，在调查中我们发现澜沧江区域还有很多籽粒苋品种，如云南临沧市的粟米、硬粟米、小米等。

(6) 粟类

名称：马尾粟米

拉丁名：*Setaria italica*（L.）*Beauv.* var. *germanica*（*Mill.*）Schrad.

主要分布地：云南省临沧市

马尾粟米茎色为绿色，叶色为绿色，花序直立，花序色为绿色，粒色为棕色。

名称：直立糯粟米

拉丁名：*Setaria italica*（L.）*Beauv.* var. *germanica*（*Mill.*）Schrad.

主要分布地：云南省临沧市

直立糯粟米茎色为绿色，叶色为绿紫色，花序直立，花序色为紫色，粒色为棕色。

名称：天粟米

拉丁名：*Setaria italica*（L.）*Beauv.* var. *germanica*（*Mill.*）Schrad.

主要分布地：云南省怒江傈僳族自治州

天粟米茎色为绿色，叶色为紫绿色，花序直立，花序色为绿色，粒色为棕色。

名称：红穗仙米

拉丁名：*Amaranthus paniculatus* L.

主要分布地：云南省怒江傈僳族自治州

红穗仙米的茎色为绿色，叶色为紫绿色，花序直立，花序色为紫色，粒色为黑棕色。

名称：拖顶小米

拉丁名：*Setaria italica* L.

主要分布地：云南省迪庆藏族自治州德钦县

拖顶小米（图 2-76）是粟的一个品种，结实率高，穗子大，一般用于生产小米产品（刘旭等，2013b）。

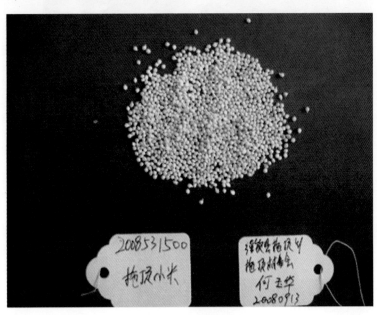

图 2-76 拖顶小米子粒

资料来源：刘旭等，2013b

名称：龙爪稷

拉丁名：*Eleusine coracana* Gaertn.

主要分布地：西藏自治区昌都市、林芝市

龙爪稷，又名鸡爪谷、鸭脚粟、鸭爪稗、穇子、碱谷等，原产于热带和亚热带地区，为 1 年生草本植物，具有耐旱、耐涝和耐盐碱的性能，因生长适应能力较强，在西藏察隅、山南、昌都、日喀则和拉萨等地均有种植。龙爪稷不仅生长力强，产量也较高，具有较强的抗旱、抗涝及抗盐碱能力（池福敏等，2015）。

（7）黍类

名称：黍子

拉丁名：*Panicum miliaceum* L.

主要分布地：西藏自治区昌都市、林芝市

黍子为紫花序色，侧穗型，粒色为白色或黄褐色，米色为白色或黄色，落粒性轻或中等。

（8）豆类

名称：八月黄豆

拉丁名：*Glycine max*（L.）Merr.

主要分布地：云南省大理白族自治州鹤庆县

八月黄豆（图 2-77）在当地的生态环境下，通常在农历八月有鲜豆荚上市，因而被当地群众称之为八月黄豆。该品种是云南省优质的地方品种，其粒大。现直接应用于生产，或可作为大粒型育种材料（刘旭等，2013b）。

图 2-77　八月黄豆植株

资料来源：刘旭等，2013b

名称：灰皮大豆

拉丁名：*Glycine max*（L.）Merr.

主要分布地：云南省怒江傈僳族自治州泸水县

灰皮大豆（图 2-78）的名称来自于成熟子粒种皮的颜色，该品种抗白粉病，大田自然发病严重度为轻（对照种为重），可用作大豆白粉病的抗源研究（刘旭等，2013b）。

图 2-78　灰色大豆植株
资料来源：刘旭等，2013b

名称：小花豆
拉丁名：*Phaseolus vulgaris* L.
主要分布地：云南省大理白族自治州剑川县

小花豆（图 2-79）是当地俗称，因其种皮颜色而得名。根据田间自然发病调查，炭疽病发生严重度为轻（对照种为重），其表现为对炭疽病有较好的抗性。小花豆属丛生型的普通菜豆，现直接应用于生产，或可用作抗源评价（刘旭等，2013b）。

图 2-79　小花豆子粒
资料来源：刘旭等，2013b

名称：腰子豆

拉丁名：*Phaseolus vulgaris* L.

主要分布地：云南省大理白族自治州剑川县

腰子豆（图2-80）因其子粒形状似猪的肾脏而得名，属于大型粒品种，干子粒百粒重为70.5g，比对照高22g，外观形态品质优异。该品种属丛生型的菜豆，株高为35~50cm。现可直接应用于生产，或可作为育种亲本材料（刘旭等，2013b）。

图2-80 腰子豆子粒

资料来源：刘旭等，2013b

名称：Simailou

拉丁名：*Phaseolus vulgaris* L.

主要分布地：云南省怒江傈僳族自治州贡山县

Simailou（图2-81）是当地民族的音译，该品种是早熟型品种，全生育期73天（比对照种早12~16天成熟）。该品种属丛生型的普通菜豆，现直接应用于生产（刘旭等，2013b）。

(a)植株　　　　　　　　　　　(b)子粒

图2-81 Simailou 植株和子粒

资料来源：刘旭等，2013b

名称：南京豆

拉丁名：*Phaseolus vulgaris* L.

主要分布地：云南省临沧市沧源县

南京豆（图 2-82）是普通菜豆的一个品种，是荚壳软质的长荚型品种。该品种鲜销口感和外观品质优异，单荚粒数高达 9.40 粒，属于蔓生型的普通菜豆。现可直接应用于生产，具有鲜销生产的优势（刘旭等，2013b）。

图 2-82 南京豆植株和子粒

资料来源：刘旭等，2013b

名称：鲁掌豌豆

拉丁名：*Pisum sativum* L.

主要分布地：云南省怒江傈僳族自治州泸水县

鲁掌豌豆（图 2-83）是云南省优异的地方品种，早熟，开花期较对照品种早 25 天，可作为育种亲本材料（刘旭等，2013b）。

图 2-83 鲁掌豌豆植株和子粒

资料来源：刘旭等，2013b

名称：大花黑豆

拉丁名：*Phaseolus multiflorus* Willd.

主要分布地：云南省大理白族自治州剑川县

大花黑豆（图 2-84）因其子粒的种皮颜色而得名，是大粒型品种，百粒重 202g，比对照高 58g，外观品质优异。现直接应用于生产，或可作为大粒型育种材料（刘旭等，2013b）。

图 2-84　大花黑豆子粒

资料来源：刘旭等，2013b

名称：察隅 1 号、察隅 2 号、察隅 3 号

拉丁名：*Glycine max*（L.）Merr.

主要分布地：西藏自治区、昌都市林芝市察隅县

黄大豆是察隅县的地方品种，是个混杂群体，通过田间考察和鉴定可将其分为察隅 1 号、察隅 2 号和察隅 3 号。察隅 1 号株高 65cm 左右，茎直立不倒，无限结荚习性，荚熟褐色，有棕毛，种皮黄色，脐黑色，粒椭圆型，较大；察隅 2 号株高 65cm 左右，茎直立不倒，无限结荚习性，荚熟褐色，有棕毛，种皮黄色，脐黑色扩散呈马鞍形（猫眼豆），粒椭圆型，较大；察隅 3 号株高 70cm 左右，茎直立不倒，无限结荚，荚熟黑褐色，有棕毛，种皮黄色，脐褐色，粒椭圆型，较小（李福山，1983）。

除上述豆类品种外，在调查中我们发现澜沧江区域还有很多豆类品种，如西藏自治区林芝市的西藏大豆 1、西藏大豆 2，云南省普洱市的花皮豆、小绿豆和大滚白豆，保山市的保山大豆、猴子豆和大白豆，大理白族自治州的六月黄、细黄豆、合庆蚕豆、永平蚕豆等，临沧市的德党蚕豆。

（9）薯类

名称：甲帮洋芋

拉丁名：*Solanum tuberosum* L.

主要分布地：云南省大理白族自治州剑川县

甲帮洋芋（图 2-85）因薯块较大且当地白族方言中"甲帮"意为大而得名。该品种属于晚熟品种，在滇西北山区春秋种植，抗晚疫病，抗旱、耐寒能力强，株高为 60～70cm，单株产量一般在 1kg 以上，单株结薯 5～10 个，属于高产马铃薯品种，薯肉淡黄色，品质较好。现直接应用于生产，由于产量高可作

为商品马铃薯生产的品种之一，或可作为抗晚疫病育种材料（刘旭等，2013b）。

图 2-85　甲帮洋芋植株
资料来源：刘旭等，2013b

名称：马厂耗子洋芋

拉丁名：*Solanum tuberosum* L.

主要分布地：云南省大理白族自治州鹤庆县

马厂耗子洋芋（图 2-86）属于晚熟品种，在滇西北山区春秋种植。该品种抗晚疫病，抗旱、耐寒能力强，属于高产马铃薯品种，薯皮红色，薯肉带彩色花纹。该品种品质好，肉质面，具有独特风味，吃起来香、甜，且抗氧化，是为数不多的产量高、品质好的彩色马铃薯资源（刘旭等，2013b）。

图 2-86　马厂耗子洋芋植株
资料来源：刘旭等，2013b

名称：剑川红

拉丁名：*Solanum tuberosum* L.

主要分布地：云南省大理白族自治州剑川县

剑川红（图 2-87）属于晚熟品种，该品种抗旱、耐寒能力强，产量较高，薯型多为肾形、纺锤形，薯皮红色，薯肉带红纹。该品种由于食味品质好，肉质细嫩，薯形独特，薯皮和薯肉均带红色，产量也较高，符合当地消费习惯。现直接应用于生产，或可作为马铃薯品质育种、抗病和薯形育种的材料（刘旭等，2013b）。

图 2-87　剑川红植株
资料来源：刘旭等，2013b

名称：小红洋芋
拉丁名：*Solanum tuberosum* L.
主要分布地：云南省保山市腾冲市

小红洋芋（图 2-88）属于晚熟品种，为云南省保山地区傈僳族人自留品种。该品种具抗旱、耐贫瘠特性，植株较矮，薯块较小。该品种虽然产量不高但品质特优，吃起来口感好，糯性强，香味浓郁，且久煮不烂，深受傈僳族人喜爱（刘旭等，2013b）。

图 2-88　小红洋芋植株
资料来源：刘旭等，2013b

（10）蔬菜类

名称：曼皮棕黄地黄瓜
拉丁名：*Cucumis sativus* L. var *xishuangbannanesis* Qi et Yuan
主要分布地：云南省西双版纳傣族自治州勐海县

曼皮棕黄地黄瓜（图 2-89）是我国特有的半野生黄瓜变种资源，其植株通常表现为生长势壮，侧枝

发达，同时具有果实卵圆形、大脐、果肉橙红色等与黄瓜明显不同而与甜瓜相近的特征。固曼皮棕黄地
黄瓜中 β-胡萝卜素含量特高，故可用于高 β-胡萝卜素黄瓜品质育种（刘旭等，2013b）。

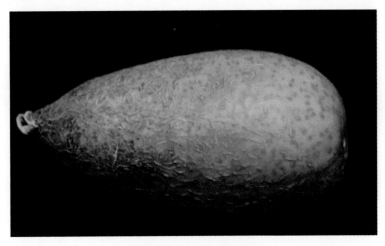

图 2-89　曼皮棕黄地黄瓜
资料来源：刘旭等，2013b

名称：曼佤圆棕黄地黄瓜

拉丁名：*Cucumis sativus* L. var *xishuangbannanesis* Qi et Yuan

主要分布地：云南省西双版纳傣族自治州勐海县

曼佤圆棕黄地黄瓜（图 2-90）是我国特有的半野生黄瓜变种资源，其植株表现为生长势强，侧枝发
达，因其 β-胡萝卜素含量特高，故可用于高 β-胡萝卜素黄瓜品质育种（刘旭等，2013b）。

图 2-90　曼佤圆棕黄地黄瓜
资料来源：刘旭等，2013b

名称：纳京地黄瓜

拉丁名：*Cucumis sativus* L. var *xishuangbannanesis* Qi et Yuan

主要分布地：云南省西双版纳傣族自治州勐海县

纳京地黄瓜（图 2-91）是我国特有的半野生黄瓜变种资源，其植株生长势壮，侧枝发达，果实长圆

形、大脐、果肉橙红，与甜瓜相近。纳京地黄瓜中 β-胡萝卜素含量特高，可用于高 β-胡萝卜素黄瓜品质育种（刘旭等，2013b）。

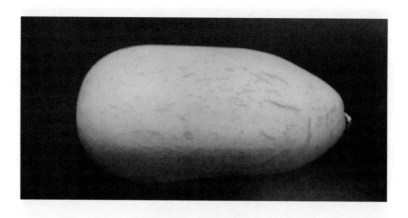

图 2-91　纳京地黄瓜
资料来源：刘旭等，2013b

名称：长黄地黄瓜
拉丁名：*Cucumis sativus* L. var *xishuangbannanesis* Qi et Yuan
主要分布地：云南省西双版纳傣族自治州勐海县
长黄地黄瓜（图 2-92）植株表现为生长势壮，侧枝发达，果实卵圆形、大脐、果肉橙红色。长黄地黄瓜的果肉呈橙色是 β-胡萝卜素大量积累的结果，这是异于普通黄瓜的重要特异性状，其可用于高 β-胡萝卜素黄瓜品质育种（刘旭等，2013b）。

图 2-92　长黄地黄瓜
资料来源：刘旭等，2013b

名称：长棕黄地黄瓜
拉丁名：*Cucumis sativus* L. var *xishuangbannanesis* Qi et Yuan
主要分布地：云南省西双版纳傣族自治州勐海县
长棕黄地黄瓜（图 2-93）是我国特有的半野生黄瓜变种资源，其植株生长势壮，侧枝发达，果实长圆形、大脐、果肉橙红色。长棕黄地黄瓜的果肉呈橙色是 β-胡萝卜素大量积累的结果，是异于普通黄瓜的重要特异性状，其可用于高 β-胡萝卜素黄瓜品质育种（刘旭等，2013b）。

图 2-93　长棕黄地黄瓜
资料来源：刘旭等，2013b

名称：象牙黄瓜

拉丁名：*Cucumis sativus* L.

主要分布地：云南省西双版纳傣族自治州勐腊县

象牙黄瓜（图 2-94）为黄瓜的一个华南型品种，该品种可抗蔓枯病，病情指数为 11.20，可作为黄瓜蔓枯病抗源进行抗病育种及发掘抗蔓枯病相关基因的材料（刘旭等，2013b）。

图 2-94　象牙黄瓜
资料来源：刘旭等，2013b

名称：圆果黄瓜

拉丁名：*Cucumis sativus* L.

主要分布地：云南省西双版纳傣族自治州勐腊县

圆果黄瓜（图 2-95）为黄瓜的一个华南型品种，该品种抗蔓枯病，病情指数为 7.53，可作为黄瓜蔓枯病抗源进行抗病育种及发掘抗蔓枯病相关基因的材料（刘旭等，2013b）。

图 2-95　圆果黄瓜
资料来源：刘旭等，2013b

名称：乳茄

拉丁名：*Solanum mammosum* L.

主要分布地：云南省西双版纳傣族自治州勐腊县

乳茄在当地被称为"五指茄"（图 2-96），因其果实果肩突起五角呈指状而得名。该种果形奇特，且成熟果为金黄色，可供观赏。当地民族也将其作为药用植物，可入药治胃病、冠心病。同时，该种高抗茄子黄萎病和枯萎病，可直接应用于生产，作为观赏蔬菜，或可作为茄子抗逆和改良果实味道育种的亲本（刘旭等，2013b）。

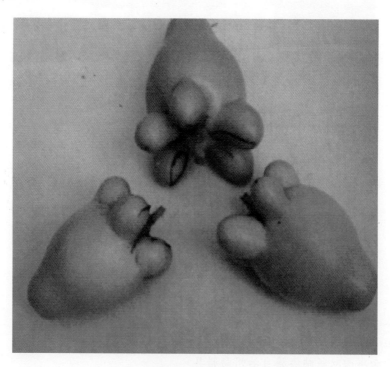

图 2-96　乳茄果实
资料来源：刘旭等，2013b

名称：紫团茄

拉丁名：*Solanum melongena* L.

主要分布地：云南省西双版纳傣族自治州勐腊县

紫团茄（图2-97）是茄的一个地方品种，具有较好的品质，经田间鉴定其有抗茄子黄萎病和枯萎病性，可直接应用于生产，或可作为茄子抗病育种的亲本（刘旭等，2013b）。

图 2-97　紫团茄

资料来源：刘旭等，2013b

名称：白团茄

拉丁名：*Solanum melongena* L.

主要分布地：云南省西双版纳傣族自治州勐腊县

白团茄（图2-98）是茄的一个地方品种，具有较好品质，经田间鉴定抗茄子黄萎病和枯萎病，可直接应用于生产，或可作为茄子抗病育种的亲本（刘旭等，2013b）。

图 2-98　白团茄果实

资料来源：刘旭等，2013b

名称：生食茄子

拉丁名：*Solanum melongena* L.

主要分布地：云南省西双版纳傣族自治州勐腊县

生食茄子（图2-99）是具有较好品质的茄的一个地方品种，口感好，可生食，味微苦，具有清热解暑的功效。苗期田间鉴定具抗茄子黄萎病和枯萎病特性，可直接应用于生产，或可作为茄子抗病和改良果实味道育种的亲本（刘旭等，2013b）。

图2-99　生食茄子果实

资料来源：刘旭等，2013b

名称：黄圆茄子

拉丁名：*Solanum melongena* L.

主要分布地：云南省西双版纳傣族自治州勐腊县

黄圆茄子（图2-100）是具有较好品质的茄的一个地方品种，口感好。具中抗茄子黄萎病和高抗枯萎病特性，可直接应用于生产，或可作为茄子抗病和改良果实味道育种的亲本（刘旭等，2013b）。

图2-100　黄圆茄子果实

资料来源：刘旭等，2013b

名称：荷包茄

拉丁名：*Solanum melongena* L.

主要分布地：云南省大理白族自治州

荷包茄是茄子的一个地方品种，中熟品种，首花节位为第 6 或第 8 或第 10 节，青熟果为紫红色，果形为卵形，青果肉质致密，种子少，具有抗病虫性。

名称：捧头茄

拉丁名：*Solanum melongena* L.

主要分布地：云南省大理白族自治州

捧头茄是茄子的一个地方品种，中熟品种，首花节位为第 8 节，青熟果为紫色，果形为圆筒形，青果肉质松，种子量中等。

名称：涮辣

拉丁名：*Capsicum frutescens* L. cv. *shuanlaense* L. D. Zhou. H. Liu et P. H. Li. cv. Nov

主要分布地：云南省普洱市澜沧拉祜族自治县

涮辣（图 2-101）具有独特的辛辣气味，辣味极强，不能直接食用，只能将果实切开，在热汤中涮几下，整锅汤即有辛辣味，因而得名涮辣。涮辣属于稀有辣椒种质资源，现直接应用于生产，或可作为辣椒育种的亲本，特别是作为高辣椒素育种的亲本（刘旭等，2013b）。

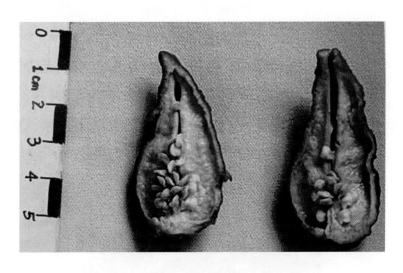

图 2-101　涮辣果实纵切面
资料来源：刘旭等，2013b

名称：曼皮小米辣

拉丁名：*Capsicum frutescens* L.

主要分布地：云南省西双版纳傣族自治州勐海县

曼皮小米辣的辣味强，果形小，故得名小米辣（图 2-102）。该品种属于多年生灌木状辣椒种质资源。经抗疫病鉴定，具高抗疫病性，现直接应用于生产，或可作为辣椒育种的亲本，特别是作为炕辣椒疫病育种的亲本（刘旭等，2013b）。

图 2-102　曼皮小米辣植株
资料来源：刘旭等，2013b

名称：野辣子

拉丁名：*Capsicum annuum* L.

主要分布地：云南省大理白族自治州鹤庆县

野辣子（图 2-103）辣味强，观赏性强，采集时处于野生状态，无人栽培，故得名野辣子。该品种现直接应用于生产，或可作为辣椒育种的亲本，特别是作为高辣椒素育种的亲本（刘旭等，2013b）。

图 2-103　野辣子植株
资料来源：刘旭等，2013b

名称：保山大辣子

拉丁名：*Capsicum annuum* L.

主要分布地：云南省保山市

保山大辣子是辣椒的一个地方品种，中熟品种，首花节位为第 8 节，着果方向向下，食熟果皮色为绿色，老熟种果色为红色，果形为圆锥形，外皮厚，果实水分多，风味甜辣，耐涝。

名称：小黄油菜

拉丁名：*Brassica napus* L.

主要分布地：云南省普洱市

小黄油菜适应性强，耐瘠不施肥料，耕作粗放，产量低，种植面积 5000 余亩，产量约 150t。

名称：红萝卜

拉丁名：*Raphanus sativus* L.

主要分布地：云南省大理白族自治州

红萝卜的叶簇半直立，叶型为花叶，根形长圆锥形，根地上皮色为绿色，根地下皮色为白色，根肉主色为白色，根肉质松脆，生熟食加工，风味为辣，中等储藏性，中等抗病性。

名称：小根白

拉丁名：*Brassica pekinensis*（Lour.）Rupr.

主要分布地：云南省大理白族自治州

小根白是大白菜的一个地方品种，叶色为淡绿色，叶面较平，叶柄色为白色，叶球形状为长筒形，叶球抱合型为叠抱型，叶球心为包心，口感略甜，储藏性中等。

名称：雪里白

拉丁名：*Brassica pekinensis*（Lour.）Rupr.

主要分布地：云南省大理白族自治州

雪里白是大白菜的一个地方品种，叶色为淡绿色，叶面微皱，叶柄色为白色，叶球形状为长筒形，叶球抱合型为合抱型，叶球心为舒心，口感略甜，储藏性中等。

名称：黄秧白

拉丁名：*Brassica pekinensis*（Lour.）Rupr.

主要分布地：云南省大理白族自治州

黄秧白是大白菜的一个地方品种，叶色为淡绿色，叶面微皱，叶柄色为白色，叶球形状为长筒形，叶球抱合型为拧抱型，叶球心为舒心，口感略甜，储藏性弱。

名称：调羹白菜

拉丁名：*Brassica pekinensis*（Lour.）Rupr.

主要分布地：云南省保山市

调羹白菜是白菜的一个地方品种，直立株型，叶形为长椭圆形，叶色为绿色，叶面平滑，叶柄色为白色，纤维含量中等，品质中等，耐旱性强，抗病性强，抗虫性强。

名称：皱叶青菜

拉丁名：*Brassica juncea*（L.）Czern. et Coss.

主要分布地：云南省迪庆藏族自治州

皱叶青菜是叶芥菜的一个地方品种，分蘖性弱，叶形为近圆形，叶缘全缘，叶面中皱，叶色为绿色，叶柄宽厚，芥辣味浓，肉质脆嫩，熟食腌制，耐寒，较耐病毒病。

名称：腌青菜

拉丁名：*Brassica juncea*（L.）Czern. et Coss.

主要分布地：云南省保山市

腌青菜是叶芥菜的一个地方品种，分蘖性中等，叶形为椭圆形，叶缘全缘，叶面中皱，叶色为绿色，叶柄圆，芥辣味浓，肉质粗糙，熟食腌制，抗逆性中等，抗病性中等。

名称：本地红青菜

拉丁名：*Brassica juncea*（L.）Czern. et Coss.

主要分布地：云南省普洱市

本地红青菜是叶芥菜的一个地方品种，分蘖性弱，叶形为长椭圆形，叶面多皱，叶色为紫绿色，叶柄宽厚，芥辣味淡，熟食，耐热性强，耐涝性强。

名称：大头菜

拉丁名：*Brassica junceas* car. *megarrhiza* Tsen et Lee

主要分布地：云南省保山市

大头菜是根芥菜的一个地方品种，叶形为长椭圆形，叶缘深裂，叶面微皱，叶色为深绿色，根肉质艮硬，芥辣味浓，腌制，较耐旱，抗病性中等。

名称：半轻不重花菜

拉丁名：*Brassica oleracea* L. var. *botrytis* L.

主要分布地：云南省大理白族自治州

半轻不重花菜是花椰菜的一个地方品种，叶色为浅绿色，花球形状为扁圆形，花球色为乳白色，无球面茸毛，花球紧实，花球品质上等，中熟品种，较耐寒，较耐霜霉。

（11）经济作物类

名称：滇蔗茅

拉丁名：*Erianthus rockii* Keng

主要分布地：云南省、西藏自治区海拔 500～2700m 的干燥山坡草地

滇蔗茅（图 2-104）生势强，具有较强的抗病性（花叶病、锈病）、抗旱性、耐贫瘠性等。该物种属于较珍贵的甘蔗种质资源，是进行甘蔗抗锈病研究的重要材料（刘旭等，2013b）。

名称：小粒红花生

拉丁名：*Arachis hypogaea* L.

主要分布地：云南省普洱市

思茅地区花生种植历史悠久，种植面积和产量约占全省的 1/5，是云南省花生主产区之一。花生良种"小粒红"（图 2-105），高产壳薄，果仁饱满，出油率高，颜色鲜红，俗称"胭脂花生"，畅销省内外（思茅地区农业志编纂委员会，2005）。

图 2-104　滇蔗茅

资料来源：刘旭等，2013b

图 2-105　思茅小粒红花生

资料来源：http://www.yuntc.com.cn/images/upload/image/20150925/20150925143936_ 64147

名称：呈贡葵花

拉丁名：*Helianthus annuus* L.

主要分布地：云南省大理白族自治州

呈贡葵花是向日葵的一个地方品种，半食用型，胚轴色为绿色，舌状花色为橙黄色，柱头色为黄色，花盘形状为平面形，粒形为短圆锥形，粒色为黑白条色。

名称：白葵花

拉丁名：*Helianthus annuus* L.

主要分布地：云南省大理白族自治州

白葵花是向日葵的一个地方品种，食用型，胚轴色为绿色，舌状花色为黄色，柱头色为黄色，花盘形状为平面形，粒形为卵圆形，粒色为黑白条色。

除上述经济作物品种外，在调查中我们发现澜沧江区域还有很多经济作物品种，如云南省临沧市的草甘蔗，普洱市的罗汉蔗和马鹿蔗等。

（12）药类

名称：阳春砂

拉丁名：*Amomum villosum* Lour.

主要分布地：云南省普洱市、西双版纳傣族自治州

阳春砂的干燥成熟果实即为我国著名的"四大南药"之一的砂仁（图2-106），阳春砂是生产上种植的主要品种，品质较好，常用作中药、食用调味品及香料，具有化湿开胃、温脾止泻、理气安胎的功效（刘旭等，2013b）。

(a)阳春砂(孟力腊)   (b)阳春砂(景洪)

(c)阳春砂植株(西盟)   (d)阳春砂植株(景洪)

图2-106　阳春砂

资料来源：刘旭等，2013b

名称：鼓槌石斛

拉丁名：*Dendrobium chrysotoxum* Lindl.

主要分布地：云南省西双版纳傣族自治州、普洱市、景洪市、临沧市

鼓槌石斛是草本植物，茎直立，肉质，纺锤形假鳞茎具益胃生津、滋阴清热的功效（图2-107）。现代研究表明，其还具有调节心脑血管作用，能抑制肿瘤的活性，是心脑血管用药脉络宁注射液的主要原料之一（刘旭等，2013b）。

(a)勐腊

(b)景洪

(c)普洱

(d)江城

图 2-107　鼓槌石斛

资料来源：刘旭等，2013b

名称：铁皮石斛

拉丁名：*Dendrobium officinale* Kimura et Migo

主要分布地：云南省景洪市、普洱市

铁皮石斛假鳞茎主要成分有多糖、生物碱和多种氨基酸等；具有益胃生津、滋阴清热、增强机体免疫力、抗肿瘤、抗氧化、抗肝损伤、降血糖等功效；主要作为药用及保健品使用，临床上多用于癌症的治疗或辅助治疗（刘旭等，2013b）（图 2-108）。

(a)景洪

(b)普洱

图 2-108　铁皮石斛

资料来源：刘旭等，2013b

名称：川贝母

拉丁名：*Fritillaria cirrhosa* D. Don.

主要分布地：云南省迪庆藏族自治州、西藏自治区昌都市

川贝母的干燥鳞茎具有清热润肺、化痰止咳的功效，主治肺热燥咳、咳痰带血、痰多胸闷等症。川贝母的主要成分为异甾体类生物碱和生物碱，微量元素主要有 Ca、Mg、K、Fe、Co、Ni、Al 等。各部位总生物碱的含量由高至低依次为果皮、鳞茎、鳞心、花、茎秆，总皂苷含量由高至低依次为鳞茎、果皮、鳞心、花、茎秆；微量元素绝大多数是果皮部位含量高，茎秆次之，植株中人体必需元素的分布趋势为地上部分高于地下部分（张荣发，2006）。

名称：掌叶大黄

拉丁名：*Rheum palmatum* L.

主要分布地：西藏自治区昌都市、云南省、青海省

掌叶大黄为蓼科多年生宿根草本植物，为我国药用大黄的主要栽培种，以根茎入药，是《中国药典》2005 年版规定的正品大黄之一。大黄始载于《神农本草经》，性寒味苦，归脾、胃、大肠、肝、心包经。研究表明大黄有清除氧自由基、调血脂、抗动脉硬化、抗癌、抗衰老、抗精神病、抗菌消炎、保肝利胆、抗病毒等功效（徐庆等，2009）。

2.6.2　林业物种

（1）果树

名称：滇梨

拉丁名：*Pyrus pseudopashia* Yü

主要分布地：云南省怒江傈僳族自治州贡山自治县

滇梨（图2-109）为梨属中的云南省特有种，主要产于云南省西北部海拔 2000～3000m 的杂木林中，野生或半野生。生长缓慢，木材坚硬细致，质地较好，树体生长势强，植株高大，耐贫瘠，对黑星病和腐烂病有较强的抗性。该种果实味微涩，丰产性好，有化痰清肺的功效，抗旱能力与川梨相当。可作为梨的砧木，由于其木材质地较好，也可用于制作家具和木地板（刘旭等，2013b）。

图 2-109　滇梨

资料来源：刘旭等，2013b

名称：小蜜梨

拉丁名：*Pyrus pyrifolia*（Burm. F. ）Nakai

主要分布地：云南省普洱市景谷傣族彝族自治县

小蜜梨（图2-110）因品质优、味特甜而得名，为云南省沙梨中的优良地方品种，种植历史有百年以上。该品种树体生长势强，耐贫瘠，抗旱性强，抗黑斑病和腐烂病，丰产果实皮薄，果肉石细胞少，果质脆，果肉汁多，味甜，果心小，味道浓。可直接栽培利用，也可作为梨的砧木，或可作为梨品质育种的亲本（刘旭等，2013b）。

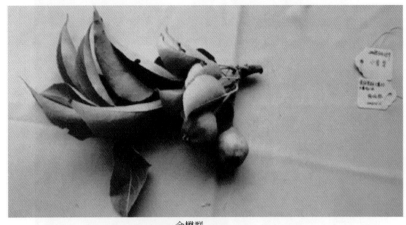

余懋群

图2-110 小蜜梨枝条和果实

资料来源：刘旭等，2013b

名称：皱皮木瓜

拉丁名：*Chaenomeles speciosa*（Sweet）Nakai

主要分布地：云南省

皱皮木瓜又被称为"甜木瓜"，因在食用时酸度较小而得名。该种分布较为广泛，适应性广，丰产，其加工品不需添加防腐剂、柠檬酸、香精、色素，还具有疏通经络、祛风活血、镇痛、平肝、和脾、化湿舒筋的效能。现可直接栽培利用，果实鲜食（图2-111）、加工利用均可（刘旭等，2013b）。

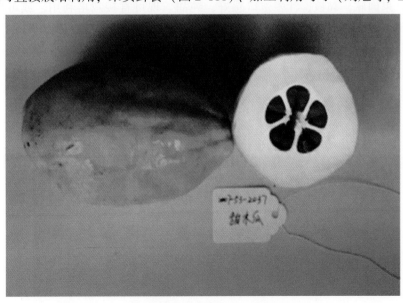

图2-111 皱皮木瓜果实

资料来源：刘旭等，2013b

名称：德钦花红

拉丁名：*Malus asiatica* Nakai

主要分布地：云南省迪庆藏族自治州德钦县

德钦花红（图2-112）树体生长势强，树姿开张，坐果率极高，耐寒性强，抗早期落叶病和腐烂病，丰产。其果实鲜红色，有棱，具有较好的观赏性，可直接栽培利用，或可作为砧木及抗寒育种的亲本（刘旭等，2013b）。

图2-112　德钦花红

资料来源：刘旭等，2013b

名称：曼瓦金沙李

拉丁名：*Prunus salicina* Lindl.

主要分布地：云南省西双版纳傣族自治州勐海县

曼瓦金沙李（图2-113）为云南古老的优良地方品种，该品种适应性广，在海拔1100~2200m地区生长良好，丰产性好，果肉软，黏核，汁多，口感好，纯甜。现可直接栽培利用，或可作为抗病育种的亲本（刘旭等，2013b）。

图2-113　曼瓦金沙李

资料来源：刘旭等，2013b

名称：槟榔青

拉丁名：*Spondias pinnata*（L. f.）Kurz

主要分布地：云南省西双版纳傣族自治州勐海县

槟榔青又名咖喱啰，为云南傣族地区传统利用的热果资源。树体生长势强，树型高大，抗性好，基本没有病虫害危害。其果实营养丰富（图2-114），可鲜食，食后回味甜，并对治疗咽喉痛有较好的疗效，或用来炖鸡，更是味道鲜美。现可直接栽培利用，果实鲜食或与树皮入药，具有清热解毒、消肿止痛、止咳化痰等功效（刘旭等，2013b）。

图 2-114　槟榔青果实

资料来源：刘旭等，2013b

名称：文绍梅子

拉丁名：*Prunus mume* Sieb. et Zucc.

主要分布地：云南省普洱市景谷傣族彝族自治县

文绍梅子因产于云南省景谷傣族彝族自治县凤山乡文绍村而得名，为当地优良的地方品种，栽培历史有百年以上。该品种树体生长势强，耐贫瘠和粗放管理，对蚜虫和烟煤病有较强的抗性，丰产性好，其果实较其他梅子的大（图2-115），圆球形，核小，肉质厚，适合加工成果醋或盐梅（刘旭等，2013b）。

图 2-115　文绍梅子果实

资料来源：刘旭等，2013b

名称：君迁子

拉丁名：*Diospyros lotus* L.

主要分布地：云南省怒江傈僳族自治州泸水县

君迁子（图2-116）又名软枣、塔枝、黑枣等。该种适应性广，耐贫瘠，抗性强，生长期基本没有病虫害危害，丰产，座果率高，果实充分成熟后变成深褐色，味甜，无核。该种可作为柿树的优良砧木，其木材纹理细密，可做木地板或贵重的家具（刘旭等，2013b）。

图 2-116　君迁子

资料来源：刘旭等，2013b

名称：西双版纳椪柑

拉丁名：*Citrus reticulata* Blanco

主要分布地：云南省西双版纳傣族自治州、普洱市思茅地区

西双版纳椪柑（图2-117）又叫勐版桔，傣语音"麻竹"是版纳地区古老的地方优良柑橘栽培种。果

图 2-117　西双版纳椪柑

资料来源：http://tupian.hudong.com/a0_75_68_01300000343744124772680834960_jpg.html

大、味甜、汁多、色美、经济寿命长（10～40年），因其皮厚，较其他桔子品种耐储藏、耐运输。西双版纳椪柑适应性强，产量高，品质好，经省级评定为优良品种，在云南省范围内推广。其对高温、多湿、日照长、土壤肥力高、病虫害世代重叠发生率高的热带环境有较强的适应能力，根系发达，枝叶茂盛，座果率高（思茅地区农业志编纂委员会，2005；徐为山，1998）。

名称：马蜂柑
拉丁名：*Citrus reticulata* Blanco
主要分布地：云南省西双版纳傣族自治州
马蜂柑的果实成熟期为11月中上旬，单果重很小，为黄绿色，粗糙，外观评价差，肉质细软，风味尖酸苦微涩，可作为病毒病指示植物。

名称：大香橼
拉丁名：*Citrus medica* L.
主要分布地：云南省怒江傈僳族自治州泸水县
大香橼为柑橘属三个基本种之一，因其果皮香味浓郁而得名（图2-118）。该种为云南省原产品种，高抗溃疡病，一年可多次开花，果皮特厚，其叶片具有祛除膻味，改善牛、羊、鸡肉的味道，增加芳香，具有促进食欲的作用，其果实具有化痰止咳、治疗呕苦反酸、胃脘灼痛的药效。该种可直接栽培利用，用于观赏、药用和鲜食（刘旭等，2013b）。

图2-118　大香橼果实
资料来源：刘旭等，2013b

名称：三年芒
拉丁名：*Mangifera indica* L.
主要分布地：云南省西双版纳傣族自治州
三年芒是芒果的一个地方品种，果实成熟期为6～7月，单果重量小，熟果颜色为金黄色，果形为卵肾形，果肉质地稍粗。

名称：象牙芒果

拉丁名：*Mangifera indica* L.

主要分布地：云南省普洱市

象牙芒果是芒果的一个地方品种，主要分布在于云南省普洱市景谷傣族彝族自治县，景谷的象牙芒果，产量高，皮薄肉厚，香甜味美，品质优良，闻名省内外，产品供不应求。

（2）茶树

名称：秧塔大白茶

拉丁名：*Camellia sinensis* var. *assamica*（Mast.）Kitamura

主要分布地：云南省普洱市景谷傣族彝族县

秧塔大白茶（图2-119）因其芽叶茸毛特多，显白色而得名。该品种嫩芽肥壮，芽叶黄绿色，茸毛特多，发芽整齐，产量高，持嫩性强，抗寒性较强，扦插成活率高；成茶肥硕重实，白毫显露，条索银白色，气味清香，茶汤清亮，滋味醇和回甜，耐泡饮，适制普洱茶、绿茶、红茶（刘旭等，2013b）。

图2-119　秧塔大白茶

资料来源：刘旭等，2013b

名称：绿芽茶

拉丁名：*Camellia sinensis* var. *assamica*（Mast.）Kitamura

主要分布地：云南省普洱市孟连县

绿芽茶因（图2-120）其芽叶显绿色而得名。该品种芽叶色泽绿色，茸毛多，干茶色泽黑褐，汤色黄绿，滋味回甜，品质优良。现直接应用于生产，是加工普洱茶的优良地方品种（刘旭等，2013b）。

名称：大理茶种

拉丁名：*Camellia taliensis*（W. W. Smith.）Melch.

主要分布地：云南省大理白族自治州、普洱市、保山市、临沧市

大理茶是栽培茶树的野生近缘种，主要分布在云南省的大理、保山、德宏、临沧、普洱和西双版纳等地，是云南省野生茶树资源中分布广泛、面积大、适应性强的一个茶树资源，是茶树资源的重要组成部分。大理茶分布广泛，数量多，是个较为原始的野生茶树物种，又具有茶树的一切形态特征和功能性成分，其中叶片大，叶片无毛，有光泽，顶芽和幼枝均无毛，子房有毛，果皮较厚，这是与大厂茶、厚轴茶等野茶区别的主要特征（蒋会兵等，2009）。

图 2-120　绿芽茶

资料来源：刘旭等，2013b

名称：景谷大白茶

拉丁名：*Camellia sinensis* var. *assamica* cv. Jinggu-dabaicha

主要分布地：云南省普洱市景谷傣族彝族县

景谷大白茶原产于云南省景谷傣族彝族县民乐乡秧塔村海拔 1700 多米地区，以叶大和嫩叶茸毛多为特色。该种属于乔木型、大叶类、中生种。树姿半开张，树高 4.6m，树幅 4.0m×3.8m，基部干围 25.5cm。平均叶长 15cm，叶宽 7.2cm，叶椭圆形，叶面隆起，叶脉平均 13 对。萼片无毛，花冠平均大小 4.5cm×4.2cm，柱头 3 裂，子房有毛。茶果呈三角形。分类上属于普洱茶、制青茶（中国农业百科全书总编辑委员会，1988；沈培平，2008）。

名称：勐库大叶种茶

拉丁名：*Camellia sinensis* var. *assamica* cv. Mengku-dayecha

主要分布地：云南省普洱市景谷傣族彝族县

勐库大叶种茶又名大黑茶、勐库种，茶树有性群体品种之一，原产于云南省双江拉祜族、佤族、布朗族、傣族自治县勐库。植株乔木型，树姿开张，树冠高大，分枝较疏。叶长椭圆形，特大叶类，成叶色浓绿，嫩叶色绿或黄绿，叶尖渐尖，叶肉厚而柔嫩，叶面显著隆起，叶缘背卷，主脉明显。茶多酚与儿茶素含量特高，适制红茶，滋味浓强（中国农业百科全书总编辑委员会，1988）。

名称：凤庆大叶茶

拉丁名：*Camellia sinensis* var. *assamica* cv. Fengqing-dayecha

主要分布地：云南省临沧市

凤庆大叶茶是乔木型，大叶类，早生种。原产于云南省凤庆县。云南省南部、西部茶区广泛栽培。四川、广东、广西、海南、福建等省（区）曾大面积引种。1985 年全国农作物品种审定委员会认定为国家品种，植株高大，树姿开张或半开张，主干显，分枝较稀，叶片水平或上斜状着生。叶椭圆形，叶色绿，富光泽，叶身稍内折或平，叶面隆起，叶缘波状，叶齿稀浅，叶质厚软。芽叶生育力强，持嫩性强，适制红茶、绿茶和普洱茶（沈培平，2008）。

名称：勐海大叶茶

拉丁名：*Camellia sinensis* var. *assamica* cv. Menghai-dayecha

主要分布地：云南省西双版纳傣族自治州

勐海大叶茶为乔木型，大叶类，早生种。原产于云南省勐海县南糯山。主要分布在云南省南部茶区。四川、广西、贵州、广东等省（区）有大面积引种。1985 年全国农作物品种审定委员会认定为国家品种，植株高大，树姿开张，主干显，分枝较稀，叶片水平或上斜状着生。叶片特大，长椭圆形或椭圆形，叶色绿，富光泽，叶身平、微背卷，叶面隆起或平，叶缘微波，叶尖渐尖或急尖，叶齿粗齐，叶质厚软。芽叶生育力强，持嫩性强，适制红茶、绿茶和普洱茶，品质优（沈培平，2008）。

名称：邦崴大茶树

拉丁名：*Camellia* sp.

主要分布地：云南省普洱市

邦崴大茶树为乔木树型，树姿直立，分枝密；树高11.8m，树幅8.2m×9.0m，根颈处干径114cm，最低分枝高0.7m，一级分枝3个，二级分枝13个。叶长椭圆形，叶尖渐尖，叶面微隆起，有光泽，叶缘微波，叶身平或稍内折，叶质厚软，叶齿细浅，鳞片、芽叶、嫩梢多毛。花冠较大，花瓣有微毛，萼片5个，绿色，外无毛，边缘有睫毛，内有毛；果扁圆形或肾形，果皮绿色有微毛，外种皮上除有胚痕外，还有一下陷的圆痕。抗逆性强（沈培平，2008）。

名称：大山茶

拉丁名：*Camellia* sp. cv. Dashancha

主要分布地：云南省普洱市

大山茶又名大树茶、坝茶、老黑茶等。有性系。乔木型，大叶类，中生种。原产于云南省景东县、镇沅县。可能是野生型与栽培型茶树自然杂交的杂种。已有400多年的栽培史。在无量山西坡和哀牢山西坡海拔1700~2000m的高山地带有广泛栽培，也有零星或小规模种植在村寨附近。多为老茶树，树体高大，树龄较长。植株高大，树姿半开张，主干明显，分枝较密，叶片稍上斜或水平状着生。叶椭圆形，叶色深绿，极富光泽，叶身稍内折且呈背弓状，叶面微隆起，叶缘微波状或波状，叶尖渐尖，叶齿浅细，叶质硬厚（沈培平，2008）。

名称：文龙大白茶

拉丁名：*Camellia sinensis* var. *assamica* cv. Wenlong-dabaicha

主要分布地：云南省普洱市

文龙大白茶又名冷远白毫。有性系。乔木型，大叶类，早生种。原产于云南省普洱市景东县文龙乡瓦罐窑村小冷远村民小组。由本地野生茶树培育而成，原种仅几千株，后代广泛混植于当地群体之中。植株高大，树姿开张，主干明显，分枝稀，叶片稍上斜或水平状着生。叶为椭圆形或长椭圆形，叶色绿或深绿，富光泽，叶身稍背卷，叶面隆起，叶缘微波，叶尖渐尖，叶齿稀浅，叶质厚软。越冬芽鳞片较多，3~4 枚，淡红色或黄绿色。芽叶生育力强，持嫩性强，适制绿茶、红茶和普洱茶，尤适制毫峰类名优滇绿茶（沈培平，2008）。

名称：长地山大叶茶

拉丁名：*Camellia sinensis* var. *pubilimba* cv. Changdishan-dayecha

主要分布地：云南省普洱市

长地山大叶茶又名长地种、长地茶。有性系。小乔木型，大叶类，中生种。原产于云南省景东县文井镇丙必村长地山村民小组。由本地野生茶树培育而成，已有200多年的栽培史。思茅区、江城县有引种。植株高大，树姿半开张，主干明显，分枝较密，叶片上斜状或水平状着生。叶为长椭圆或椭圆形，叶色绿，有光泽，叶身平或稍背卷，叶面隆起，叶缘微波状或波状，叶尖渐尖或急尖，叶齿粗浅，叶质较硬。芽叶肥壮，黄绿色，茸毛多，芽叶生育力强，持嫩性中。适制绿茶、红茶和普洱茶，品质优良（沈培平，2008）。

名称：桔叶茶
拉丁名：*Camellia sinensis* cv. Jiyecha
主要分布地：云南省普洱市
桔叶茶是有性系。小乔木型，中叶类，早生种。原产于云南省普洱市景东县安定乡中仓村。在景东县中部川河沿线有栽培。植株较高大，树姿开张，分枝较密，叶片稍上斜或水平状着生。叶椭圆形，叶色深绿，富光泽，叶面微隆起或隆起，叶缘平或微波状，叶身稍内折，叶尖圆尖，叶齿浅密，叶质柔软。芽叶绿色，茸毛多，芽叶生育力强，持嫩性强。适制红茶、绿茶和普洱茶（沈培平，2008）。

名称：马邓茶
拉丁名：*Camellia sinensis* var. *assamica* cv. Madengcha
主要分布地：云南省普洱市
马邓茶又名马邓大绿茶、老马邓茶。有性系。小乔木型，大叶类，早生种。原产于云南省镇沅县者东乡马邓村。在本地及周边乡（镇）有广泛栽培。原产地已有200年以上栽培史。20世纪80年代后，在普洱市其他县（区）有引种。植株较高大，树姿开张，分枝较稀，叶片水平或下垂状着生。叶片大，长椭圆或椭圆形，叶色深绿或绿，叶身稍背卷，叶面强隆起，叶缘微波或波状，叶尖渐尖，叶脉显，叶齿浅细或稀浅，叶质厚软。芽叶生育力较强，持嫩性中，适制绿茶、红茶和普洱茶（沈培平，2008）。

名称：红山茶
拉丁名：*Camellia* sp.
主要分布地：云南省普洱市
红山茶生长在民乐乡至秧塔村大箐路边，海拔1760m。乔木型，树姿半开张，树高8m，树幅5.5m，基部干围25cm。平均叶长16.3cm，叶宽6.5cm，叶卵圆或椭圆形，叶尖急尖成尾状，叶面微隆起，叶齿疏、锐、浅，叶脉平均9对。花顶部簇生，腋部单生，花瓣特多，呈覆瓦状排列，花瓣红色、多毛，柱头3裂，子房有毛。果桃形，直径6.1~6.7cm，果皮有棕黄色茸毛（沈培平，2008）。

名称：文和白毫
拉丁名：*Camellia sinensis* var. *assamica* cv. Wenhe-baihao
主要分布地：云南省普洱市
文和白毫是有性系。小乔木型，大叶类，中生种。原产于云南省镇沅县振太乡文索村文和村民小组。在本地及周边乡（镇）有广泛栽培，普洱市其他县（区）有少量引种。植株较高大，树姿开张，主干显，分枝密，叶片稍上斜或水平状着生。叶片大，椭圆形或长椭圆形，叶色深绿，叶身平，叶面平滑，叶缘微波，叶尖急尖或渐尖，叶齿浅细，叶质柔软。芽叶生育力强，发芽整齐，适制绿茶，条索纤长，翠绿色，白毫多，清香持久，滋味甘醇（沈培平，2008）。

名称：云南连蕊茶
拉丁名：*Camellia forrestii*
主要分布地：云南省普洱市
云南连蕊茶枝条细软下垂，叶片光亮，叶缘波浪状，花小稠密，芳香可观树、观叶、观花（倪穗和李纪元，2005）

名称：滇南毛蕊山茶

拉丁名：*Camellia mairei* var. *velutina*

主要分布地：云南省普洱市

滇南毛蕊山茶外轮花丝和花丝管密被长柔毛，幼枝密被褐色长柔毛，叶基部楔形至近圆形，侧脉在表面不凹陷，花丝有时变无毛（闵天禄，1998）。

名称：滇缅茶

拉丁名：*Camellia irrawadiensis*

主要分布地：云南省西双版纳傣族自治州、普洱市、保山市、临沧市

滇缅茶为小乔木或乔木，嫩枝无毛，芽体有毛。叶长椭圆形，叶片、叶柄无毛，叶缘有锯齿，革质。花白色，覆瓦状排列，无毛，子房多毛，花柱无毛。蒴果扁球形，直径 3~4cm，种子球形。

名称：厚轴茶

拉丁名：*Camellia crassicolumna*

主要分布地：云南省普洱市

厚轴茶为山茶科山茶属的植物。小乔木，嫩枝无毛，顶芽有毛。叶革质，长圆形或椭圆形，基部阔楔形，上面稍发亮，下面带灰色。花单生于枝顶，白色，花柄长5mm，粗大，有柔毛，雄蕊长约2cm，近离生，无毛；子房有毛，5室；花柱与雄蕊等长，先端5深裂。蒴果卵圆形，长4cm，4~5 片裂开，每室有种子1个。厚轴茶具备气香、味浓、色佳、提神解渴的特点，且具有扩张冠状动脉、兴奋心肌、松弛气管平滑肌和较强的利尿作用。

名称：普洱茶

拉丁名：*Camellia assamica*

主要分布地：云南省西双版纳傣族自治州、普洱市、保山市、临沧市

普洱茶为山茶科山茶属的植物，大乔木，高达16m，嫩枝有微毛，顶芽有白柔毛。叶薄革质，椭圆形，略有光泽，下面为浅绿色，中肋上有柔毛，其余被短柔毛，老叶变秃。花瓣6~7 片，倒卵形，无毛。雄蕊长 8~10mm，离生，无毛。子房3室，被茸毛；花柱长 8mm，先端3裂。蒴果扁三角球形。种子每室1个，近圆形，直径1cm。普洱茶主要产于云南省的西双版纳、临沧、普洱等地区。普洱茶讲究冲泡技巧和品饮艺术，其饮用方法丰富，既可清饮，也可混饮。普洱茶茶汤橙黄浓厚，香气高锐持久，香型独特，滋味浓醇，经久耐泡（吴征镒，1999）。

名称：大苞茶

拉丁名：*Camellia grandibracteata*

主要分布地：云南省临沧市

大苞茶为山茶科山茶属的植物，原产于云南省临沧市云县。乔木，嫩枝有微毛，顶芽被毛。叶薄革质，椭圆形，先端急锐尖，基部楔形，上面深绿色，发亮，下面初时在中脉上有微毛，后变秃净。花白色，直径4~5cm，生枝顶叶腋，花柄长6~7mm，有微毛；苞片2片，卵圆形，长4mm，革质，多少宿存；萼片5~6片，卵形，长5~6mm，外侧无毛；花瓣7~9片，倒卵圆形，长2~2.5cm；雄蕊长1.5cm，无毛；子房5室，无毛；花柱长1.5cm，先端5裂。蒴果近球形，直径3~4cm，种子每室1个（吴征镒，1999）。

名称：细萼茶

拉丁名：*Camellia parvisepala*

主要分布地：云南省临沧市

细萼茶是山茶科山茶属的植物。灌木，嫩枝有柔毛。叶倒卵形，薄革质，先端急尖，基部钝或略圆，

侧脉 10~13 对，干后在两面均突起，无毛，边缘有细锯齿，叶柄长 4~7mm。花腋生，细小，白色，花柄长 3~5mm；苞片 2 片，位于花柄中部，对生；萼片 5 片，圆卵形，长 3mm，先端钝，有睫毛；花瓣 6 片，无毛，外面 3 片阔椭圆形，长 8~9mm，稍带革质，内面 3 片倒卵形，长 1~1.2cm，基部连生；雄蕊 3~4 轮，长 7~9mm，花丝离生；子房被灰毛，3 室；花柱长 6mm，纤细，无毛，先端 3 裂。

名称：多萼茶种

拉丁名：*Camellia multisepala*

主要分布地：云南省西双版纳傣族自治州

多萼茶是山茶属乔木，原产于云南省西双版纳傣族自治州勐腊县，嫩枝被柔毛，干后为褐色，顶芽被柔毛。叶薄革质，倒披针形，先端锐尖，基部楔形，上面干后为深绿色，略有光泽，下面为褐绿色，有柔毛，边缘有锯齿，靠基部近全缘，叶柄长 3~7mm，有柔毛。花腋生，直径 3cm，花柄长 6~8mm，无毛；苞片 2 片，早落；萼片 8 片，卵形；花瓣 6 片，倒卵圆形；雄蕊长 1~1.2cm，离生，子房 3 室，有茸毛。蒴果三角球形，果皮厚 1~1.5cm。花期 12 月（中国科学院中国植物志编辑委员会，1998）。

名称：苦茶

拉丁名：*Camellia assamica* var. Kucha

主要分布地：云南省西双版纳傣族自治州

苦茶是山茶属乔术或小乔木，叶长椭圆和椭圆形，叶尖渐尖或尾尖，叶基楔形，少数近圆形，主脉微毛，侧脉 11~14 对，叶背微毛，叶柄微毛，叶齿浅；花腋生和顶生，萼片 5 片，无毛，花瓣 5~6 瓣，雄蕊无毛，近离生；子房 3 室，多毛，花柱 3 浅裂；蒴果。（中国科学院中国植物志编辑委员会，1998）。

名称：滇南离蕊茶

拉丁名：*Camellia pachyandra* Hu

主要分布地：云南省普洱市、临沧市、西双版纳傣族自治州

滇南离蕊茶是山茶科滇南离蕊茶属的乔木植物，生长于海拔 1450~1900m 的常绿阔叶林中。幼枝无毛，绿色或黄绿色，老枝灰白色。叶薄革质，长圆状椭圆形或倒卵状椭圆形，先端渐尖或急缩短尾尖，基部阔楔形或钝，边缘具锯齿或细锯齿，叶面深绿色，无毛，背面淡绿色，沿中脉疏生柔毛或变无毛。花单生叶腋，白色（也见淡黄色或淡红色），无花梗。

2.6.3 养殖业物种

（1）鸡

名称：茶花鸡

拉丁名：*Gallus gallus domesticus*

主要分布地：云南省西双版纳傣族自治州、普洱市、临沧市

茶花鸡（图 2-121）是由红色原鸡经过长期驯化、精心选育而成的品种，也叫傣族鸡，因其啼声似"两朵茶花"，故名茶花鸡。普洱市（原思茅地区）的傣族、拉祜族、佤族男子酷爱打猎与斗鸡，因而使茶花鸡形成了斗鸡和用来猎取野鸡的诱子鸡（叫鸡）两种。其主要分布于西双版纳傣族自治州的景洪、勐海及勐腊，普洱市的孟连、西盟和临沧市的耿马县、双江县及沧源县。茶花鸡体型矮小细致，羽毛光滑紧凑，肌肉结实，体躯匀称，近似卵圆形，头小而清秀，茶花鸡是全国唯一的珍贵原始品种，被称为家禽"基因库"，具有成熟早，生长快，适应性、抗病性强，肉质细嫩，味道鲜美可口等优点，且美观争鸣好斗，可供观赏（孙祥和郭成裕，2009；思茅地区农业志编纂委员会，2005）。

图 2-121　茶花鸡公鸡

名称：芦花鸡

拉丁名： *Gallus gallus domesticus*

主要分布地：云南省临沧市耿马傣族佤族自治县

芦花鸡（图 2-122）体型大，生长快，成年公鸡体重 3 kg 以上，母鸡 7 月龄产蛋，多隔天产 1 枚，连产 12～15 枚后起抱。毛脚鸡分布于雅口、新城、谦六、南岭等乡，双脚上长有一排向外生长的长毛，体型大，肉质优良，但生长慢，成年鸡体重 3 kg 以上，母鸡 10 月龄产蛋（张启龙，1996）。

图 2-122　芦花鸡

名称：微型鸡

拉丁名： *Gallus gallus domesticus*

主要分布地：云南省临沧市耿马傣族佤族自治县

微型鸡（图 3-123）属肉蛋兼用和竞技观赏型的地方品种。是我国稀有鸡种之一，遗传性能稳定。在粗放管理条件下，适应性及抗病力强，体躯丰满，胸肌、腿肌特别发达，骨骼细，出肉率高，低脂肪，低胆固醇，肉香而细嫩，被当地群众称之为"香鸡"，已在当地酒店作珍禽肉高价销售。微型鸡成熟早，生长发育快，微型秀丽，斗技强，具有一定的观赏性。就巢性较强。

图 2-123　微型鸡

资料来源：http://c.hiphotos.baidu.com/baike/pic/item/0b55b319ebc4b745f1cbc9e1cffc1e178b8215ed

名称：兰坪绒毛鸡

拉丁名：*Gallus gallus domesticus*

主要分布地：云南省兰坪白族普米族自治县

兰坪绒毛鸡（图 2-124）因全身羽毛呈丝状而得名，原产地为云南省兰坪白族普米族自治县（以下简称兰坪县），中心产区为兰坪县河西乡。2009 年 9 月，国家畜禽遗传资源委员会家禽专业组对该畜禽遗传资源进行了现场鉴定，专家组将兰坪绒毛鸡并列入《国家畜禽遗传资源保护名录》。兰坪绒毛鸡是集观赏、肉用、蛋用于一体的生态放养土鸡，其肉质细嫩而鲜美，营养丰富，蛋的品质优良。该鸡具有适应性广、抗病力强、性情温顺、食性广、个体较大等特点（和四池等，2010）。

图 2-124　兰坪绒毛鸡

资料来源：http://g.hiphotos.baidu.com/baike/pic/item/b151f8198618367a4c6239f22a738bd4b31ce532

名称：云龙矮脚鸡

拉丁名：*Gallus gallus domesticus*

主要分布地：云南省大理白族自治州云龙县

云龙矮脚鸡（图 2-125）原名为天登鸡（矮脚鸡、赤牯辘鸡和乌骨鸡 3 个品种组成了天登鸡，分别占 55%、30% 和 15% 的比例）。2006 年云龙矮脚鸡被确定为国家级畜禽资源保护品种，列入《中国畜禽遗传资源名录》。其突出特征是胫短、个矮、性情温顺，对恶劣气候环境和粗放饲养管理有较强的适应性，在肉、蛋生产及观赏方面的经济性状突出，是一个重要的地方家禽品种资源和宝贵的家禽品种基因库（杨丽锋，2011）。

图 2-125　云龙矮脚鸡公鸡

资料来源：http：//e. hiphotos. baidu. com/baike/pic/item/d01373f082025aaf406047aefbedab64034f1a00

名称：思普麻鸡

拉丁名：*Gallus gallus domesticus*

主要分布地：云南省宁洱哈尼族彝族自治县

思普麻鸡是属地方家禽优良品种之一，属蛋肉兼用型。思普麻鸡具有耐粗饲、成熟早、脂肪沉积率高、对环境适应能力强、觅食能力强、性情温顺、肉嫩味美等特点（杨雪昌等，2010）。

名称：武定鸡

拉丁名：*Gallus gallus domesticus*

主要分布地：云南省大理白族自治州

武定鸡（图 2-126）是云南省的一个优良地方品种，早已被收录入《云南省地方畜禽品种志》中。因其主产于武定而得名，更因其体大，肉嫩、味鲜、骨酥等特点而享誉全省。该品种主属肉蛋兼用型，体型大，产肉多，肉嫩脂丰，皮脆骨酥，味鲜质优，适应性强，耐粗饲，善于觅食，是一个宝贵的地方品种（陈勇，2005；朱仁俊等，2012）。

图 2-126　武定鸡

资料来源：http：//h. hiphotos. baidu. com/baike/pic/item/0b46f21fbe096b63e11344fd0c338744ebf8ac10

名称：藏鸡

拉丁名：*Gallus gallus domesticus*

主要分布地：青海省玉树藏族自治州、西藏自治区昌都地区、那曲地区

藏鸡（图 2-127）是我国青藏高原数量最多、范围最广的高原地方鸡种，是藏族农牧民经过长期驯养的高原地方鸡种，是发展高原养禽业必不可少的品种。该品种具有耐粗饲、抗病力强、肉蛋味美、营养丰富、药用价值高，是培育优质地方鸡良好的品种资源，其独特的品种特征和独特的生态环境为国内外产业开发者所瞩目。但藏鸡分散分布，多由农牧民零星散养。分布区由于海拔和地理位置差别很大，气候环境也有很大不同，因此各地分布的藏鸡体型外貌和生产特征也有差别（强巴央宗，2008）。

图 2-127　藏鸡

资料来源：http：//e. hiphotos. baidu. com/baike/pic/item/203fb80e7bec54e7da9fbb40b9389b504fc26a79

除了上述鸡类品种外，我们在调查中发现澜沧江流域还有很多鸡类品种，如云南省普洱市的新汉县鸡和白洛克鸡，保山市的保山大鸡，临沧市的九斤黄和雪山大种鸡，怒江傈僳族自治州的泸水县矮脚鸡，迪庆藏族自治州的维西鸡等。

（2）鸭

名称：澜沧麻鸭

拉丁名：*Anas platyrhynchos domestica*

主要分布地：云南省普洱市澜沧拉祜族自治县

澜沧麻鸭是勐朗、上允两坝区及低热河谷地区饲养的本地麻鸭，母鸭多麻花色，公鸭油绿色。耐粗饲，生长快，成熟早，成年鸭体重 2 kg 左右。母鸭 5～6 月龄开始产蛋。年产 180 余枚，无就巢性能。1966 年前后，城镇及公路沿线群众从临沧、西双版纳引进番鸭饲养。20 世纪 70 年代曾迅速发展，年存栏达万余只，后因肉质较差和有碍环境卫生而逐渐减少（张启龙，1996）。

名称：云南麻鸭

拉丁名：*Anas platyrhynchos domestica*

主要分布地：云南省宁洱哈尼族彝族自治县、保山市、西双版纳傣族自治州、普洱市

云南麻鸭（图 2-128）是宁洱县地方特有的良禽品种之一，又名"思普麻鸭"，俗名"绿头鸭"。根据经济类型划分，属卵肉兼用型。成年公鸭比母鸭体型稍大，体重一般在 1.5～1.8kg，最高的达到 2.2kg，年产蛋 90～120 枚，最高可达 180 枚。具有适应性强、耐粗饲、觅食能力强、生长快、成熟早、肉味肥美的优点，其缺点是个体小、产蛋少（房雪，2016）。

图 2-128 云南麻鸭（左雄右雌）

资料来源：http://www.tczx.net/uploadfiles/old/2011-07-06/20110706_ 13099417340

名称：澜沧番鸭

拉丁名：*Tadorna* spp.

主要分布地：云南省普洱市

澜沧番鸭食性杂，生长快，抗病力强，公鸭 4 月龄体重可达 4kg，母鸭 6 月龄产蛋，并有就巢和育雏性能。

除了上述鸭类品种外，我们在调查中发现澜沧江流域还有很多鸭类品种，如云南省临沧市的文山番鸭，保山市的本地麻鸭，普洱市的本地麻鸭等。

（3）鹅

名称：本地鹅

主要分布地：云南省普洱市

本地鹅毛色以灰色维多，少数白色。母鹅一般年产蛋 30～40 个，蛋重 0.18～0.21kg。母鹅保母性好，一般都在产蛋后让其孵化繁殖后代。成年鹅平均重 2.4kg。

名称：地产鹅

主要分布地：云南省普洱市

地产鹅分布于坝区和集镇，数量少，毛色多为瓦灰和白色。耐粗饲，食性杂，生长快，成年鹅体重 4kg 左右，母鹅 10 月龄产蛋，年产 20 余枚，每次产 6～8 枚后就巢孵化。

除了上述鹅类品种，我们在调查中发现澜沧江流域发现还有很多鹅类品种，如云南省临沧市的云南灰鹅和云南白鹅，普洱市的本地灰鹅等。

（4）牛

名称：云南瘤牛

拉丁名：*Bos primigenius taurus*

主要分布地：云南省临沧市、西双版纳傣族自治州、思茅市

云南高峰牛（图 2-129），为云南瘤牛在德宏州辖区内的称呼。其公牛鬐甲前上方有一大的瘤状突起，状如驼峰，一般瘤高为 12～15 cm。云南瘤牛体躯圆长，前躯发达雄壮，后躯呈圆筒形，背腰平直，尻部

较平；全身背毛短而细密，有光泽；毛色复杂，常见的有黑、褐、红、黄、青和灰白色6种。性温驯，调教后易驾驭，具有极好的耐苦和耐热能力，是我国黄牛属中一个珍贵的畜种资源，由于瘤牛具有耐湿热、抗蜱能力和抗某些疾病的能力，为近代世界开展黄牛改良中成为欧美各国改良乳牛或肉用牛的重要遗传资源（葛长荣和田允波，1998；段兴东等，2010）。

图2-129 云南高峰牛（上雄下雌）

名称：地产黄牛

拉丁名：*Bos taurus domestica*

主要分布地：云南省普洱市澜沧拉祜族自治县

地产黄牛为澜沧拉祜族自治县内原始品种，役肉兼用。全县各地均有，以中部和西北部山区、半山区为多。体型中等，行动灵活，毛色多为黄色，也有黑色和白花色。1岁半时性成熟，自由交配，1年1胎或3年2胎。成年公牛体重150~180 kg，高1.1~1.2 m，头短额宽，角呈圆锥形，颈及四肢粗短，体小尾长，3~5岁通鼻或阉割供役用。日耕地667 m² 左右，驮运60 kg可日行25 km，役用年限8~10年。母牛较公牛矮小、而体轻，主要用于繁殖，极少役用（张启龙，1996）。

名称：大额牛

拉丁名：*Bos gaurus*

主要分布地：云南省贡山县

大额牛（图2-130）产于贡山县独龙江一带，仅为独龙族人民所驯养，俗称"独龙牛"，独龙语叫"阿布"为体大而有野性之意。独龙牛公牛额部宽而平，角呈圆锥形、饱满、前额角的两边无弯曲、平伸，头部呈黑色，眼睛大而圆，耳朵小。母牛额部中间突出，角呈圆锥形，饱满，前额角的两边有弯曲，头部灰色，眼睛小，耳朵大。独龙牛是世界范围内现存牛属动物的 7 个种之一，原产于云南省贡山县的独龙江流域，为一种半野生半家养畜种。大额牛攀登能力极强，喜冷凉、厌湿热，食性杂，抗病能力强，养殖成本低，范围较广，对草场、植被破坏小，养殖基本无污染。独龙牛因为稀少和珍贵，2006 年已进入农业部公布的《国家级畜禽品种资源保护名录》和 FAO 濒危农畜遗传资源品种名录（余连华，2013；和志军，2005）。

图 2-130　大额牛

资料来源：http：//f. hiphotos. baidu. com/baike/pic/item/bd315c6034a85edfe087fbc649540923dc5475cf

名称：邓川牛

拉丁名：*Bos primigenius taurus*

主要分布地：云南省临沧市耿马傣族佤族自治县

邓川牛（图 2-131）是我国传统培育的唯一作为乳用的黄牛品种，是一种非常珍贵的地方品种，因最早在云南邓川地区饲养而得名。邓川牛是《云南省地方畜禽品种志》（1983 年）登记的地方黄牛品种，主产于大理白族自治州洱源县邓川地区（原属县治），2011 年被评为云南省"六大"名牛之一。邓川牛具有乳脂率高、乳香味浓、乳蛋白率和干物质含量高的优秀遗传基因。而且邓川牛体型结构细致紧凑、肉质细嫩、色泽比较深，其牛肉产品开发具有潜在前景。另外，邓川牛具有适应性强、耐旱、耐粗饲、抗逆性强等优良特点，作为杂交母本具有很强的杂交优势（杨勇，2013）。

名称：文山黄牛

拉丁名：*Bubalus bubalis*

主要分布地：云南省普洱市

文山黄牛属役肉兼用型的黄牛。文山黄牛体躯结实，肌肉发达，力大耐劳，繁殖力强，性情温顺，易调教，耐粗饲，对湿热及寒冷条件有较好的抗逆能力，肉质好。文山黄牛额平或有微凹，角形多种多样，有上生、侧生、前生者，一般角均较短。公牛肩峰明显，峰高于背线 8~15cm，母牛肩峰一般仅略高出于背线 2~3cm。垂皮较长，自下颌延至前胸部，宽度有达 15cm。胸较深而略窄，尻部倾斜。尾根较高，尾细长，尾帚过飞节。前肢正直，后肢飞节多内靠，四肢关节筋腱明显，蹄质致密坚固。乳房较小，乳头细短，皮薄而致密，毛细软，黄色居多，其次为褐色和黑色，也有极少数是花斑的。鼻镜多数呈黑色，少数肉色。

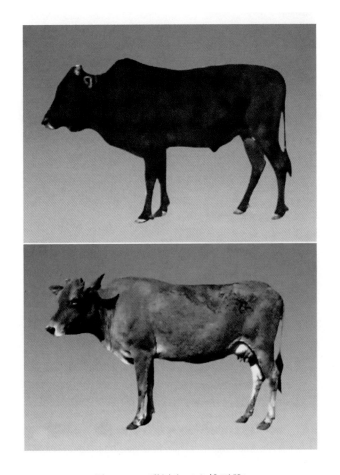

图 2-131 邓川牛（上雄下雌）

资料来源：http：//g. hiphotos. baidu. com/baike/pic/item/96dda144ad345982a4a288660cf431adcbef841d

名称：德宏水牛
拉丁名：*Bubalus bubalis*
主要分布地：云南省临沧地区、保山市

德宏水牛是云南省著名的沼泽型水牛中的优秀群体，也是全国有名的十大地方优良品种之一（图 2-132）。德宏水牛为役、肉兼用型，体型高大，全身骨骼粗壮，胸宽且深，全身肌肉结实，体形结构匀称，皮毛光滑，毛色以褐色、黑色较多，颈下及胸腹部的毛色较浅，喉下方和胸前各有一条白色的"V"字形条纹；成年牛的头长度中等，头型分为直头和兔头两种。嘴大而方，鼻镜呈黑色，眼大有神，耳壳厚薄均匀，大而灵活；公牛颈粗短，母牛较细长，鬐甲稍高于十字部高耳尖钝圆；四肢粗稍短，前肢开阔，后肢稍显弯曲，蹄大而圆，蹄质坚实，呈黑色（亏开兴等，2009；尹正发，2010；刘旭等，2013a）。

名称：地产水牛
拉丁名：*Bubalus bubalis*
主要分布地：云南省普洱市澜沧拉祜族自治县

地产水牛属地方原始品种，主要分布于坝区和低热河谷地带，是典型的役用牛。成年水牛体高 1.3 ~ 1.4m，体重 250 ~ 400 kg。毛色多为灰青，少数为白色。3 岁左右通鼻或阉割后役用，日可耕地 1000 ~ 1333 m²，役用年限 10 ~ 15 年。成年公牛颈短粗，后驱发达，蹄大尾粗，性猛好斗，母牛繁殖年限 15 ~ 18 年，多 3 年 2 胎，临产前后 1 个月停止役用（张启龙，1996）。

图 2-132　德宏水牛（上雄下雌）

名称：耿马水牛

拉丁名：*Bubalus bubalis*

主要分布地：云南省临沧地区、保山市

耿马水牛体型中等，性情温顺。毛色有褐灰、黑灰、白色三种，以褐灰、黑灰为主，白毛水牛皮肤粉红。母牛 4 岁产犊，一般可产 7~8 胎，多者 12 胎。可役用耕田、拉车、踏砖瓦泥或榨糖。主要分布在坝区和半山区，以耿马的耿宣、孟定、贺派、大寨、福荣，沧源的勐角、南腊，镇康县的勐捧、南伞等地，特别是傣族聚居地区较多，在坡坎较大的山区和高寒山区较少。

名称：独龙牛

地点：云南省怒江傈僳族自治州贡山独龙族怒族自治县

独龙牛（图 2-133），曾用名大额牛，2006 年列入国家级畜禽品种资源保护名录，是世界范围现存牛属动物的七个种之一，也是黄牛属中一个独立的牛种，属肉用型地方品种。中心产区为怒江州贡山县独龙江乡。具有野牛体形和彪悍的外貌特征和习性，体质结实，结构匀称，耐高寒、耐粗饲，产肉性能好，具有很强的适应性和抗逆性。

它是云南省牛属动物的六个种之一，占有重要的分类学地位，是肉用型的地方品种和地球上的濒危品种之一。独龙牛产于云南省贡山独龙族怒族自治县独龙江一带，分布于云南省怒江傈僳族自治州的独龙江、怒江流域，以及印度的阿萨姆邦、不丹、东孟加拉和缅甸北部克钦邦海拔 1500m 以上的山区，为一种半野生半家养畜种，其分类学地位属于牛亚科黄牛属中独立的一个种。在我国，独龙牛是唯有独龙族人民驯养的一种牛，独龙语叫"阿布"，为体大而有野性之意。"独龙牛"一词来源于傈僳语"曲阿尼"，汉译即为"独龙牛"（和志军，2006）。

图 2-133　独龙牛

资料来源：http://blog. sina. com. cn/s/blog_ 58cebee201018f4w. html

名称：阿沛甲咂牛

拉丁名：*Bos primigenius taurus*

主要分布地：西藏自治区林芝市

阿沛甲咂牛主要集中分布在尼洋河河谷地带的林芝地区的工布江达县。该品种毛色较杂，以黑色居多。体型小，体质结构紧凑；头大小适中，额宽，鼻梁长直而略窄，鼻镜稍小；眼大且双眼皮明显；角短，稍细，质地光滑；耳大且厚，耳端部较尖且毛稀；颈部较窄且肌肉不发达，颈垂发达。乳房比一般黄牛发达；尾长及后管下部；四肢端正、较长、略粗；蹄质紧凑（唐建华等，2016）。

名称：黄牛

拉丁名：*Bos primigenius taurus*

主要分布地：西藏自治区昌都市

昌都的黄牛是乳、肉、役兼用型的地方原始品种。已有 4600 年左右的历史。饲养管理以半放牧半舍饲为主，是经过长期选育形成的良好地方品种。头平直而狭长、角小，向外向上向前向内弯曲，颈长短适中，单薄。公牛肩峰稍高，斜尻。母牛乳房较小，乳头整齐。四肢细长，蹄坚实，呈黑青色。皮青毛短，头部及腹部静脉明显。毛色以黑色和黑白花为主，其次为黄色、黄白花色、褐色和其他杂色。

名称：犏牛

拉丁名：*Bos* sp.

主要分布地：西藏自治区昌都市、那曲地区、林芝地区，云南省丽江市

犏牛是黄牛和牦牛种间杂交后代的通称。体型介于黄牛和牦牛之间，外貌多似黄牛。主要用于产奶，产奶量高于黄牛和牦牛。公犏牛体格相对较大而结实，役用性能好，其主要特征为雄性不育。

名称：青海高原牦牛

拉丁名：*Bos grunniens*

主要分布地：青海省玉树藏族自治州

青海高原牦牛（图 2-134）是产于青海省南部和北部高寒牧区的牦牛群体，是青海省的牦牛地方品种，也是中国 12 个主要牦牛地方品种之一，种群数量约为 300 万头。产区海拔大多数在 3700 m 以上，对高海拔、低气压、缺氧、寒冷的自然环境具有极强的适应性，是我国青藏高原型牦牛中一个面较广、量较大、质量较好的地方良种，是雪山草原不可缺少的畜种之一。该品种从外形上看，多具有野牦牛的特征（毛永江等，2008；孔祥颖等，2015）。

图 2-134　青海高原牦牛

名称：西藏高山牦牛

拉丁名：*Bos grunniens*

主要分布地：西藏自治区昌都市

西藏高山牦牛（图2-135）属于乳肉役兼用型牦牛地方品种，其数量多、分布广、适应性强，是当地人民生产、生活不可或缺的重要畜种，其适应产区环境并能满足人民生活与发展生产的需要（黄彩霞等，2012）。

图 2-135　西藏高山牦牛

名称：娘亚牦牛

拉丁名：*Bos grunniens*

主要分布地：西藏自治区那曲地区

娘亚牦牛又名嘉犁牦牛，属于以产肉为主的牦牛地方品种，其分布地区海拔高、日温差大、气候寒冷、空气中氧含量少的地区（图2-136）。娘亚牦牛能高度适应恶劣的自然环境条件，耐粗饲、耐寒，个体大、产奶量高、乳脂率高，是当地人民生产、生活不可或缺的地方品种（黄彩霞等，2012）。

图 2-136　娘呀牦牛

资料来源：http：//f. hiphotos. baidu. com/baike/pic/item/8c1001e93901213f0570bbff54e736d12f2e9556

名称：牦牛

拉丁名：*Bos grunniens*

主要分布地：西藏自治区昌都市

昌都地区的牦牛是乳、肉兼用型的地方原始品种。据昌都卡若遗址发掘的大量畜骨表明，早在 4600 年前，就有饲养牲畜的习惯。家牦牛是由野牦牛经人们长期饲养和选育而逐步形成的一个优良地方品种。头稍偏重，额宽平，面稍凹，耳小，眼圆有神，鼻孔开张，口方。公牦牛相貌雄壮，母牦牛面部清秀。公牛角粗大，角质致密而坚实，向上、向外伸出，角间距大，并向后或向内弯曲；母牛角形与公牛相似，但较细。公牦牛颈厚粗短，鬐胛高而丰满，前胸十分发达，背腰短平直，尻窄，倾斜，四肢强健较短，蹄质坚实，运动轻快有力，善于山区行走，全身毛绒长，尾毛长而密，肋骨开张，背腰稍凹，腹大，毛色黑色居多，有黑白和全白色等。

除了上述牛类品种外，我们在调查中发现澜沧江流域还有很多牛类品种，如西藏自治区昌都市的黄牛和犏牛，云南省临沧市的耿马沼泽型水牛和临沧高峰黄牛，丽江市的丽江黄牛，迪庆藏族自治州的中甸牦牛、迪庆高原黄牛和维西黄牛等。

（5）羊

名称：临沧长毛山羊

拉丁名：*Capra aegagrus hircus*

主要分布地：云南省临沧市、大理市

临沧长毛山羊属肉用型羊，体格强壮，适应性强，肉质好，是我国云南省优良的地方山羊品种。临沧长毛山羊主要分布于云南省临沧地区的临沧、凤庆、云县及大理白族自治州的巍山等地，主产区在海拔 2000m 以上的山区，气候温和，雨量充沛，灌木丛及草场宽阔。饲养管理主要以放养为主，冬春季补给玉米、稻草、青干草等饲料。临沧长毛山羊全身披以长毛，毛色多为黑色，体格雄壮，头大小适中，额宽，公母羊均有向后再向两侧弯曲的大而长的角，都有须，胸宽深。四肢粗壮有力，蹄质坚实（张莹等，2016）。

名称：剑川山羊

拉丁名：*Capra aegagrus hircus*

主要分布地：云南省大理白族自治州剑川县

剑川山羊（图 2-137）主要分布在剑川县的山区，放牧饲养，规模比较小，多为 20～40 只的群体。

该品种由藏系山羊的一个品系演化而来，属于肉乳兼用型。整个群体基本保留了原有的特征特性，该品种毛色以黑色为主，也有棕色、白色，部分品种的面部、耳缘、背部、腹部、腿部或胃部会出现分布均匀的异色条带（刘旭等，2013b）。

图 2-137　剑川山羊
资料来源：刘旭等，2013b

名称：宁蒗黑头山羊

拉丁名：*Capra aegagrus hircus*

主要分布地：云南省丽江市

宁蒗黑头山羊，是云南省的一个地方优良品种，以其个体大、产肉多、板皮厚实、繁殖能力强、遗传性能稳定及对高海拔地区恶劣气候环境和粗放的饲养管理条件具有较强的适应能力而深受人们喜爱。2009 年 11 月经国家畜禽遗传资源委员会审定、鉴定通过，被列入《国家级畜禽遗传资源保护名录》宁蒗黑头山羊骨骼健壮，体质结实，体躯丰满较长，近与长方形。头大小适中，额宽，微凹或稍平，鼻隆起，眼中等大小，耳大前伸，灵活。体躯背毛全白，额、尾、四肢蹄缘有黑色特征者占 66.5%，背毛稀粗（刘旭等，2013b；叶绍辉和熊茂相，1997）。

名称：圭山山羊

拉丁名：*Capra aegagrus hircus*

主要分布地：云南省西双版纳傣族自治州

圭山山羊（图 2-138）是云南省一个优良的地方品种，经农业部批准成为中国地理标志产品。该品种体躯丰满、近于长方形。头小而干燥，额宽，鼻直，眼大有神，胸宽、深而稍长，背腰平直，腹大充实，四肢结实，蹄坚实呈黑色，骨架中等。圭山山羊母羊乳房圆大紧凑，发育中等，公羊雄性性征显著。该品种抗逆性强，发病少，善于攀食灌木嫩叶枝芽，耐粗饲的能力强，既产乳又产肉，体质结实，行动灵活，游牧或定牧均可（刘旭等，2013b）。

名称：丽江绵羊

拉丁名：*Ovis aries*

主要分布地：云南省丽江市、大理白族自治州

丽江绵羊的饲养模式粗放，该品种属于藏系绵羊的河谷型，为肉用型粗毛羊，毛色多为黑色或白色（图 2-139）。白绵羊头部宽，鼻梁隆起，鼻经常有黑褐色斑点，耳型大小不一，颈部细长。黑绵羊头稍长，成锐角三角形，额头微凹，耳型基本一致（刘旭等，2013b）。

图 2-138　圭山山羊

资料来源：http：//a.hiphotos.baidu.com/baike/pic/item/622762d0f703918f80be064b513d269758eec4c7

图 2-139　丽江绵羊

资料来源：http：//p9.qhimg.com/t011d51bd1a40411cdf

名称：兰坪乌骨绵羊

拉丁名：*Ovis aries*

地点：云南省怒江傈僳族自治州兰坪白族普米族自治县

兰坪乌骨绵羊（图 2-140），原名乌骨羊。2006 年，根据该品种的产区、特点正式定名为兰坪乌骨绵羊。兰坪乌骨绵羊于 2009 年 10 月份经国家遗传资源鉴定委员会专家组的鉴定验收通过，同年被列入《国家级畜禽遗传资源保护名录》，兰坪乌骨绵羊是毛肉兼用的地方特色品种。

图 2-140　乌骨绵羊
资料来源：http://www.001300.com/artttml/yangzhiwz1267.html

　　兰坪乌骨绵羊是由当地绵羊中分化出来的新类群，长期的粗放饲养管理使它具有采食能力强，饲料利用范围广，性情温顺，易管理等特点。中心产区为云南省兰坪白族普米族自治县通甸镇，集中分布在该镇的龙潭、金竹、水俸和福登村。它以肉、骨膜等乌色为特征，且研究证明该羊中的黑色素与乌骨鸡黑色素相同，具有较高的抗氧化能力，是十分珍稀的遗传资源，具有重要的研究与开发价值。

　　"乌骨羊"主要分布在兰坪白族普米族自治县高海拔的通甸镇 1 号、龙潭村一带，当地居住的普米族、彝族群众又称其为"黑骨羊"。从外形上看，乌骨羊与普通绵羊无异，但是仔细观察，就会发现许多不同：一般绵羊的眼睛多为栗色，而乌骨羊的眼睛呈浅墨色；一般绵羊的口腔黏膜、牙龈均为肉红色，而乌骨羊的却呈青绿色，似透明的绿玉；翻开乌骨羊背毛，毛根部或肘后呈青紫色。更令人称奇的是，将乌骨羊宰杀后，其皮、肉、骨、内脏均呈暗褐色，煮汤色墨。据当地群众介绍，乌骨羊膻味比其他羊淡，肉质细腻，香味浓郁。

　　名称：山羊
　　拉丁名：*Capra aegagrus hircus*
　　主要分布地：青海省玉树藏族自治州
　　山羊属克什米尔紫绒山羊中的原始品种。主要用途是农业积肥和为农户产奶。主要分布在结古、仲达、安冲、巴塘、小苏莽等农牧结合区，纯牧业乡镇较少。公母均有角，角形繁多，多呈三角或菱形，角尖后上方伸展者较多见。

　　名称：那曲山羊
　　拉丁名：*Capra aegagrus hircus*
　　主要分布地：西藏自治区那曲地区
　　那曲山羊又称克什米尔山羊，是世界著名的绒、肉兼用型品种，属晚熟品种，初次配种在 1.5～2 岁，1 年 1 胎。公羊利用年限为 2～4 年，母羊为 3～6 年，繁殖成活率为 47.7%。那曲山羊生存能力强，不苛求饲养条件，终年放牧而无补饲。

　　名称：三江型西藏羊
　　拉丁名：*Ovis aries*
　　主要分布地：西藏藏族自治区昌都市
　　西藏羊是我国地方绵羊品种中数量多、分布广的绵羊品种。原产于西藏高原。三江型西藏羊主要分布于昌都地区，主要用途为生产羊肉。三江型西藏羊体驱呈长方形（图2-141）。公羊角形有两种，一种向后向前呈大弯曲，另一种向外呈扭曲状。母羊大部分有角，尾呈锥形；公羊尾长平均12 cm，大多数头颈、尾部有黑色或褐色斑块，全白和体驱白色者占42%（央金，2014）。

图2-141　三江型西藏羊（上雄下雌）

资料来源：http://c.hiphotos.baidu.com/baike/pic/item/6159252dd42a2834364152285bb5c9ea15cebf29

名称：西藏羊

拉丁名：*Ovis aries*

主要分布地：西藏藏族自治区、青海省玉树藏族自治州

西藏羊是中国三大粗毛绵羊（西藏羊、蒙古羊、哈萨克羊）品种之一（图2-142）。主要有草地型（高原型）和山谷型两大类。前者是藏羊的主体，到2008年存栏数在2300万只以上。西藏羊合群性强、觅食能力强、爱清洁、喜干燥、性情温顺，胆小易惊、嗅觉和听觉灵敏、抗病力强。西藏羊是青藏高原农牧民重要的生产和生活资料。对产区的经济发展具有极其重要的作用。西藏羊终年放牧于天然牧场，所产羊肉是纯天然、绿色、无污染、安全、品质好、营养价值高的食品，备受消费者青睐（李沐森和郭文场，2016）。

除了上述羊类品种外，我们在调查中发现澜沧江流域还有很多羊类品种，如西藏自治区昌都市的美利奴细毛羊，云南省临沧市的藏系短毛型绵羊和本地山羊，保山市的本地山羊和本地绵羊，怒江傈僳族自治州的原始型粗毛羊和泸水狮子山黑山羊，迪庆藏族自治州的德钦山羊和迪庆绵羊等。

图 2-142　西藏羊

资料来源：http：//c. hiphotos. baidu. com/baike/pic/item/a6efce1b9d16fdfaed5ebee1b48f8c5494ee7b8a

（6）猪

名称：滇南小耳猪

拉丁名：*Sus scrofa domesticus*

主要分布地：云南省勐腊县、宁洱哈尼族彝族自治县

滇南小耳猪（图3-143）全身黑毛，间有"六白"，皮薄、毛稀而短；头小而清秀，耳小直立（俗称"老鼠头"）；体型紧凑匀称、体质结实，骨骼较细，全身肌肉丰满（俗称"冬瓜身"），臀部丰圆（俗称"骡子臀"）；四肢直立、细小，蹄小而坚实（俗称"麂子蹄"）；乳头多为5对。滇南小耳猪能很好地适应高温潮湿的气候条件，具有很强的抗蚊虫和体外寄生虫能力，耐粗饲、易饲养，能较好地适应以放牧为主的饲养条件，肉质优良，是我国著名的地方猪种之一（鲁绍雄和连林生，2013）。

图 2-143　滇南小耳猪

资料来源：http：//c. hiphotos. baidu. com/baike/pic/item/b3fb43166d224f4a12cf41ba09f790529922d1c0

名称：保山猪

拉丁名：*Sus scrofa domesticus*

主要分布地：云南省保山市

保山猪（图2-144）曾用名保山大耳猪，系乌金猪的一个重要类型，主要分布于云南省保山市隆阳区、施甸、昌宁、腾冲、龙陵等地。据考证它起源于本地野猪，是在保山气候条件下，经过长期自然选择与人工家养驯化形成的地方品种，已载入《云南省畜禽品种志》，2011年被评为云南省"六大名猪"之一。保山猪具有肉质细嫩、香味浓郁、产仔多、母性好、适应性强、耐粗饲、抗病力强等优良特性

（龚绍荣和苏仁乔，2013）。

图 2-144　保山猪

资料来源：http://c.hiphotos.baidu.com/baike/pic/item/3b87e950352ac65caa47f521fbf2b21193138a26

名称：高黎贡山猪

拉丁名：*Sus scrofa domesticus*

主要分布地：云南省丽江市、怒江傈僳族自治州

　　高黎贡山猪是云南省的珍稀地方猪种之一（图 2-145），因主产于怒江州高黎贡山地区而得名，生长在怒江州海拔 1800～2300m 的山区、半山区，是怒江州养猪生产的当家猪种，在怒江流域的广大傈僳族农民中已有几千年的饲养历史。该品种体型中等偏小，生长速度较慢，产仔数中等，肉质优良，肉味鲜美，抗逆性强，适应性强，耐粗饲，抗病力强，是一种较适应恶劣自然环境和粗放饲养条件的中等体型偏小猪种。2010 年，经国家农业部批准高黎贡山猪被列入《国家级畜禽遗传资源保护名录》，并录入 2011 年出版的《中国畜禽遗传资源志·猪志》（赵桂英等，2010；马文张等，2013a；马文张等，2013b）。

图 2-145　高黎贡山猪

资料来源：http://g.hiphotos.baidu.com/baike/pic/item/5243fbf2b21193138e5aed1665380cd791238d7e

名称：藏猪

拉丁名：*Sus scrofa domesticus*

主要分布地：西藏藏族自治区昌都市、林芝市

　　藏猪是西藏特有的高原型地方猪种，主要分布在雅鲁藏布江中游流域高山深谷区（图 2-146）。藏猪长期生活于无污染、纯天然的高寒山区，具有适应高海拔恶劣气候环境、抗病、耐粗饲等特点，但繁殖力低。多为黑色，约占83%，部分猪具有不完全"六白"特征，冬季密生绒毛，夏季毛稀而短。棕毛特

别发达。头稍长，额较窄，额纹不明显或有纵行浅纹，耳小，向两侧平伸或微竖，转动灵活，嘴筒长直尖，呈锥，有 1~3 道箍。颈肩窄，略长，体躯较短，胸较狭窄，直膀单脊，背腰一般较平直，腹紧凑不下垂，后躯高于前躯，臀部倾斜，四肢结实，蹄质坚实，极少卧系。藏猪以高原野生植物的茎、叶及果实为主食，其体小皮薄，脂肪少，瘦肉多，高蛋白质，肉质细嫩、味道鲜美，富含十余种人体必需的氨基酸成分，素有"高原之珍"的美誉（普布次仁，2012）。

图 2-146　藏猪

资料来源：http://g.hiphotos.baidu.com/baike/pic/item/cefc1e178a82b9016c342bda738da9773812efba

名称：高山放牧猪

拉丁名：*Sus scrofa domesticus*

主要分布地：西藏自治区那曲地区

高山放牧猪终年随牛、羊混群或单独放牧。成年猪平均体长 85.10cm，体高 42~49cm，体重 25.91~33.04kg。母猪一年产仔 1~2 窝，平均产仔 5.75 头。嘴长、体躯窄，前低后高呈楔形，四肢结实紧凑，奔跑迅速，视觉发达，嗅觉灵敏，鬃毛长而密，并生大量绒毛。肉质好、皮薄、脂肪少、瘦肉率高、肉味香，平均屠宰率 67.23%，瘦肉占胴体的 51.94%。

除了上述猪类品种外，我们在调查中发现澜沧江流域还有很多猪类品种，如云南省临沧市的荣昌猪，普洱市的滇南奋耳猪，西双版纳傣族自治州的勐海小耳猪等。

（7）马类大牲畜

名称：大理马

拉丁名：*Equus ferus caballus*

主要分布地：云南省大理白族自治州

大理马（图 2-147）分布于云南省大理、鹤庆、洱沅、剑川、宾川等地区。该品种具有矮小精干、吃苦耐劳、善走山路、易调教等优点，主要用作驮、挽、乘用。体型矮小紧凑，头中等大，额面平直，眼小有神，耳小直立。颈长中等，稍薄，略呈水平，鬐甲较低，背腰短直，胸窄而深，腹大小适中。四肢细而结实，筋键明显，后肢略呈外弧姿势，距毛多，蹄中等大而坚实，皮薄毛细（付应霄和郭成裕，2009）。

名称：小型山地生态驮马

拉丁名：*Equus ferus caballus*

主要分布地：云南省普洱市

小型山地生态驮马体型矮小紧凑，头中等较清秀，额面平直，眼小有神，耳小直立而灵活，颈长中

图 2-147　大理马

资料来源：http://f.hiphotos.baidu.com/baike/w%3D268/sign=7862ce7f2834349b74066983f1eb1521/77094b36acaf2eddfe83668c8d1001e939019360

等稍薄略呈水平，鬐甲较低，背腰短直，胸矮而深，腹大小适中，尻短稍斜。四肢细而结实，蹄质坚实，背毛纤细，行动灵活，性情温顺。毛色以枣骝、青栗色为多，有少数海骝、锈黑色。

名称：太平马
拉丁名：*Equus ferus caballus*
主要分布地：云南省保山市
太平马体型小，繁殖能力差，驮运能力强，抗旱抗病，耐粗饲，使役时间早，利用年限长。

名称：丽江马
拉丁名：*Equus ferus caballus*
主要分布地：云南省丽江市
丽江马属于山地驮马品种，体格短小粗壮，紧凑结实，行动机敏，性情温顺。头大小适中而清秀，额宽平方正，眼大而明亮，耳短小直立，口角较浅，嘴部紧净，鼻梁短直。颈较短薄，略呈水平，头颈和颈肩结合较好。肩短、俊立。背腰平直较短，胸较窄而深，肋骨中等弯曲，腹部大小适中，尻部短斜。四肢较短细，关节肌腱坚实明显，蹄中等大而坚硬，前肢端正，后肢略向外呈轻度曲飞和刀状肢势。背毛短密，以栗毛、骝毛居多，黑毛、青毛次之，鬃、尾毛多而长，距毛短少。有些马在背腰部有条形或点状、斑状的白色毛，形似龟背，有"龟背"之称，其大小不等。

名称：玉树马
拉丁名：*Equus ferus caballus*
主要分布地：西藏自治区昌都市
玉树马（图 2-148）原名高原马，俗名格吉花马。为乘用性马。玉树马主要分布在青海省玉树藏族自治州。其中心产区在澜沧江支流—解曲、扎曲和通天河流域一带，玉树马是我国珍贵的马品种资源之一。该品种个体小，体型轻，体躯略狭，骨骼细，外貌较清秀，结构较协调。外观头稍重，尚干燥。公马体躯显短，母马体躯长度中等；体质类型比较一致，以紧凑、粗燥型为主。四肢端正、干燥，关节较强大，筋腱较明显，距毛不多，蹄略小，蹄质坚实，管骨偏细，前肢势较正（魏廷虎，2011）。

图 2-148　玉树马

资料来源：http：//c. hiphotos. baidu. com/baike/pic/item/d31b0ef41bd5ad6e57811dc981cb39dbb6fd3c9c

名称：山地型马

拉丁名：*Equus ferus caballus.*

主要分布地：西藏自治区昌都市

山地型马是从昌都地区卡若遗址发掘中发现，有饲养牲畜的围栏和大量的动物骨骸。主要分布在左贡、江达、昌都、类乌齐等县。体质结实，体型不大，结构匀称，头稍重，颈长短适中近于水平，鬃毛较多而修长；颈肩结合良好，鬐甲中等，胸部发育尚好，背腰平直，尻部短斜，四肢长度适中，肌腱发育良好，关节明显，后肢多有外弧姿势，蹄质坚实，尾毛多，但较蒙古马少而清秀，毛色以青色、骝毛居多，其次为栗毛、黑客栗。

名称：云南驴

拉丁名：*Equus asinus*

主要分布地：云南省大理白族自治州

云南驴（图 2-149）属于西南驴，大理州是云南省内云南驴分布最广的地区，境内云南驴有 6 万 ~ 7 万头，主要集中在祥云、宾川、弥渡、巍山等县区。该品种驴体型小，成年驴体高小于 100 cm，驴头显粗重，额宽隆，耳大长；胸浅窄，背腰短直，腹稍大；前肢端正，后肢稍外向，蹄小而尖坚；背毛厚密以灰色为主。云南驴驴肉蛋白质含量高、氨基酸十分全面，是优良的动物性蛋白，具有较高营养价值（程志斌等，2010）。

图 2-149　云南驴

资料来源：http：//b. hiphotos. baidu. com/baike/pic/item/2fdda3cc7cd98d10a851f763223fb80e7aec90df. jpg

名称：德钦驴

拉丁名：*Equus asinus*

主要分布地：云南省迪庆藏族自治州

德钦驴属小型驴。背腰平直，体躯结构紧凑，耳大而直立，颈粗短，蹄小而坚实，四肢粗短。耐粗饲，易饲养，不易患病，步行稳重，善于在山区栈道上负重行走。性情温顺，背毛蓬松，毛色中灰色较多，黑色和栗色次之。

名称：骡

拉丁名：*Equus ferus* asinus

主要分布地：西藏自治区昌都市

由公驴与母马交配所生为马骡；由公马与母驴交配所生为驴骡。骡具有生活力强、适应性强、耐粗饲、抗病力强、生产性能高、寿命长等特点。不能生孕。马骡和驴骡的体尺决定于马和驴的大小，大型马骡体高可达 140~150cm，普通马骡体高 125cm 左右。外貌上马骡耳比马长，头形似马，嘴鼻介于马和驴之间，毛色比马简单，鬃毛尚发达，尾毛下端似马，蹄稍狭。

除上述马类大牲畜品种外，我们在调查中发现澜沧江流域还有很多马类大牲畜品种，如青海省的青海土种驴、云南省丽江市的丽江驴，保山市的昌宁马，怒江傈僳族自治州的云南小型驴，大理白族自治州的剑川马等。

2.6.4 渔业物种

名称：大理裂腹鱼

拉丁名：*Schizothorax（Racoma）taliensis* Regan

主要分布地：云南省大理白族自治州洱海

大理裂腹鱼体延长，略侧扁，腹部圆，头小，吻略尖。口端位，呈马蹄形，稍倾斜。下颌无角质，前缘不锐利。下唇不发达，唇后沟不连续。背鳍条硬刺后缘具锯齿。背部及侧部被细鳞，胸及前腹面裸露无鳞，约自胸鳍末端之后的腹面开始有鳞片。胸鳍基外侧各有一明显腋鳞。全身银白闪亮，背部青色。大理裂腹鱼生活在静水环境的中上层，食物以浮游生物为主。它在流水环境中产卵，是洱海特产，分布仅见于大理州洱海（黄开银，1996）。

名称：云南裂腹鱼

拉丁名：*Schizothorax yunnanensis*

主要分布地：云南省大理白族自治州洱海

云南裂腹鱼，俗称弓鱼，隶属鲤形目、鲤科、裂腹鱼亚科、裂腹鱼属、裂尻鱼亚属，分布于澜沧江中游的洱海、弥苴河、剑湖等水域。云南裂腹鱼习性与大理裂腹鱼相近，故而混称弓鱼。弓鱼肉质细嫩、味鲜美、营养丰富，深受大众欢迎，为云南历史上四大名鱼之一（徐伟毅等，2006）。

名称：灰裂腹鱼

拉丁名：*Schizothorax griseus* Pellegrin

主要分布地：云南省大理白族自治州洱海、漾濞江

灰裂腹鱼属鲤形目、鲤科、裂腹鱼亚科、裂尻鱼亚属，主要分布于澜沧江、南盘江、北盘江、乌江、金沙江、龙川江和大盈江等湍急的支流中。灰裂腹鱼口裂呈马蹄形，下颌内侧具角质，但无锐利的角质前缘，唇后沟连续。体鳞细小，体侧具黑褐色斑点，胸、前腹部裸露无鳞，自腹鳍起点稍前的腹面之后开始有鳞片，侧线完全，在体前部略下弯，向后伸入尾柄正中（康祖杰等，2015）。

名称：洱海鲤

拉丁名：*Cyprinus barbatus* Chen *et* Hwang

主要分布地：云南省大理白族自治州洱海

洱海鲤属鲤形目、鲤科、鲤属，是云南省洱海特有的经济鱼类之一，它具有体形美观、肉质细嫩、无明显腥味、自然繁殖力强等特点，特别是以滤食浮游动物为主的食性，具有一定的环保作用。洱海鲤体形较长、侧扁，体侧银白色，泛金属光泽，背部灰黑色，各鳍浅灰色，头大而宽，头长与体高约相等，口大端位、马蹄形，下颌倾斜明显，眼间距较宽（王建生等，2004）。

名称：大眼鲤

拉丁名：*Cyprinus megalophthalmus* Wu *et* al.

主要分布地：云南省大理白族自治州洱海

大眼鲤属鲤形目、鲤科、鲤亚科，为我国特有种，仅分布于云南洱海。大眼鲤眼大，眼大，吻长等于眼径，上、下唇暗蓝或呈蓝灰色（王幼槐，1979）。

名称：春鲤

拉丁名：*Cyprinus longipectoralis* Chen *et* Hwang

主要分布地：云南省大理白族自治州洱海

春鲤隶属鲤科、鲤亚科、鲤属，因其产卵较早，较集中于 4 月，故有春鱼之称。分布于大理洱海，是洱海特有鲤鱼之一，个体较大，体形好，适应性强，是较好的放养和养殖品种；以含肉率高、肉质丰厚板实和味道鲜香甜美而著称，深受当地人民群众喜爱，是白族风味"沙锅鱼"的主要原料（黄开银，1996）。

名称：杞麓鲤

拉丁名：*Cyprinus chilia* Wu *et* al.

主要分布地：云南省大理白族自治州洱海

杞麓鲤为洱海原生土著鱼类，胸鳍较短，不伸达腹鳍，下咽齿主行第 1 枚最大（王幼槐，1979）。

名称：大理鲤

拉丁名：*Cyprinus daliensis* Chen *et* Hwang

主要分布地：云南省大理白族自治州洱海

大理鲤是云南省大理白族自治州洱海的特有原生土著鱼类，吻钝，须一般两对，吻须有时消失（王幼槐，1979）。

名称：拟鳗副鳅

拉丁名：*Paracobitis anguillioides* Zhu *et* Wang

主要分布地：云南省大理白族自治州洱海、漾濞江

拟鳗副鳅属于鲤形目、鳅科、副鳅属，主要分布于云南大理白族自治州洱海，是洱海的原有土著鱼类。洱海副鳅背鳍起点至尾鳍基高度几乎不变，背鳍之前的前躯鳞片密集，骨质缥囊和鲤前室较小，头宽大于头高（周伟和何纪昌，1993）。

名称：洱海副鳅

拉丁名：*Paracobitis erhaiensis* Zhu *et* Cao

主要分布地：云南省大理白族自治州洱海

洱海副鳅属于鲤形目、鳅科、副鳅属，主要分布于云南大理白族自治州洱海，是洱海的原有土著鱼

类。洱海副鳅背鳍起点至尾鳍基高度逐渐降低，背鳍之前的前躯鳞片稀疏，下颌中部前缘微凹，骨质缥囊和鲤前室膨大（周伟和何纪昌，1993）。

名称：黄鳝

拉丁名：*Monopterus albus*

主要分布地：云南省大理白族自治州洱海、漾濞江

黄鳝，俗称鳝鱼、田鳗、长鱼、罗鱼、无鳞公主等。黄鳝在脊椎动物分类学上属硬骨鱼纲，合鳃目，合鳃科，黄鳝属，为底栖鱼类。属于亚热带的淡水鱼类，也是我国的主要名优淡水鱼类之一，它广泛分布于我国各地的湖泊、河流、水库、池沼、沟渠等水体中（张艳萍等，2007）。

名称：泥鳅

拉丁名：*Misgur nusanguilli caudatus*

主要分布地：云南省大理白族自治州洱海、漾濞江

泥鳅又名鳅鱼，在动物分类上属鱼纲、鲤形目、鲤亚目、鳅科、泥鳅属。泥鳅肉质细嫩，味道鲜美，是一种高蛋白、低脂肪类的高档营养珍品，被人们称之为"水中人参"。我国除青藏高原外，各地的河川、沟渠、水田、池塘，都有泥鳅的分布（朱兴国等，2007；刘孝华，2008）。

名称：鲫

拉丁名：*Carassius auratus*

主要分布地：云南省大理白族自治州洱海

鲫属鲤形目、鲤科、鲤亚科、鲫属，形态体呈侧扁，高且厚，腹部圆。头短小，吻钝，口端位，没有须。背鳍和臀鳍最后的不分枝鳍条是后缘有锯齿的硬刺，背鳍基较长，尾鳍叉形，体背灰黑色，腹部银白色，各鳍灰色（饶发祥，1996）。

名称：中华青鳉

拉丁名：*Oryzias latipes sinensis* Chen，Uwa et Chu，1989

主要分布地：云南省大理白族自治州洱海

中华青鳉属鳉形目、青鳉科、青鳉属。体长 20～40mm，体重 0.2～0.3g。眼大，眼位于头上位，体侧扁，背部平直。背鳍后位与臀鳍后缘对应。青鳉鱼雌雄性在体长方面无明显差异，在体型方面两者有显著差异。青鳉是小型卵生鱼类。栖息在稻田，小溪，河沟等水流比较平缓的水域。群游性好，经常成群缓游在上层水体（陈学文，2013）。

2.6.5 野生可利用生物

名称：甜根子草

拉丁名：*Saccharum spontaneum* L.

主要分布地：云南省临沧市耿马傣族佤族自治县、西藏自治区东南部

甜根子草（图2-150）在当地被称为"割手密"，是甘蔗属的细茎野生种。多年生，具发达的根状茎，其根茎固土能力强。该品种耐旱、耐贫瘠，纤维分高达47.95%，比一般割手密平均纤维分高10.75%，可作为高纤维分甘蔗育种亲本杂交材料。同时因其根茎有较强的固土能力，可用以固堤，秆叶供作纤维原料（刘旭等，2013b；倪志成，1990）。

图 2-150　甜根子草
资料来源：刘旭等，2013b

　　名称：野苦茄

　　拉丁名：*Solanum* sp.

　　主要分布地：云南省西双版纳傣族自治州勐海县

　　野苦茄是茄科茄属的野生资源，其学名有待鉴定。该种果实味苦（图 2-151），是当地居民喜吃的野生蔬菜，具有清热解毒、利尿消肿、祛风湿等药效。野苦茄高抗茄子黄萎病和枯萎病，可作为茄子抗逆和改良果实味道育种的亲本（刘旭等，2013b）。

图 2-151　野苦茄果实
资料来源：刘旭等，2013b

　　名称：曼佤野茄

　　拉丁名：*Solanum coagulans* Forsk.

　　主要分布地：云南省西双版纳傣族自治州勐海县

　　曼佤野茄（图 2-152）是茄科茄属的野生种，果小而味苦，是当地居民喜吃的野生蔬菜，具有清热解毒、利尿消肿等药效。曼佤野茄具有高抗茄子黄萎病和枯萎病特性，可作为茄子抗逆和改良果实味道育种的亲本（刘旭等，2013b）。

图 2-152 曼佤野茄果实
资料来源：刘旭等，2013b

名称：野茄子

拉丁名：*Solanum* sp.

主要分布地：云南省怒江傈僳族自治州贡山县

野茄子（图 2-153）因其果实味苦而得名，是茄科茄属的野生资源，其学名有待鉴定。该种果小而味苦，是当地居民喜爱吃的野生蔬菜，具有清热解毒、利尿消肿等药效。野茄子成熟极早，具高抗茄子黄萎病和枯萎病特性，可作为茄子抗逆、改良果实味道和熟性育种的亲本（刘旭等，2013b）。

图 2-153 野茄子果实
资料来源：刘旭等，2013b

名称：野生莉茄

拉丁名：*Solanum* sp.

主要分布地：云南省西双版纳傣族自治州勐腊县

野生莉茄（图 2-154）是茄科茄属的野生资源，其学名有待鉴。该品种因植株茎秆和叶片生有较坚硬的莉毛而得名，其果小而味苦，是当地居民喜爱吃的野生蔬菜，具有清热解毒、利尿消肿等药效。野生莉茄成熟果为黄白色，成熟晚，苗期鉴定具高抗茄子黄萎病和枯萎病特性，可作为茄子抗病和改良果实味道育种的亲本（刘旭等，2013b）。

图 2-154　野生莉茄果实

资料来源：刘旭等，2013b

名称：小茄子

拉丁名：*Solanum* sp.

主要分布地：云南省西双版纳傣族自治州勐腊县

小茄子（图 2-155）是茄科茄属的野生资源，其学名有待鉴定。该种果特小而味苦，是当地居民喜爱吃的野生蔬菜，具有清热消毒、利尿消肿等药效。成熟极早，具高抗茄子黄萎病和枯萎病特性，可作为茄子抗病、改良果实味道和熟性育种的亲本（刘旭等，2013b）。

图 2-155　小茄子果实

资料来源：刘旭等，2013b

名称：扁红茄

拉丁名：*Solanum* sp.

主要分布地：云南省西双版纳傣族自治州勐腊县

扁红茄（图2-156）是茄科茄属的野生资源，其学名有待鉴定。该种因其果实扁、成熟果为红色而得名，果特小而味苦，是当地居民喜爱吃的野生蔬菜，具有清热消毒、利尿消肿等药效。成熟极早，具高抗茄子黄萎病和枯萎病特性，果皮为红色，鲜艳独特，且可食，茄子中少见，可作为茄子抗病、改良果实味道和熟性育种的亲本（刘旭等，2013b）。

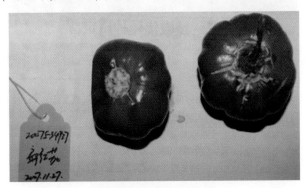

图 2-156　扁红茄果实

资料来源：刘旭等，2013b

名称：光核桃

拉丁名：*Amygdalus mira*（Koehne）Yü et Lu

主要分布地：云南省丽江市宁蒗彝族自治县

光核桃（图2-157）是生长在滇西北海拔2600～3200m地区的野生桃树种类。该品种耐贫瘠，在土层30cm厚地区生长良好，耐寒，抗病性强，没有穿孔病和缩叶病发生。其种子表面光滑无沟纹，该种可作为桃的砧木，或可作为抗寒性育种的亲本（刘旭等，2013b）。

图 2-157　光核桃

资料来源：刘旭等，2013b

名称：云南沙棘

拉丁名：*Hippophae rhamnoides* L. subsp. *yunnanensis* Rousi .

主要分布地：云南省迪庆藏族自治州德钦县

云南沙棘（图2-158）为野生种质资源，具有很强的抗寒能力，抗旱能力较强，其果营养丰富 VC 含量特高，是猕猴桃的 1~2 倍，比苹果、梨高近 40 倍。它可直接加工成保健饮料产品（刘旭等，2013b）。

图 2-158　云南沙棘
资料来源：刘旭等，2013b

名称：西南草莓

拉丁名：*Fragaria moupinensis*（Franch.）Card.

主要分布地：西藏自治区昌都市芒康县

西南草莓（图 2-159）为我国西南地区特有、成熟期较晚的野生草莓类型，分布在我国横断山脉、川西高原、青藏高原，也是野生草莓分布海拔相对较高的种类。该种质资源抗逆性强、耐寒、抗病性较强，可作为草莓育种的亲本，特别是作为抗寒草莓育种的亲本（刘旭等，2013b）。

图 2-159　西南草莓
资料来源：刘旭等，2013b

名称：火烧花

拉丁名：*Mayodendron igneum*（Kurz）Kurz

主要分布地：云南省西双版纳傣族自治州、普洱市

火烧花（图 2-160）树形优美，花开在无叶的老茎上，先花后叶，单株花量大，观赏兼食用，有很好

的开发前景。火烧花清香微苦，用开水炜过，再加些辣椒豆酱爆出少即可成一道佳肴。此菜香气袭人，色泽金黄，鲜香可口。傣医认为，其树皮昧苦，性凉，具有清火解毒、祛风利水、杀虫止痒的功效，可用于治疗牙痛、风寒湿痹、肢体关节肿痛、屈伸不利、漆树过敏等症（刘旭等，2013a；周亮等，2012）。

图2-160　火烧花

资料来源：http://a.hiphotos.baidu.com/baike/pic/item/48540923dd54564e82335f8fb6de9c82d1584f35

名称：紫果云杉

拉丁名：*Picea purpurea* Mast.

主要分布地：青海省玉树藏族自治州

紫果云杉（图2-161）是常绿乔木，主要分布在囊谦、玉树、班玛、久治、同仁、泽库、湟中、民和。生于阴坡、河岸、滩地，海拔2380～4300m。药用部位是树脂、节木和果实。树脂用于风寒湿痹、疮疖溃烂、久溃不愈、关节积黄水。节木用于风寒湿痹、关节积黄水、培根病、虫病。球果用于咳嗽、疝气（张胜邦，2013）。

图2-161　紫果云杉

资料来源：http://g.hiphotos.baidu.com/baike/pic/item/b90e7bec54e736d19967710998504fc2d56269bf

名称：红花绿绒蒿

拉丁名：*Meconopsis punicea* Maxim.

主要分布地：青海省东南部、西藏自治区东北部

红花绿绒蒿（图2-162）属国家二级重点保护野生植物，主要分布在玉树、达日、班玛、久治、玛沁、

同仁、泽库、河南、循化。生于山坡草地、高山灌丛、草甸，海拔2300～4600m。它高30～75cm，花瓣呈深红色至红色，偶有白色或浅红色，有光泽，椭圆形。带花全草主治高热、肺结核、肺炎、肝炎、痛经、白带、湿热水肿、头痛、高血压。花茎和果实治遗精、白带、肝硬化、神经性头痛（张胜邦，2013）。

图2-162　红花绿绒蒿

资料来源：http：//f. hiphotos. baidu. com/baike/pic/item/4afbfbedab64034ff5a99f6cafc379310a551d77

名称：水母雪兔子

拉丁名：*Saussurea medusa* Maxim.

主要分布地：青海省玉树藏族自治州、西藏自治区林芝市、昌都市

水母雪兔子别名雪莲、水母雪莲、水母雪莲花等，是多年生草本植物，高5～20cm，全株密被白色绵毛（图2-163）。根肉质，粗壮。茎直立，顶端膨大，基部被褐色枯叶柄。茎下部叶密集，圆形或扇形，长宽几相等，边缘具条裂状齿。茎上部叶菱形或披针形，羽状浅裂，下翻。最上部叶线形，围绕花序。全部叶两面有白色密绵毛。头状花序多数，无柄，在茎端密集成半球形，外围密被绵毛的苞叶。总苞狭筒形，总苞片多层，膜质，线状长圆形倒披针形，近等长，先端或外层总苞片黑紫色，光滑。小花管状，蓝紫色。花果期7～9月。水母雪兔子药材名为雪莲花、甘青雪莲花，带根全草均可药用。主治阳痿、腰膝酸软、妇女带下、月经不调、风湿痹症、外伤出血（张胜邦，2013）。

名称：普氏马先蒿

拉丁名：*Pedicularis przewalskii* Maxim.

主要分布地：青海省玉树藏族自治州、西藏自治区昌都市

普氏马先蒿（图2-164）又被称为"青海马先蒿"，是种低矮草本植物，高仅6～12cm，根多数成束，茎多单条。叶在下部者柄较长，叶片披针状条形，羽状浅裂成圆齿，边缘常强烈反卷。花在小植株上仅有3～4朵，大植株中可达20朵以上，离心开放。花萼瓶状卵圆形，长11mm，前方开裂至2/5，齿挤聚后方。花冠紫红色，喉部常黄白色，筒长30～35mm，外面有长毛，盔始直立，后以直角转折，额高凸，喙细而指向前下方，长5～6mm，端深2裂，裂片条形，长3mm，下唇中裂片圆肾形或圆形，基部狭缩成短柄。雄蕊着生于筒端，花丝均有毛。蒴果斜矩圆状。药用部位是花，能化湿消肿，主治水肿（张胜邦，2013）。

图 2-163 水母雪兔子

资料来源：http：//d. hi photos. baidu. com/baike/pic/item/b7fd5266d0160924508774bed40735fae7cd34f1

图 2-164 普氏马先蒿

资料来源：http：//d. hiphotos. baidu. com/baike/pic/item/f9198618367adab491b21f7689d4b31c8701e4a1

名称：桃儿七

拉丁名：*Sinopodophyllum hexandrum*（Royle）Ying

主要分布地：青海省玉树藏族自治州、西藏自治区

桃儿七（图 2-165）是国家二级重点保护野生植物，主要生长海拔 2300 ~ 3800m 的山坡、灌丛、阴坡林下。它是多年生草本植物，高 40 ~ 80cm。根茎粗壮，横走，多为结节状。不定根多数，长达 30cm 以上，直径 2 ~ 3mm，红褐色或淡褐色。茎直立，基部具抱茎的鳞片，上部有 2 ~ 3 叶，叶具长达 30cm 的柄。叶片轮廓心脏形，长 13 ~ 20cm，宽 16 ~ 30cm。桃儿七的药用部位是根、根茎和果实。能祛风除湿，止咳止痛，活血解毒。果主治血分病、妇科病、肾脏病。根茎、根和叶外治跌打损伤、皮肤病、黄水疮。根可用于治风湿关节痛、跌打损伤、心胃痛、风寒咳嗽、月经不调等（张胜邦，2013）。

名称：野生大豆

拉丁名：*Glycine soja* Sieb. et Zucc

主要分布地：西藏自治区林芝市

野生大豆（图 2-166）集中生长在穆河、桑河流域的中下游和察隅河流域上中游两岸的台地上，呈群落

图 2-165　桃儿七

资料来源：http：//a. hiphotos. baidu. com/baike/pic/item/c2cec3fdfc039245d6dd199c8794a4c27d1e253c. jpg

分布，分布的海拔 1520～2150m。该种茎细长、蔓生，多生长在较潮湿的环境中，常缠绕在蕨类、杂草、小灌木等伴生植物上。主茎与分枝分化不明显，均为无限性。叶为椭圆形，下部叶片较小，中上部叶片较大；花较小，为短总状花序，蝶形花，均为紫花；荚果长 2cm 左右，多为弯镰形，少数是直荚型（李福山，1987）。

图 2-166　野生大豆

资料来源：http：//h. hiphotos. baidu. com/baike/pic/item/bd315c6034a85edf52f6755049540923dd54754f

2.7 农业特产

农业特产，即通常人们所指的传统农业特产，即历史上形成的分某地特有的或特别著名的植物、动物、微生物产品及其加工品，包括初级农产品和农副产品加工品，初级农产品又可分为农业产品、林业产品、畜禽产品和渔业产品。

名称：玉树虫草
地点：青海省玉树藏族自治州杂多县

玉树虫草（图2-167）又称"虫草""冬虫草"，为玉树藏族自治州（简称玉树州）之特产。自明代开始，青海省玉树州虫草就在国际市场上享有极高的声誉。1460年，中国虫草销往日本、东南亚地区一些国家，被称为中国传奇式的珍宝。目前，玉树州虫草仍是青海省换汇度最高的出口商品之一。在国际市场上，它的售价每吨高达70多万美元。虫夏草以干燥的子座和虫体入药，味甘、性温、气香，入肺肾二经，具有益肺肾、补筋骨、止咳喘、抗衰老等作用，并对结核菌、肝炎菌等均有杀伤力。冬虫草传统上既作药用，又作食用，是中外闻名的滋补保健珍品。

图2-167　玉树虫草
资料来源：http://baike.baidu.com/view/5061685.htm)

名称：唐古特青兰
地点：青海省玉树藏族自治州杂多县

唐古特青兰，又称"甘青青兰"（图2-168），藏语称"知羊格"，为唇形科植物，多年生草本，茎直立，四棱形，上部被倒向小毛，中部以下几乎无毛，叶腋中有短枝，叶对生，叶片轮廓卵形或卵状椭圆形，稍反卷，上面无毛，下面密被灰白色短柔毛。花蓝紫色或暗紫色。小坚果实，长圆形，平滑。藏医用唐古特青兰的地上部分入药，它具有清肝热、干黄水、愈疮、止血等作用，可治肝、胃热、黄水疮口不愈、出血等症。

图 2-168   唐古特青兰

资料来源：http：//image. baidu. com/

名称：黑青稞

地点：青海省玉树藏族自治州玉树市

黑青稞（图 2-169）是大麦的一种，主要产自藏区，是藏族人民的主要粮食。它是目前世界上含 β-葡聚糖最高的麦类作物，这意味着优质青稞将有望成为"身价"最高的麦类作物。它具有清肠、调节血糖、降低胆固醇、提高免疫力等四大生理作用。是青稞中的极品。

图 2-169   黑青稞

资料来源：http：//blog. sina. com. cn/s/blog_ 4b5354b60102vtbj. html

名称：唐古特马尿泡

地点：青海省玉树藏族自治州囊谦县

唐古特马尿泡（图 2-170），藏语"唐川嘎保"。系茄科植物，多年生草本，全体生腺毛。根粗壮，肉质。茎极短。叶呈莲座状簇生，长椭圆形至长椭圆状卵形。花数朵腋生，黄色或浅黄色；花萼筒状钟形，花冠筒状漏斗形，外面生腺毛，花丝极短，花药长圆形。子房两室。种子肾形，黑褐色，略鹿扁平。唐古特马尿泡是青海省特有藏药材，全草入药，具有镇痛散肿的作用，可治毒疮、瘤癌、痈疽、白喉、腹痛、体痛及皮肤病。

图 2-170　唐古特马尿泡

资料来源：http://image.baidu.com/

名称：醉梨

地点：西藏自治区昌都市丁青县

醉梨醇香，食之不觉酒味，食后不久宛然如醉。醉梨果实卵圆形，果皮黄色，上有麻点密布（图 2-171）。果肉黄白色，肉质松脆、稍粗，汁多味甜，果心稍大、食之有渣，重 400～500g。传说天神为了欢迎文成公主入藏一行，以醉梨代酒为其洗尘。

图 2-171　醉梨

资料来源：http://12582.10086.cn/

名称：牦牛肉

地点：西藏自治区昌都市类乌齐县

由于类乌齐的牧民们从古至今一直沿用了最古老的牦牛"放牧"办法，类乌齐牦牛保持了"原生态、纯天然、全绿色"的特点，被专家论定为全国品种最纯的牦牛（图 2-172）。

　　类乌齐县是藏东牦牛产业带，牦牛业是县畜牧业的重要组成部分，是畜牧业中的优势产业。类乌齐牦牛肉品质好、口感好，而且是无污染的绿色食品，符合高蛋白、低脂肪的现代人的健康饮食要求。

图 2-172　类乌齐牦牛

资料来源：http：//m. mafengwo. cn/i/2842096. html

　　名称：雪鸡
　　地点：西藏自治区昌都市江达县
　　雪鸡鸡形目，雉科，鸟类，人们传说美丽的凤凰就是雪鸡（图 2-173）。雪鸡和家鸡差不多，嘴的形状像鸡，雪鸡最美的是头上鸡冠两则竖起的两条头翎，翎毛随着季节和场合的变化而变，冬日雪白，夏日金亮，在求偶时闪绿，要和敌手搏斗时又鲜红无比，鸡冠高耸，造型似花，双眼斑斓闪目，美丽诱人，眼睫毛是白色，黄金色，眉毛青亮，有时又雪白，有时翠绿。雪鸡喜食松子、花蕊、雪兔、雪鼠以及一些林间树丛的昆虫，择居性强，喜栖居在胡杨、山杨、雪岭云杉的树上。

图 2-173　雪鸡

资料来源：http：//www. csyhts. com/raiders/show_ 8631. html

名称：雪莲

地点：西藏自治区昌都市贡觉县

雪莲通常生长在高山雪线以下。该处气候多变，冷热无常，雨雪交替，年降水量约800mm，无霜期仅有50天左右。雪莲多年生草本，根状茎粗，黑褐色，基部残存多数棕褐色枯叶柄纤维；茎单生，直立，中空，直径2~4cm，无毛。叶密集，近革质，绿色，叶片长圆形或卵状长圆形，长约14cm，宽2~4cm，顶端钝或微尖，基部下延，边缘有稀疏小锯齿，具乳头状腺毛，最上部苞叶13~17片，膜质透明，淡黄色，边缘具整齐的疏齿，稍被腺毛，顶端钝尖，基部收缩，常超出花序两倍。头状花序10~30个，聚集于茎端呈球状；总苞半球形，总苞片3~4层，近膜质，披针形，急尖，边缘黑色，彼毛；小花紫色，长约14mm。瘦果长圆形，具纵肋；冠毛两层，外层短，糙毛状，内层长，羽毛状（图2-174）。

图2-174　雪莲

资料来源：http://www.3lian.com/gif/2014/09-10/60412.html

名称：贝母

地点：西藏自治区昌都市巴青县、贡觉县

贝母为百合科，主要功效清热润肺，止咳化痰，生长于海拔2800~4500m山坡、林下、流石滩。贝母为多年生草本植物，其鳞茎供药用，有止咳化痰、清热散结之功效。贝母按产地和品种的不同，可分为川贝母、浙贝母和土贝母三大类（图2-175）。

图2-175　贝母

资料来源：http://www.baicaolu.com/doc-view-46049.html

名称：荞麦

地点：西藏自治区昌都市八宿县

荞麦（图 2-176），别名甜荞、乌麦、三角麦等；一年生草本。茎直立，高 30～90cm，上部分枝，绿色或红色，具纵棱，无毛或于一侧沿纵棱具乳头状突起。叶三角形或卵状三角形，长 2.5～7cm，宽 2～5cm，顶端渐尖，基部心形，两面沿叶脉具乳头状突起。

荞麦是短日性作，喜凉爽湿润，不耐高温旱风，畏霜冻。荞麦性甘味凉，有开胃宽肠，下气消积。治绞肠痧，肠胃积滞，慢性泄泻的功效；同时荞麦还可以做面条、饸饹、凉粉等食品。

图 2-176　荞麦

资料来源：http://www.benlai.com/item-27583.html

名称：藏族奶品

地点：西藏自治区昌都市左贡县

奶品最普遍的是酸奶和奶渣两种（图 2-177）。酸奶又有两种，一种是奶酪，藏语叫"达雪"，是用提炼过酥油的奶制作的；另一种是没提过酥油的牛奶作的，藏语称"俄雪"。酸奶是牛奶经过糖化作用以后的食品，营养更为丰富，也较易消化，适合老人和小孩吃。奶渣是奶提炼酥油后剩下的物质，经烧煮，水分蒸发后，剩下是奶渣。奶渣可以做成奶饼、奶块。在煮牛奶过程中，还可揭起奶皮，藏语叫"比玛"。

图 2-177　藏族酸奶

资料来源：http://image.baidu.com/

名称：索多西辣椒酱

地点：西藏自治区昌都市芒康县

索多西辣椒酱主要采用了当地辣椒品种（图2-178），辣椒的产地的海拔在2200～2600m，培植的土壤类型为亚高山深林土，呈弱酸性，土壤pH在6.5左右。使用牦牛粪，羊粪等有机肥，不使用任何农药化肥。每年的9月下旬至10月中旬进行采摘，要求其色泽红亮、肉头饱满。酿成的辣椒酱色泽鲜红，气味鲜辣不刺鼻，口感香辣不燥。

图2-178 索多西辣椒酱

资料来源：http：//pe.1nongjing.com/a/201504/80241.html

名称：盐井葡萄酒

地点：西藏自治区昌都市芒康县

盐井葡萄酒是西藏的特产美酒（图2-179）。相传在18世纪中叶，来自法国的传教士进入盐井地区传教，并带来了种植葡萄和酿制葡萄酒的方法。西藏芒康盐井葡萄酒酿造有着悠久的历史，其酿造工艺传统古朴，口味鲜美独特，深受当地群众和国内外游客喜爱。盐井葡萄酒主要有干红和冰红两种。其澄清透明，色泽深，香气浓郁，口感饱满，回味悠长。

图2-179 盐井葡萄酒

资料来源：http：//www.ys137.com/xiuxian/938704.html

名称：龙爪稷

地点：西藏自治区林芝市察隅县

龙爪稷须根稠密（图2-180）。秆高1m左右，叶鞘具脊，叶片较宽。穗状花序3~9枚，呈指状排列于茎顶，常作弓状弯曲。小穗含多个小花，无柄，密生于穗轴一侧。颖和外稃的脊上具翼。囊果，果皮薄而疏松。种子小，直径1~1.8mm，圆球形，深棕色，表面具细网纹。胚大，长度约为种子的1/2。

图 2-180　龙爪稷

资料来源：http://baike.baidu.com/

名称：德钦松茸

地点：云南省迪庆藏族自治州德钦县

松茸学名松口蘑，别名大花菌、松茸、剥皮菌（图2-181）。松茸富含粗蛋白、粗脂肪、粗纤维和维生素 B_1、B_2、维生素 PP 等元素，不但味道鲜美，而且还具有益肠胃、理气化痰、驱虫及对糖尿病有独特疗效等功能，是中老年人理想的保健食品。

图 2-181　德钦松茸

资料来源：http://www.gongpin.net/gongpin/item_ g0668.html

名称：维西百花蜜

地点：云南省迪庆藏族自治州维西傈僳族自治县

维西百花蜜发展历史悠久（图 2-182），早在 1500 年前傈僳族先民迁居县地后即与当地野生土蜂（东方蜜蜂）结下了不解之缘，人们在生产生活中逐步学会了采集野生蜂蜜过渡到家养中蜂以供生产、食用。维西百花蜜是由东方蜜蜂喜马拉雅亚种采集高寒深林多种蜜源植物的花蜜、分泌物和蜜露，与自身分泌物混合后，经充分酿制而成的成熟蜂蜜。色泽呈琥珀色或深琥珀色，常温时呈黏稠流体状，有典型的自然花香气息，口感浓厚孕柔、余味清香悠久，属蜜中珍品。

图 2-182 维西百花蜜

资料来源：http：//www. xgll. com. cn/xwzx/dqtt/2015-05/11/content_ 175102. htm

据检验分析，维西百花蜜淀粉酶活性较高且含氨基酸、叶酸、微量元素等对人体有益的营养成分达 17 种之多，具有润肠、清肺、解毒、养颜、增强人体免疫力等功能。经比对试验，维西百花蜜的果糖和葡萄糖平均含量达到 64g/100g 以上。此外，其灰分、羟甲基 1、铅、锌等有害物质的含量也远低于国家标准，是一种天然健康的绿色食品。

名称：丽江雪桃

地点：云南省丽江市玉龙纳西族自治县

该品种桃树由于使用当地山毛桃为砧木（图 2-183），具有与接穗亲和力强的特点，经过多年培养、驯化生产的树种具有适应性强，树干粗壮，产量高，每亩产量可达 1450kg，抗病虫害能力强，有耐寒、耐旱、耐贫瘠的特点，适应生长在滇西北海拔 1500～2500m 的地方。

丽江雪桃具有如下特点：生长期长，达 200 天左右；成熟期晚，每年中秋、国庆前后成熟上市；果实硕大，平均单果重 500g 左右，最大的重 1600g；外形美观、果型端正、色彩鲜红、着色均匀漂亮；黏核、口感甜脆、适口性好；营养丰富，水溶性固形物含量高，可达 14.32%（优质品种指标为 11%～15%），含糖量 11.45%（优质品种指标为 10%～15%），总酸度 0.82%（优质品种指标为 0.7%～0.9%），含有人体必需的 17 种氨基酸中的 15 种（THR 苏氨酸和 CYS 胱氨酸除外），经国家农业部农产品质量监督检验测试中心检测，在 39 项指标中，丽江雪桃有 33 项优于国内较好的其他著名桃类品种，是水果中的极品。

图2-183　丽江雪桃

资料来源：http：//qcyn. sina. com. cn/lijiang/ljtravel/ljyl/2013/0712/1634569793. html

名称：玛卡

地点：云南省丽江市玉龙纳西族自治县

玛卡（西班牙语：Maca）（图2-184），主要产于南美洲安第斯山脉和中国云南丽江，是一种十字花科植物。叶子椭圆，根茎形似小圆萝卜，可食用，是一种纯天然食品，营养成分丰富。玛卡的下胚轴可能呈金色或者淡黄色、红色、紫色、蓝色、黑色或者绿色。淡黄色的根最常见，形状、味道也最好。玛卡含有丰富的营养元素，对人体有滋补强身的功能。黑色玛卡是被公认为效果最好的，产量极少。玛卡原产高海拔山区，适宜在高海拔、低纬度、高昼夜温差、微酸性砂壤、阳光充足的土地中生长。

图2-184　玛卡

资料来源：http：//www. tech-food. com/kndata/detail/k0186980. htm

名称：漆蜡

地点：云南省怒江傈僳族自治州贡山独龙族怒族自治县

漆蜡（图2-185），当地土著民族称之为漆油。它是从漆树籽中榨出来的油，这种油冷却后凝固成块，颜色比黄蜡稍浅，所以商品名又称为漆蜡。漆蜡可以食用。制作方法也在翻新。有的把漆蜡溶化后，混入猪油、菜油、核桃，比例约为2：1，待冷却后凝固成固体油，携带十分方便。当地居民也用这种油，作为亲友间相互馈赠的礼品。

峡谷傈僳族、怒族群众，用炼得滚烫的漆油炒米酒，炒仔鸡给病人或产妇滋补身体，益气补务功效显著。还有人用漆蜡混合蜂蜜、贝线蒸制服用，可治疗肺结核和气管炎。

图 2-185　漆蜡

资料来源：http://meishi.youbian.com/techan41186/

名称：咕嘟酒

地点：云南省怒江傈僳族自治州贡山独龙族怒族自治县

咕嘟酒：用"咕嘟饭"（用玉米面和荞麦面制成，似年糕）酿制（图 2-186）。其做法是将咕嘟饭晾凉，拌上酒曲装入竹篾箩里捂好，几天后发出酒味，或渗出酒液装在罐子里，密封十几天就成了。吃时先用笊篱过滤，再兑上一点冷开水，加一点蜂蜜或甜味剂，略酝酿几分钟，即可饮用。这种酒香甜醇厚，是怒族酒中的上品。

图 2-186　咕嘟酒

资料来源：http://www.js118.com.cn/news_ show_ 207772.html

名称：云黄连

地点：云南省怒江傈僳族自治州福贡县

云黄连是常用的名贵中药材之一，在我国具有悠久的应用历史，在国内外市场上有很高的盛誉，是云南省的地方特色药材品种之一。福贡云黄连已被国家中药管理局推荐为发展保护和开发的 63 种紧缺中药材之一（图2-187）。

图2-187　云黄连

资料来源：http：//ynttw.com/article-6072678-1.html-1.html

名称：福贡草果

地点：云南省怒江傈僳族自治州福贡县

福贡草果是云南省怒江州福贡县的特产（图2-188）。草果是药食两用中药材大宗品种之一，还是一种调味香料。有特异香气味，辛、微苦。

图2-188　福贡草果

资料来源：http：//image.baidu.com/search/

名称：拉马登石榴

地点：云南省怒江傈僳族自治州兰坪白族普米族自治县

兰坪拉马登石榴是云南省怒江傈僳族自治州兰坪县兔峨乡拉马登村的特产（图2-189）。拉马登石榴具有果实硕大、色泽艳丽、籽粒色彩晶莹，味甜汁多等特点。当地人民把它当作水果中的上品。除生食之外，拉马登石榴还是制造果酒和果汁饮品的原料。同时，石榴皮富含单宁物质，可作工业原料，根、皮、花瓣和叶片都可入药，可谓全身是宝。

图 2-189　拉马登石榴

资料来源：http://www.baike.com/wiki/

拉马登石榴不仅果实好吃，而且是一种很好看的观赏树种，其树形婀娜，树干苍苍，是做盆景的好材料。

名称：衣主梨
地点：云南省怒江傈僳族自治州兰坪白族普米族自治县

兔峨衣主梨是云南省怒江州兰坪县兔峨乡依主村的特产。兔峨衣主梨果肉白色，细嫩酥脆，化渣，汁多味甜，石细胞少，储藏后发生清香味，衣主梨植株高大，树势强健，树姿较开张，萌芽力和成枝力均强，以短果枝结果为主，投产早，定植 4 年结果，丰产（图 2-190）。适应性较广，抗逆性较强，喜温凉湿润气候和紫色土壤。

图 2-190　衣主梨

资料来源：http://shop.bytravel.cn/produce3/tueyizhuli.html

衣主梨按果实形状、大小和质地分为三种类型。细皮细肉中果型，果实倒圆锥形，单果重350g，最大果重500g，果皮绿色，储藏后橙黄色。果肉白色，细嫩酥脆，化渣，汁多味甜，石细胞少，储藏后发生清香味，可食部分85%，含可溶性固形物质14%。总糖8.74%，总酸0.28%，100克果肉含维生素C0.66mg，品质上，10月下旬成熟，可储藏两个月，超过两个月果肉则发生淡褐变。细皮细肉大果型，果实倒卵圆形或倒圆锥形，单果重500g，最大果重1020g，果肉品质与前者相同，但比前者较耐储藏。粗皮粗肉特大果型，果特大，但皮粗肉粗，大小较突出。适宜的海拔为1600~2500m，尤以海拔1900~2300m的地带内表现最佳。

名称：瓦姑茶
地点：云南省怒江傈僳族自治州泸水县

瓦姑茶是云南省怒江州泸水县六库镇瓦姑村的特产（图2-191）。瓦姑村自然环境优美，无任何生活工业污染，是真正的绿色无公害生态茶产地，瓦姑绿茶具有茶色鲜绿、耐泡味甘、清香醇和等特点，是馈赠亲友、居家待客之佳品。

碧罗雪山脚下的泸水县瓦姑村，空气湿润，土壤肥沃，非常适合云南大叶种绿茶的生长。瓦姑茶文化源远流长，这里的群众历来就有种茶、制茶、品茶的习惯。历史上瓦姑茶曾经扬名一时，深受消费者的信赖，曾被誉为"云南的龙井茶"。

图2-191 瓦姑茶
资料来源：http://image.baidu.com/search/

名称：白芸豆
地点：云南省大理白族自治州剑川县

白芸豆，其生物学名叫多花菜豆，因花色多样而得名（图2-192）。属豆科，蝶形花亚科，菜豆族菜豆属，白芸豆原产美洲的墨西哥和阿根廷，后经人工栽培驯化已适应冷凉潮湿的高原地带。种植面积较大的国家是美洲的阿根廷、美国、墨西哥，欧洲的英国，亚洲的中国、日本等。我国在16世纪末才开始引种栽培。

芸豆籽粒的形状多种多样，有肾形、椭圆形、扁平形、筒形和球形等；颜色也有多种，如白、黑、黑紫、绿色和杂色带斑纹等。颗粒大小差异也很大，小者如黄豆般，而大白芸豆的籽粒长约21mm，厚约9.5mm，比黄豆大几倍，可称豆中之冠了。白芸豆是西餐中常用的名贵食用豆。颗粒肥大，整齐、有光泽，用作配菜可谓锦上添花，在国内外享有盛名。

图 2-192　白芸豆
资料来源：http://blog.sina.com.cn/s/blog_ eb5806d90102w8nc.html

名称：地参

地点：云南省大理白族自治州剑川县

　　剑川地参，又名虫草参，白族俗称"根载子"；大理洱源地区叫法不同，称雪参；外省山东郓城、河北河间等地又称地参为中华地参、地藕、地笋、泽兰、银条菜。地参株高 120～160cm，株干呈四棱形，节间距 2cm，每节长四片叶，呈十字形对生，开白色芝麻型花，不结籽，叶互生，植物分类学归于唇形科多年生植物。地参原为野生植物，后经驯化栽培，产量和质量有很大提高，地参可以食药两用，春夏采其嫩茎叶，炒食、凉拌、做汤，主要食用晚秋以后采挖的洁白脆嫩的环形肉质根（因形状、营养与人参媲美，故名地参），可以炒食、做汤、油炸、做酱菜，口感好，堪称蔬菜珍品。地参含有多种氨基酸、碳水化合物、蛋白质、维生素，地参氨基酸含量达 16 种，还有多种微量元素，是一种营养价值较高的保健食品（图 2-193）。

图 2-193　地参
资料来源：http://qcyn.sina.com.cn/life/xsz/2012/1127/100206107021.html

名称：洱源梅子

地点：云南省大理白族自治州洱源县

　　大理洱源县气候适中，是全州水果基地之一，具有种植各种名、特、优、稀经济果林的传统，素有林果之乡的美誉，是大理州水果出产地之一。在出产众多林果经济作物中，以梅子最为著名，号称梅子之乡。洱源梅子优质个大，色泽美观，含有多种维生素、有机酸，肉厚核小，酸脆可口，不仅是生津止渴的消暑水果，而且是医疗上用途甚广的药品原料（图2-194）。随着科学技术的不断进步，梅子的栽培、加工等各个环节都得到不断改善，梅子年产量达240多万千克，梅子深加工也形成了酒、饮料、梅胚系列产品，深受省内外消费者的欢迎。梅的果实通过加工可制成多种食品，如咸梅干、话梅、陈皮梅、糖青梅、干草梅、咸水梅、蜜饯梅、梅酱、梅泥等风味特异的梅果加工品。大理白族妇女心灵手巧，加工雕梅、苏裹梅、炖梅、紫苏冰梅、青梅酒等特色食品。

图2-194　洱源梅子

资料来源：http：//qcyn. sina. com. cn/life/xsz/2012/1127/100206107021. html

名称：黑木耳

地点：云南省大理白族自治州云龙县

云龙野生黑木耳曾经是云龙大宗的农副产品之一，具有耳瓣厚实、肥大、富有糖性等特点，是云龙县的著名特产（图2-195）。黑木耳味道鲜美可口，营养价值丰富，含有蛋白、脂肪、纤维素、碳水化合物和钙、磷、铁等多种维生素及矿物质，具有润肺、清涤肠胃的功能，还具有补气、补血、止血、止痛等多种功效。

图2-195　黑木耳

资料来源：http：//www. tuniu. com/specialty/1112/

云龙县境内山林茂密，气候温和，雨量适中，有利于野生黑木耳的生长，历史上产量丰富。云龙县的山民，故意砍死部分楝树的枝树枝，丢在可以淋到雨的树丛中，两个雨季就可以采摘，既回家实用，也去集市出售。

名称：云龙绿茶

地点：云南省大理白族自治州云龙县

云龙绿茶产于云南省大理州云龙县宝丰乡的大栗树大山头，是由云南农业大学茶学系监制、云龙大栗树茶厂生产的一种炒青名茶（图2-196）。

大栗树大山头海拔在2200~2500m，年平均气温在4.9℃以上，极端最低气温在-6℃以上，大于10℃的积温可达3500℃以上。年降水量1000mm以上，年平均相对湿度75%。除优越的气候条件外，大栗树大山头的土壤条件也颇为适宜茶树的生长发育和优良品质的形成。土壤为黄棕壤，土层深厚，土壤湿润，排水良好，结构疏松，有机质含量丰富。

图2-196　云龙绿茶

资料来源：http://item.jd.com/1356214819.html

名称：宾川柑橘

地点：云南省大理白族自治州宾川县

大理白族自治州宾川县是云南优质柑橘生产基地之一，享有"柑橘之乡"的美誉。宾川县水果种植面积达到7万亩以上，其中有4万亩柑橘通过国家无公害生产基地认证。

宾川是有名的"橘果之乡"，柑橘的种植历史可追溯到300多年前。由于有着独特的气候和自然环境，宾川柑橘具有上市早、果大、色鲜、味美等特点（图2-197）。宾川柑桔与其他产区相比，具有丰产性好、上市期早、鲜果供应时间长、果大、均匀、整齐度好、色泽鲜艳、果皮光滑、固形物含量高、酸甜适口、脆嫩化渣、耐储藏运输、营养丰富、商品性好等特点。

名称：祥云天马豆腐

地点：云南省大理白族自治州祥云县

天马是一个名不见经传的村子，因水质独特并盛产大豆，村民多以加工豆腐为业，被誉为祥云"豆腐第一村"。明朝时期，这个村就加工生产豆腐，因为当地水质独特，加之历久经年积累了丰富的加工经验，所制豆腐质地细腻、色洁味美、回味悠长、品种繁多，故而天马豆腐名扬四方（图2-198）。至今，"马房豆腐——不需多督"的歇后语，依然是祥云人的口头禅。"多督"，当地方言意为"多煮"，说明天马豆腐不用多煮，易于入味。

图 2-197　宾川柑橘

资料来源：http：//image. baidu. com/

图 2-198　祥云天马豆腐

资料来源：http：//tuniu. com/specialty/33054/

名称：弥渡大蒜

地点：云南省大理白族自治州弥渡县

弥渡县农民素有种大蒜的传统，所产大蒜个头肥大、蒜素含量高于平原地区 3 倍多（图 2-199）其紫皮独头蒜更是闻名遐迩。

图 2-199　弥渡大蒜

资料来源：http：//md. dali. gov. cn/photo_ show. asp？photoid＝387

名称：永平县腊鹅

地点：云南省大理白族自治州永平县

腊鹅是永平县传统的名优特产，主产于曲硐镇的回族村寨（图 2-200）。以味道鲜美、清香醇和而著称，是永平的回族群众积累长期的经验创造出来的独具地方民族特色的风味特产，也是当地回族群众用来招待亲朋好友和远道贵宾的首选名菜。

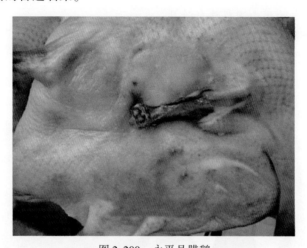

图 2-200　永平县腊鹅

资料来源：http：//meishi. youbian. com/techan35850/

名称：花椒

地点：云南省大理白族自治州永平县

花椒是永平县出产的大宗名优特产之一，是一种经济价值较高的经济林果（图 2-201）。花椒树寿命长达三四十年，如果管理得当，种植以后两年内就有经济收益。

图 2-201　花椒

资料来源：http：//www. yobo360. com/shop3454/product-11867. aspx

永平花椒个大色红，油润发亮，壳肉厚实，香气纯正而浓郁，味道纯麻爽口，是一种颇受欢迎的调味佳品。用它制作的花椒油调配川滇菜肴，具有麻辣香醇、味道可口的特点。它除了可以食用外，还可入药，具有明目镇痛、杀虫去寒的功能。花椒的种子称椒目，具有行水清肿的作用。

永平县是大理州花椒的主要产地之一，出产量占全州的40%以上，主产于义路、金河、古富、初一铺、大平坦、官应、李子树、文库等地。这些地方气候湿润，日照条件好，山岩起伏，灌木丛生，昼夜温差大，极适宜于花椒的种植和生长。

名称：南涧绿茶
地点：云南省大理白族自治州南涧彝族自治县
南涧绿茶具有外形色泽墨绿、香气鲜纯持久、呈现清香或特殊板栗香，汤色黄绿明亮、滋味浓醇，叶底黄绿匀嫩的品质特点（图2-202）。茶叶产业是南涧县的四大支柱产业之一，成功申报为国家地理标志产品。

图 2-202　南涧绿茶

资料来源：http：//spe. zwbk. org/news/show. php？itemid＝591

名称：保山透心绿蚕豆
地点：云南省保山市隆阳区
保山小绿豆是蚕豆的一个变种，因其富含花青素、叶绿素等生物碱而呈现出"白皮绿子"的特点。与一般蚕豆相比，它小巧玲珑，不仅显得十分精致，而且颜色也十分奇特：未经加工之时，豆壳洁白光亮，豆瓣却通体翠绿，直透于心，保山人给它取了个十分形象的名字——透心绿（图2-203）。该品种富含叶绿素、钾、铁等多种矿物质，对人体有较高的营养价值。

图 2-203　保山透心绿蚕豆

资料来源：http：//www. a11b22. com/info. aspx？id＝5363

名称：保山甜柿

地点：云南省保山市昌宁县

甜柿是保山最具特色的果品（图 2-204）。甜柿自然脱涩，果大、味美，外观色泽艳丽，肉质清脆爽口，便于储运。保山甜柿获国家地理标志证明商标。

图 2-204　保山甜柿

资料来源：http://image.baidu.com

名称：昌宁红茶

地点：云南省保山市昌宁县

昌宁红茶产于云南省著名红茶产区——千年茶乡昌宁。选用经出口产品基地备案的高山无污染、有机生态茶园的老树茶青为原料，延用古茶人的采摘工序，精选老树茶旗茶青经传统功夫红茶工艺制作而成。其外形条索肥嫩重实，色泽乌润光泽显金毫，具浓郁的栗糖香，叶底嫩均厚实，滋味鲜美浓醇，汤色红艳明亮，回味绵甜悠长。常饮昌宁红茶有清热解读、温胃养胃、清肝明目、软化血管、美容养颜之功效。昌宁红茶其外形条索肥嫩重实，色泽乌润光泽显金毫，具浓郁的栗糖香，叶底嫩均厚实，滋味鲜美浓醇，汤色红艳明亮，回味绵甜悠长（图 2-205）。昌宁红茶获国家地理标志证明商标。

图 2-205　昌宁红茶

资料来源：http://www.ishuocha.com/news/pp/9092.html

名称：凤庆滇红茶

地点：云南省临沧市凤庆县

凤庆是滇红茶的诞生地，滇红功夫茶于 1939 年在云南凤庆首先试制成功。据《顺宁县志》记载：

"1938 年，东南各省茶区接近战区，产制不易，中茶公司遵奉部命，积极开发西南茶区，以维持华茶在国际上现有市场，于民国二十八年（1939 年）三月八日正式成立顺宁茶厂（今凤庆茶厂），筹建与试制同时并进"。当年生产了 15t 销往英国，以后不断扩大生产，西双版纳勐海等地也组织生产，产品质量优异，深受国际市场欢迎。凤庆是大叶茶发源地，适合生产红茶和普洱茶。从 20 世纪 40 年代起当地生产的"滇红"就出口英美等国，产品包括滇红功夫茶、滇红碎茶等，曾先后荣获国家质量银质奖、中国名茶、国家外事礼茶等荣誉称号，1986 年集团生产的滇红茶被当作国礼赠予英国女王伊丽莎白二世。据说，英国女王将"滇红"置于透明器皿内作为观赏之物，视为珍品。凤庆也被称为"滇红茶乡"，每年"五一"劳动节也被定为"茶叶节"进行贸易交流（图 2-206）。

图 2-206　凤庆滇红茶

资料来源：http：//www. fqxytea. cn/fycp_ show. asp？ infid＝192

名称：白花木瓜

地点：云南省临沧市云县

云县白花木瓜是云南省临沧市云县的特产（图 2-207）。云县特定的气候条件下生长的白花木瓜具有了繁殖力强、适应性广、挂果早、果实大、香味浓郁、产量高、果肉肥厚、细腻、无渣等特点，其营养成分优于其他品种木瓜，是独具历史渊源和发展的特色农产品。云县白花木瓜获国家地理标志证明商标。

图 2-207　白花木瓜

资料来源：http：//spe. zwbk. org/wap/mobile. php？ action＝pc

云县种植木瓜历史悠久，主要栽培的有邹皮木瓜，毛叶木瓜、邹皮木瓜和毛叶木瓜，俗称白花木瓜或白木瓜，品质极为优良。经云南省林业科学院等相关科研机构和专家综合分析认定，云县木瓜属植物分布广泛，种植资源丰富，栽培历史悠久，果实品质优良，是木瓜属植物的原产地和最佳适生区，是世界白花木瓜的原产地。

白花木瓜泡酒具有，保肝护肝、舒筋活络、抗衰养颜三大功能。云南省有动植物王国的美誉，白花木瓜生长在滇西南1800~2300m的高海拔地区，生长过程中没有受到任何的工业污染，是一种自然生长的生态林果。

名称：永德芒果

地点：云南省临沧市永德县

永德县芒果栽培历史悠久，早在300多年前就有了人工栽培。在永德县1000m以下地区，到处可见到野生野长的芒果树。品种有小香芒、三年芒等品种，据有关研究，永德县的热区属芒果起源地之一（图2-208）。

图 2-208　永德芒果

资料来源：http://www.yn.xinhuanet.com

名称：蒸酶茶

地点：云南省临沧市耿马傣族佤族自治县

耿马蒸酶茶是云南省临沧市耿马县的特产（图2-209）。蒸酶茶具有外形条索紧直，茶叶汤色碧绿，清澈明亮、滋味清香回甘，经久耐泡，内含物质丰富，消暑解渴、美容、益寿、助消化、抗衰老、防辐射、实为茶叶中之珍品。

名称：观音菜

地点：云南省临沧市沧源佤族自治县

观音菜又叫紫背天葵、补血芽，属半野生蔬菜（图2-210）。可食可药，生长健壮，无病虫害，不需喷施农药，是绿色无公害蔬菜的佼佼者，有很好的营养保健作用。据测定：每100g干物质中含钙1.4~4g，磷0.17~0.39g，钾2.83~4.63g，铜1.34~2.52mg，锌26~75mg，铁、锰含量更为突出，其中含铁129~209mg，含锰47~148mg；特别是含有药用成分黄酮苷，可以延长维生素C的作用，减少血管紫癜；有提高抗寄生虫和抗病毒的能力，并对恶性生长细胞有中度抗效。

图 2-209　蒸酶茶

资料来源：https：//www.douban.com/subject/22805636/

图 2-210　观音菜

资料来源：http：//www.cndzys.com/shanghuo/guanyincai.html

　　作食用有治咯血、血崩、痛经、血气亏、支气管炎、中暑、阿米巴痢疾和外用创伤止血等功效。观音菜食用方法多样：嫩梢和幼叶可与菇类素炒、与肉类荤炒或糖醋渍，亦可焯后凉拌，或做拼盘、火锅配料，也可放入姜末、蒜茸等调料清炒，还可做馅、做汤。叶片润滑，茎部爽口，风味别具一格。

　　名称：景东紫胶
　　地点：云南省普洱市景东彝族自治县
　　紫胶树脂黏着力强，光泽好，电绝缘性能良好，兼有热塑性和热固性，能溶于醇和碱，耐油、耐酸，对人无毒、无刺激，可用作清漆、抛光剂、胶黏剂、绝缘材料和模铸材料等，广泛用于国防、电气、涂料、橡胶、塑料、医药、制革、造纸、印刷、食品等工业部门（图 2-211）。紫胶蜡又称虫胶蜡，是一种黄色硬质天然蜡，硬度大，光泽好，对溶剂保持力强，可作为巴西棕榈蜡的代用品，用于电器工业、抛光剂和鞋油等。紫胶色素是一种鲜红无毒粉末，可作为良好的食用红色素。

图 2-211 景东紫胶

资料来源：http://www.ys137.com/xiuxian/933897.html

名称：普洱瓢鸡

地点：云南省普洱市镇沅彝族哈尼族拉祜族自治县

普洱瓢鸡主要分布于镇沅彝族哈尼族拉祜族自治县，毗邻的宁洱哈尼族彝族自治县以及墨江哈尼族自治县等地也有少量分布。根据历史渊源和当地特殊的地理、气候环境推断，瓢鸡是由于某些遗传性状基因发生变异，形成了无尾的特异体形。从外表看瓢鸡与普通土鸡的最大区别是没有尾巴（图 2-212）。通过解剖后进一步发现该鸡无尾椎骨、尾棕骨、尾羽、镰羽、尾脂腺，即瓢鸡没有鸡翘。由于没有尾巴和鸡翘，当地居民一直认为瓢鸡是不吉利的象征，因此该鸡只要稍微长大一点即被宰杀，导致瓢鸡数量长期不能得到增长。

图 2-212 普洱瓢鸡

资料来源：http://shop.bytravel.cn/produce/top10/index512.html

名称：芒果

地点：云南省普洱市景谷傣族彝族自治县

芒果为景谷特产，品种多，历史悠久，味香，蜜甜，分为小芒、三年芒、象牙芒 3 类。小芒果有三四百年以上历史，今尚存有 400 多年的古树（图 2-213）。三年芒也有数百年历史，今永平镇尚存活一株树围粗 2.46 m 的大树。象牙芒系民国三年（1914）芒冒村傣民刀体清从泰国引进繁殖后代。1987 年以来，先后引进大青芒、马切苏、红云、密芒、勐罕芒、食帅、901、球芒、腹沟芒、古巴芒、矮芒、龙芒、青香芒、留香芒、香蕉芒、吕棕芒、椰香芒、秋芒、珊瑚芒等20余个早中晚熟品种,景谷县芒果品种增为30多种(冷启鹤,1993)。

图2-213　景谷小鸡芒果古树

资料来源:http://jgyounger.com/news_view.asp?newsid=41

名称:秧塔大白茶

地点:云南省普洱市景谷傣族彝族自治县

秧塔大白茶芽叶满披茸毛,成茶肥硕重实,白毫显露,条索银白,气味清香,茶汤清亮。滋味醇和回甜,耐泡饮,以产地特色命名(图2-214)。

图2-214　景谷秧塔大白茶

资料来源:http://blog.sina.com.cn/s/blog_608ecc230100o8so.html

产地在民乐乡大村秧塔，地处高山密林的云雾山中，气候温凉，种植历史有 140 多年，道光二十年 (1840) 前后，陈家从江迤茶山坝采得数十粒种子，藏于竹筒扁担中带回种植，今老种树尚在。白茶与其他茶不同，外形特白，卖样好。于是当地土官责令精心采制成"白龙须贡茶"，向朝廷纳贡，成为稀有珍品。

大白茶为该县稀有名茶，1981 年在云南省名茶鉴评会上被评为云南八大名茶之一。将其载入了 1989 年农业出版社出版的《中国农业百科全书·茶叶卷》，被列为地方名茶良种（冷启鹤，1993）。

名称：黄心山药
地点：云南省普洱市宁洱哈尼族彝族自治县

在宁洱县，红薯叫"山药"，最有名数"普洱黄心山药"（图 2-215）。"普洱黄心山药"主要种植在宁洱镇民安村曼肥、民政村老张寨、老王寨等村民小组。这些地方海拔都在 1220~1420m，年平均气温为 18℃，年降水量 1400mm，pH 在 6.1 左右，土质为火山灰变成的红香木土质。独特的土质、气候种植出的红薯病种害少，个头几乎一样大小，外观呈小小的长圆柱形且光滑，皮薄、心黄、淀粉含量高，口感香甜细腻，有赛板栗的美誉。

图 2-215　黄心山药
资料来源：http://www.ynsnw.com/mall/show-219.html

据考证，普洱出产的黄心山药因含膳食纤维、胡萝卜素、维生素 B 和 C、叶酸黏液蛋白和钙、镁、钾等微量元素而被人们广为推崇。将其蒸熟或者烤熟后适量食用，具有通便、抗癌、预防动脉硬化、控制血糖、增强免疫力等保健作用。其中绿原酸可抑制黑色素产生，防止雀斑和老年斑。

名称：江城香软米
地点：云南省普洱市江城哈尼族彝族自治县

江城香软米是云南省普洱市江城哈尼族彝族自治县的特产，包括指大毛毛谷米和麻线谷米两种，属晚籼型品种，高秆、大穗、大粒、出米率高而不易碎断，色香味俱佳。大毛毛谷米主香，因谷壳花纹似豹子而俗称"大毛毛"，因皮毛有扁担花纹而得名。麻线米主软，米饭软而有光泽，食之清香滋润，因米粒圆长，故称麻线米。江城软香米属优质品贵香米，粗蛋白和直链淀粉含量较高，是春饵块最好的原料。

名称：槟榔芋

地点：云南省普洱市澜沧拉祜族自治县

槟榔芋形似椭圆，该品种外皮粗糙，剖而观之，内呈槟榔纹，故又名"槟榔芋"（图2-216）。每年惊蛰、春分时节开始种植，霜降时即可收获，每株有唯一的母芋及大小不等的小芋。

图 2-216　槟榔芋

资料来源：http://www.lovetourism.net/news/4348.html

槟榔芋是淀粉含量颇高的优质蔬菜，肉质细腻，具有特殊的风味，且营养丰富，含有粗蛋白、淀粉、多种维生素和无机盐等多种成分。具有补气养肾、健脾胃之功效，既是制作饮食点心、佳肴的上乘原料，又是滋补身体的营养佳品，清朝年间列为大清贡品，因而享有"皇室贡品"之称。

名称：西盟米荞

地点：云南省普洱市西盟佤族自治县

米荞，一种长得像米又似荞、可以食用的作物（图2-217）。它曾经分布在云南省的普洱、西双版纳、临沧等部分地区，不过由于种种原因，它几乎陷入到了濒临灭绝的境地，到20世纪末期，它仅在西盟佤族自治县有少量分布，由于其特殊的属性，被命名为西盟米荞。

图 2-217　西盟米荞

资料来源：http://www.smir.cn/html/news603.html

名称：朗勒小香蒜

地点：云南省普洱市孟连傣族拉祜族佤族自治县

朗勒小香蒜是云南省普洱市孟连傣族拉祜族佤族自治县景信乡朗勒村的特产（图2-218）。朗勒小香蒜的各种氨酸含量丰富，钙、镁、磷、铁含量远高于其他大蒜，2009年农业部质检中心检验认定其为无公害农产品。

朗勒村位于景信乡东北部，孟澜公路旁，东北及南面与澜沧县东回乡毗邻，是景信乡及孟连县通往外地的咽喉。全村总面积22.58km²，海拔1100~1300m。

图2-218　朗勒小香蒜

资料来源：http://www.puer.gov.cn/msgz/7506658140400668036

2.8　农业民俗

农业民俗指历史上关于农业生产和生活的仪式、祭祀、表演、信仰和禁忌等，包括农业生产民俗、农业生活民俗，以及民间观念与信仰等。

名称：赛牦牛

地点：青海省玉树藏族自治州

赛牦牛是藏族的传统体育项目（图2-219）。由经验丰富的牧民驾驭性情暴躁的牦牛进行赛跑比赛，原在11月25日进行，现改在望果节（秋收前）。比赛时，牧民骑手待于起跑线，发令后即驭牛疾奔200~300米，以先到终点者为胜，获胜者将受到观众的热烈祝贺并受酒肉奖励。

图2-219　赛牦牛

资料来源：http://www.tianzhilou.com/

名称：糌粑节

地点：青海省玉树藏族自治州

糌粑节为当地传统的春耕祭祀仪式，其渊源与本教习俗有关，传承千年，卓木其经堂中供奉的神鸟，在糌粑节当日被村民抬出进行祭祀，相传该神鸟是嘎朵觉悟神山的管家，它的颈项上挂着一串钥匙，据说是开启尕朵觉卧神山财富、智慧、健康、福寿宝库的钥匙。祭祀神鸟是糌粑节的一部分，人们通过互洒糌粑祈福、祛灾（图2-220）。

图 2-220　糌粑节

资料来源：http：//epaper. tibet3. com/qhrb/html/2015-04/13/content_ 234472. htm

名称：玉树赛马会

地点：青海省玉树藏族自治州

玉树赛马会是青海规模最大的藏民族盛会（图2-221）。玉树人无论祭山敬神，迎宾送客，操办婚事，都离不开赛马。届时藏族群众身着鲜艳的民族服装，将各自的帐篷星罗棋布地扎在结古草原上，参加赛马、赛牦牛、藏式摔交、马术、射箭、射击、民族歌舞、藏族服饰展示等极具有民族特色的活动。

图 2-221　村民们正在进行紧张而激烈的赛马

资料来源：http：//shigulou. blog. 163. com/blog/static/173417233201481695548918/

名称：卓舞

地区：青海省玉树藏族自治州玉树市；青海省玉树藏族自治州囊谦县

"卓"是藏语的音译，在藏语中被称为"腰鼓舞"。它是指远古流传在昌都一带的以脚步动作为主的民间舞蹈形式的名称；也是现存世界各民族传统舞蹈文化中最为古老的项目之一，卓舞距今已有1300多年的历史。"卓"舞又称"郭庄"，广泛流传于昌都地区的11个县，其中流传在昌都县的"卓"舞最具特色。

昌都"卓"舞不受时间、地点、人数的限制，男女老幼皆可随意加入或退出跳舞队伍。只是男女领舞者一般不能随意更换，若需要更换也必须是大家公认的嗓音好、歌词熟练且又能压得住阵的人才能有资格出任。跳"卓"舞时一般都是男女对半，围成一圈，手挽手，面朝里，按顺时针方向绕圈而舞。昌都"卓"舞的曲调淳朴、热情、流畅，动作粗犷、豪放、健壮，其歌词内容也丰富多彩，没有乐器伴奏（图2-222）。

昌都"卓"舞分为农区"卓"舞、牧区"卓"舞、寺庙"卓"舞三大类。从歌词内容上看，农区"卓"舞是以反映农业生产方面为主；牧区"卓"舞以反映牧区生活为主；寺庙"卓"舞以歌颂佛法高僧为主。反映农牧业生产、盼望一个好年景的卓舞有《金色般的庄稼》《哑舞》《花的世界》，反映劳动人民渴望家人团聚的有《鲜花盛开的村庄》等。

图 2-222　卓舞

资料来源：http://www. xzsn. gov. cn/mfms/201403191665. html

名称：藏舞

地点：西藏自治区

藏族民间自娱性舞蹈可分为"谐"和"卓"两大类。"谐"主要是流传在藏族民间的集体歌舞形式，其中又分为四种："果谐""果卓"（即"锅庄"）"堆谐"和"谐"（图2-223）。

图 2-223　藏舞

资料来源：http://czx. aiketour. com/raiders/show_ 437. html

"果卓"流行地域广阔。不同地区的称谓不同。萨迦地区称之为"索",工布地区称之为"波""波强",藏北牧区称为"卓"或"锅庄"。"果卓"是古代人们围篝火、锅台而舞的圆圈形自娱性歌舞,其中包括"拟兽"、表示爱情等舞蹈语汇。农、牧区舞蹈风格不同,各有特色。舞时男女分站、拉手或搭肩,舞者轮流伴唱共舞,不时加入呼号,这是"果谐"融入羌族原始舞蹈形式的鲜明特点。动作以身前摆手、转胯、蹲步和转身等为主,活泼而热烈。

"堆谐"最早流传于雅鲁藏布江流域。地势高耸的日喀则以西至阿里整个地区的圆圈舞,后来逐渐盛行于拉萨。这是最早出现的由六弦琴乐器伴奏的舞蹈。"堆谐"后来逐渐演变成了在小型乐队伴奏下的、以踢踏步为特色的男子表演舞蹈"踢踏舞"。而传统的"堆谐",则在舞时以男女体前或体后交叉拉手区别于其他圆圈舞形式。这与羌族的"洒朗"和古格王朝宫堡遗址壁画中的舞蹈形式相同。可见在公元10世纪时"堆谐"舞蹈已经存在。

"谐"也称为"弦子"。因由男舞者边领舞边以弦乐二胡或牛腿琴伴奏而得名。藏语称之为"叶"或"康谐",流行于西藏自治区的昌都及青海、甘肃等省(区),尤以四川省巴塘地区的"弦子"最为著名。各藏族地区的"弦子"形式相同,动作缓慢舒展,细腻流畅。

"卓谐"和"热巴卓"是藏族舞蹈"卓"的两种具有代表性的舞蹈。"卓"以表演各类圆圈"鼓舞"为主,其中也有以原始"拟兽舞"为素材,经加工整理后所形成的表演舞蹈。在"卓"的整个舞蹈中以歌时不舞,舞时不歌为特点,技巧性表演占舞蹈的主要地位。

名称:藏戏
地点:西藏自治区
藏戏(图2-224)曲调高亢,舞蹈性强,节日剧目"朗萨姑娘""顿月顿珠""苏吉尼玛""卓瓦桑姆"等,深受民众喜爱。在拉萨唐代所建大昭寺大经堂的"寺庙落成庆典图"壁画上,就绘有一位头戴白色面具、手持法器的戏人,正在边作舞边全神贯注地逗引着两头由人披兽皮装扮的"牦牛",一旁还有击鼓作乐的伴奏者,其神态个个栩栩如生。这幅"寺庙落成庆典图"上的"戏兽舞"形象,不但说明早在千余年前的西藏已有"戏兽"表演。

图2-224 藏戏
资料来源:http://travel.sina.com.cn/scene/wanfenglinfjq.html

名称:望果节
地点:西藏自治区
望果节广泛流行于西藏农区(图2-225)。"望"藏语意为田地,"果"即转圈。望果节就是围着庄稼地转圈的节日。很显然，这是一个与农事紧密相关的节日，表达的当然是对丰收的祈求和渴望。在西藏的农业区，特别是雅鲁藏布江中游和拉萨河两岸的农村非常盛行。每当庄稼即将成熟时，当地寺院的喇嘛都会择吉日举行望果节。望果节这一天，人们穿上盛装，带上美酒美食，集中一起。然后每家出一人，在举着佛像、背着经书、打着旗幡的喇嘛引导下，浩浩荡荡绕行在即将收割的田地之间，一边缓行，一边呼喊，祈祷神佛保佑庄稼丰收。转完庄稼地，大家还要举行跑马、射箭、歌舞等活动，甚至通宵达旦，把望果节的气氛从隆重、庄严推向热烈、欢快。由于气候的原因，不同的地方庄稼成熟的日期各不相同，因此，望果节也就没有固定的日子。只要你愿意马不停蹄地跑，你可以在数日之内参加若干个望果节。

图 2-225　望果节

资料来源：http://info.tibet.cn/zt2007/07zt_17da/msp/t20070906_279187.htm

名称：西藏赛马会

地点：西藏自治区

马是藏民族世世代代的伙伴。因此，在藏区有许多关于马的节日，这就是各地的赛马节或赛马会。比较有名的有江孜达玛节、藏北赛马会，以及当雄赛马会、定日赛马节等（图 2-226）。

图 2-226　赛马会

资料来源：http://www.baike.com/

江孜达玛节已有500年的历史，起源于祭祀修建了白居寺和白居塔的江孜法王贡桑统丹帕及他颇有威望的祖父。最初的节日以宗教活动居多，逐渐演变到以赛马为主，并传播到拉萨、羌塘、工布等地区。每年藏历的三月三十日，江孜达玛节的活动实际上就开始了，至四月十八日，主要是佛事活动，如僧人念经、跳神、悬挂释迦牟尼佛像等。真正的赛马活动是十八、十九两日，不仅比赛跑马的速度，还比赛骑马射箭。二十、二十一日则专门比赛射箭。除此之外，还有赛牦牛、赛毛驴等趣味性活动。节日期间，大大小小的商人也抓紧时间做买卖，一时间，整个江孜城沉浸在欢乐、热闹的气氛中。

藏北羌塘赛马会也很有名。在藏历每年七月底八月初举行一年一度的赛马节。赛马节的内容与江孜达玛节相似，只不过赛马的骑手大都是十来岁的少年。看他们比赛，比看成年人比赛更惊心动魄。

名称：平顶碉房

地点：西藏自治区

平顶碉房（图2-227）是西藏常见民居，最地道的碉房为石头所砌，也有的碉房为土木结构，特点是冬暖夏凉。碉房一般为多层建筑，底层一般用来作畜圈，二层为居室、储藏室等，三层可作经堂，也有的碉房只修平房。

西藏各地碉房各有不同，拉萨的碉房多为内院回廊形式，而山南地区的碉房则多有外院。但所有的碉房楼顶都是平顶，人们可以在楼顶上晒太阳、晾晒粮食、休闲娱乐等。此外，在家家户户的楼顶会挂满五彩经幡，重大节日或家中有比较重要的事情时，会在屋顶煨桑敬神等。

图2-227 平顶碉房

资料来源：http://minsu.91ddcc.com/c_26992.html

摘自《中国西藏：事实与数字2008》

名称：阔时节

地区：云南省迪庆藏族自治州维西傈僳族自治县；云南省怒江傈僳族自治州贡山独龙族怒族自治县；云南省怒江傈僳族自治州福贡县；云南省怒江傈僳族自治州兰坪白族普米族自治县；云南省怒江傈僳族自治州泸水县

阔时节又叫"阔什节"，"阔时"是傈僳语的译音，"岁首"之意（图2-228）。阔什节是傈僳族人民的节日。在农历正月初一至十五日之间举行，历时两三天。"阔时节"是傈僳族最隆重的传统节日，相当于汉族的新年。

各地傈僳族过"阔时节"各不相同，就是怒江州内各地也不一样。福贡、碧江的傈僳族过"阔时节"，从年节第一天到第十二天，表示一年有12个月。过年期间全家都休息，每人都在阔什节穿上最好的衣服庆祝节日。村中架起秋千架、跳高架，开展打秋千、跳高等体育竞赛。男青年怀抱琵琶，邀请姑娘到野外唱歌跳舞或到怒江边的沙滩上进行"江沙埋人"的游戏和划竹筏竞赛。老人则喝酒"唱调子"，唱累了，喝一碗水酒，休息一会儿，接着再唱，一连唱几天几夜。年节的第七天是妇女休息日，这天妇女不背水不做饭；第九天是男子休息日，这天男子既不背水也不做饭，不上山打猎。这种女七男九轮回相冲的习俗，是傈僳族代代相传的古老风俗。

在过"阔时节"期间，泸水县的傈僳族有"春浴"的习惯。凡是有温泉的地方，都是他们欢聚沐浴的场所，自治州首府六库附近的"峡谷十六汤"，也为"春浴"提供了绝佳的场所。六库附近的登埂澡堂、麻布澡堂的"澡堂会"，至今有好几百年的历史。"阔时节"的第二天或第三天后，傈僳族全家人一起带上行李，准备好食物，到温泉附近搭起竹棚，吃住在温泉边，洗温泉澡。为了洗温泉，有的人家要走上百里山路。附近几十里、上百里的歌手都要聚集到这里，分成男女两组，对歌赛歌，或翩翩起舞。饿了，就吃自己带来的美酒佳肴；累了，就到临时搭起的帐篷中休息。吃饱了，睡足了，再尽情地唱歌跳舞。同时，还举行打秋千、射弩、文艺演出，男女青年通过各种活动交流感情，选择伴侣。

图 2-228　阔时节

资料来源：http：//image. baidu. com/

名称：收获节

地区：云南省怒江傈僳族自治州

傈僳族收获节大都在每年农历九月、十月间举行。收获节最大的活动是家家都酿酒和尝新，有的人家甚至直接到地里一边收获一边煮酒，并伴以歌舞，常常通宵达旦，尽兴方散（图 2-229）。

图 2-229　收获节

资料来源：http：//wannianli. tianqi. com/news/79625. html

名称：纳西族传统建筑

地区：云南省丽江市玉龙纳西族自治县

自明代始，在丽江纳西族中已建盖有宏伟壮观的瓦房，但大都是土司和头目的住宅及寺观庙宇。从清代起，随着文化交流的增多和纳西族社会经济文化的发展，汉族、白族、藏族等建筑技术不断为纳西人所吸收，被称为"三坊一照壁"和"四合五天井"（图 2-230）的土木或砖木结构瓦房建筑在丽江城镇和坝区、河谷区农村普遍流行起来，并产生了极有特色的民居庭院。门前即渠，屋后水巷，跨河筑楼，丽江古城和不少乡镇民居"家家有院，户户养花"。庭院是民居平面构图的中心，其地板通常用块石、瓦渣、卵石等简易材料，按民间风格铺砌成有象征意义的图案，如"四蝠闹寿""麒麟望月""八仙过海"等，体现了多民族建筑艺术的融合。农村"三坊一照壁"楼瓦房的西房北房为房卧室，南房作畜圈。

图 2-230　四合五天井

资料来源：http://photo.poco.cn/lastphoto-htx-id-4235471-p-0.xhtml

名称：丽江古乐、麒麟舞、东巴舞

地区：云南省丽江市玉龙纳西族自治县

纳西族以能歌善舞著称于世。唐代和元代的志书就有"男女皆披羊皮，俗好饮酒歌舞"，以及"男女动数百，各执其手，团旋歌舞以为乐"的记载。纳西族的代表音乐有丽江古乐、丽江洞经音乐等。"丽江古乐"是纳西族与汉族多元文化相融汇的艺术结晶。"丽江古乐"由"白沙细乐"和丽江洞经音乐、皇经音乐（皇经音乐今已失传）组成。"白沙细乐"是我国屈指可数的几部大型古典管弦乐之一。"丽江洞经音乐"自明清以来就从中原逐渐引进并植根于纳西族的文化阶层中，是道教"经腔"系从四川梓潼县传来的"大洞仙经"。"丽江洞经音乐"是区别于中国各地道乐体系的艺术珍品。

纳西族的很多传统古典乐舞保存在东巴教中。东巴经中有被誉为国宝的东巴舞谱"蹉姆"，用图画象形文字记录了东巴举行仪式时所跳的各种纳西族古代舞蹈。不仅是中国国内少数民族古文字中迄今仅见的舞蹈专著，也是世界上用文字记录的最早舞谱之一。纳西族舞蹈分为歌舞、乐舞、表演性舞蹈、宗教舞蹈等。纳西族的民间歌舞的代表有"热美蹉""喂默达""阿丽哩"等。其中"热美蹉"俗称"热热蹉"或"窝热热"，属于世界上稀有的、保存完好的原始歌舞的活化石。此类歌舞都边歌边舞，随着轻松的舞步，一人领唱众人和。

乐舞即用乐器伴奏而无歌唱的舞蹈，分为"打跳"，"白沙细乐"中的古乐舞。表演性舞蹈中麒麟舞（纳西语：麒麟蹉）是在明、清时传入丽江，属中原道教艺术（图 2-231）。以舞蹈为主，融乐、舞、戏、画、编于一身。勒巴蹉，意为勒巴舞或跳勒巴。是一种大型的、带有宗教祭祀色彩的风俗性歌舞，歌时不舞、舞时不歌。在丽江塔城一带流传。勒巴舞共有 12 套 40 多种跳法。库蹉、噜蹉，意为跳年或祝岁舞。"噜蹉"意为跳龙。在丽江鲁甸一带流传。其风格与勒巴舞极为相似。宗教舞蹈的代表是东巴舞，纳西族东巴教东巴在举行迎神、驱鬼、祭祀、婚礼、超度等仪式时所跳的舞蹈。有300多种跳法；东巴经有著名的舞蹈教程"磋姆"专书。

图 2-231　麒麟舞

资料来源：http：//m. fengniao. com/thread/392143. html

名称：祭天（纳西族祭祀仪式）

地区：云南省丽江市玉龙纳西族自治县

祭天（图 2-232），纳西语叫"孟本"，是丽江、中甸等地纳西族古老而又最隆重的节庆。民间流传"纳西祭天人"和"纳西祭天大"的俗语，充分表明了祭天在纳西民族心目中的重要位置。祭天有春祭和秋祭。其中春祭又称为大祭，在春节期间进行，是春节活动的主要内容故春节大祭，秋祭在七月中旬举行，因而也叫七月祭天。

图 2-232　祭天

资料来源：http：//www. yn21st. com/show. php? contentid=16438

名称：棒棒会

地区：云南省丽江市玉龙纳西族自治县

每年农历五月十五，是丽江纳西族的"棒棒会"（图 2-233）。届时，丽江城内人流如潮，街道上摆满了交易的竹、木农具和果树、花卉等。棒棒会标志着春节活动的结束和春耕生产的开始。该会由"弥老会"演变而来，原是在寺院举行的庙会，清初改土归流后，赶会地点移到丽江古城内，并逐步发展成为准备春耕的竹木农具交易会，近年又增加了果树苗术、花卉盆景交易内容，赶会地点也从古城内移到新城区。除了正月十五县城的棒棒会外，还有正月二十的白沙农具交流会，纳西语叫白沙当美空普，意为"白沙大宝积宫开门"。这是明代以来延续下来的白沙大宝积宫、琉璃殿、大定阁等庙堂年一度开门，让人们烧香拜佛，后来演变为以农具交易为主的传统节日。交流会上，不仅农具种类齐全，而且小孩玩具及日用杂货也应有尽有，所以俗话称"除了鸡鲁头之外，什么都能买到"。

图 2-233　棒棒会

资料来源：http://yn.zwbk.org/information/5091

名称：三朵节

地区：云南省丽江市玉龙纳西族自治县

丽江三朵节是纳西族的标志性节日，至今已有 1200 多年的历史，纳西族先民把对自然的崇拜、祖先的崇拜、英雄的崇拜等多种信仰集中在祭祀"三朵"上，通过这个节日，不断传承人与自然和谐相处的文化（图 2-234）。丽江三朵节除了祭祀"三朵"外，还是集歌舞娱乐、庙会、踏青、赏花、野炊及农特商品交易等为一体的大型民俗文化活动。丽江三朵节是比较有地方特色和民族特色的少数民族的传统节日。

图 2-234　三朵节

资料来源：http://qcyn.sina.com.cn/lijiang/ljtravel/ljfq/2013/0422/1704359233.html

丽江三朵节期间,各地纳西族都需前往玉峰寺附近的北岳庙和各地"三朵阁"用全羊隆重祭祀祈福,丽江街头、广场、古城四方街等地都会载歌载舞。届时丽江城乡中古乐长奏,纳西人载歌载舞,赛马,狂欢,还会带着火锅在春光明媚的日子里到拉市海等风景秀丽的地方野餐,郊游踏青,来欢庆节日。

名称:火把节

地区:云南省大理白族自治州鹤庆县

火把节在鹤庆白族语中叫福旺午,于每年夏历六月二十五举行(图2-235)。节日当天,男女老少聚集一堂祭祖。通过点火把、耍火把、跳火把等活动,预祝五谷丰登、六畜兴旺。节日前夕,全村同竖一根高一二十米的大火把。用松树做杆,上捆麦秆、松枝,顶端安一面旗。旗杆用竹竿串联3个纸篓扎成的升斗,意为连升三级。每个升斗四周插着国泰民安、风调雨顺、人寿年丰、五谷丰登、六畜兴旺之类的字画小纸旗;升斗下面挂着火把梨、海棠果、花炮、灯具以及五彩旗。火把节的中午,人们带上小火把、纸钱、香烛、供品,到祖坟前扫墓、祭奠。小火把点燃后,撒三把松香熏墓,等火把燃到把杆后方能回家。墓地如离家甚远,则在家里祭祀。

图2-235 火把节

资料来源:http://gongwen.cnrencai.com/tongzhi/79195.html

名称:唱曲

地区:云南省大理白族自治州鹤庆县

鹤庆人把唱白族民歌称为"对曲子",又因鹤庆白族民歌在演唱时,大多数为男女即兴发挥演唱,故又称"田埂调"(图2-236)。当地谚语有"樱桃好吃树难栽,曲子好唱口难开"的说法。鹤庆白族民歌大多以爱情为题材,曲调哀婉缠绵,语气铿锵,其风格流派自成一类,迥导于其他地区的白族民歌每句字数大多为"七、七、七、五"字的结构(又被称为"山花词"或"大本曲")。而在鹤庆白族民歌中段落句式大多为两句或四句的七字句,少部分穿插入八、九字句不等,部分句式在演唱过程中增加了语气、韵律转换的衬词,或以衬词来作韵脚。如"(阿小尼)妹,隔山(尼)听到(嘿)铃铛响,(格是啰,我尼小阿哥),不知阿哥(尼)去哪里?"

名称:绕海会

地区:云南省大理白族自治州剑川县

剑川坝里,每逢阴历六月十五这天,白族小伙子、小姑娘和一些中青年妇女,洗得干干净净,穿上新衣裳和新碎布草鞋,背挎干粮袋,香面袋,从清晨天一亮起,沿着剑湖边的村寨,逢庙烧香磕头,祈祷平安丰收,环绕剑湖一圈,这就是绕海会(图2-237)。

图 2-236　唱曲

资料来源：http://qcyn.sina.com.cn/dali/xsfc/2011/0604/11201739656.html

图 2-237　绕海会

资料来源：http://qcyn.sina.com.cn/dali/gydl/2012/0229/16070371852.html

名称：栽秧会

地点：云南省大理白族自治州洱源县

　　大理市周城白族传统栽秧会是一个以农耕文化为主的农耕祭祀活动，祈盼来年五谷丰登，主要的农业特征是以水稻种植为平台，祭祀活动为主线以祈求农业生产丰收（图 2-238）。至今已有几千年的演进和发展历史，至今持续使用和发展着，而且仍然以水稻栽种作为表演载体，一年一次。

　　大理历史以来被称为"鱼米之乡"，大米作为白族人民的主要食品，每年丰收与否，都直接关系到每个人的温饱和家庭富裕程度的标志。在科学技术不甚发达的年代，自然灾害频繁，水稻收成的多少完全依赖于自然气候的好坏。通过用语言、祭旗、燃香等活动，配合人们从拔秧、运秧、再到撒秧、最后栽秧等农事活动，来感动上苍，获得上苍的垂怜，让整个水稻生产期平安、使秧苗茁壮成长奠定丰收基础。同时，也预示着白族人民祈盼自身及家人的平安幸福。通过在这些活动过程中赋予一些文化内容，把人们在繁重的劳动演绎为一项快乐的文化娱乐活动。

图 2-238　栽秧会

资料来源：http：//qcyn. sina. com. cn/dali/dlly/2011/0901/17115151365. html

名称：大理三月街

地点：云南省大理白族自治州宾川县

大理三月街又名"观音市"，也叫大理三月会，目前多称为三月街民族节，是白族盛大的节日和街期（图 2-239）。三月街是一个有着千年历史的民族传统盛会，它既是云南西部最为古老而繁荣的贸易集市，也是大理州各族人民一年一度的民间文艺体育大交流的盛大节日。1991 年起，三月街被确定为大理州各族人民的法定节日，文体经贸"同台唱戏"，每年农历三月十五日开始在大理古城西门外举行，会期 7～10 天。

图 2-239　大理三月街

资料来源：http：//blog. sina. com. cn/s/blog_ 632e8d070100llb3. html

名称：栽秧节

地点：云南省大理白族自治州漾濞彝族自治县；云南省大理白族自治州巍山彝族回族自治县；云南省大理白族自治州南涧彝族自治县

在每年春种栽插时节，选属虎日为"开秧门"日（图 2-240）。这天，男女老少都穿新衣，各个面带笑容，严禁互相争吵，不许说不吉利的话。"开秧门"活动主要是打泥巴仗，同辈人男女双方互相对峙，边劳动边用田里的泥团相互击打。打得越激烈，身上粘的泥巴越多，便象征来年五谷丰登，生活吉祥如意。"新米节"里的"猪尾巴宴"，是新谷归仓后以示分享丰收喜庆的丰盛家宴。"猪尾巴宴"上，除新米饭和其他肉食外，主要佳肴就是过年杀猪时特意留下的猪尾巴。它象征来年谷穗粗壮饱满，预示丰收在望之意。傣族向来好客，唯独在这天的"猪尾巴宴"上，忌讳外客打扰。

图 2-240　栽秧节

资料来源：http：//blog.sina.com.cn/s/blog_415594c20101as89.html

名称：挡路节

地点：云南省大理白族自治州永平县

在民族风情浓郁的永平县杉阳镇，有一个世代相传，沿袭千年之久，颇具地方特色的民间节日——挡路节。挡路又称挡道或拦路，意即挡住侵害农畜的瘟神，让它们不要侵害猪、牛、羊、马等家畜，以求家畜平安兴旺。

每年农历五月十八，是挡路节的特定日子。这时候，繁忙的春耕生产已经完毕，农家男女老少有足够的时间相聚在一起，挡路"送瘟神"，保家畜平安。按照风俗，各村的人，都由该村有威望者承头，号召各家各户拼凑钱物，做好一切准备工作，并通知集中的具体时间、地点。

人们走到外出放牧的家畜必经之地的某一岔口处，选取流水清澈、地势平缓、景色宜人的地方，便搭锅支灶，杀鸡宰羊烧猪头。个个积极行动，做自己力所能及的事。待到鸡肉飘香，羊肉煮透，猪头熬熟，饭菜备齐时，便将猪头三牲置于临时搭建的供桌上，点上香火，口念吉祥保平安之语，一一叩首跪拜。礼毕，当即以地为席，酒足饭饱而归。假如参加者人数不多，则将熟食按人头分到各家各户，由参加者带回去，让各户的全家人共餐。

随着时代的变迁，跪拜祈求家畜平安的挡路节，如今实际上已经演变成人人都乐于参加的集体郊游的一种活动（罗帮义，2016）。

名称：赶花街节

地点：云南省保山市隆阳区

赶花街节时男女青年身着盛装，来到三县交界的大西山上，跳舞唱歌，买卖土特产，通宵达旦（图2-241）。姑娘小伙在这高寒山上，通过赶花街，不仅度过欢乐的节日，而且还有交流物资、祈求庄稼丰收的种种意义。

图 2-241　赶花街节

资料来源：http://news.ifeng.com/gundong/detail_2012_06/22/15487258_0.shtml

名称：搭桥节

地区：云南省临沧市临翔区

搭桥节，是拉祜族的农事节日，流行于临沧的南美等地（图 2-242）。农历七八月间择日举行。这时正是荞子、谷物开花的季节，又是雨季。山洪暴发，河水上涨，给庄稼造成威胁。当地拉祜人要到岸边有田有地、行人必经的河边举行"搭桥"仪式。每户出一筒荞子，做成荞粑粑给上山砍树的男人们吃。男子把砍倒的大树拉到搭桥处，全寨人聚集于此举行仪式。仪式由宗教祭司魔巴主持，魔巴口念咒语，意为叫荞魂个谷魂。当魔巴认为"魂"已经叫住了，人们便把树干搭在小河上，河的两边拉上若干红线和白线，表示庄稼魂不会被河水冲走了，并在树木（桥）的两端堆上许多沙子，表示粮食像沙子一样多，寓意丰收。祭祀毕，长辈给小辈手上拴上红线，表示把"魂"带回家。搭桥节的祭祀活动，隆重而独特。

图 2-242　搭桥节

资料来源：http://art.ifeng.com/2015/0703/1830561.shtml

名称：竹编

地点：云南省临沧市永德县

布朗族居住地盛产竹子和藤篾，家庭用具、生产工具多偏爱竹制品。每一个布朗族成年男子都会编织各种竹器（图2-243），如篾箩、饭盒、簸箕、篾席、背篓、篾桌、针线盒等。这些手工艺品多数自用，剩余的拿到坝区市场进行交换。也有少数人以编制竹器为生。布朗族男女都会编制盖房用的草排。

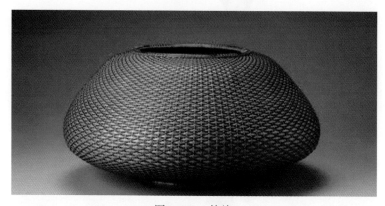

图 2-243　竹编
资料来源：http://tieba.baidu.com/p/2084978901

名称：青苗节
地点：云南省临沧市耿马傣族佤族自治县
　　青苗节是四排山乡佤族群众的传统节日（图2-244），也是当地佤族群众祈盼来年五谷丰收、六畜兴旺的一种方式。届时，以猪肉、米饭作为供品祭村外田边，表示让禾苗神享用。接着开始路禁，以免惊扰苗神。同时全村老少集聚在一起，一边饮酒，一边高唱农事歌，预祝丰收。

图 2-244　青苗节
资料来源：http://www.xiangcun.com.cn/zixun/show.php? itemid＝30755

名称：赕什拉节
地点：云南省临沧市双江拉祜族佤族布朗族傣族自治县
　　赕什拉节又称"赕箩箩"，"什拉"，布朗语即"箩箩"之意，是云南省西双版纳一带布朗族民间节日，每年傣历十月间举行，节期两天（图2-245）。赕什拉活动主要是祭祀超度各家亡人，节期停止生产。第一天各户请佛爷、和尚在芭蕉叶上用傣文书写已亡父母、兄弟、子女的名字，将蒸熟的猪肉分成四个小包，送往坟地、寨头、寨心和佛寺。次日，各户将已准备好的衣服、筒裙、裤子、包头和一些钱米送往佛寺。这种仪式布朗语称"守什拉"，即给亡人吃。当天晚上送供品的人住在佛寺里，期望能在梦中与他们死去的亲人相见。

图 2-245　赕什拉节

资料来源：http://tieba.baidu.com/p/3348079380

名称：密枝节

地点：云南省镇沅彝族哈尼族拉祜族自治县

密枝节也叫"祭密枝"，流行于滇南彝族地区（图 2-246）。路南的撒尼人一般在农历十一月的头一个属鼠日到属马日举行，历时 7 天。节日前 1 天，民间祭祀神职人员要把密林中的祭祀场地打扫干净，在神树下布置好神坛和神门。节日的第 1 天，天刚亮，祭祀人员在总管见集中，然后相司扛一根竹竿在前面领路，毕摩摇着神铃跟在其后，大队人员携带家什、食物，赶着牲畜走在最后。进入密林中的祭祀场地后，人们开始忙碌起来，有的杀牲，有的烧火做饭……饭前举行祭神仪式，祭祀以村寨为单位，人们跪在神坛前，由毕摩念经祈求神灵保佑寨子里的人平安。祭拜神灵后，人们要吃祭饭。下午，在林中摔跤娱神。晚饭后，与神灵道别而归。在 7 天的祭祀活动中，人们不下地干活，男子可以上山打猎，妇女在家做针线活。第 1 天的祭祀最隆重。

图 2-246　密枝节

资料来源：http://blog.clzg.cn/blog-293350-359787.html

名称：尝新节

地点：云南省镇沅彝族哈尼族拉祜族自治县

尝新节，俗称"吃新节"，时间是每年农历七月初七（图2-247）。每年夏历六七月间新谷登场时择日举行。节前，主妇们到田间摘新谷，舂出喷香的白米。节日早晨，各家主妇蒸好新米饭，煮好鲜鱼，即邀年老客人，带着儿童来到田间，祭祀祖先，然后全家聚餐，以此预祝五谷丰登。

图 2-247　尝新节

资料来源：http://baike.so.com/doc/6002199-6215176.html

名称：彝族"跳菜"

地点：云南省

"跳菜"雅称"奉盘舞"，俗称"抬菜舞"，是彝族在重大宴请宾客的活动中，由引菜人和抬菜人从厨房到餐桌合着音乐的节拍，用手抬、臂托、口衔、头顶各式菜肴，跳着彝族特有的舞步，诙谐幽默地按照"棋子"的布局摆菜的一种上菜礼仪（图2-248）。"跳菜"是舞蹈与饮食合二为一的典型，体现了艺术性与实用性的高度统一，在其过程中所有与饮食相关的物品和活动都被象征化，而且通过抬菜人和下菜人舞动的身体语言传递出彝族族群认同民族团结的象征意蕴（李志农，2010）。

图 2-248　彝族"跳菜"

资料来源：http://www.chuxiong.cn/mzwhpd/mzfs1/484332.shtml

名称：吃新谷

地点：云南省普洱市宁洱哈尼族彝族自治县

吃新谷这一天，每户人家按照老规矩，哈尼族的传统节日应在东方刚露鱼肚白时，到自家水田拔回一小捆连根带穗的稻子。拔稻时要选择株数逢单的稻穴，背回时无论遇到生、熟人都不打招呼，否则以为不吉。到了下午，把早上背回来的稻穗搓下谷粒，连壳放在锅里烘焙直至出米花。大家吃米花前，应先给狗吃一点。因为自古传说，哈尼族在一场大洪水后重新得到的谷种是狗叼来的，所以要感谢它。吃过米花，也要把当年栽种的瓜豆菜蔬统统拿出来尝新，同时一定要吃一碗嫩竹笋，象征来年的收成象新竹一样节节高；还要杀吃阉过的肥鸡，希冀来年的生活丰足美满（图2-249）。

图 2-249　吃新谷

资料来源：http：//baike. classic023. com/index. php？doc-view-55776. html

名称：三道茶

地点：云南省普洱市思茅区

白族三道茶，白族称它为"绍道兆"（图2-250）。三道茶是云南白族招待贵宾时的一种饮茶方式，属于茶文化范畴。驰名中外的白族三道茶，以其独特的"头苦、二甜、三回味"的茶道，早在明代时就已成了白家待客交友的一种礼仪（李洪朝等，2010）。

图 2-250　三道茶

资料来源：http：//lvyou. mangocity. com/F195615. html

第一道茶，称为"清苦之茶"，寓意为"要立业，就要先吃苦"。因白族人讲究"酒满敬人，茶满欺人"，所以这道茶只有小半杯，不以冲喝为目的，以小口品饮，在舌尖上回味茶的苦凉清香为趣。

第二道茶，称为"甜茶"，寓意"人生在世，做什么事，只有吃得了苦，才会有甜香来"。是用大理特产乳扇、核桃仁和红糖为佐料，冲入清淡的用大理名茶"感通茶"煎制的茶水制作而成。此道茶甜而不腻，所用茶杯大若小碗，客人可以痛快地喝个够。寓苦去甜来之意，代表的是人生的甘境。

第三道茶，称为"回味茶"。是用蜂蜜加少许花椒、姜、桂皮为作料，冲"苍山雪绿茶"煎制而成。此道茶甜蜜中带有麻辣味，喝后回味无穷。

名称：宝瑞瑞
地点：云南省普洱市江城哈尼族彝族自治县

宝瑞瑞（图2-251），哈尼语意为祭龙，云南省哈尼族祭祀节日。每年农历二三月间举行，节期为一天。节日这天，全寨杀牲祭祀，并选出两个小伙子打扮成姑娘，在人们簇拥下游寨子一周。这天，青年人还要骑磨秋，这是一种把两根圆木连接成"丁"形的娱乐器械，横木可以旋转，竖木深埋在土中，高出地面70～80cm，游戏者分坐横木两端。此外，还要举行赛歌、跳舞等活动。

图 2-251　宝瑞瑞

资料来源：http://blog.sina.com.cn/s/blog_12ca5108e0101hzys.html

名称：拉祜族春节
地点：云南省普洱市澜沧拉祜族自治县

拉祜语为"科尼哈尼"，也称为过年。分大年和小年，并称大年是女人的年，小年是男人的年。农历正月初一至初四为大年，除夕日人人洗澡，晚上春粑粑，唱年歌，全家围火塘而聚。初一凌晨鸡叫头遍，各户便奔向水井抢接"新水"，据说新水是幸福纯洁的象征，谁家先抢到新水，谁家的谷子就先熟，谁家就有福气（图2-252）。新水抢回来后供在神桌上，献给天神和祖先，同时敲响铓锣。然后是烧粑粑，先献给"厄萨"，再献给耕牛、驮牛和各种农具，并给牛喂新饲料，意思是在一年的生产中，耕牛、农具付出的代价最大，收获的谷米要先献给它们尝。吃过早饭，人们汇聚在舞场上唱歌、跳芦笙舞，直至深夜。初二，儿女给父母拜年、送礼品，村民给头人拜年，老人受拜后给来拜年的人拴线，互相祝福，并招待一餐饭。初五，全寨男子举行出猎前的围猎仪式，即到村寨附近选棵大树，削去一面后在上面画上各种飞禽走兽，各男子将自己的银手镯置于树下，点上蜂蜡烛，在距三四十米远的地方向画像打1枪或射1箭，据说击中什么动物的画像，就会猎获什么动物。次日起便上山围猎，到初八日晚回家。初九至十一日过小年，喝酒、唱歌、跳芦笙舞。十二日是满年，全寨一起跳芦笙舞，此后便开始春耕生产。拉祜族的节日按农历计算，三年闰一个月，但闰月不闰节，遇闰月便会出现过年前后不一的情况（张启龙，1996）。

图 2-252　澜沧拉祜族自治县马岭村村民用葫芦盛水净手

资料来源：http：//www. yn. xinhuanet. com/newscenter/2006～02/06/content_ 6174633. htm

名称：火把节

地点：云南省普洱市澜沧拉祜族自治县

各族火把节一般在农历六月二十四日。拉祜族在火把节来临时，家家户户准备松明火和香面（用松脂、枯松树、黄瓜叶和木炭制成）。火把节之夜，在寨中立一棵 3 丈①多高的大火把，众人围火把撒香面，火把烧得好，象征吉祥和顺利。同时，各家各户也在门前立一火把，用鸡、大米、稻谷、新鲜瓜果等祭神，祈祷"厄萨"保佑人畜平安、谷物丰收。祭献后，抬着火把抛撒香面，先在房内撒，然后撒房外，一直撒到寨子边，以驱除邪恶和灾害。

哈尼族有的人家会到自家田地里捕捉一些蚂蚱，用树叶包好拴在竜巴门外，祈求神灵保佑不受虫害。

彝族火把节除了杀鸡拜神祈求五谷丰登、六畜兴旺，撒松香面以驱魔除邪、祈求平安外，男女青年还会身着节日盛装，在一起丢包、对歌、寻找合意的配偶（张启龙，1996）。

名称：新米节

地点：云南省普洱市澜沧拉祜族自治县

新米节主要为拉祜族、哈尼族和佤族的节日，一般在七八月间（图 2-253、图 2-254）。谁家的新谷先

图 2-253　澜沧百姓盛装欢歌庆佤族新米节

资料来源：http：//puer. yunnan. cn/html/2011～09/22/content_ 1835471. htm

---

①　1 丈 = 3.33m。

熟，谁家就先过新米节。拉祜族用新米饭献祭神灵、祖先和耕牛、农具；吃饭时，长辈吃好后晚辈才吃，老人边吃边说些祝福的话，唱新米歌。哈尼族在这一天要沙棘或杀猪，请亲朋好友到家里吃新米饭庆贺丰收的来临，全寨老小围在一起唱歌跳舞；按哈尼人的传统，过了新米节，算是新的一年就开始了，标志着青年男女恋爱活动的即将到来（张启龙，1996）。

图 2-254　哈尼族的苦奴节（也叫新米节）
资料来源：http://www.pes.gov.cn/news/showarticle.asp? articleid＝36841

名称：中秋节
地点：云南省普洱市澜沧拉祜族自治县
中秋节为农历的八月十五，晚上家家在门前摆上桌子，用瓜果、谷物等敬献月亮（图 2-255）。拉祜人认为月亮给人们分清了耕种季节，所以谷米成熟后第一次月圆时要先献月亮，然后拿到寨后山献祭山神，人们围着桌子跳芦笙舞，庆祝丰收的到来（张启龙，1996）。

图 2-255　中秋节
资料来源：http://yn.wenming.cn/

名称：竜巴节
地点：云南省普洱市澜沧拉祜族自治县
哈尼族竜巴节在农历的二月十五日（图 2-256）。竜巴节时，用两棵栎树杈栽在寨子东方路口的两边，上边搭一横梁，并用树刻成雀、鼠、牛、羊和人形摆在横梁上，头朝门外，表示要播种，这便是竜巴门。同日，全寨人出动修理寨门周围的篱笆。第二天要杀鸡祭献龙王，竜头先下田撒秧，然后群众才能撒秧播种。竜巴节后，全寨投入春耕生产，青年男女停止串姑娘、结婚活动，违者要受处罚（张启龙，1996）。

图 2-256　竜巴节

资料来源：http://wsnews.com.cn/newsview.aspx? id=114

名称：佤族民居

地点：云南省普洱市西盟佤族自治县

佤族民居为干栏式楼房，楼上住人，楼下饲养牲畜或堆放柴禾（图 2-257）。盖房子主要用竹子、杂木、茅草、野藤、竹篾，房屋分大房子、一般住房、客房和仓房。一般住房称"尼呵阿"或"尼呵客昂"，前者盖房时须剽牛作鬼，后者以老鼠作鬼。茅草房四壁用竹篱笆编成，楼板多用斧劈成的木板或竹笆铺盖而成。内分主室和客室，右间为客室，右侧开一道很低的"鬼门"，外搭一竹撑于，用以晒粮食、纺织或休息。客室左边也开一道小门，俗称"狗门"，又称客门。房前厦供放牛头，后厦下面养禽畜和杵碓。房子靠山坡处开有一道火门，火门正前方排列着牛角杈、牛尾巴桩、老母猪石。鬼门外是家人墓地。大房子多为大窝郎、头人或经济条件较好的珠米建盖，与一般房子的区别是，房脊两端有交叉木刻飞燕，中央夹一块木刻裸体男像，四面板壁上用牛血、石灰、木炭等颜料画上各式人、牛头及豹、麂子等。佤族的另一类房子是四壁落地的鸡罩笼房，用三棵长杈作柱梁、竹做椽子、四壁用竹笆编栅成墙，开一道门，房顶至房檐倾斜度大，房内隔成主、客室，设 3 个火塘。

佤族村寨，多居山岭。过去，佤族有猎人头祭木鼓的习俗，山寨之间互相砍杀，结仇械斗，需要群体力量进行抵御。因此，佤族的群体意识极强。他们往往以一姓或几姓人家组成小者数十户，大者数百户人家的山寨。山寨四周设有寨壕、寨沟、2~4 个寨门。寨沟，是进入寨门的甬道，约 20 m 长，深和宽 2~3 m。寨壕比寨沟还要深和宽，把寨子团团围住，寨沟和寨壕两沿，植有密密麻麻的荆棘，人、畜、野兽都极难跨越，只有从寨门才能出入山寨。

佤族房屋为竹木结构，茅草顶"干栏"式竹楼。楼上住人，楼下养畜或堆放柴禾。住房设主门、客门、鬼门三道门。主门为主人家人日常进出的门。客门设于楼侧，供客人出入。鬼门与主门相对，逢做鬼才用，平时忌从此门出入。楼内有主火塘、客火塘、鬼火塘等 3 个火塘。主火塘是主人家做饭、烤火、睡觉日常生活中常用的火塘。鬼火塘要做大鬼或家里死人时才启用。客火塘供客人烤火，客人住宿也在客火塘边。佤族房屋建筑工艺原始粗犷，接近自然。佤族把自家剽的牛头骷髅陈列在邻主门一边的墙上，以显示自己的富有。把自己猎到的兽头骷髅陈列到邻鬼门一边的墙上，显示鬼魂保佑，出猎丰收。

图 2-257　佤族民居

资料来源：http://tupian.baike.com/

名称：拉祜族木掌楼

地点：云南省普洱市孟连傣族拉祜族佤族自治县

拉祜语称"木掌楼"为"左课叶"，房屋大都建在山区坡地上，底层架空的高度约在 1m 左右，亦算是矮脚干栏民居形式之一（图 2-258）。正如当地拉祜族民歌中所唱的那样："小小掌楼四个角，大门朝着太阳开"。在"木掌楼"东边山墙处，经常设一个宽度约 1m 左右的晒台，叫"古塔"。每当人们回家时，先由独木梯上到晒台上，用水冲洗干净脚上的泥土后再进屋。屋分前后两间，前间较小，叫"切骂郭"，安有木臼。这种木臼很特殊，口在楼面以上，脚在楼面以下，很好使用，舂米时又不会引起楼面震动。

图 2-258　拉祜族木掌楼

资料来源：http://www.ynszxc.gov.cn/

后间为火塘间"阿扎",全家做饭、起居、睡眠都在这里进行。另有一种"大房子",椭圆形草顶屋盖。楼层室内两侧用篱笆或木板分隔成向内开放若干小隔间,供小家庭居住。中间有宽敞的通道,其上设若干个火塘。如此多的入口,冬季全体成员相聚时居住较为拥挤,但因各小家庭都有半年以上的生产时间,都分散居住在稻田地边的"班考"里,农闲时才返回"大房子"居住。因此,"大房子"变成了临时居住的公共场所,也反映了一种比较原始的生活状态。

名称:基诺族新米节
地点:云南省西双版纳傣族自治州景洪市

农民最开心的事莫过于丰收了。当经过自己辛苦劳作的农作物到了丰收的时节,这是他们最大的安慰。基诺族人民为庆祝丰收,特地举行"吃新米"仪式,也就是他们的新米节(图2-259)。新米节又称"好希早",是基诺族民间的传统节日,也是基诺族文化的一部分。

基诺族的新米节,由来已久。相传在很久以前,居于深山的基诺族过着以狩猎采集为主的原始生活。一天,一条狗衔着一包谷种,来到基诺寨,一位老人见此狗来历不凡,便把它收养起来,并把谷种撒在山地上,这样经过年复一年的培育繁殖,旱谷越来越多。从此基诺人学会了种旱谷,也吃上了米饭。

新米节没有统一的日期,各家各户在每年旱谷成熟的一个月内,由家长选定一吉日。这天,全家老幼黎明即起,打扫卫生,备办新米饭和菜肴,待日上三竿,由家长依自家种的地块,将菜饭分成若干份,到地里去祭谷,并吃顿午饭,直到夕阳西下才赶回家。入夜,邀请亲友共进晚餐,同庆新谷登场之喜。

好希早又称阿希早,在农历八九月的虎日举行。主要含义是庆丰收,为基诺族民间传统节日。"好希早"是基诺语音译,意为"吃新米"或"尝新"。节期在稻谷刚熟时的虎日。节前各家男主人聚会于村寨长老"卓巴"(又称"老火头")"卓生"(汉称"老菩萨")家或公房里共商过节与祭祀事宜。开始过节时,长老家先祭谷魂,尝新米饭,次日各家才开始过。

图 2-259 基诺族新米节
资料来源:http://fz.wenming.cn/

名称:嘎汤帕节
地点:云南省西双版纳傣族自治州勐腊县

嘎汤帕节虽然是哈尼族很早就有之的传统佳节,但从前没有统一的节期(图2-260)。据传,古时候的嘎汤帕节要过15天,以祭祖、宴请为主要内容。在过节的15天内,天天设宴饮酒,耗费极大。至哈尼族第14代祖先尊唐盘时,将过节的时间定为4天,规定从每年十月的第1个属牛日举庆,属龙日结束。节日活动内容保留着以往的祭祖、宴请,增加了娱乐活动内容。节日来临时,人们要煮米酒、舂磁粑、杀猪宰鸡,备办米饭、糍粑、米酒、肉食、茶叶在祖先灵位——阿培波罗前供祭、祈祷。各家各户都要置办酒席邀请亲朋好友同斟共饮,互赠礼品联络感情。各村各寨则立秋千架、辟陀螺场,开展打秋千、打陀螺活动。男女青年穿戴一新，互相邀约到山上摘野果、采野花、对歌，尽情娱乐。喜欢打猎的男子，则三五结群串山打鸟或攒山围猎。

图 2-260　嘎汤帕节

资料来源：http：//bbs. tianya. cn/post-798-7528-1. shtml

| 第 3 章 | 重点少数民族传统农业知识[①]

3.1 澜沧江上游及大香格里拉地区农业管理及相关传统知识

3.1.1 农业生产管理

3.1.1.1 轮作休耕

澜沧江上游的藏族实施耕三（年）休一或耕二休一制。农田休闲的一年中，要深翻耕地两次，以防生荒草，让土壤疏松，吸取水分与阳光。另外实行作物轮作制，即一块地上第一年种植青稞，第二年种马铃薯，第三年种油菜或燕麦，第四年休闲。这种方法能使土壤由于不同作物轮换而保持活力，不至板结，并能使农作物相互吸收利用对方有利资源（南文渊，2000）。

（1）藏区立体农业景观

澜沧江上游区域海拔较高，藏族农业活动基本上处于自然环境的制约之中，根据其地形特点，藏族人形成了在河滩川水地耕种，浅山地耕地与牧草地相间，高山地放牧这样一种垂直立体的多经济类型布局。这是高度适应地理环境的最优布局，呈现出农、牧、林相互依存、优势互补的立体农业特征。

（2）藏区农牧复合景观

藏族开垦的农田与天然草地相间分布，农业与畜牧业相混合。在适于耕作的地区，一般在草地上开垦农田，农田成长方形，农田之间留着与农田面积相等或略大于农田的草地，农田与天然草地并列存在。保留相等的草地，可以很好地保持水土，可以放牧不多的家畜，这些家畜既是农业耕作运输的主要畜力，又为农田提供肥料，同时家畜也为农民补充肉、奶食物。因此，无论在河谷滩地还是浅山山地，保留与农田面积相等的大片草地对一个社区来说具有重要的经济意义与生态意义。

藏族人在农事耕作方式上注重借用畜力来进行。耕地主要以蝙牛牵引木犁，以横木缚于两牛角，中间以长木引犁。后面由人掌握犁把。此即所谓"二牛抬杠"式的耕地。但在青海省河徨地区的藏族则将横木架于双牛肩上来拉犁。一般春天播种季节先撒畜粪肥或野灰肥，然后撒种，接着犁地翻耕，最后耙磨覆土。到夏季以手铲锄草一次，秋季收割后，再翻耕一次。

3.1.1.2 农牧复合经营

农牧结合的经济是藏族人为适应高寒自然环境而采取的适宜策略。农牧结合可满足农民正常生活需要。农业提供了面粉、蔬菜等食品，牧业提供了奶、肉类食品，从而保证人的最低生活需要。农牧结合在生产方面可相互补益。家畜可为农事提供畜力、肥料，种植业为家畜提供饲料。农牧结合是对自然环境的适应，因为高原藏区大多为山区，较高山区气候常年寒冷，只适应牧草生长而不能种植，较低河谷滩地气候温暖，地势平坦，可进行小面积的种植业。一个地区农业与畜牧业同时发展，既是对当地环境的适应，又能充分利用不同海拔高度的地理自然优势，顺其自然而利用，使人类经济活动与自然环境相

[①] 本章执笔者：马楠、何露、袁正、崔明昆。

适应、相配合。此外，农牧结合也是维护藏族传统生活方式与传统文化的基础。糌粑（青稞炒面）、茶与手抓羊肉，构成了藏民族的主要饮食结构。不论是平民还是贵族，俗人还是僧人，农民还是牧民，这种饮食结构是共享的，而且千年来不加改变。（南文渊，2000）。

3.1.2 牲畜牧业生产管理

3.1.2.1 多畜并牧

传统藏族牧民大都采取多畜种放牧的方式，既可以充分开发牧区生产力，提高载畜量，又有利于草原的可持续利用。藏族居民放牧的畜种有牦牛、黄牛、犏牛、绵羊、山羊、盘羊、驴、马、骡子等。首先，不同的牲畜对牧草的采食各有偏好。多畜种放牧可以立体利用草场空间，连续利用植物生长时间，使各种不同类型的牧草都得到采食，以保证草场的各类牧草得到均衡消费，实现草原的综合利用，提高载畜量。其次，多种牲畜混合放牧还可以控制那些在单种动物生存条件下极力滋生的不适物种，降低灾害风险。如果在牧场上实行单一畜种的专业化放牧，如仅放牧牛群而不搭配放牧羊群，那么草场上牛偏爱的牧草会越来越少，而牛不喜食的灌木和某些杂草往往会大量生长，使牧场植物结构发生变化，牧草质量下降，而多畜种混牧则可以避免这种情况的发生（邵侃和田红，2011）。

3.1.2.2 转场浅牧

藏族牧民的放牧策略是紧跟季节转场，而不是随着青草走。一般情况下，气候回暖后冬季牧场肯定先返青，其他地方随着海拔的升高而次第返青。但草场一旦返青，藏族牧民就选择转场。随着返青区段的不断爬升，牲畜也不断地往高海拔区段赶，到了深秋就差不多到了最高的海拔区段。这样一来，海拔较低的地方的牧草就得到了更为充分地生长和积累，以便使牲畜能够更好地过冬。

除了及时转场之外，藏族牧民还注意实施"浅牧"。所谓浅牧就是在放牧的过程中驱赶牲畜快速移动，勿使牲畜像偷吃东西一样大口吃食，迅速走开。这样一来，牲畜仅将牧草最鲜嫩的部分取食，从而使得当年长出的牧草至少有30%以上得以保留，以便给地表留下更多的植物残株，进而保证地表腐殖质层的逐年累积。同时，在快速移动的过程当中，牲畜的粪便会遍撒于草原之上，这也就成为了草原腐殖质层加厚的有机物来源之一（罗康隆和杨曾辉，2011）。

3.1.2.3 立体畜牧业

在畜牧业方面，藏族居民饲养的牲畜主要有牦牛、犏牛、黄牛、马、山羊、绵羊、骡子等。根据迪庆藏族自治洲（迪庆洲）高原天然草场因海拔高低不同而分为寒、温、热三带的实际情况，藏族居民为适应这种环境，创造了牲畜随季节变化而上下迁徙，独具特色的立体畜牧业。每年4~5月，当位于海拔3500~3800m的亚高山草甸草场因气温升高、降雨较多而春草萌发时，牧民们便将牲畜赶到此类"过渡性牧场"就食，藏民称之为"西巩"，意为"春秋牧场"。6月份以后，位于海拔3800~4600 m的高寒层草甸牧草返青，气候转暖，牧民们便将牲畜迁往此类草场就食。此类草场青草萌发迟、枯萎早，但牧草品质高，适口性好，生命力强且耐牧，藏民称之为"日巩"，意为"热季牧场"。9月底以后，热季牧场青草枯萎，牧民们又将牲畜赶下来到春秋牧场进行"过渡性放牧"。10月底以后，春秋牧场青草枯萎，牧民又将牲畜迁往海拔3500m以下的冷季牧场过冬，藏语称之为"格巩"，牧期为11月至翌年3月。一些分布在海拔3000m以上的藏族村寨，常将牲畜迁回村寨周围的零星牧场和收割完毕的农田中就食。这种牲畜春季由低至高过渡，秋季由高至低过渡的轮牧制，既有效地利用了不同海拔、不同类型的各种草场，又有效地避免了大量牲畜集中于同一牧场而必然造成的过牧和滥牧现象，保证了畜牧业的可持续发展（郭家骥，2006）。

3.1.3　林业生产管理

以万物有灵为基础的多神崇拜是藏民信仰的基础。在这种信仰体系之下，神山圣境的存在是精神信仰的重要物质载体。神山崇拜在藏族社会中占有非常重要的意义，藏族人民对神山的崇拜极其虔诚，每年都要举行各种祭祀山神的活动，以此方式来表达他们对神山的敬崇心情，祈求山神降福保佑。祭山仪式因地区和每个神山的神性之不同而有所差异。神山寄托着牧民对美好生活的无限向往，神山是神圣不可侵犯的，继而对人们的行为也有了一定的约束，产生了一些禁忌。例如，不能随便在神山砍伐树木，乱采滥挖，破坏森林，打猎杀生。一些神山上甚至一草一木都不能破坏。藏民们相信如果触犯了禁忌，将会遭到山神的惩罚。因此，神山崇拜在客观上实现了森林管护的目标。

3.1.4　生物资源利用

3.1.4.1　食用生物资源利用

糌粑是青藏高原藏民的传统食物之一，形似内地的炒面，原料以青稞为主。做法是选好青稞或豌豆、燕麦后淘净，晾干，炒熟，磨成面粉，磨好后称为糌粑面，磨得越细越好。吃糌粑时，根据各自爱好，还可以放些奶渣或白糖，然后加酥油茶或清茶，中指按逆时针方向反复揉拌均匀，再用手捏成团状，直接用手往口里送。也有用青稞酒调糌粑的，做出的"粑"甘甜醇香，别有风味。而且，高原地区沸点较低，一些事物不易煮熟，糌粑不用煮，藏民族的游牧生活又便于携带，也是它盛传的原因。青稞发酵后还可以酿成度数较低的青稞酒，酸甜可口、老少皆宜，是节庆必备的饮品。青稞酒中的上品又是敬神和祭祀中不可缺少的用品。唱祝酒歌也是藏族人民最有意义的普遍习俗，谁来敬酒，谁就唱歌，歌词也是有敬酒人即兴编的。在严寒的高原气候中，酒可以使人的体温提高，而且，高原辽阔，藏族人民在这样的自然环境中，借着酒对人的兴奋作用，唱酒歌，跳藏舞，形成了一种温暖，热情，乐观的生活酒文化。青稞既是藏民族盛传食物的主要原料，也是酒文化的来源品，而且受本教观念自然崇拜的影响，藏民族对青稞有着深厚神圣的感情。

3.1.4.2　药用生物资源利用

澜沧江上游地区的藏族群众在与地区艰苦的高原气候、自然条件及疾病的长期适应斗争中，积累了大量的利用生物资源治疗疾病的经验，这些经验不只帮助他们在艰苦的环境中生存繁衍，同时形成了具有鲜明特色的医药文化，他们所依据归属的藏医药体系是中国传统医药的重要组成部分。当地藏族所使用的药材多来自于本地野生动植物资源，而藏医药对于很多疾病都有很显著的效果。例如，当地藏族会从野外海拔 2300～4600m 的山坡草地、高山灌丛及高山草甸采集红花绿绒蒿，将其全株炮制后用来治疗肺结核、肝炎、高血压等症；采集紫果云杉的球果，加工后用以治疗咳嗽和疝气，采集树脂用以治疗风寒湿痹和疮疖溃烂（张胜邦，2013）。

3.1.4.3　造纸

藏纸的制作共包括备料、制浆、浇造及烘焙 4 个阶段，具体说就是从山林采集瑞香科的灌木树枝浸泡去皮、切皮、撕皮后放入锅中加入木炭灰或土碱煮料，后捶打出杂质，清洗打细然后倒入黄连叶子中除杂质，然后将称好的洁净纸料放入酥油桶中捶打至纸料细腻均匀，然后将纸浆水倒入抄纸帘上，然后将湿纸摊开放在纸帘架上沥干，然后将其送进烘纸房中烘烤，待湿纸被烘干后，使用巧劲揭开纸，即得到藏纸。藏纸纸质良好，不易被腐蚀，同时因为制造原料配方特殊，原料中纤维多、含有毒性，所以藏纸具有不蛀不腐、不变色、叠后不留折痕、久藏不坏、质地坚韧等特点，适合印刷佛经、史书等（肖静，2015）。

3.1.5　生态环境保护

在澜沧江源头地区的藏民，保持着尽量"不动土"的习惯。藏族居民经过长期生产生活经验的积累，深切地认识到泥炭层和腐殖质层对草原的特殊价值。因而，他们在生产生活过程中，绝不轻易扰动泥炭层和腐殖质层，做到生态环境的精心维护与高效利用的相互兼容。例如，绝不轻易挖地取土，不打井取水，也不焚烧草原。一些藏民即使是在采蘑菇、采草药时留下脚印，也会回身将其填好，就像爱护自己的孩子一样细心呵护着脆弱的草原表层。在牧区，藏族严守"不动土"的原则，严禁在草地挖掘，以免使草原土地肤肌受伤；禁止夏季举家搬迁，另觅草场，以避免对秋冬季草地的破坏；在农业区，禁止随意挖掘土地。动土须先祈求土地神。不能在田野赤身裸体，禁止在地里烧骨头、破布等有恶臭之物，以保持土地的纯洁性。

3.2　澜沧江中下游农业管理及相关传统知识

3.2.1　农业生产管理

3.2.1.1　哈尼族梯田管理

（1）梯田埂草利用

哈尼人耕种的梯田一般一年一熟，且由于水源丰富，他们在每年秋收后会彻底铲除埂草，将其弃于田中，然后放水泡田，使田中稻茬、杂草，以及稻草被沤制成明年稻苗生长所需要的肥料。这样不但防止了老鼠对田埂的破坏，同时培肥了稻田土壤肥力，提高了稻田的生产能力。

（2）梯田用水

水是梯田耕作农业最重要的部分，因此他们在每个有梯田的山腰挖出水沟，这些水沟平时能够接住从高山森林中渗出的泉水，同时在雨季时减缓山水下泄的速度。与此同时，他们在梯田的入水口挖一个大坑将山水中夹带的大量碎石、沙石沉淀下来，防止梯田沙石化，而且养成"木刻分水""石刻分水"的用水规矩来规定控制各家梯田的用水量，这样不但解决了各家的用水矛盾，同时避免了位于上部的梯田因溢水而带走肥效这一情况发生。

（3）梯田施肥

哈尼族充分利用了其村寨在上，梯田在下的地理优势，发明了两种"水冲肥"的梯田施肥方法，其一为自然水冲方法，即堆积在山野上的哈尼人的牲畜的畜粪和腐殖土在七月大雨时被冲刷而下，注入稻田中解决稻谷生长所需的肥料；其二为人为水冲法，即在村寨边靠近水沟的地方挖一个供村民将牛、马等牲畜的粪便和污水蓄积的公用积肥塘，在每年梯田需追肥时，他们便将塘口挖开，让池中加入山泉水沤制好的农家肥顺水而下流进梯田中，达到追肥的目的。

（4）梯田养鱼

哈尼人通常从谷地江河中捞取鱼苗，放养于塘中，待稻田栽秧后再将鱼苗放养于稻田，任其与稻苗一起生长。由于流入稻田的山泉终年不断，而田水也不断外泄，便形成了流动的活水，如此随山泉而来的微生物和稻田中的浮游生物便成了鱼类的食物。待到稻黄秋收时割去稻谷，封住梯田上方的进水口，放干田水，便可捕鱼归家。

3.2.1.2　布朗族茶树种植与玉米种植

布朗族先民最早的种茶方法是采集野茶籽直播，即在10月左右采集成熟、饱满的茶籽，于当年11月直接播于树林下。播种时用砍刀、木棍和锄头等简单工具清除林下的杂草和灌木，然后用点播棒在地上凿出约 5cm 深的穴，每穴放进 1~2 粒带壳或去壳的茶籽，播种后覆土，并在穴点插竿标记，以利于茶籽出苗后的管理。后来，随着种植和管理经验或知识的积累，出现了集中育苗、移栽的种植方法，即把采集的茶籽于当年 11 月，单粒集中播种于房前或屋后事先选择并松土整平，铺上草木灰的地中，至翌年 6~7 月，雨水来临时，再移栽茶籽苗。移栽时顺山坡挖穴单株栽植，当茶树幼苗长至 50~60 cm 时，摘除顶芽，促使侧枝生长。而在种植时，依据茶树需要一定遮光的特性，将其种植在林下，加以适当管理和利用，形成了茶树与树木和谐生长的传统种茶习惯，开创了人工茶—林园的种植模式。

布朗族种植玉米的历史悠久，20 世纪 50 年代前，他们一般是在抛荒的罂粟地上种植食用玉米或糯玉米等地方品种，但一般都只种一年就将土地丢荒而另选他地，或是将罂粟与玉米轮作。其种植方法与种植旱谷基本相同，也刀耕火种，不施肥，极少锄挖。其间仅薅草一两次，然后便等待收获。现在多采用固耕地轮作方式种植，但所种玉米有早、晚之分，前者 5 月种 8 月收，后者 6 月种 10 月收。因为玉米不是他们的主要粮食作物，所以大部分都用作饲料，少部分用于青食。

3.2.1.3 阿昌族草烟种植与香果种植

阿昌族已有 400 多年种植草烟的历史，因此烟农生产经验丰富，有选向阳坡地，隔年轮种，施用农家肥的传统栽种方法，即犁地后晒坐子，再把它拢成堆，于 4 月再把它拨开打细，与烧成红色、堆焐后的干牛粪混匀，铺成苗床，然后再播种。烟苗移栽时以猪粪做基肥，待苗长至手高用猪粪和马粪进行第一次追肥，后用猪粪或鸡粪第二次追肥。目前"脚五黄叶，顶无烟花"的种植方法已经成为阿昌族地区生产少叶型优质烟草的普遍方法，制成的"竹竿烟"烟叶厚，柔软，加工成烟丝后色鲜、味醇芳香。

香果是一种野生的木本油料植物，含油率高，大多数阿昌族村寨周围都分布有香果树。香果油又称臭油，主要用来照明。将香果去皮后熬制的白臭油可食用，具有药用功能。利用香果榨油时，先将香果晒干、舂碎、蒸熟后用棕衣包好，放入木榨子内轧榨。

3.2.1.4 傈僳族玉米种植

在傈僳族的日常生活中，玉米除了作为最主要的粮食，加工成各种食品或直接食用外，也用作饲料和烤酒的原料。为扩大栽种面积，多收获一些粮食，他们发明了在坡度特别陡的地方种植玉米的"木棍点种法"，即将耕地经简单地砍伐烧荒后，采用从坡顶自上而下，以棍棒戳眼点种玉米的方法。这种坡地的坡度特别陡，根本无法使人站立，因此有时在点种开始前，要事先做一些安全措施，如将绳索的一端系在点种者的腰间，另一端系在坡顶的大树上等。

3.2.1.5 景颇族山药种植

山药是景颇族普遍种植和利用的粮、菜、饲共用的重要农业生物之一。在长期种植和利用山药的生产实践过程中他们形成了识别不同山药类型或品种的经验方法。他们通常根据其颜色、形状和口感等称呼不同的山药，如他们将表皮呈紫色、肉紫红色的紫皮山药称作红山药。对于不同的栽培山药，他们掌握了其生长习性及用途特性，并依据每种山药的不同生长习性采用不同的种植方法。依据他们的经验，在山药种植后的 3 年内一般随食、饲随挖，任由剩余部分继续生长，但 3 年后一定要将老根挖出，因为根据他们的经验，生长 3 年后的老根不会再生长，需重新种植。

3.2.1.6 生态气候适应性管理

云南省佤族、布朗族、哈尼族等多个少数民族有着悠久的耕种"刀耕火种地"、栽种陆稻的农业生产历史。在长期的生产实践过程中他们根据不同品种在不同地块的长势、最终收获产量等，他们一般将栽种陆稻的土地分为高产地、低产地和介于两者之间的中产地三种类型，对应地也将不同陆稻品种分为高产品种和低产品种。因为新开垦的"刀耕火种地"在开垦过程中焚烧了大量杂草、枯枝、树叶等，土壤肥沃而被视为高产地，在高产地上一般种植对土壤肥力反应敏感，需肥较多才能获得较高产量的品种。但这种耕地一般只耕种 1 ~ 2 年便被轮歇，待 7 ~ 15 年后其植被恢复后再次砍伐耕种，故又称 "轮歇地"。中产地则是将已耕种 1 ~ 2 年，但坡度较小、地势平坦、土壤肥力下降不太严重的耕地再继续耕种 2 ~ 3 年。低产地又称 "烂地" 或 "熟地"，是已耕种 5 年以上、土壤肥力严重下降的无轮歇长期耕地。在这三种耕地上都能正常生长且产量差异不明显、对肥力反应不敏感，即耐土壤贫瘠或不择地的品种便被视为低产品种或稳产品种（伍绍云等，2000）。

云南省佤族、哈尼族、拉祜族等少数民族在栽种水稻、玉米等作物的生产实践过程中，积累了不同品种对灌溉水源温度或当地气候环境反应特性的知识，继而按照这种生产经验安排种植不同品种。例如，他们认为种植在山沟、箐边、适宜用山泉水灌溉的水稻品种是对水温、光照反应不敏感的品种，并将其称作冷水谷，而杂交稻只有种植在海拔较低、气温和水温都相对较高的河谷、土壤较肥沃的田块才会有好的收成。

3.2.2 林业生产管理

3.2.2.1 森林分类利用

澜沧江中下游云南地区的各少数民族将森林进行有意识的分类，将不同的森林定义不同的功能和作用，设立 "坟山林" "神林" 等具有特殊意义的森林，其中一切树木、花草等植物、动物，甚至石头都被赋予了神的意旨和色彩，是神圣不可侵犯的，严格禁止狩猎、伐木、采集和垦植，全村人民有意识的对这部分森林进行有意识的保护。或是设立一些如水源林等可以进行有节制的利用的森林，这些森林及林中的树木被绝对保护，除可采集其中的药物、蔬菜和水果等植物外，禁止任何人砍伐其中的树木。如此一来，能够可持续的利用森林资源。例如，傈僳族将利用的森林分为刀耕火种地和采集地、狩猎地，在不同类别的森林里采取不同的利用策略；哈尼族设立村寨防护林，傣族设立竜（龙）林或竜（龙）树，基诺族设立寨神林以依托他们的精神信仰，同时涵养了该区域的水源，保护了当地野生动物的生存和活动区，周边残存、片断化的热带雨林生态环境受到保护，而相应的生态系统也被保护下来（寸瑞红，2002；戴陆园等，2013）。

3.2.2.2 森林资源管理习惯法

澜沧江中下游一些少数民族地区并没有形成统一的行政管理机关或成文法对森林资源进行管理，但在其与自然环境的长期适应过程中也形成了世代相传的森林资源管理习惯与传统。他们依靠这些习惯与传统来维持当地人的利益需求与保护森林资源间的平衡，这种习惯对于管理和保护森林资源有一定积极作用。例如，在傈僳族社会中，如果在砍火地上有什么纠纷或是有人偷砍了别家的林木，通常由头人问清情况后给双方评理，然后对事情做出判断，如果有人偷砍了他人的林木，则由头人对砍伐者进行教育，并根据所砍林木多少，责成砍伐者用一定数量的玉米赔偿林木主人（寸瑞红，2002）。

3.2.2.3 森林资源管理乡规民约

云南省很多少数民族地区为了保障森林使用的合理有序和可持续，大多都有一套成熟且有效的森林管理制度，其中一个重要内容就是乡规民约。这些乡规民约涉及森林的种类和功能划分，森林管理的责任人，森林偷伐的惩罚措施等。每个村寨都有基于实际情况制定的 "寨规"，乡规民约灵活多样。村寨内部森林使用，根据森林性质的不同，使用方法各异。地方社会为了保护森林资源，避免森林的滥砍滥伐，都有一套约定俗成的森林管理制度。未经允许砍伐森林会受到严厉的惩罚。森林保护规范通常以碑文、绘画、口头协定等形式记载，村规民约内容简单而明确，很多都依托于传统的地方头人制度，具有明显的效果。例如，傈僳族村寨的 "傈僳王"，傣族村寨的布相、布改，拉祜族的 "卡些"，佤族的氏族首领都拥有非常大的权力，他们不仅对村寨内部日常生活，村民间纠纷等事务起到管理调解作用，同时对村落内外的森林进行管理和监督，而这种管理由于头人长久以来形成的威严和地位，具有较为明显的作用。而与此同时，村规民约是一个村寨共同制定遵守的，村民具有遵守的积极性和自主性，这种自主参与保证了村规民约管理森林资源的有效性和持续性（寸瑞红，2002）。

3.2.3　生物资源利用

3.2.3.1　食用生物资源利用

在与自然环境的长期适应过程中，澜沧江流域的各个少数民族积累了大量利用生物资源的传统知识，其中食用生物资源的传统知识是其很重要的一部分。这些传统知识不只形成了澜沧江流域丰富多样的饮食种类，同时还形成各民族富有特色的饮食文化。

(1) 哈尼族

哈尼人喜爱吃腌菜、豆豉、白旺、竹笋及糯米制品，饮食偏酸辣，热爱饮酒喝茶。因此，哈尼族形成了具有鲜明民族特色的制作酸腌菜、哈尼蘸水、哈尼豆豉、糯米甜白酒、白旺、米花、竹笋食品及二熟饭，以及煮饮茶的食用传统知识。例如，哈尼蘸水，蘸水是哈尼族饭桌上必不可少的佐料，不同食物需配不同蘸水，以咸辣为主，一般分荤、素菜两类。常用于做蘸水调料的原料有芫荽、薄荷、葱、香寥、苤菜根、蒜泥、花椒、刺芫姜、地椒、哈尼豆豉、小米辣、姜等。有的一碗蘸水用料达十五六种之多，其风味独特，食后难忘。最常见的哈尼蘸水有鸡肉、鸭肉蘸水，青菜蘸水以及竹笋蘸水，其中青菜蘸水是哈尼族食用青菜时的唯一调味品，以芫荽、姜末、哈尼豆豉为原料，加入适量食盐、味精及青菜汤即可，沾有青菜蘸水的青菜食时清淡爽口。

(2) 傣族

大多数傣族生活的地区都有丰富的湿地和水资源，在他们积累的识别食物的知识中有"凡是绿的都是菜，凡是动的都是肉"的传统经验，因而除陆地野生植物外，湿生或水生的青苔、水芹、水蕨菜等许多野生植物也是他们的食用蔬菜来源之一。例如，他们将生长在湖、鱼塘中的被他们称作"捣"的青苔捞出、洗净后直接放进大碗中拌入葱、姜等佐料，加水调匀，然后将碗放在烧红的鹅卵石上，碗内的"捣"就立刻被煮沸，再用糯米饭团蘸食；或是将其洗净拌上盐、姜等佐料，压成薄饼状晒干，再用油煎或火烤食用。

傣族饮食习俗丰富多样，具有多种特色的民族食物，也因此形成了富有鲜明民族特征的食品加工传统知识，其中最为典型的竹笋和魔芋米线的加工知识。傣族最常见的竹笋加工方法有漂笋、酸笋丝和火烧甜竹笋三种，其中漂笋为采集鲜竹笋，取顶端嫩尖部分切成片或丝，放在桶里加清水漂12小时后制成，可煮鱼、鸡等食用，其味鲜美。傣族加工魔芋米线一般在6~9月采集当地的野生黄魔芋，洗净后煮软剥皮，放进脚碓中边舂边不断加水，直至舂成细滑发亮的魔芋泥，后将其揉成团放进压米线的铁模中，模下方放置一大锅加有少量石灰的烫水，被挤压出的米线直接掉进水中，待其被烫至一定硬度时，捞出，放进凉水中冲漂，然后收储待食或售，售出前还需在烫水中再烫一次。

(3) 布朗族

布朗族在采集野生食用菌类时，通常以颜色、气味等方法识别野生菌是否有毒。例如，他们认为颜色艳丽的红菌、绿菌、黑菌等大都有毒而不可食；有特殊气味或其他生物不食、不蛀的也有毒，不可食。在烹饪食用时，他们通常将野生菌与大蒜混炒，若大蒜颜色变成黑色，说明与其同炒的菌有毒，也不可食。此外，为获得再次采集可食野生菌类的机会，他们在采集时会自觉采用利于菌类生长的保护性采摘行为和方法。例如，在采摘木耳、香菇等生长于朽木的菌类时，他们一般只用手摘，以免伤及树皮而破坏维持其生长的基础。

（4）佤族

鸡肉烂饭不仅是佤族最喜欢食用的佳肴，也是他们用于招待贵客的传统美食。烹制鸡肉烂饭时首先挑选一只 1kg 左右不曾下蛋的母鸡，宰杀、除毛、洗净，取出内脏洗净，然后用刺五加叶将其包好重新放回腹腔，再用线缝合腹腔，将整鸡放入盛有山泉水的铜锅中煮至七成熟捞出，然后把事先淘洗干净的稻米倒入鸡汤中煮至汤快干时，抬下饭锅放在火炭上，同时用手把已煮熟的鸡肉撕下，撕成细小的鸡肉丝撒在米饭表面，而将完整的鸡头插在饭中央，用于敬献贵客或长者，再加盖焖熟片刻。随后，把事先切细的薄荷、辣蓼、野芫荽等佐料与烂饭搅拌均匀即可。鸡肉烂饭不仅有丰富的动物蛋白、氨基酸，而且配有各种预防或治病养身的蔬菜，具有药食同功的医疗保健作用。

（5）拉祜族

拉祜族有着漫长的食花经验和文化，他们食用的花卉种类很多，有如朱槿、木芙蓉的栽培花卉，有芭蕉花等果树或农作物的花朵，也有凤眼蓝花等被人们视为有害的花卉，他们了解哪些花或哪类花的某个部位有毒，并掌握清除它们毒性的方法。例如，食用凤眼蓝花时，需事先漂、煮或水焯后炒食或煮食。

竹筒饭的制作是将稻米或舂好的玉米面放进新鲜的薄竹筒内，加入适量水用树叶封住筒口，放在火上烧，待竹筒表皮变深黄后破开竹筒即成清香可口的竹筒饭。

此外，拉祜族积累了大量加工不同笋品及腌菜的知识。加工酸笋丝时，他们先用镲子将切去了嫩尖和顶部的竹笋镲成丝，然后放在罐里待其自然发酵变酸后即可取出与鱼、鸡等煮成酸笋食品食用。在加工腌菜时，他们首先将采摘的鲜青菜稍微晾干，不洗不切，也不加盐及各种调料，直接放进罐里让其发酵变酸后，取出用竹篾串起来挂在屋檐下晒干，食时采用水泡软、洗净，然后与猪肉、鸡肉等煮食。

（6）德昂族

在甘蔗收获时，德昂族在甘蔗地里搭建临时草棚，并安装土榨机械，用牛拉榨轮横轴，挤压出蔗汁后放入铁锅中熬成稠糖汁，再用木瓢将稠糖汁舀入模具，待糖汁冷却后取出即成红糖块。用这种方法熬制成的红糖，色泽金黄，清亮透明，在当地很有名气。

（7）景颇族

景颇族生活区域生物资源丰富，在与自然环境的长期适应过程中他们形成了包烧菜、全绿盛宴、酸腌菜等民族菜肴及深厚的民族饮食文化。其中绿叶宴是景颇山寨既古朴又带有野炊情趣特色的食物烹制与食用方法。因为所有用具如烧制米饭的竹筒、舂制绿色菜肴的竹舂筒、盛饭菜用的肥大芭蕉叶或枇杷叶全都是无污染的天然材料，所以绿叶宴是纯粹的全绿宴。宴席中所食用的食物一般主要有竹筒焖烧饭、竹筒烧肉、绿叶包烧肉和鱼、景颇鬼鸡、舂干巴、舂野菜等。这些食物不但鲜嫩、味美可口，食时还带有清竹或绿叶的清香。

（8）阿昌族

阿昌族拥有"过手米线"、扁米、黄花饭等多种民族特色菜肴，其制作方法也富有鲜明的民族特色。其中"过手米线"所用米线有手工和机制制作两种，而手工加工者光洁闪亮，柔韧性强，口感上佳。加工时先制作"帽子"，即选用上等五花猪肉、后腿肉及必不可少的猪肝、猪粉肠和猪肾等，烤熟后，切片剁细，再加入事先炒熟捣碎的花生米、猪脑，以及辣椒、本地大蒜制作成的蒜泥、切细的本地芫荽、豆粉、本地白花木瓜制成的酸水和盐等各种调料，然后放在当地制作的土钵内搅拌成黏稠状，即成"帽子"；食用时把少许米线放在左或右手心，再用筷子把"帽子"挑在米线上，然后用米线把"帽子"包住后再食用，故称"过手米线"。这种小吃酸辣可口，味道鲜美，可大增食欲。

（9）白族

白族的三道茶、砂锅鱼、白族腊肉等多种白族特色菜肴展现了白族与大自然的相互适应结果。其中白族腊肉肉质硬实，色泽红、白分明，食用方便，味美而香。每年农历腊月（12月），白族家家户户都有将宰杀的新鲜猪肉加工成腊肉的传统习惯。腌制腊肉时，首先取新鲜带皮猪肉，将其均匀切成宽约5cm，长约40cm的肉条，并尽量避免产生较多的碎肉，然后在有皮一面戳一个小洞，以便在腌后穿绳和悬挂。

将切好的肉条，用食盐、少量茴香及花椒粉涂均抹匀。然后在腌肉用的缸底先撒一层食盐，再将准备好的肉条按皮下肉上的顺序码好，但在放最后一层时要肉下皮上，加盖腌制。待10~15天后，取出腌制好的肉条穿绳，日晒3~5天后，挂在干燥通风处，过半月产生肉香后即可煮食。若需长时间储存，应晾挂2~3月后，再收藏于事先准备好的容器中，可保存一年不变味。

（10）普米族

普米语称猪膘肉为"咱贡"，是普米人待客的上品。加工猪膘肉时，先将宰杀的肥猪去头、毛和内脏，洗净去骨，在其腹腔内撒适量食盐和山花椒粉，然后用细麻绳缝合腹腔，置于木板或桌上，上盖一块干净木板，在木板上再压一块大石，待其水分阴干散尽便成一头完整的腊猪，因形似琵琶又称"琵琶肉"。

（11）纳西族

纳西族在制作丽江粑粑时，首先取适量面粉用清泉和成面团，放在抹有植物油的大理石板上擀成薄片，在向上的一面刷少许油，并将火腿沫或白糖撒入其中，然后卷成圆筒状，将圆筒的两端搭拢按扁，将芝麻、核桃仁等包入其中再做成饼状，最后用平底锅以文火烤成金黄色即成。此饼色泽金黄，酥脆可口，油而不腻，香味独特，且久藏不变味，曾是马帮或商队备用的主要干粮，如今主要用作招待宾客的佳品。

（12）傈僳族

每年夏季，高黎贡山地区的傈僳族会上山采挖方竹笋和空心箭竹笋，许多人家甚至用骡马驮运，一天往返一次。这两种竹笋味苦、涩，不可现采现卖或现食，采集者通常在采集时先剥去笋皮，然后运回家用清水煮1~2小时，再用清水浸泡24小时，最后用米汤浸泡5~7天，待其发酵、变酸后食用或出售。食用这两种竹笋的传统据说来自于傈僳族先人无意中发现的黑熊储藏食用此两种竹笋的方法。

傈僳族拥有玉米稀饭、炸玉米花、鹅卵石烤粑粑等多种民族特色菜肴。其中玉米花是傈僳族人喜爱的传统食品之一，过去多用作充饥，现在多作零食。其加工方法极其简单，将火塘中的炭灰刨开一小块，撒入玉米籽，覆盖；稍许，干玉米籽经炭灰烘烤而炸开，跳出，此时用火钳、自制木钳、竹钳或筷等夹出，即可食用。有时，他们更喜欢一边吃玉米花一边喝清泉、茶水或自制的水酒，尤其是众人围坐在火塘边休息时，便会一面炸玉米花、喝茶或酒，一面闲谈或说笑、交流生产技能、知识或商量农事。

3.2.3.2　保健与药用生物资源植物利用

（1）傣族

傣族在长期采集和食用大量野生蔬菜的生产和生活过程中，积累了识别不同野生可食植物种类特性、生长习性、生长环境、采食季节、食用方法等经验或知识，他们将具有保健治病功效的野生植物当作蔬菜食用，以实现药食同功，达到防病、健身、强体的作用。而且逐渐发展形成了本民族的医药知识体系，并使之成为我国最重要的六大民族医药理论体系之一。如他们认为密蒙花、刺芫荽等带有苦涩味的野生植物有清凉解毒、凉血、解表和消暑的功效，而辣蓼、野花椒等有辛辣味的植物则有祛风除湿、发散解表和消暑等药效（曹磊，2001；戴陆园等，2013）。

（2）布朗族

在布朗族的日常生活中茶叶不仅是饮料、祭品、走亲访友和迎亲待客、定亲的礼品，也是他们用于治疗消化不良、感冒等多种症状的药品。在治疗消化不良、结肠炎时，布朗族会用鲜茶叶、红毛树尖和麻犁嘎嫩叶混合嚼后，用温水吞服，称为"口嚼茶"。在治疗感冒、咳嗽和肺热燥火时，他们把茶罐放入火塘中烤热，再放入适量糯米烤黄，然后放入茶叶同烤，加入开水，放入通关散、甜百解、姜片、扫把叶等草药，同煮后再加入红糖饮用，被称为煳米茶。在治疗治肠胃不适或便秘时，他们把茶罐放入火塘中烤热，加入适量糯米烤黄，再放入茶叶同烤，加入开水和松明，同煮后再加红糖饮用即可。

（3）佤族

食、饮苦凉植物以强生健体——佤族有着饮、食苦凉植物来强身健体的传统知识，其中最常见的是煮饮苦茶来提神解乏、食苦凉蔬菜来解热祛暑及小豆煮三桠苦粥来理气止痛三种。其中小豆煮三桠苦粥时先用冷水将小豆煮熟，加入洗净的米熬成稀粥，再放入准备好的佤族称为得军考的三桠苦叶、盐、大蒜、香椒及适量食油等煮沸片刻即可服食。

嚼槟榔健胃、固齿——佤族通常将槟榔包裹石灰、草烟一起咀嚼，食时先酸带苦涩，尔后回甜、清凉爽口、回味无穷。槟榔本身就据有治虫疾、食滞、水肿和虫牙等的作用，因而嚼槟榔能够杀灭口腔细菌、消食、健胃、固齿和防虫。

（4）景颇族

景颇族女性结婚后习惯将芦子和栗树叶煮水、熬干、浓缩成棕色的固体小块，然后将其和红色石灰及本地晒烟一起放进口中咀嚼（吐出而不咽下）。据说长期咀嚼这些东西有类似于其他民族妇女嚼槟榔以起杀菌、护齿洁齿的作用，会使牙齿慢慢变成黑红色、变硬、不易松动，且无龋齿。因此，景颇族中年妇女腰上总是挎着一个装有上述四样东西的小盒子，而嘴里也不停咀嚼着这些东西。

（5）基诺族

"唇红齿黑"是基诺族心目中美的象征，在基诺族中，最常见的一种漆牙染唇方式是嚼槟榔。除了嚼槟榔外，基诺族青年常聚在"尼高卓"里"漆牙"。漆牙是当地人的说法，也有人写作"砌牙"，有些学者也称为"染牙齿"。基诺族女青年在"尼高卓"里，把"黄牛角刺树"砍成的小块燃烧后，用火钳将它钳进事先准备好的竹筒里，然后盖上铁锅片，蒸腾到铁锅片上的柴烟冷却后就变成为黑漆似的浆水，即成为"漆牙"用的染料。以前，基诺人每两三天就要染一次牙，而且吃过肉后一定要染。染齿用的原料最好的是当地称为"德敕阿蔻"的黄牛角刺树，次为黑栗树、青钢栎树。不论是嚼槟榔，还是"漆牙"都有杀菌健齿、防止龋齿（李志农，2010）。

3.2.3.3　酿酒知识

由于气候及饮食习惯的原因，使得澜沧江中下游地区大部分少数民族均有饮酒的习惯。很多少数民族热爱饮酒，对于他们来说饮酒不仅可以驱寒，同时是他们饮食文化中不可或缺的部分。酒是他们饭桌上的常备品，是他们表示尊敬的物品，也是走亲访友时的常备物。一些民族因为热爱饮酒的原因形成了富有民族特色的酿酒传统知识。

（1）哈尼族

哈尼族有着悠久的酿酒历史，他们称其自酿自饮的烧酒为"焖锅酒"。该酒的原料以玉米、高粱、稻谷和苦荞为主。在酿造时先将原料用清水浸泡，捞出蒸熟摊开晾凉，再撒上酒曲搅拌均匀，后装进用稻草捂紧、密闭的土罐或缸使其发酵。发酵至有汁液流出时，再移入蒸酒的木甑，甑内安放一个接酒器皿，上方放置一盛冷水的铁锅，用草木灰或稀泥糊封严甑与锅之间的缝隙，并随时更换锅内的水以保持冷凉。甑底锅内的水加热沸腾后便使甑内的酒饭蒸气上升，在甑顶的锅底凝结成酒滴，再落至接酒器中的酒液便是芳香扑鼻，醇香爽口，备受人们欢迎，被誉为"哈尼茅台"的"焖锅酒"。

（2）布朗族

布朗族的日常生活中酒同茶一样必不可少，他们有自酿酒的习惯，常酿造的酒有清酒、翡翠酒和玉麦砂白酒等。其中翡翠酒是布朗族群众以糯米为原料酿造的水酒。酿制时将糯米淘洗干净，用冷水泡4～5天，笼屉内放于净屉布，捞出米直接放在屉布上，于锅内蒸熟成米饭。再将米饭倒出放在干净的盆里，待温度下降至30～40℃时，放入酒曲拌匀，用勺稍加压实，中挖一洞，然后在米饭表面酒少许凉开水，盖上盖，放在20℃的环境中发酵。待糯米饭发酵成酒后，用"悬钩子"叶片过滤酒糟即成酒色透明清亮，如似翡翠的翡翠酒。

（3）佤族

水酒不但是佤族男女老少都非常喜欢饮用的清凉饮料，也是他们用于待客和祭祀的重要饮品。酿造时先将玉米、高粱、小红米、荞麦等原料清洗干净，掺入糯米，用大铁锅煮熟，倒在一张专用竹凉席上摊开、晾冷，然后拌入适量事先用米糠或米饭、香蕉皮及捣碎的甘蔗侧芽混匀、压饼、晒干制成的酒曲，使其发酵为酒饭。然后装进大缸，缸口内用甜甘蔗叶或香蕉叶填充、合拢，缸口外加盖封严，并压一块石头以起密封作用。待一个月左右或更长即可随时取出，泡饮时将已充分发酵的酒饭舀出放进酒罐内，加入泉水，搅匀。待酒糟沉淀后再将一根细竹管插入酒罐内，吸出的酒汁即是泡制好的白色水酒。饮用时可加少许糖料，其味清香、爽口，营养丰富，有解渴散热、助消化和消除疲劳的功效。

（4）阿昌族

阿昌族的酿酒历史悠久，最先使用高粱酿酒，后因高粱产量低，种植较少，而改用硬米或软米为酿酒原料。他们酿酒时使用由妇女采集的名为苦草的草本植物放入碓内舂碎后加入糯米面制成的酒药（酒曲）来酿造，所得酒液味醇和、香甜可口。

（5）普米族

普米族通常利用玉米、大麦、苦荞等粮食作物酿造黄酒和苏里玛酒来自家饮用、待客及用于转山节等节日祭祀。酿造黄酒时，先将玉米籽加工成玉米面，加入适量水与龙胆草拌匀，蒸熟，放凉，然后放入密闭容器中发酵20天左右后取出，放在下有接酒容器，上有盛水容器的蒸酒器中加热熏蒸。如此，经水蒸气加温，已蒸熟和发酵的玉米饭凝结成酒，滴于接酒容器，然后将接好的酒放入藏酒罐中密封藏于地下或阴暗处，随饮随取。酿造苏里玛酒时，先将大麦淘洗干净，然后放在锅里煮熟，取出晾冷，再按适量比例加以从雪上采集的龙胆草和江边采集的百合草等混合自制的酒曲均匀，放进大布口袋发酵两天后，倒出装入酒罐，罐口以牛粪密封，待10天后即成。

（6）纳西族

纳西族酿造苏里玛酒和普米族使用工艺及原料不同。酿造时，他们将高粱、小麦、玉米、青稞等洗净，用适量清水煮至八九成熟，待水分蒸发后将其捞出放在簸箕里晾冷，然后拌入酒曲装入麻布口袋，放在暖和的火塘边发酵3天后有酒香渗出时，将其放进土壤，并用稀灶灰或泥土封住坛口，半月后在坛口开一个小口，冲进凉水，再插入鲜竹管，滴出来的就是苏玛里酒。

（7）傈僳族

傈僳族饮用的酒大多是自酿的，他们酿制的最常见的酒有两种，一种是被称为"布汁"的烧酒。这种酒主要以玉米、高粱、大麦、鸡脚稗或混合或单独为原料，经两次蒸馏酿制而成，其酒精度数相对较高。另一种是用玉米、苋米、高粱及鸡脚稗或混合或单独为原料酿制的"杵酒"，此酒可不经蒸馏直接饮用，其酒精度数较低。有时，他们也将"杵酒"再蒸馏而形成"楞知"（傈僳语），其酒精度数介于"布汁"和"柞酒"之间。

（8）怒族

怒族喜欢饮酒也擅长酿酒，他们自酿的就主要有"咕嘟酒""浊酒"等。其中"咕嘟酒"是用玉米面或荞面加工成的"咕嘟饭"酿制而成的，因此叫"咕嘟酒"。酿造时，将咕嘟饭晾凉，拌入适量酒曲装入竹篾笋，捂好发酵数日，待有酒味或酒液渗出时即改装入罐，密封，继续发酵数十日即成。

3.2.3.4 织布与造纸

（1）傣族

傣族利用构树皮造纸的技术或工艺主要包括浸泡、蒸煮、捣浆、抄纸和晒纸5个流程。在造纸时首先将干构树皮放在水中浸泡至软，以木槌捶打，再用清水漂洗干净，后放进盛有草木灰等碱性溶液的容器中浸泡数日后捞出置于锅中蒸或煮数时，以除去其中果胶、色素、杂质等物，随后拿至村寨边溪水中漂洗，并将其放在卵石上用木槌捶打至絮状，然后拿回家放进盛有水的容器中化为纸浆，将抄纸器置于木槽中并将木槽注满清水，将纸浆溶液倒进木槽中并用手指轻轻搅动纸浆水，以便纸浆能均匀地沉淀在抄纸器上，待纸浆完全沉淀后，提起抄纸器，滤去水分并在阳光下晒干。最后用木刮或瓷片沿抄纸器四周刮取，折叠成册，便制成了具有防虫、防腐、纸质坚韧、柔软光滑、色泽较白、久存不变色的特点，被傣家称为"洁沙"的枸树皮棉纸。

（2）布朗族

澜沧江流域的布朗族现在依然保留有完整的传统手工纺织方法，她们制作独具民族特色的"牛肚被"的技能堪称绝活。"牛肚被"做工精细而繁杂，织一床"牛肚被"一般需 15～30 天，需要经过轧棉、弹棉、搓条、纺线、绕线、煮线、圈线、拉线和织线 9 道工序。布朗族妇女编织"牛肚被"的压棉机、纺车和织机等都是他们以木料手工自制的。

（3）德昂族

德昂族将大麻称为麻树或火麻，曾在他们的生产、生活中发挥过重要作用，是他们编织包、鞋等日常生活用品的主要纤维来源，而以麻皮制炸的用品特别耐用。生产麻布的工序非常繁杂，需要经过 14 道工序。首先砍伐火麻搭靠于木架上暴晒 5～10 天，后将晒干的麻秆浸泡于水塘或溪水中数十天，使麻皮湿润、变软，随后锤打麻秆，剥下带皮麻纤维层，去除表皮，留下纤维层晒干，用手搓成麻线并绕成线束，用开水将麻线束煮、烫软，使其坚韧，不易裂脆，后用纺纱机将麻线纺成麻线锭绕于线架，后将麻线从线架中退出，捆成麻束，在铁锅中煮麻束 3 小时以上，每锅煮麻束 10 余束，而每束应放 500g 左右的灶灰于锅中，以使麻线脱色呈灰白色时捞出，泡于水中冲洗，洗去灶灰后，每支麻束洒 100g 玉米粉，再用手揉搓，使其染成洁白色后洗去玉米粉，挂于竹竿架上晒干，最后将麻线绕在纺织腰机上纺织成麻布。随着生活水平的提高与禁种大麻，目前这项手工技艺已甚少使用。

造纸时，德昂族一般采用细竹或桑科植物枸树皮为原料，经过刀斩、浸泡、腐烂、加入灶灰煮烂、清水洗净等流程，将原料加工成洁白的纤维，再将纤维揉成团、舂捣等工序而获得呈糊状的纸浆泥，然后将泥纸浆揉成小碗口粗大小的团状物，用双手把呈团状的纸浆泥放在纱布绷架里反复搅拌后，将其均匀地铺于纱布绷架里，最后把纱布棚架晒在晾台或竹篱笆上，让太阳晒干后取下即成厚实、洁白、韧性和吸水性好的白棉纸。

（4）白族

白族用来造纸的植物主要包括竹子和枸树，其中用竹子制作的竹棉纸包括黄竹纸和苦竹纸。制造前者时，白族首先将幼竹采回，截断，放进容器中用水浸泡一个月，然后加入石灰复浸一周，捞出加入纯碱，放进甑子中蒸约一个月，直至其软烂为止，后将其取出放进脚椎中舂绒，再放进沙松浸泡液中浸泡 3 天，然后用细密的筛网在水中轻轻摇荡，使竹绒均匀铺在网筛上，取出网筛晒干即成弹韧性好的黄竹纸。

（5）普米族

普米族一般在每年农历 6 月 24 日的火把节前后，上山采摘当地称火草的钩苞大丁草的叶，然后带回家，一片一片地撕下叶背的白色绒状物，再一小段一小段的捻成火草纱，与羊毛或麻一同加工成线，使用织机织成宽 20cm 左右的窄布条，供缝制衣服、挎包、裙子和被子等生活用品使用。除使用这种自制布料外，他们的住宅旁都有一块普米语称"索秋"的麻园，从种麻至收麻、编线、织布，直至加工成衣服，整个生产、加工过程，都由妇女承担。她们所用的织机有腰机和水平织机两种，都非常原始，耗时费力。腰机仅由绳索、机刀、分经棍、卷布轴等组成。

（6）纳西族

纳西族也会利用枸树皮造纸，但工艺与其他民族有所不同。造纸时，他们先将枸树皮按照不同大小和形状分开扎成小捆，放在水塘中浸泡 10 天左右，后将浸泡好的枸树皮放入锅中加入准备好的石灰水煮 5 天左右，再取出堆置发酵。后将煮烂并发酵的枸树皮装入布袋内，用水洗去其中的石灰渣及其他杂质后，放在太阳下暴晒 2～3 个月使其颜色变白。然后，用人力、水碓或石碾等把已晒白的树皮纤维捣碎成泥浆状的纸浆，倒在放有竹帘的捞纸或抄纸槽中，加入清水并轻轻搅动水面，使树皮纤维均匀地平铺在竹帘上形成湿纸，取出竹帘，轻轻刮下湿纸堆放在一起，用物压榨挤出其中水分，最后将湿纸分开贴在烘房壁上烘干即可收藏备用。

3.2.3.5 染布

（1）哈尼族

哈尼族栽培染料植物及加工蓝靛的历史悠久，他们认为在葬礼和重大祭祀活动中参与者必须穿着以蓝靛染制缝成的传统土布衣才能与祖先和神灵产生认同，并形成了相应的习俗。他们在染布时，先将染料植物的叶连茎浸泡3天，后放入石灰搅拌后沉淀一天，随后倒去上层清水，将要染的白布放入沉淀的染料中，浸泡12小时后取出晒干，再放入染料中续染，再晒，如此反复10余次，即可将白布染成黑布或蓝布，晒干后便可做成衣服。虽然这种土布衣服会褪色，但哈尼族男女老少都得人手一套，以用于节庆和祭祀、婚葬等活动。

（2）布朗族

布朗族手工纺织及利用植物染料染制彩色布料的历史悠久。在染布时，她们通常利用板蓝根汁液染制蓝布，用"梅树"皮熬汁和用"黄花"根经过石碓舂碎，浸泡数日，分别染制红布和黄布。她们喜欢穿戴和使用她们自制的服装、线毯、牛肚被和挎包等。

（3）白族

大理白族扎染是白族利用当地出产的染料植物提取蓝靛等染料，染制通过传统手工艺缝、扎有不同花纹、图案的纯白布或棉麻混纺布，再将染制后的布料加工生产成服装、装饰品及民族工艺品等的传统手工纺织工艺。

白族用于提取染料的植物以板蓝根（蓼蓝、板蓝和松蓝的根都俗称板蓝根）为主。提取时先收割不带根和土的板蓝根地上部分，放入事先盛有水和石灰的大木桶或木缸中，浸泡至水变为绿色时，将其捞出用特制的木槌敲打、捣碎，再浸泡，如此反复多次，最后捞出渣质，将水沉淀至清并除去木桶上部的清水，留在木桶底部的沉淀物即为蓝靛。

扎花的基本方法是以针、线为工具，手工将事先在纸上设计好并贴在白布上的不同图案，扎、缀、缝、捆、撮、皱、叠、折起来形成"疙瘩"，以使"疙瘩"部分的图案在浸染过程中不被染色，从而使有图案的部分和无图案的部分在通过浸染后形成蓝、白两种鲜明的颜色。

染布是将植物染料放入俗称木缸的木制大圆桶中，根据经验加水稀释，调匀至需要的浓度或比例，再将扎花后形成"疙瘩"的白布浸入其中，并使其全部被染液浸没，待一段时间后，捞出揉搓，晾干，再浸入，再取出晾干。依据需要的颜色深浅，需如此反复浸染数次至数十次。最后将已染制好的白布通过拆线、漂洗、晒干和熨平等工作便制作成了扎染布。

3.2.3.6 制茶

（1）哈尼族

哈尼族在日常生活中所饮用的炒青茶和竹筒茶都是他们自己手工制作而成的。炒青茶是在新鲜茶叶采回后，将其放在簸箕内晾晒1小时左右，待铁锅被烧红后将其倒入锅中不停翻炒，同时逐渐减弱火势。杀青后，将其捞出重新放回簸箕之中，趁热用手用力不断揉搓，使其缩成条，且揉得越细越好，随后再次放回锅中，以微火焙干即制成茶汤鲜绿清澈，清香四溢，耐泡耐喝的哈尼绿茶。竹筒茶将从茶园里采回的嫩叶或老叶茶，用铁锅焙炒后，放在竹帘上搓揉，随后装入竹筒中捣实压紧，用竹叶堵住筒口，倒置在火塘边慢慢烤干成竹筒茶。饮用此茶时将竹筒剖开取出茶叶，加开水冲泡或煮饮。此茶介于红茶和绿茶之间，茶汤黄绿，并带有淡淡的竹香，饮后可提神、解乏。

（2）布朗族

布朗族以茶为生，在长期驯化、种茶的生产实践中积累了丰富的制茶传统知识，他们能够借助简单的工艺制出"酸茶""喃咪茶""青竹茶"等多种茶产品。其中喃咪茶是一种蘸喃咪吃的茶，是勐海县打洛等地布朗族以茶当菜的茶食用知识或方法，"喃咪"是用菜花沤制或野果或番茄烧熟后配入各种作料烹制的一种酱，可蘸食各种生菜，也可蘸食茶叶。蘸食茶叶时，先采集新发的茶叶1芽2叶，放进开水中稍烫片刻，减少苦涩味，或直接蘸喃咪食用。

（3）德昂族

在日常生活中，德昂族饮用或嚼食的茶叶都是他们自种自制的，按照他们加工利用茶叶的方法，大致可将他们加工的茶叶分为干茶和鲜茶两类。干茶类似炒青或晒青茶，前者是将嫩茶叶采回放进大锅里用小火慢炒，待其发出茶香时，用手直接在锅中或捞出放在竹席上用力搓揉，使其卷缩成条，然后或放在阳台上晒干，或再反复一次后晒干备用即可。饮用时可将干茶烤香加开水煮沸饮用，其茶清香、味浓甜，多用于招待宾客；也可直接加水煮沸，用于人多或劳动时饮用。后者是将采回的新鲜茶叶洗净后，直接放在竹筒或缸内发酵、糖化，腌制成酸茶或腌茶后直接充当零食嚼食，或拌入佐料作为零食或菜用。其茶味微酸、苦，回味甘甜，有生津解渴、解暑清热和消食作用。

（4）阿昌族

阿昌族在多年种茶的生产实践中积累起了许多制作或加工茶叶的传统知识，其中以"青竹茶"的制作方法较为独特。首先，砍一节碗口粗的鲜竹筒，一端削尖，插入地中，注入泉水，当作煮茶的器具。然后，在竹筒四周点燃薪材煮水，待水沸时随即加入适量茶叶续煮3min左右，将煮好的茶汤倒入事先准备好的小竹筒内即可品饮。竹筒茶将泉水的甘甜、青竹的清香、茶叶的浓醇融为一体，滋味浓烈，别有风味。

3.2.3.7　榨油

（1）普米族

普米族在长期的生活实践中学会了利用核桃、青刺果、葵花籽或大麻籽等油料生物资源榨取植物油，供食用、祭祀和照明的方法或知识。他们一般在每年腊月初六，即普米族的年节前榨油。其榨油方法有两种，但都很简单，第一种是将原料舂成粉，放入铁铜锅中熬煮，待锅内水沸，带油的水自然翻滚时，用铁勺舀出漂在水面的油质，再放入锅中炼熬至水分蒸净，余下来的就是油脂。第二种也先将原料舂成粉，随后放入木甑中蒸熟，装进麻袋，再将麻袋放进独木槽，在麻袋上方压一块木板，在木槽外一定的距离立一木桩，桩上套一根吊有大石块的横杆，当横杆落下时，石块恰好打压在木板上而榨出油（喇明清和胡文明，2009；戴陆园等，2013）。

（2）傈僳族

野生核桃油是傈僳族食用的除漆籽油外的第二种植物油。它们通常在每年9~10月，在野生核桃果成熟从树上自然掉落时，将其收集，然后用木棒砸开果皮取出核果，放在溪水中洗去核壳表面的残皮，背回家自然晾干；用大木槌砸碎坚果，放在大铁锅中加入刚好能将其淹没的清水，用大火煮2~3h，待沸水表面有油物时，用棕片滤除核桃壳和其他杂质，再将油水继续煮至水分完全散尽便熬成了核桃油。

3.2.3.8　饮茶

（1）德昂族

茶叶在德昂族的社会生活中有着广泛用途，不但是他们日常生活中必不可少的饮品、供品、赠品、祭品，而且已渗透到社会文化的各个方面，成为他们特有民族文化的一部分。在德昂族的茶文化中，主要包括成年礼茶、媒茶、小酒茶、婚礼茶、亲情茶、拜家神茶、送鬼茶、丧葬茶几种。其中成年礼茶是德昂族的少男少女在成长至十四五周岁，即将进入青年人行列时，会收到"首冒""首南"送来、邀请他们参加属于青年人集会的一小包相当于请柬的茶叶，凡收到这种茶包的少男少女都要参加"首南""首冒"为他们举行的这次青年集会。从此，他们就已经长大成人，便可开始社交活动、谈情说爱和参加宗教祭祀活动而被社会认可。

（2）普米族

茶在普米族每天的日常生活中必不可少，他们日常饮用的茶主要包括烤茶、酥油茶、猪油茶和盐茶等。其中猪油茶除主料砖茶外，其配料主要有稻米、熟猪油、核桃糊、花生糊、麻子糊、芝麻糊、爆米花和盐等。制作烤猪油茶时先将土陶茶罐洗净，放在火塘边烘干，放入香糯米烤至香气四溢时，再放入适量猪油续烤，并不断摇动茶罐或用筷子搅拌油和米，使两者均匀受热，充分融合。待米烤至金黄时加入适量砖茶，并快速抖动茶罐或搅拌罐中食物，使米、油、茶相融，并避免将茶烤焦。然后加入开水煮沸，这时可根据个人口味，加入核桃糊、花生糊、麻子糊、芝麻糊、爆米花、盐等配料，再次煮沸后倒出即可饮用。

(3) 纳西族

纳西族在与自然环境的长期适应过程中，发现酒和茶有祛寒、除湿和醒目的作用，于是逐渐形成了用酒泡茶（称之"龙虎斗"茶）的饮茶习惯。制作"龙虎斗"茶酒时，先取适量茶叶放入土陶罐中放进火塘内烘烤，并边烤边转动陶罐，使罐内茶叶受热均匀，以免被烤焦。待茶叶发出焦香时，向罐内冲入开水，再像煎中药一样熬煮成浓茶。然后将煮好的浓茶冲入事先盛有半盅白酒的茶盅之中即制作成了"龙虎斗"茶。在冲泡此茶过程中他们禁忌将酒倒入茶水之中，而只可将茶水倒进白酒之内。

(4) 怒族

怒族经常饮用的茶主要包括漆油茶及盐巴茶两种。其中漆油茶是怒族群众常喝的饮料之一，也是他们招待客人的上等饮料，还是藏族酥油茶的仿制品。他们认为漆油是大补食品，因此，也常用作产妇或体弱者的补品。加工时，用少量开水将漆油融化，然后将过滤了茶渣的茶水或直接将茶叶和融化后的漆油一起倒进特制的茶桶中，依不同口味，加入适量核桃仁粉、芝麻粉、奶粉和食盐等不断搅拌混合而成。

3.2.3.9 护肤

纳西族用来护肤的植物包括藏红花、苦蒿、迎春花等183种，他们一般依照：护肤植物花的颜色和气味，植物的使用部位，采集来源和用药部位形状，用药对象、植物形状及采集的季节进行命名分类。在使用时，纳西族一般采用泡酒、泡水、泡油、内服外治等10种炮制方法对植物进行处理后，针对纳西族主要出现的刀伤、烫伤、皮肤瘙痒等21种护肤类型进行养护。例如，当地纳西族会外用蛇床子、苦参、苍耳子来外洗止痒，还会用水泡天南星、独地子、九里光、狼毒来治疗皮肤过敏（杨立新，2015）。

3.2.3.10 情感表达

景颇族总结或发明了利用芭蕉叶包裹某些农业生物资源或其食物以表达思念、爱恋、求偶、传递情感或信息的方法或知识，而且今天这些方法仍在被沿用。所以，用于表达情感、信息传递的农业生物也被他们赋予了除衣、食、住、行和医疗健康之外的通信和文化功能。其中，在景颇族男女青年的爱恋交往过程中，芭蕉叶、树根、大蒜、辣椒、栗树叶、玉米、稻谷、豆类等农业生物资源起着传递恋情与意愿的"书信"通信作用，其中芭蕉叶被视作信封，而不同的包裹方式或不同组合则表达了双方情感的交流。而景颇族在参加婚礼、过节集会等常常会带着一桶水酒、一桶米酒、两包煮熟的糯米饭团和两包煎熟呈饼状的鸡蛋，其中米酒代表男性，水酒代表女性，两包糯米饭团代表"黏贴结合，亲如一家"，两包鸡蛋代表"纯洁、圆满、平安、康乐"。

3.2.3.11 其他相关传统知识

(1) 基诺族

葫芦利用。基诺族有关于他们祖先起源于葫芦的神话传说，葫芦是他们崇拜的代表植物之一。他们崇拜、种植和食用葫芦，以葫芦制作各种生活器具，既崇敬祖先也保留和传承了种植和食用葫芦的文化或习俗。

芋和姜利用。芋和姜在基诺族日常生活中除有食用、调味等基本功能外，还有驱赶鬼魂，保护旱谷生长的祭祀作用。因此，芋和姜也是基诺族的宗教植物，几乎家家户户每年都要种植少量的本地小芋头和生姜。他们过去从事刀耕火种农业生产时，每年砍地时都要举行先种三塘姜和芋头的仪式，借以求祖先保佑，驱赶鬼魂和保护作物生长。

（2）佤族

佤族过去多穿由妇女种麻（棉）、绩麻、纺线，以手工缝制成的本色棉、麻土布衣服。生产劳动中穿着这种衣服易被碰触到植物茎、叶汁液染色，而不易被洗掉，不过被染色的衣服颜色却反而较本色鲜艳而绚丽。她们意识到某些植物的汁液有可能将本色的棉、麻线或布匹染成她们想要的颜色。于是，她们逐渐熟练地掌握了用紫梗汁液染红布、用黄花煮水染黄布、用蓝靛植物染蓝布或线、用麻栗树皮煮水染灰布、而将蓝布浸入麻栗树皮液可再将其染成黑布，以及将已染成不同颜色的布或线包裹在煮后并蒸熟的小红米之中一段时间后取出晾干，便可提高布或线的忍耐性，而不易断裂。

（3）拉祜族

菜籽和萝卜籽利用。拉祜族有将菜籽或萝卜籽装在小布袋里，戴在有数手指头习惯的小孩脖子上的传统风俗。因为在他们看来，数手指头就是在数自己的寿命，手指头是有限的，一旦手指头数完了，小孩也就要夭折了，所以有数手指头习惯的小孩不会长命。为此，他们要在小孩10岁前给他佩带装有无数菜籽或萝卜籽的小布袋，以祈求小孩平安、长命百岁。因为他们认为菜籽或萝卜籽粒小，一小袋就可以装无数粒，如果一粒代表一岁，那么小孩就可以有像小布袋里的菜籽或萝卜籽一样多的寿命。因此，菜籽和萝卜籽被当成了人们渴望长寿的吉祥物。

竹及竹筒利用。拉祜族不仅将竹子直接用于盖房建屋，而且也将其加工成竹篾、竹箩、竹篮、簸箕等生产用具和竹凳、蔑桌等生活用具，甚至妇女腰间的装饰品。

（4）德昂族

德昂族妇女服饰的特别之处在于她们以"藤篾缠腰"为饰。藤篾是一种野生棕榈科植物，其藤条是加工德昂妇女服饰、腰箍的最好原料。传统的腰箍由四部分组成，第一、第二部分是把藤条削为1cm左右宽，绕成圆圈，用线绑紧接口，再根据个人爱好在藤条上雕花刻纹，或用毛线缠裹藤条为饰；第三部分用竹篾做成；第四部分由竹子制成。年幼的德昂族女孩一般戴第一、第二和第四部分，而年长妇女则戴全部，而且每当她们的年龄增长一岁，藤条也就增加一根，但当她们到一定年龄后就不必再戴。

（5）阿昌族

阿昌族在加工水牛角刀柄时选择形状适宜的牛角，锯出需要的部分，在牛角上采用机械刻出图案，将打制好的刀具柄部放入炭火中烧红后，对准牛角横切面中部迅速用力插入数分钟后拔出，然后再把具有较好勃合性的紫胶塞入被刀具柄部高温烙出的牛角孔隙内，再将带有余温的刀具柄部插入其中，随着紫胶溶化，刀具柄部便与牛角牢牢地薪在一起，然后，再在刀柄与牛角的结合部用机械钻出孔，安装螺钉固定，以防脱落即可。以此工艺即可制成"柔可绕指，吹毛立断"的"阿昌刀"。

（6）傈僳族

为了能够提高狩猎技能及使大型动物短时间内被捕获，傈僳族在高黎贡山上寻找到一种具有剧毒的叫乌头的植物，能让受伤的动物在短时间内毙命，经过利用老鼠及青蛙所做试验，他们发现紫花乌头毒性最大。从此，他们在打猎及与敌厮杀时便用涂有紫花乌头毒的弩弓射杀目标（艾怀森，2010；戴陆园等，2013）。

3.2.4 农业生物资源保护

3.2.4.1 利用饮食喜好保护

澜沧江中下游地区很多少数民族都拥有独特的饮食习俗文化，有的喜吃糯米制品，有的喜食辛辣，各少数民族这样的饮食喜好不只形成了多种民族特色菜肴，同时因为持续使用生物资源制作民族菜肴使得一些生物资源被保留下来。例如，哈尼族、傣族、德昂族喜食糯食，不仅喜欢食用粑粑和饮酒，同时还用糯米制品待客、庆祝节日和祭祀等，因此他们用以烹食糯米饭、糯米粑粑、黄饭和酿酒等食物的糯稻、糯玉米、小米等粮食作物的地方品种便得以长期保存；基诺族酷爱食用如苦笋、苦凉菜、咖啡、茶叶、烟草和槟榔等苦味食品，经常在房前、屋后种植少量的蔬菜和香料植物，如此在一定程度上起到了保护当地农业生物资源的积极作用；佤族爱食辛辣食物和咸菜，饮酒和吸旱烟，因而辣椒、刺芫荽，用于加工和烹制腌菜的青菜、加工豆豉的大豆、用于酿酒的小红米等农业生物资源被长期种植和保留下来；拉祜族喜食用鸡肉与软米或糯米煮成稀饭，再拌入胡椒粉、草果面、辣椒面、菱菱、荃菜根和盐等的鸡肉稀饭，因而符合他们饮食喜好的作物传统品种得到保护。

3.2.4.2　利用宗教信仰及传统节日保护

对于宗教信仰中的神灵，澜沧江中下游地区各少数民族均抱有非常崇敬的态度，在他们心目中他们的神灵神圣不可侵犯的，因此其栖息的森林会受到全体村民的保护。从保护生态和生物资源的角度看，哈尼族、布朗族、佤族、拉祜族等信仰原始宗教少数民族的崇神、畏神的行为准则在不同的历史时期和一定程度上非常有效地保护了本民族生存区域的原始植被完整性和生物资源多样性。而很多如傣族、布朗族、德昂族等信仰佛教的少数民族崇拜自然，认为世间万物但凡日月、星辰、山石、树木或花草都依附有神灵，因而会有意识的对自然生态环境进行保护。

除了对于神灵的敬畏外，在基诺族等民族的传统社会中有许多保护生态环境的习俗和禁忌。他们遵循适时、适度索取和"补偿"自然界的采集或狩猎原则。但补偿的方式通常只是为那些被他们索取了性命的生物超度"亡灵"。适时、适度的索取原则主要包含采集或狩猎时的时令性和各种禁忌两个方面。这种原则具体表现在春耕农忙时节的禁采、禁猎和保守采集或不滥捕的生产过程中。禁采和禁猎不但利于农业春耕生产，而且也有助于各种野生动植物的生长和繁殖。保守采集是在采集野生可食植物时把自己的索取行为控制在野生植物种群、群落和生态环境可承载的范围内，即采集的数量不会导致被采集植物的毁灭。不滥捕是指即使在狩猎时节中他们也有众多"不宜出猎"的日子、禁猎对象和各种祭祀寨神、猎神和兽神的宗教仪式和禁忌。这些采集和狩猎禁忌及不滥采、滥捕的习俗在一定程度上保护了他们村寨周围的农业野生生物资源。

而在澜沧江中下游地区各少数民族独特的传统节日中，需要一些特殊、必不可缺的食物或物品来庆祝和祭祀，因而烹饪这些食物的农业生物资源便被他们保护下来。例如，傣族在祭祀活动中需用长尾巴糯和染饭花制成的米饭来祭祀神灵，拉祜族在中秋节时用南瓜、黄瓜、玉米穗、新米等多种生物资源来祭月，德昂族在"浇花节"需要用糯米饭或糯米粑粑、猪、鸡肉等作为祭品供奉神灵，因而相应的地方品种被保留下来。

3.2.4.3　利用适量采集方法保护

澜沧江中下游各少数民族都有着悠久的食用野生植物资源的历史，但其在采集野生可食植物时，不会滥采滥伐，而是保留一部分采集物作为繁殖体，使其延续，以便来年再伐再采。例如，傣族在采集竹笋时，一般都要每间隔一定距离留下一棵健壮的竹笋作母笋，使其长成新竹，繁衍后代；布朗族、德昂族采集菌类、野生蔬菜及药材时遵循"采多留少，采大留小"，适时适量采集的方法。

3.2.4.4　利用特有耕作方式

（1）哈尼族

哈尼族梯田拥有独特的灌溉系统和传统而古老的农业耕作、管理生产方式，形成了江河、梯田、村寨、森林为一体的人与自然高度协调统一的可持续发展的良性循环的稻作农业生态系统。在这个农业生态循环系统中森林资源、水资源、农作物资源、水产资源及农耕文化都得到了很好的保护和传承。其中，在这个系统中哈尼族依据不同梯田土质和所处气候环境选择利用的水稻品种就有数百个。

（2）基诺族

基诺族在刀耕火种地中有将旱稻与如冬瓜、南瓜等其他作物间作、套作的习惯和传统。多数基诺族农户选择旱稻、玉米、高粱等禾本科粮食与豆科作物，如更豆、饭豆等的轮作或间作，以恢复和提高土地肥力。他们利用同一地块作物间的间作或轮作不但保持了农田的生物多样性，也保存了农业生物资源的丰富度，而且也是他们自发利用生物多样性防控作物病虫害的生产实践知识。

（3）佤族

间种、套种——佤族村民普遍将不同作物或植物进行间种或套种，他们也因此有许多用于间种、套种的作物或植物种类和间种、套种方式，其中最常见的是将茶与旱稻、旱稻与桉树、咖啡与瓜类等几种成片间作方式和陆稻套玉米、玉米套瓜类等几种套作方式。这种间作或套作方式形成了粮、林间混作农业生态系统或耕作模式，这样不但有效地阻止了坡地的水农田病虫害的发生与暴发，而且也保护了农田（地）物种和遗传多样性，而用以间作、套作的粮食、瓜类、豆类等农业物种的不同品种也因此被保留下来。

轮种——过去，佤族在将选定林地的树枝、杂草砍伐、焚烧，形成"刀耕火种地"或再经锄挖形成"犁挖地"之后，因为新开垦的土地肥力一般都较低，而旱谷需肥较多，但是豆类不仅需肥少，而且其掉落在地中的豆叶还可进一步培肥地力，有固肥、聚肥作用，因而一般第一年先种植一季如小豆的豆类，待豆类收获的第二年和第三年后再连续栽种两季旱稻，然后抛荒轮歇。虽然现在他们已不再焚林开荒，经营"刀耕火种地"，但是在耕种固耕坡地时仍在沿袭这种轮种方法及焚烧作物秸秆和杂草以提高土地生产潜力的耕作方法。

（4）普米族

轮作、套作、休耕——普米族的旱地轮作休耕方式一般有三种：一是第一年小春种蚕豆，第二年大春种玉米、小春休耕，第三年大春休耕、小春复种蚕豆；二是第一年大春种玉米、小春休耕，第二年大春休耕、小春种蚕豆，第三年大春再种玉米、小春休耕，第四年大春休耕、小春种小麦；三是第一年小春种小麦，第二年大春种玉米、小春再种小麦。由于土地资源的限制和为保证基本食物来源，无休耕的第三种轮作方式较为普遍。除轮作休耕外，他们有时也在同一地块里套种多种作物，一般在田边、地角或玉米地中同时栽种白瓜、向日葵等。为满足这种耕作方式，他们必须为不同年份、不同种植节令保留不同作物种或品种，因而保持了丰富的农业物种多样性，形成了丰富的农田生物多样性。

换种——在农业生产种植实践中，普米族认识到在同一块地种一些作物品种一定年限后，产量会下降，适口性也会变差，因而形成了与他们杂居或混居的彝族、傈僳族、纳西族等民族换种的习俗。普米族与不同民族间相同作物品种种子的调换，起到了被换品种种性的保持或恢复作用，而不同作物的种子交换则丰富和拓展了其利用农业生物资源的多样性和丰富度。

（5）怒族

怒族在耕种刀耕火种地时，常将烧荒后灰烬多、肥效好的新垦地，第一年用于种植高产需肥多的玉米，第二年他们把需肥较少的苦荞与恺木的种子混合播种，形成粮、林混作的生态系统景观，第三年则在恺木树苗间隙再间种一年小米或稗，第四年只移栽补植恺木树苗，不再种粮食作物，之后，土地便被丢荒休闲。5年后，恺木树苗已长至8m左右，直径达15cm左右，被丢荒休闲的土地其肥力已恢复如初时便可再次被砍伐和耕种。这种粮、林混、间作的生态种植方法或模式既重视、利用了恺木树保持水土和肥地的功能，又结合了不同作物种类对土地肥力的需求差异，从而有效地保护了轮歇地中的农业生物多样性和农业物种多样性。

3.2.4.5 利用宗教文化保护

大多数傣族寨都建有缅寺，并根据佛教规定而栽种有许多如贝叶棕、菩提树等与佛教有关的佛树，以及如提供赕佛用油的铁力木、煮水浴佛用的香料植物樟树、赕佛用的各种鲜花、水果等傣族用于赕佛的植物，从而形成了寺庙宗教植物园。植物园中的植物被认为是"寺产"，受佛徒和僧侣严格保护，除佛教活动所需之外，所有人包括信徒都不得随意采摘、触碰寺庙庭园中的植物，这对植物资源起到了保护作用。

3.2.4.6 利用村规民约保护

在澜沧江中下游的基诺族先民看来，森林中的一切都是神灵赏赐给他们的财富。他们对土地和森林与其自身生存与繁衍的休戚关系有着十分深刻的认识，遵循土地和森林的可持续利用原则，并且用严格的民俗约束或限制他们的生产行为。他们将村寨的土地和森林划分为轮歇地、水源林、风景林、护路林、护寨林和神林等，并实施分类管理与利用。在刀耕火种时，基诺族人通常有计划将海拔较高、坡度较大、土壤贫瘠的林地耕种一年或三年后便弃置，待十多年后地力恢复后再重新开垦耕种，而降海拔较低、坡度平缓的肥沃林地则长期轮作。与此同时，他们还规定可在休闲地中放牧、砍薪柴，但不得砍伐其他林地的树木，各村寨的茶园、林地也都有明显的地界，不得越界砍伐种植。而在砍烧轮歇地时，他们会事先将一些野生果树、药用植物、名贵材用、遮阴树和具有宗教意义的树保护起来。

下　篇
专题研究

第4章 | 澜沧江流域茶文化及其变迁[①]

4.1 引 言

中国西南边陲的云南省内的澜沧江流域，是人类重要的发祥地之一，也是茶树的原产地之一。茶和中华民族的生存是息息相关的，茶业在神州大地上的发展已经有5000多年历史了。东汉时期的《神农本草》中记述了"神农尝百草，日遇七十二毒，得茶而解之"。根据记载，茶叶在中国最早是作为药物使用的。在我国，传说茶是"发乎于神农，闻于鲁周公，兴于唐而盛于宋"。茶最初是作为药用，后来发展成为饮料。唐代陆羽《茶经》："茶之为饮，发乎神农氏。"陆羽在《茶经》的开宗之句是"茶者，南方之嘉木也"，指出了茶树的起源地在南方。这个"南方"据研究很可能就是云南。在这广袤富饶的大地上，世居着哈尼族、彝族、拉祜族、傣族、佤族、布朗族、回族、白族、瑶族、苗族、傈僳族、蒙古族、景颇族等民族。许多世居的民族同住一个寨、共饮一井水，邻里相帮，和睦而居，创造了异彩纷呈的具有民族特色和地域特色的文化。

截至2011年年底，云南省茶叶种植面积达$3.7 \times 10^5 \text{hm}^2$，居中国第一；茶叶总产量$2 \times 10^5 \text{t}$，居中国第二；茶叶综合产值150亿元，云南省已成为名副其实的茶叶大省（王晋和李守青，2011）。而云南的茶叶的主产区又相对集中在云南澜沧江流域内的几个主要的地州。云南省澜沧江流域是世界茶树原产地和茶树资源最为集中的核心区，更有着世界名茶普洱茶和滇红。世居澜沧江流域的哈尼族、彝族、拉祜族、布朗族、傣族等少数民族，是发现茶、驯化茶的民族，他们的智慧和辛勤的劳动使茶叶从深山沟岩走向天下众生，成为世人皆喜的饮料。同时，他们具有各民族特色的饮茶习俗，极大地丰富了世界茶文化的内涵，如今已经成为中国茶文化的重要组成部分。但是随着时间的积累，年代的变更，澜沧江流域的茶文化已经不单单是保存在这片沃土，它已经随着茶叶经济的带动为世人所知，正走向世界，充实着世界多彩的文化内涵，同时也正被外界多元的文化元素所充实着，改变着。

澜沧江在云南省境内干流长1247.7km，共有大小河流96条，该流域是以纵向山系和大河为主体特征的纵向岭谷景观，北部地区位于横断山系南段，高山峡谷相切的主体地貌，中部地区多为中山宽谷，南部地区呈中低山宽谷盆地景观；从南到北气候带依次为北热带、南亚热带、中亚热带、北亚热带、暖温带、温带和寒温带。该流域具有多样地貌特征和气候特征，是全球生物物种的高富集区和世界级基因库，是地学和生物学等研究地表复杂环境系统与生命系统演变规律的关键地区，在全球具有不可替代性（何大明等，2005）。

茶在澜沧江流域仅分布在云南省，主要包括西双版纳、普洱、临沧和保山等州（市），分属云南省四大茶区中的滇南茶区和滇西茶区，是云南省茶叶的主要产区。云南省澜沧江流域区为少数民族聚居地，居住着18个少数民族，其中布朗族、傣族、哈尼族、基诺族等传统茶叶种植民族，在长期的生产生活实践中，积累了丰富的有关茶叶驯化、栽培、采摘和制作的知识和经验，有着丰富的茶传统与文化的多样性，创造了璀璨的茶文化。

---

① 本章执笔者：余有勇、崔明昆、李洪朝、杨新丽。

4.2 流域内茶的分布以及茶文化

4.2.1 主要茶资源的分布

如前所述，茶在澜沧江流域仅分布在云南省境内。云南省澜沧江流域从北向南贯穿云南省的西部地区，涉及 7 个地（州）39 个县（市），其中以大理白族自治州，保山市，临沧市、普洱市和西双版纳傣族自治州的茶叶资源最为丰富，迪庆藏族自治州和丽江市地处云南省北部，茶叶资源相对于其他云南省澜沧江流域内的几个地州相对较少。

4.2.1.1 大理白族自治州

大理白族自治州位于临沧、普洱北部。至 2012 年年底，茶园种植面积达 13 033 hm²，无公害茶园面积 3200 hm²，AA 级认证 247 hm²，有机茶认证 190 hm²。有精制茶厂 4 个，初精制茶厂 50 个，初制茶厂 120 个。由于高海拔等原因，区内仅在最南部的南涧等地有茶叶生产。但此地是云南省重要的紧压茶加工地。位于洱海西畔的下关茶厂是与西双版纳勐海茶厂齐名的普洱茶生产企业，以其长期承担边销茶加工及沱茶出口而享有盛名。如今，茶叶产业已成为大理州南涧、云龙、永平、巍山等县山区、半山区农民脱贫致富的区域性骨干产业和重要经济来源。

4.2.1.2 保山市

至 2008 年年末，保山市茶叶种植面积达到 31 300 hm²（其中已投入采摘面积为 22 947 hm²），涉茶农户 21.2 万户，占全市农户总数的 38.62%，涉茶人员 84.9 万人，占全市总人口的 34.45%；2008 年毛茶产量达到了 22 022 t，实现总产值 5.7 亿元（杨志雄等，2009）。保山市茶叶产业发展历史悠久，一直被专家认为是发展优质大叶种茶的最佳适宜区，是世界公认的茶树原产地之一，被称为"茶树品种资源宝库"。"六五"至"七五"中期，由于红茶出口势头迅猛，保山市大力发展茶叶生产，茶园面积最高发展到 40 万亩，位列云南省第二位，仅次于临沧，是云南省著名的"滇红"茶及普洱茶的重要产地和发源地。1986 年昌宁县被国家计划委员会、农业部批准为全国优质茶基地县，1987 年腾冲、龙陵两县被国家两委三部（即国家计委、经委、农业部、经贸部、商业部）列为出口茶生产基地县；全市 70% 的茶叶集中产于 25 个乡（镇），分布于广大山区、半山区和民族贫困地区。茶叶产业被列为保山市"十一五"产业发展中重点培植提升的支柱产业之一，是继烟、糖之后的第三大农业产业。至 2008 年，全市茶叶主要加工企业 44 家，茶所 743 家，拥有主要茶叶品牌 38 个。目前，全市茶叶产量位居全省第 4 位。

4.2.1.3 临沧市

2010 年，临沧市茶叶总面积 128.4 万亩，采摘面积 99 万亩，全年茶叶总产量 5.7 万 t，全年茶叶工农业总产值将达 18.35 亿元，茶叶产业已经成为临沧农民增收致富的主导产业之一。临沧地处北回归线，四季如春，年平均气温 17.5℃，是世界上最适宜茶树生长的地方，是世界著名红茶"滇红"的诞生地，是云南普洱茶、蒸青绿茶的原产地，也是"南茶马古道"的主要起点和通道。临沧 80% 茶园建在澜沧江和怒江流域，生长在海拔 1600~2400 m 的高山生态环境。全市有茶组植物 4 个系 8 个种如国家级良种勐库大叶茶和凤庆长叶茶以及邦东大叶茶、忙肺大叶茶等一大批省级良种。全市现有栽培茶园总面积 85 600 hm²，其中发现并保存有野生古茶树群落 53 333 hm²，栽培古茶园 6667 hm²，茶叶总产量达 65 000 t，分别占全省的 23% 和 28.5%，是云南省第一产茶大市。全市有 140 户通过国家许可（QS）茶叶生产企业，有茶叶初制所 857 个，有国外引进 CTC 茶生产线 25 条，现在年生产加工能力达 10 万 t 的企业集群已经形成，能加工生产功夫红茶、CTC 红碎茶、普洱茶、绿茶、茶饮料、茶籽油等初、精、深产品。目前临沧市先后有 16 个茶叶品牌获得"云南省著名商标"称号，6 个茶叶品牌获得"云南省名牌产品"称号。由于临沧茶叶品质优良，经济价值较高，深受国内外消费者钟爱，每年约有 70% 以上的茶叶销往国内 20 多个省市和港、台地区以及日本、缅甸、韩国、东南亚、北美、东欧等国际市场，在华南、华北、东北、西北、西南等主要茶叶市场建立了稳定的市场渠道。根据《临沧市茶叶产业发展"十二五"规划》，到 2015 年全市茶园种植面积达到 86 667 hm²，茶叶产量达到 100 000 t，茶叶产业总产值达 50 亿元，实现全市农民茶叶纯收入 600 元以上，把茶叶产业打造成"临沧的名片、中国的名牌、世界的名品"，把临沧打造成为世界知名的优质红茶生产基地和国际红茶交易中心，成为名副其实的"红茶之都"和"天下茶仓"。目前全市茶叶已发展成为面积上百万亩、历史上千年、产量上万吨、产值上亿元的"百千万亿"富民产业。截至 2011 年 10 月末，全市共有 163 万茶农，茶园总面积 85 600 hm²，实现茶叶总产量 65 000 t，实现工农业总产值 11. 97 亿元（其中农业产值 6. 85 亿元，工业产值 5. 12 亿元），同比增长 68%。总体看，2010 年临沧茶叶产业出现茶市回归、品质稳定、效益趋好，茶农增收的良好局面（张剑昆，2012）。

4.2.1.4 普洱市

2010 年普洱市茶园总面积 2.1×10⁵ hm²，其中，现代茶园面积 93 000 hm²（采摘面积 67 000 hm²），野生茶树群落面积 78 533 hm²，栽培面积古茶园面积 12 133 hm²，茶树成活林面积 28 200 hm²。全市现代茶园面积占全省茶园总面积的 24.7%；全市无性良种茶园面积为 47 533 hm²，良种率 51.5%，在云南省茶叶主产区中处于领先（杨显鸿，2012）。

在普洱市内 10 个县区的数十处密林中，已发现有近 20 000 hm² 野生古茶树群落和古茶家园。在镇沅县千家寨有 2700 余年和 250 余年的野生茶树王；宁洱县困鹿山和板山有两棵千余年的野生古茶树；景谷县正兴有一棵千余年的野生古茶树；澜沧县邦崴有 1800 年过渡型古茶树；景迈、芒景千余年栽培型的万亩古茶园，景东、镇沅、景谷、宁洱的成片野生茶树群落。普洱市不仅是普洱茶的故乡，也是普洱茶的发源地。唐代樊绰在《蛮书》中云："茶出银生界诸山、散收无采造法。蒙舍蛮以椒姜桂和烹而饮之"。"茶"即是指普洱茶，"银生"是唐南诏六国节度之一，"银生城"即今普洱景东县城，"银生城界诸山"，即今景东城东的哀牢山和城西的无量山。清檀萃所撰《滇海虞衡志》载："普茶名重天下，出普洱所属六茶山，一曰攸乐、二曰革登"，说明当时的普洱府是普洱茶贸易集散地，这都表明普洱市是普洱茶的发源地。普洱及周边地区是茶树变异最多、品种资源最丰富和山茶科、山茶属植物最集中的地方，也是原始野生茶树（具有原始茶树形态特征和生化特征）最集中的地区，是茶树起源演化，茶树原产地的中心地带，是中外专家公认的茶树生长最适宜的地区。普洱茶的历史可以追溯到东汉时期，民间至今还传有"武侯遗种"的说法。由此说明普洱茶的种植和利用在云南省已有 1700 多年的历史。在漫长的历史长河中，普洱茶经过了多个阶段的发展，形成了今天底蕴深厚、博大精深的普洱茶文化。同时，云南省是众多少数民族集居地，普洱茶伴随着各民族的发展而发展，并融入各民族的艺术、习俗、文化中，从而形成了今天与众不同、为云南省所独有的民族普洱茶文化。普洱市茶文化内容十分丰富，有镇沅千家寨野生大茶树群、澜沧邦崴过渡型千年古茶树文物、景迈栽培型万亩古茶园、江城牛洛河生态茶园，有茶马古道遗迹，有中国普洱茶博物馆，还有各民族丰富多彩的饮茶民族民俗风情。

4.2.1.5 西双版纳傣族自治州

西双版纳傣族自治州是世界茶树原产地的中心地带，是驰名中外的普洱茶故乡，也是云南省最古老的茶区之一。长期以来，茶叶作为西双版纳傣族自治州四大传统产业之一，是数十万山区各族人民经济收入的重要来源，在国民经济发展中占有重要的地位，对边疆民族地区经济生活、社会秩序也起到了一定的稳定作用。在科技不断进步，经济快速发展的 21 世纪，作为老茶区的西双版纳傣族自治州面对新的形势和任务，只有充分认识自身的优势及存在的问题，进而扬长避短，采取相应的改进措施，才能改变茶叶生产落后的状况，使茶叶产业从数量型向质量效益型转变，推动全州茶叶产业的发展，振兴茶叶经济，这也是西双版纳傣族自治州"生物强州"的一个重要组成部分。

西双版纳傣族自治州现有茶园面积近 20 000 hm²，分布在全州一市二县所有产茶的乡镇，涉茶人员数十万人。其中，勐海、景洪是云南省产茶数量最多的两个县市，年产量均在 6500 t 以上，勐腊县茶叶年产量也在 1000 t 以上。茶叶在全州国民经济中占有难以替代的重要地位。全州有生产"大益"牌普洱茶的勐海茶厂及"大渡岗"牌绿茶的大渡岗茶叶公司等具有较大规模和广泛影响力的老企业，久负盛名。

西双版纳是世界茶树原产地的中心地带，茶叶生产历史悠久，茶树资源丰富，优良品种众多。新中国成立以来，云南省茶叶研究所以西双版纳傣族自治州为中心，面向全省开展了茶树资源调查研究及新品种选育等工作，在西双版纳傣族自治州境内发现了树龄达 800 多年的南糯山栽培型"古茶树王"、1700 多年的巴达野生型"古茶树王"及 1000 多年的苏湖野生型大茶树等一批古老的大茶树，发掘并推荐了勐海大叶茶等国家级有性系茶树良种，选育出云抗 10 号、云抗 14 号、长叶白毫等一批国家级、省级茶树无性系良种，并在西双版纳傣族自治州勐海县境内建立了国家级茶树种质资源圃，保存了包括 21 个茶的品种和 7 个山茶科近缘植物的各类种质资源 824 份，并筛选出其中的 25 份优质资源材料供育种或生产利用（陈红伟，2002）。

4.2.2 流域内各民族茶文化

茶，对于生活在西南边陲的云南省少数民族来说，如同粮食、酒、火一样重要。在一些彝文古籍、口头文学及民俗事象里，彝族总是将茶放在酒、肉之先的位置，形成了"一茶二酒三肉"的饮食特色。因而各民族对茶有着浓厚的感情，饮茶成习，茶成了他们日常生活中不可缺少的东西，并由此孕育了历史悠久、绚丽多彩的多民族茶文化。德昂族对茶的感情很深，他们奉茶叶为本民族始祖，自称是茶叶的子孙，并把茶作为本族的图腾。因此，德昂族无论迁居何处，起房建屋之前先要种上茶树。基诺族把茶与始祖开天辟地联系在一起，流传至今还有"尧白种茶分天地"的传说。滇南六大茶山及西双版纳傣族自治州南糯山有许多大茶树，当地民族相传为诸葛亮南征所栽，称之为"孔明树"。不仅如此，茶文化的起源和发展与云南省少数民族的宗教思想、宗教活动有很大关系。南糯山的哈尼族祭祀天神、地神、山神、家神祖宗，其主要内容是"博诺"（即奉献吉祥之物茶叶），茶成为了与祖先、鬼神交通的媒介。彝文古籍《祭龙经》中有"茶与米供奉"的记载。彝族老人去世收殓入棺后，除献祭酒肉之外，还要献祭茶水。毕摩给死者超度亡灵时，要念"茶的根源"，并教给死者到阴间享用的"茶之道"。小凉山彝族作斋献祭时，将盐、荞面、木片（代表金银）同茶叶盛入木盔中，绕火塘三圈后，用以祭祀神灵祖先，故祭品又称"择所拉所"，意为"盐气茶气"。人畜生病，要用"茶气"祭神；逢年过节，要以"茶气"祭祖；毕摩呼神唤灵、作法降妖，要以"茶气"敬祭于附体之神灵，方可得以求助而降妖（杨甫旺，1997）。

云南省澜沧江流域各族人民在其悠久的茶树栽培历史中创造了众多享誉世界的名茶，同时也创造了灿烂的茶文化。在长期的生产、生活实践活动中，通过不断传承、创新和发展，云南省形成了多民族各具特色、丰富多彩的茶饮习俗。各民族之间，以茶待客、以茶联姻、以茶祭祀、以茶纳贡、以茶入市、以茶入药、以茶入诗、以茶入艺等，把种茶、采茶、饮茶、咏茶、祭茶、观茶以及闻香、品味等以不同的民族特色表现出来，通过彼此渗透，相互促进，融汇成独具韵味、魅力无穷、底蕴深厚、博大精深的民族茶文化。现以该流域主要少数民族的茶文化为例说明其茶文化的多样性。

4.2.2.1 布朗族和基诺族的茶文化

布朗族是最早种植茶树的民族之一，有关布朗族头领叭岩冷教子民种茶的传说广为流传。布朗族有着十分悠久的历史，在秦汉时期被称为"苞满"；魏、晋、南北朝时期被称为"闽濮"；在隋、唐、五代、宋朝时期被称为"扑子闽"；在元、明、清时期被称为"蒲满"；中华人民共和国成立后将其统称为布朗族。布朗族和基诺族都是云南省特有且人数较少的古老民族之一。其中，布朗族总人口9.04万人（2000年），主要分布在西双版纳、普洱、临沧、保山等州（市）；基诺族总人口2.02万人（2000年），仅分布在西双版纳傣族自治州。布朗族和基诺族都是云南较早种茶的民族之一。1700多年前，布朗族和基诺族的先民都已开始引种栽培利用茶树。直到明清时期，今西双版纳傣族自治州境内的布朗族和基诺族等民族开始大规模种茶，形成了攸乐、布朗等大茶山。布朗族和基诺族种茶、制茶、卖茶，以茶为生，是名符其实的古老茶农（陈红伟等，2010）。

（1）以茶为食

布朗族和基诺族都是吃茶的民族，这是从原始采集时期就遗留下来的习俗。例如，布朗族的酸茶、喃咪茶和基诺族的凉拌茶。酸茶是勐海县勐混镇浓养村布朗族独特的茶类产品，其制作方法是：采摘夏秋茶1芽3~4叶及较嫩的对夹叶、单片叶，蒸或煮熟后，放在通风、干燥处7~10天，使之自然发酵，再装入较粗长的竹筒内，压实后以竹叶（或芭蕉叶）、红泥土依次封口，再埋入房前屋后地下干燥处，以土盖实，埋1个多月后即可取出食用。这种酸茶具有解渴提神、健身、消除疲劳等功效。喃咪是一种用菜花沤制而成的酱，也有用野果或番茄烧熟后配入各种佐料制成的喃咪。喃咪食用前要拌入辣子、花椒、大蒜、芫荽等佐料，常用各种生菜蘸食。喃咪茶也就是蘸喃咪吃的茶，是勐海县打洛等地布朗族以茶当菜的一种吃法，即将新发的茶叶1芽2叶采下，放入开水中稍烫片刻，以减少苦涩味，再蘸喃咪吃。有的甚至不用开水烫，直接将新鲜芽叶蘸喃咪佐餐。基诺族的凉拌茶也是一种古朴、原生态的吃茶习俗，至今保留在巴飘、巴亚、亚诺等基诺族寨子。凉拌茶基诺话叫"腊爬批皮"，传统的凉拌茶也叫生水泡生茶。通常是到野外劳作休息时，砍一节粗大的竹筒，横剖两半作容器，再采下新鲜的茶叶，适当揉碎后放入容器中，注入适当的山泉水，加入盐巴、辣子、大蒜、樟脑尖、酸蚂蚁蛋等佐料，拌匀后即成一道既可以提神解渴，又可以佐餐的茶菜汤。

（2）以茶为饮

布朗族和基诺族都是喜爱饮茶的民族。布朗族有饮用青竹茶、土罐茶和烤茶的习俗，基诺族有饮用包烧茶和炒老茶的习俗。青竹茶和土罐茶是布朗族饮用晒青毛茶的独特方式。晒青毛茶通常是将茶树鲜叶采回家后，适量放入加热后的大铁锅内用双手或大竹筷翻炒杀青，待茶叶变软，颜色深绿时，倾倒在竹席上，用双手慢慢将茶汁揉出，茶叶揉成条形后，薄摊在大块正方形竹席上，以太阳光晒干即成。晒青毛茶通常作为普洱茶或紧压茶的原料，也可直接用开水泡饮。青竹茶是布朗族在野外劳动时的饮茶方式。在劳动间歇时，布朗人在地头边燃起火堆，将刚砍下的香竹砍成长短不一的竹筒作煮茶和饮茶的器具。长竹筒长30~50 cm，装入清凉的山泉水后放在火堆边烘烤，待水沸腾后放入随身携带的晒青毛茶，煮片刻。短竹筒长10~20 cm，底部竹节下削得很尖，可插在地上，作饮茶的杯子。长竹筒内的茶水煮好后即可倒入若干短竹筒内，分送众人饮用。这种青竹茶将山泉水与青竹香、茶香融为一体，滋味浓醇、爽口，颇得野趣。土罐茶也是布朗族的一种饮茶方法，通常是把晒青毛茶放入一个特制的小土罐中，在火塘边慢慢烘烤，并不停地抖动，使茶叶能均匀受热。待罐内茶叶散发出阵阵热香时，再注入开水，稍煮片刻即可倒出饮用。布朗族还有饮用烤茶的习俗。烤茶是将茶树当年萌发的枝梢连枝带叶一起折下，用竹条夹住后，直接在火塘上烘烤，待茶叶烤至焦黄后，取下茶叶放入一壶开水中，稍煮片刻即成一壶可供多人饮用的香茶。基诺族的包烧茶和炒老茶统称"腊卡"，即老茶之意。包烧茶是将茶树的老叶片用当地的一种冬叶（扫把叶、芭蕉叶也可）包好，埋入火塘内炭火灰中，10多分钟后即可取出烧好的茶叶，放入茶壶中煮饮，也可放入茶杯中直接用开水泡饮。包烧茶现烧现用时汤色黄绿，清香爽口；若烧好后晾干，几天后再煮（泡）饮，则成暗红的汤色，香气稍逊，滋味也还醇和。炒老茶即将茶树老叶片放入热铁锅中翻炒，并稍闷片刻，待叶片半干甚至部分焦黄后再倒入簸箕中，晾干后装入竹箩中备用。这种茶通常煮饮，茶汤红浓，微香，滋味醇和，且冷不变味。基诺人喜爱饮老茶，特别是节庆、婚宴时，在火塘上烧一大锅开水，放入准备好的老茶，再煮10多分钟后即可饮用。基诺人饮老茶的茶具也很特别，一类是盛装茶水的大竹筒，竹筒两端带节，上端削一个斜口，节上留一短枝作提手，并打一个3cm左右直径的洞；另一类是饮茶水的小竹筒，也削1个斜口。待锅中的老茶煮好后，先用瓢舀茶水倒入大竹筒中，再提着大竹筒给客人面前的小竹筒中注入茶水。

（3）祭祀用茶

布朗族和基诺族都信仰原始宗教，深信万物有灵，崇拜祖先，崇拜自然。在节庆及开展生产活动之前，都要祭祖或祭祀有关的神灵。茶叶是两个民族祭祀活动中重要的祭品之一。例如，基诺族大鼓是其祖先躲避洪水的器物，是基诺族崇拜的神器。在每年新年节（特懋克节）都要举行祭鼓仪式，祈求祖先保佑人畜兴旺、五谷丰登。祭品有猪、鸡、米饭、茶、酒等。布朗族过去在烧荒播种之前，要先用米饭、竹笋和茶叶的混合物祭祀火神。布朗族也信奉南传上座部佛教，每年都要到缅寺进行多次赕佛等奉献式的宗教活动，同时要听经祈福，并求风调雨顺、粮茶丰收。赕佛时，茶叶是重要的赕品之一（云南省编辑组，2009）。

（4）婚俗用茶

居住在勐海县浓养村的布朗族，青年男女订婚时，男方必须送给女方一只公鸡、一筒酸茶、一包盐巴、一包辣子、一包烟、两瓶酒。结婚时，酸茶也是必不可少的。在其他一些布朗族寨子，姑娘出嫁时往往把一包包的散茶作为陪嫁品带到婆家，有的甚至还把一块块的茶园、一棵棵的大茶树作为陪嫁品划归婆家。在基诺族婚俗中，茶叶没有多少特殊的用途，只是在婚宴上，主人家要准备一大锅红浓的老茶水，并用独特的竹筒茶具为来宾敬茶（陈红伟等，2010）。

4.2.2.2　哈尼族茶文化

哈尼族历史悠久，早期与彝族、纳西族、拉祜族等同源于古代的羌人。从唐代到清代的 1300 多年中，"和泥"成为哈尼族先民最普遍的历史名称。哈尼族有"卡多（卡惰）""窝尼""碧约（毕约）""白宏""叶车（奕车）""糯比""布孔"等自称和他称 20 多种，中华人民共和国成立后，根据本民族多数人的意愿，经国务院批准，以"哈尼"作为统一名称。澜沧江流域的哈尼族主要集中在墨江、江城、宁洱、镇源、景东、景洪、勐海、勐腊等地。西双版纳、墨江、江城等州地的哈尼族山区，是驰名中外的普洱茶的产地。哈尼族豪尼、白宏、碧约、卡多、切弟、腊包、西摩洛、爱尼、多塔等支系都把茶称为"腊"，把茶水称之为"腊波"。普洱茶被人们誉为"绿色的金子"，哈尼族是使普洱茶的美名传播天下，让世人了解了普洱茶和创造普洱茶的民族之一，与之同时让世人所知的还有其丰富多彩的哈尼族茶文化。

（1）婚宴中的茶

一般来说，哈尼族的婚宴十分热闹，摆宴三天六餐才算是一场真正的婚礼。举行婚礼时，全村寨的男女老少和外村的亲朋好友都要到场。为了减轻举行婚礼家庭的负担，来参加婚礼的每一个人都会主动带上米、酒、茶叶、各种蔬菜等生活用品，而不够的部分就需要当事人来解决。

当男方接亲的队伍来到时，新娘则要躲起来，以此表示不愿离开亲爹亲娘和一起长大的兄弟姐妹及伙伴。留一些新娘的伙伴在家里来侍奉接亲者。接亲的人首先把带来的礼品一一打开，让女方家的家长过目。一女子要端来茶水，新郎要接茶水后双手敬给女方父母，待他们喝下后，自己才能再倒茶水喝。茶水喝过后就要率人把躲起来的新娘找来。新娘虽说是躲起来也只是象征性的藏一下而已，其实就是待在家的周围或是邻居家里，找到她十分容易。新娘找回来后，新郎新娘就要一人端茶壶一人端茶杯给每一位来参加婚礼的女方亲朋好友敬茶，算是姑娘领着丈夫认亲，从此以后都是自己人了，有什么事情都要尽力相帮。敬茶的顺序要先敬舅舅，哈尼人认为天下最大的人就是舅舅，而后是村寨的头人，父母及别的亲朋好友。一面敬茶一面唠叨，相互间问寒问暖，说尽祝福的话语，场面热闹而壮观，有的妇女甚至会大声地诵歌祝福，把自己生儿育女的经验传授给新郎新娘。

当夜，接亲的队伍要住在女方家。新娘和她的伙伴们要彻夜进行哭婚，哭婚的内容十分丰富，从祖先的开天辟地、迁涉史诗到生产劳作、生儿育女、房屋建盖、畜禽饲养等五花八门，无所不包。男人们则在屋外升起一堆一堆的火塘，围火塘而坐，煮茶喝酒，烤红薯、花生、蚕豆，谈生产、交流经验、攀亲叙旧，兴高采烈，嘻嘻哈哈，那凄凄彻彻的哭婚，似乎是事不关己。第二天，新娘家的亲朋好友们早早就烧火煮饭，在晨光里就烧出了丰盛的佳肴，把迎亲的队伍邀到正席里坐下后别的人才能入席就餐。

就餐30分钟左右，新娘的兄弟从内屋里把新娘背了出来，一直背到离家二三百米远处交给来迎亲的人们。有多少人来迎亲，新娘方就要派出同等的人员送亲。一路上人们有说有笑地吹着唢呐越山过沟向新郎家走去，新娘和她的同伴们一路可以哭嫁，而哭腔里往往透出的是藏不住的喜悦情怀。

迎亲送亲路上最有意思的活动是在要到新郎家旁时举行的"尼奇妥"仪式。此仪式要请专门负责哈尼族祭祀活动的"摩匹"来主持，意为把新郎新娘身上的一切不吉之物化除掉。结婚乃人生之大事，是一个人成年的标志，而"尼奇妥"则是这标志中的关键，所以每一个婚礼对此都极为重视。"尼奇妥"仪式需要的供品有新郎家为婚礼宰杀的猪的猪头、一大斗谷子、一小斗米、两碗米饭、九个土碗、一茶缸茶水、两棵竹子、三柱香、两个熟鸡蛋、一只白公鸡、一把刀等。除竹子放在桌下之外，把上述供品按一定的顺序摆在路中间的桌子上，刀插在猪头上，两枚熟鸡蛋放在两碗饭的中间，"摩匹"手提白公鸡站在桌前。迎亲送亲的队伍来到桌子前7m后就停住了，"摩匹"点燃香柱、手提公鸡绕桌3圈后又绕新郎新娘走3圈，走时口中念念有词，其大意为"哈尼的神灵啊/今天是个好日子/又有一对你的子民成亲成家/我，哈尼的老摩匹/虔诚地向你献上了香茶美酒及肉品/有一只大大的白公鸡/请庇护你的子民吧/让一切不吉祥的东西远离我们"。随后，抓起谷、米向东南西北方向抛撒，同样把茶水和酒向四面抛撒，从猪头上拔下刀把公鸡杀了，把鸡血滴在路上，让新郎新娘及迎亲送亲的队伍走过。

仪式结束后新郎新娘要引着新娘和送亲的队伍到正堂屋外的桌旁坐下，在桌边喝3口茶后，稍作休息后，新郎要引着新娘端茶端酒——的给男方家的舅舅等人敬茶敬酒，顺序跟女方家时的一样，敬时必须茶在前酒在后。

(2)"甫玛突"中的茶

"甫玛突"有的地方又称之为"昂玛突"，"艾玛突"等，汉语称其为"祭竜"，是哈尼族最重要的节日和祭祀活动。"甫玛突"的来历和形成有着十分久远的历史，几乎沉淀和承袭了哈尼族一切的农耕与社会活动的方方面面。"甫玛突"节的活动，哈尼族各支系之间的时间和祭祀规模都没有统一，但都在哈尼十月年后举行。哈尼族的"甫玛突"活动是一场涉及内容广泛、参与人员众多，场面热闹又十分神秘、严肃的宗教祭祀（有的祭祀场所禁止女性参加）活动，耗时3天。祭祀的畜禽有牛、猪、羊、鸡、鸭，物品有鸡蛋、鸭蛋、茶叶、酒、烟、耙耙、米、香柱，锥栗树叶和花、尖刀草、竹子、一些植物的花朵；祭祀的对象包括寨门、寨神、火神、水神、猎神、土地神等。一般是先祭寨门、火神、水神、猎神和土地神后再集中祭寨神，每一个神都有具体的神址所在，或一株标直的参天大树，或是一口井中的螃蟹、石蚌，或是几个石头等。但祭祀时总不能缺少的是茶水、酒、香等，而且是先献茶后再献别的祭品。

(3) 叫魂送鬼中的茶

哈尼族信仰的多种神灵中，神、鬼、魂是3个重要的崇拜对象，各自形成了一套崇拜的形式。招魂求安，驱鬼除邪，求神保佑仍是哈尼族多神信仰的基本内容。在进行各种宗教祭祀活动时，人们对魂、鬼、神的态度是不一样的。他们对失魂的态度是，采取好言相劝，以情感化，指明归途的方法，想方设法把失魂招回家中来。对鬼的态度则不同，采取驱赶、阻挡、哄骗恫吓等软硬兼施的方法来退鬼。而对各种神灵的态度，则采取祈求、认错，奉献祭品等讨好的态度。而进行这一切宗教祭祀活动的人就是哈尼"摩匹"，他们在哈尼民众的生活中占有极高的社会地位，是十分特殊的传统文化的继承者和传播者，目前我们所能知晓的哈尼族的祖先诞生、民族迁徙征战、祭祀古歌等都是通过"摩匹"之口代代相传下来的。在叫魂送鬼中，茶叶与茶水作为"摩匹"与祖先神灵鬼魂交往的特殊产品，时时都需要，形成了"无茶不成祭"的规则。例如，"摩匹"在为某个家庭或某一个人专门进行的取悦或阻拦神、魂为主的祭祀时，首先须准备的是茶水、酒、烟、香柱、线、蛋、米、锥栗叶、桃叶及牺牲用的鸡、猪、狗、鸭等畜禽，只有备齐了这些并虔诚地敬献之后摩匹才滔滔不绝地吟出了《求福歌》《请增神》《叫魂歌》《固魂》《驱败神》《阻恶拦邪》等祭祀名歌。

(4) 祭祖中的茶

哈尼族对祖先有一种特别的敬畏心里，认为祖先的灵魂在冥冥之中时时注视着活着的人们，稍有不敬就会怪罪下来。在普洱市墨江哈尼族自治县与红河州红河县交接的黑树林地区的哈尼族支系豪尼、白宏对先祖就特别敬畏，对火塘上的炕巴不能随意触动，更不能说三道四，评头论足，因为他们认为那是先祖的灵魂会时时光临的地方。该地区的动里大寨，居民全为豪尼人，他们在餐前必用茶水、酒和该餐所吃的饭菜先祭祖后才能动筷而食，节庆之日，更是祭献频繁。在墨江哈尼族自治县联珠镇癸能大寨的哈尼族豪尼人的祭祖活动中，他们首先在正堂屋的祖宗柱前献上了三杯茶、三杯酒、三支烟、三柱香、三个蛋、一公两母三只鸡（先祭后杀），然后才到祖先坟地里祭祀，所用的祭品与家里时一样（敏塔敏吉和琴真，2007）。

4.2.2.3 彝族茶文化

彝族和哈尼族等民族同源于古代的氐羌部落，是古代氐羌系统南迁的主体民族之一。在秦汉时期，彝语支各民族的先民"昆明人"已广泛活动在滇西和滇中一带。唐代，以彝族先民"乌蛮"为主体的蒙舍诏统一今洱海地区后建立了南诏地方政权。宋时，以"白蛮"主体联合东方 37 部蛮建立了大理国政权。南诏、大理国地方政权都在今普洱市内设立统治机构，迁"乌蛮""白蛮"等民族在要塞地方居住、扼守。乌蛮是这两个地方政权的主体民族，普洱市的彝族就是在这个时期大量迁入的。元代，中央王朝建立云南行省，设立罗罗斯宣慰司都元帅府管理彝族居住地区。彝族支系繁杂，在普洱市内的主要有阿列、蒙化、倮倮泼、香堂、聂苏、拉乌等支系。

（1）百抖茶

将一小土罐置于火中烘热，放入茶叶，边烘边迅速抖动数百次，直到茶叶变黄并散发出焦香味时，倒入杯内，然后冲入开水，泡出来的茶水色美味香。

（2）罐罐茶

把茶叶放入罐内，置于火旁烤，焙烤至茶叶酥脆焦黄时灌入适量事先烧沸的水，待罐内的茶水不再冒泡后加水在火上偎煮至沸腾，便可起罐饮用。罐罐茶味香、汁醉、色美、爽口提神。

（3）油茶

爆煮茶水至沸，把沸水倒入事先装有酥油、麻籽油、蛋清、盐巴等物的茶缸中，轻轻搅动片刻，在火上来回移动茶缸，让其受热均匀，反复数十次，就可倒入茶杯趁热饮用。油茶清新爽口、醒脑利目、滋补强身。

（4）清茶

清水盛入茶壶，置于火塘边慢慢加热，壶中冒出热气时再加入适量的水，同时放入茶叶，把茶壶放在火塘上煮沸，用筷子均匀搅动，煮沸几分钟可倒茶饮用。清茶色泽金黄，色香俱佳。

（5）盐巴茶

把茶叶放入土陶罐内，移近火塘慢慢烘烤，罐内发出"噼啪"响声并有焦气味时，向罐内缓缓加入备好的开水，再偎煮 5 分钟左右，加少许盐，就可饮用。彝族人民喝盐巴茶时，一般都配有包谷、糯米、荞等杂粮制作的粑粑，边吃边喝，舒适可口，十分自在。

（6）彝族婚俗中的茶趣

彝族男青年到女方家求婚时，媒人要献茶，若女方家长高兴地接受，表明事成大半。订婚要送茶，结婚的彩礼中不能少茶。结婚日新娘迎至夫家，主人要先向新娘舅舅敬茶，饮毕，新娘便由母舅叔父等人陪伴入夫家房中，煮茶敬公公、婆婆、姑子及丈夫，并祝道"一碗茶水献与公，公要会教导，一碗茶水献与婆，婆要会指点；一碗茶水献与姑，姑要会相待；一碗茶水献与夫，夫要会相处。"婚后新娘回门时，一般都要带两方砖茶及其他礼物。楚雄彝族婚礼中，新娘离家之前，迎、送亲者依男左女右之序坐定，新娘父母依次向迎、送亲者敬茶；至夫家，第一次由陪郎向送亲者从老至幼敬糖茶；第二次由新郎父母敬茶，第三次由新郎新娘给迎亲者敬茶（杨甫旺，1997）。

4.2.2.4 傣族茶文化

傣族是澜沧江流域内的人口较多的少数民族，在各个地州均有分布，相对集中在西双版纳傣族自治州。傣族在其漫长的历史进程中创造了灿烂的傣族文化，茶文化是其中夺目的一颗明珠。傣族的"竹筒茶"，傣语称"腊踩"，意为冲压。每年夏季，待茶叶吐嫩时，将采撷嫩茶尖倒入锅中炒熟。然后将茶叶放入竹筒内烘烤，直到竹筒皮烤焦，才用刀剖竹筒取茶饮用。傣族的"攘茶"，是用上芽5叶新鲜茶，直接放在火上烤焦黄后，再放入茶罐内煮饮（杨甫旺，1997）。

在傣家人的生活中，茶是一种不可缺少的部分。可以毫不夸张地说，傣家人家家都有茶罐，人人都会喝茶。茶对傣家来说既是药又是汤。茶的种类比较多，根据不同人群的需求可配制出不同类型的茶。例如，傣族的"腊哈宾"是针对产妇和体弱人群的需要配制的，"腊芽印日"是根据身患热积的病人配制的，"腊朵换"一般只适合小孩和染饭时使用。还有比较有名的"腊芽兰苗"是专门治疗肾病的良茶。在过去傣家的竹楼里，每户最少都有2～3个茶罐煨茶。为了方便使用和保温，这些茶罐都摆放在火塘边上。傣族的茶道没有奢华，但它却始终贯穿在傣民族生活的规范礼仪当中。例如，年纪稍大的老人所饮用的大叶片茶，是一种未经揉制的茶叶，这种茶傣族称之为"叶腊悍"。每天清早，老人起床后的第一件事就是煨茶。老人将茶罐盛满清水，放在烧火煮饭的三脚架旁边，然后淘米蒸饭。当饭蒸熟的时候，茶罐里的水也沸腾了，此时，老人就会将大叶片茶放到火炭上稍微烘烤一下再放入沸腾的茶罐中，让茶叶在沸水中翻滚。当茶罐中散发出清香时，老人就会将茶罐移出火塘，倒入碗里趁热品尝，自得其乐，有时还会用茶水泡饭吃。傣族青年喝茶就不像老人那么复杂了，他们只是将揉好的茶叶放入茶罐，让茶叶在沸水中翻滚几下就倒出来饮用了。

传统的傣族宫廷茶道，虽没有太多的奢华，也颇为讲究礼仪，它还是有许多地方有别于平常百姓家庭。首先，宫廷所用的茶具器皿比百姓家华丽、高贵、整洁；再者，送茶献茶的礼仪规矩繁多，送茶者要屈身碎步地将煨好的茶慢慢端到客人身旁，然后谦卑地跪在客人面前，小心翼翼地把茶水抬起来，以齐眉的姿势向客人献茶。当客人接过茶水致谢的时候，送茶者要在胸前双手合十还礼。如此重复规范地将一碗碗茶水呈献。傣族人民爱茶、敬茶、喝茶，西双版纳州产茶而且产好茶，浓郁的傣家茶道、茶情别具一格，代代相传，延续至今。

4.2.2.5 拉祜族茶文化

拉祜族与彝族、哈尼族、傈僳族、纳西族、基诺族等属于同一族源。其源于甘肃、青海省一带的古羌人，早期过着游牧生活。后来逐渐南迁，最终定居于澜沧江流域。其服饰也反映了这种历史和文化的变迁，既具有早期北方游牧文化的特征，也体现了近现代南方农耕文化的风格和特点。主要分布在云南省澜沧江流域的普洱、临沧两地区，他们主要从事农业。

茶在拉祜语中和布朗族、傣族一样称为"腊"，拉祜族是一个烤老虎肉吃的民族，拉祜族认为，喝茶和打老虎一样都要人多、人集中才好，并把茶取名为"腊"，其实是"拉"的谐音。茶在拉祜族生活中占有很重要的地位，无论是喜事、丧事，还是动土伐木，山中过夜都用到茶叶。拉祜族是多神崇拜者，觉得万物都有灵魂，在祭拜神灵的时候，都得先用茶水祭献。如到山上过夜，得先泡一碗茶泼在火塘的东西南北四个方向，以求四方神灵保佑平安。总之，不论做什么事情，都得先用茶祭拜，祈求神灵保佑。拉祜人把茶视为做事稳当，牢靠，可信的象征。说亲时，女方的父母把喝茶作为接受女婿的重要标准，假如男方家请的媒人盛上一碗热茶给女方的父母，父母不接受的话，那就是说父母觉得男方还不够可靠，不放心把女儿交给他。一般情况下，男方要到女方家3次，盛上3次茶，父母才愿意把女儿嫁给男方。

拉祜人喝茶也特别讲究，从不喝生茶，必须要喝用土罐烤过的"抖茶"。茶烤熟后，用开水泡上，然后，放上3个红红的火炭，再放到火塘上煮15～20min，茶水变浓才喝，每次喝茶不多，只喝50g左右。拉祜人还喜欢在茶水中放入火炭，据说有清火，止渴、提神、消凉之功效，这样喝起来很过瘾，但也容易上瘾。拉祜人特别喜欢喝茶，一天中要喝三次（早起一次，午饭后一次，晚饭后一次），他们觉得，喝茶后才有精神干活，也可解除一天的疲劳。

拉祜族给客人敬茶水时也有讲究，给客人倒茶时，茶水不倒得很满，敬茶时，站起来双手递上，然后不转身，而是倒退回原位。还有句顺口溜说："头道茶自己喝、二道近客喝、三茶四茶看远客"，意为拉祜人把苦的留给自己，好的让给客人。

4.2.2.6 德昂族茶文化

澜沧江流域临沧地区的德昂族虽然人数较少，但是其独特的茶文化也弥足珍贵。德昂族主要从事农业，擅长种茶。由于德昂族种茶历史悠久，有"古老茶农"之称。如今，德昂族人还是把茶作为最重要的饮料，家家户户都习惯在自己的住房周围或村寨附近种植一些茶树，用当地的土办法来加工茶叶。上了年纪的德昂族人几乎到了不可一日无茶的地步。德昂族人日常习惯于喝浓茶，每天清晨起来的第一件事就是泡茶，先将一大把茶叶放入一个小陶罐里，加少许水煎煮，等到茶汤呈深咖啡色时，将茶水倒入小陶杯中，因陶杯大小与牛眼相似，当地人称之为"牛眼杯"。煎煮出来的茶叶汁非常浓，一般人喝时需要加些开水方可饮用，否则喝后会彻夜难眠。德昂人喝茶已到了上瘾的程度，如果一日不喝茶，他们会觉得全身乏力虚脱，这时如喝上几口茶，顿觉神清气爽，精神倍增。酸茶是德昂族人日常食用的茶叶之一。在日常劳作时，德昂族人喜欢带一大把酸茶在身边，可放入嘴中直接咀嚼。酸茶又叫"湿茶"、"谷茶"或"沽茶"，其制作方法是将采摘下来的新鲜茶叶放入事先清洗过的大竹筒中，放满后压紧封实，经过一段时间的发酵后即可取出食用，味道酸中微微带苦，但略带些甜味，长期食用具有解毒散热之功效。在当地集市上可买到酸茶，通常由年长的德昂族妇女出售，当地人称她们为"蔻宁"。"蔻宁"在德昂语中就是"茶妈妈"的意思。德昂族人还有腌茶的习俗，一般选择在雨季由妇女来腌制。她们将茶鲜叶采下后立即放入缸内，直至放满为止，再用厚重的盖子压紧，数月后即可将茶取出，与其他香料拌和食用。此外，也可用陶缸腌茶：将采回的鲜嫩茶叶洗净，加上辣椒、盐巴拌和后，放入陶缸内压紧盖严，存放几个月，即可取出当菜食用，也可作零食。因德昂族人与茶的关系非同一般，因而被其周围的民族称之为"古老的茶农"（赵恋普，2010）。

德昂族男青年求婚托媒人说亲，首先给女方家送去的礼物是一包茶叶。德昂族无论办什么事都离不开茶，有茶才能表明"茶到意到"。客人来了，首先要烧水煮茶；邀请亲友，一小包茶叶就是主人的请束；某人做错了事，要求得对方谅解，也需先送一包茶叶表明自己的悔改和诚意。

4.2.2.7 白族茶文化

白族，自称白子、白尼，人口约为150万多，其中80%以上聚居在大理白族自治州。白族的节日有大过年（即汉族的春节）、三月街、绕三灵、火把节等。白族人饮茶十分讲究，"三道茶"是热情好客的白族人待客的独特礼节，称为"一苦二甜三回味"。一苦，又称为"清苦之茶"，意思是说"要立业，就要先吃苦"。先放一小陶罐到火上烘烤，待茶罐烤热后，随即取适量茶叶放入罐内，并不停地转动砂罐，待罐内茶叶"啪啪"作响，发出焦香时，立即注入已经烧沸的开水，罐内茶叶翻腾，泡沫涌起溢出罐外。看上去色如琥珀，闻起来焦香扑鼻，喝下去滋味苦涩，因此得名。等客人品饮完头道茶后，主人重新在陶罐内加水，接着拿出几个茶盅，茶盅内放入切成薄片的核桃仁和少许红糖，等陶罐内的茶汤煮沸就倒入茶盅内，只见茶水翻腾，薄桃仁片抖动似蝉翼，此时沏成的茶清香扑鼻，味道甘甜，这就是第二道茶，又叫"甜茶"或"糖茶"，意思是说"人生在世，做什么事，只有吃得了苦，才会苦尽甘来"。喝完前两道茶后，主人开始准备第三道茶。在茶盅内放入半匙蜂蜜，再加上两三粒红色花椒、少许炒米花及一小把核桃仁，等茶水煮沸后注入茶盅，待七八分满时敬奉给客人饮用，客人边晃动茶盅边饮，只觉其味甜而微辣又略苦。有的地方还要放些乳扇在茶盅内，同时加入一些红糖。乳扇是白族特产，所以也有人把第三道茶叫"扇茶"。第三道茶又称之为"回味茶"，因为这杯茶喝起来甜、酸、苦、辣各味俱全，令人回味无穷，意思是说"凡事要多回味，切记先苦后甜"。据说，"一苦二甜三回味"的三道茶原来是白族人家接待女婿的一种礼节，后来演变成了一种待客的独特礼俗（赵恋普，2010）。

据在大理市宾川县大罗村的调查，白族茶文化有着丰富的文化内涵，并随着时代的发展发生了一系列变化。其茶文化除了在待客上有所表现外，还表现在婚礼和祭祀上（李洪朝等，2010）。

茶与婚俗的关系，简单来说，就是在婚礼中，将吸收茶叶或茶文化作为礼仪的一部分。举行婚礼前，男方家所送的彩礼中，茶是必不可少的。茶一方面是生活的必需品，另一方面，茶的生物学特征被人们赋予了许多精神的内涵。例如，通常茶的繁殖以种子繁殖为主，而移栽则难以成活，故在聘礼和婚礼中，茶的使用象征着新人对爱情的坚贞不移，尤其隐喻着妇女从一而终的道德观念；茶籽多数，象征着多子多福；由于茶树是常绿植物，用以象征婚姻美好、长久，家庭繁盛。大罗村的婚礼中茶的使用除了具有上述功能以外，还有新婚夫妇向客人、亲戚长辈和双方父母敬"三道茶"的习俗，它表达了新人对父母的养育之恩的感激，以及对亲朋好友不辞辛苦参加婚礼的感谢，具有"饮水思源"之含义。

今天把茶叶用作祭品在各个民族中仍是一种普遍的现象，由于茶树的生物学特征及茶叶经沸水冲泡后的叶形变化会引发人们的想象所表达的象征意义。例如，茶树四季常绿，春天发出新芽，象征着祭祀对象的永恒；新发的嫩叶经杀青、揉捻和烘干后制成的茶叶则失去了生机，但经沸水冲泡后卷缩的茶叶立刻舒展，仿佛又重新获得了生命，这似乎象征着祭祀对象死而复生。大罗村人尊崇佛教的神祇本主。在距大罗村约5千米的山上有一座本主庙，庙里有各种与佛教相关的神塑像，每个塑像前都设有神龛，老人们把米饭、酒和茶叶三种祭品供奉在本主塑像前的神龛上，每逢过年过节要去敬奉，春节要大敬，以祈求本主保护全村人宝贵平安。此外，人们还用茶敬奉灶神，一是希望灶神头脑清晰，在向玉皇大帝汇报家人一年来的情况时讲足善事、不讲坏话；二是要让子孙学灶神的精神，养成耿直、刚正的性格。

4.2.3　普洱茶与茶马古道

4.2.3.1　普洱茶

普洱茶属于黑茶，是我国十大名茶之一，原产于滇西南，是以其集散地普洱府命名的，元朝时被称为"普茶"，在明朝万历年间才定名为"普洱茶"。经历千年的岁月流转使"普洱茶"积淀下了无与伦比的文化宝藏，从三国时的"武侯遗种"到《红楼梦》中的"女儿茶"，几经沧桑轮回，历经风风雨雨，目睹人间百态，遗留下悠久的普洱茶文化。明代以前记录普洱茶的相关文献资料较少，主要有唐代樊绰的《蛮书》，宋代李石的《续博物志》，元代李京的《云南志略·诸夷风俗》，明代谢肇淛的《滇略》，明代方以智的《物理小识》等。而在清代，相关文献达十几种之多。普洱茶的发展历史是地方土著民族对当地茶树自然资源发现利用与巴蜀及中原茶叶加工技术影响推动共同作用的结果，其发展与中国茶叶主流发展史既有紧密联系而又拥有自己的特色。云南省标准计量局于2003年3月公布了普洱茶的定义："普洱茶是以云南省一定区域内的云南大叶种晒青毛茶为原料，经过后发酵加工而成的散茶和紧压茶。"云南省普洱茶主产区主要集中在临沧、思茅、保山、德宏、西双版纳、大理和昆明7个州、市，基本集中在云南省澜沧江流域，可以说是澜沧江是普洱茶的母亲河。

4.2.3.2　茶马古道

澜沧江流域在其璀璨的茶文化史上，更诞生了一条传奇的文化大道——茶马古道。茶马古道，既古老，又现代。古老，是因为它存在的时间很长，有2000多年；现代，是因为它命名的时间很短，只有十多年。20世纪80年代末至90年代初，云南省的木霁弘、陈保亚、李旭等几位学者在对滇川藏的几条运输古道几次实地考察之后，经查阅历史文献资料，根据滇川藏大三角各民族人民千百年来物资商品交流运输的性质、功能和特点给它冠名。之后通过各种学术的、记游的文章、书籍和媒体向世人广为宣传（杨宁宁，2011）。

茶马古道蜿蜒在中国西南横断山脉间，联系着内地与西藏的民间商贸往来。1000多年来，它将云南、四川的茶叶输送到西藏，又将雪域高原的特产运到内地，联系着内地与西藏的经济文化交流。在担负着民间运输重任的同时，这条漫长而又艰险的古道也是各种宗教文化传播交流的走廊。茶马古道沿途惊心动魄的自然景观、传奇神秘的人文内涵，正吸引着世人越来越多的目光。茶马古道不仅是普洱茶文化的标志更是连接地域、民族文化的纽带，是商品流通、经济交流的通道，是民族文化融汇的通道，也是一条中华民族战胜艰难险阻，标志伟大民族精神的大道，是一条长长的民族团结和中外友谊的金桥。

在《中国全史·茶史》一书中，唐玄宗与吐蕃交战失利，就下令"以不准向吐蕃运销茶叶向吐蕃施加压力。然而吐蕃却成功与云南的南诏结为联盟，并从那里获得了大宗茶叶，解决了饮茶的需要。"如此一来，滇藏间的"茶马互市"得到了空前的发展，道路不断向四方延伸，一直连到了普洱茶的故乡普洱和西双版纳等地，滇南的各民族亦纷纷加入到这以茶马贸易为主的经贸活动之中，古道逐渐繁荣起来。至清顺治十八年（公元1666年）滇茶销往西藏就达3万余担①。

《翠云区志》载："新中国成立前，境内所产茶、铜、银等特产运出，日用百货和山货的运入，均靠牛马驮运。光绪二十一年（1895年），思茅被辟为陆路商埠后，牛马帮不断增加。到民国初年，商旅往来更加频繁，驮畜剧增，主要是骡、马、黄牛，仅县内牛帮就有500匹，马帮1500匹。另有来自外地的马牛帮6000匹以上。到思茅海关报关、验关的骡马就达万余匹，这些马帮营运的主要商品便是普洱茶。"

云南省南部的茶叶，唐宋以来就销往西藏，以后历代皇朝都常用云南省普洱茶同吐蕃交换马匹，进行茶马互市，以茶易马，进而达到控制吐蕃的目的，形成了茶马古道。云南省茶叶有了稳定的销路，需求增多，有所求便有供应，民间和官方交易增多，从而促进了茶叶的生产发展，还形成了云南省历史上有名的六大茶山。

(1) 文献和民间考据中的茶马古道

西双版纳州是普洱茶的发源地之一，随着茶产业的兴起，茶马古道应运而生。今天属于西双版纳州勐腊县的易武，是古代六大茶山茶叶的集散地，历史地成为了茶马古道的起点之一，形成了以易武为中心，向四面八方辐射的格局，分别通向北京、西藏、泰国、老挝、缅甸、越南和印度。除了进京和进藏的两条线路外，其余都通向了毗邻的国家。有一条拥有悠悠近2000年历史的古道，起源于西双版纳州，也一度延伸到东南亚及南亚，它不仅见证了普洱茶贸易的盛衰，更推进了古代的民间国际贸易。

易武盛产茶叶，乃普洱茶古代六大茶山之一。随着茶叶产业逐步兴旺，明清时期，商贾、民众集资投劳修路架桥，开辟茶马驿道。清雍正十三年（1735年），开辟易武至思茅的古驿道，全长535华里②，是六大茶山通向思茅、普洱的第一条石板铺就的"茶马古道"。道光二十五年（1845年），修通了由易武经倚邦至思茅的青石块铺成的道路，路面宽3~4尺，全长470华里。民国年间，历任镇越县县长下令各区、乡组织义务民工整修，以县府治所易武为中心，通往各区、乡的便道。至1949年，易武通往国内主要驿道有7条，总里程2875华里。通往老挝的有4条，总里程1480华里。由于年久失修、交通改道等原因，现在只有少部分残留下来。如今易武乡境内尚且保留的青石板茶马古道有19段，总长10 617 m左右。

清朝末年，民国初期，大量汉人进入易武经营茶业，使易武茶业市场呈现一派欣欣向荣的景象。1937年，抗日战争爆发，许多茶庄纷纷停业，易武茶业走向衰落。20世纪末至21世纪初，普洱茶再次声名鹊起，沉寂多年的普洱茶传统加工作坊纷纷涌现，传统制茶工艺继续传承。

至于易武茶马古道形成原因，唐人樊绰在《蛮书》中曾写道："茶出银生城界诸山，散收无采造法"。"银生城"指的是唐南诏所设的"开南银生节度"区域，辖今景东、景谷、普洱、西双版纳。清嘉庆时期的《滇海虞衡志》记载："普洱茶所属六茶山，一曰攸乐、二曰革登、三曰倚邦、四曰莽枝、五曰蛮耑、六曰慢撒，周八百里，入山作茶者数十万人。"足见当时茶业之盛。道光及光绪本《普洱府志》，则以攸乐、倚邦、莽枝、蛮耑、慢撒、易武为六茶山，去革登而新增易武，革登茶业产量，当时可能已衰落，由易武取而代之。易武海拔较高，最高处达2000多米，产茶各山，干季期间，晨雾甚浓，日中方散，雾凝如雨，茶树赖以滋润，茶质优良。据当地人的讲述，易武土著民族在东汉末年将野生茶树引为药用，并从药用变为饮料，发展成主要的经济作物，投入市场交易，但没有史实可考。然而，易武在唐朝时开

---

① 1担=50kg。
② 1华里=0.5km。

始大量种茶，却有据可依。据李石续《博物志》，认为"茶出银生诸山，西番之用普茶，已自唐时。"樊绰《蛮书》约成书于唐懿宗咸通四年，晚于《茶经》面世一世纪，此当为易武产茶的最早记录。易武茶业经唐、宋两代的发展，已成为当地的主要经济作物，形成茶产业。到了元代，因为战争和疾病的危害，土著村寨大量迁并，人口逐年减少，茶业也随之衰落。明朝茶业有所恢复。明末清初，内地人看到易武土地肥沃、气候宜人以及发展茶业的巨大潜力，相约迁居易武，特别是石屏人大量迁居而来，掀起了"奔茶山"的热潮。石屏人迁居易武后，不仅恢复了荒废的茶园，还新垦种植了许多新茶园，使易武的茶业开始复苏并迅速发展起来，成为有名的万亩茶园和万担茶的主产区。茶叶的加工也从加工散茶转向加工成型茶，分别制成元宝茶（七子饼茶）、长方形茶砖（砖茶）和团茶。其中以圆形饼茶最为出名，曾一度扬名海内外。茶成为易武人民的主要经济来源。清嘉庆至道光年间，茶业发展达到了顶峰。据李拂一先生著《镇越县新志稿》载："清嘉庆、道光年间是六大茶山最辉煌的时期，易武茶山年产晒青毛茶7万担，最高时达10万担。"茶业的发展，使当地人民的生活逐渐富裕起来，呈现出盖楼房、建寺庙、办茶庄、开店铺、办学堂、筑路架桥的兴旺发达景象。至今还保留有大量的古茶园、古建筑、茶马古道等文化遗产。

（2）茶马古道的路线

茶马古道纵横相连，形成了庞大的交通网络。方国瑜先生在《云南史料目录概说》中明确指出："甲部落与乙部落之间有通道，乙部落与丙部落之间有通道，丙与丁，丁与……之间亦有通道，递相联络，而成为长距离之交通线。"《普洱哈尼族彝族自治县志》载："普洱未通公路前，运输全靠畜力驮运或人力背挑。县城有三、四家运输专业户雇佣挑夫、轿夫为官绅商人挑抬运输……普洱、墨黑两地多以马帮运输，其他区乡均以牛马帮驮运货物。

传统时期茶马古道路线大致可以概括为以下几条路线：

路线1——滇藏茶道：普洱（宁洱）、景谷、镇沅、景东、巍山、漾濞、丽江、中甸、德钦、拉萨、尼泊尔、印度；

路线2——滇京古道：易武、思茅、宁洱、墨江、元江、玉溪、昆明、昭通、成都、西安、太原、北京；

路线3——滇越古道：宁洱、思茅、易武、老挝丰沙里、越南河内、越南海防再转南洋或香港；

路线4——滇东南亚古道：宁洱、思茅、景洪、勐海、打洛、缅甸、印度再转西藏；

路线5——古茶山茶马古道：西双版纳、普洱、临沧等。

4.3 茶文化的变迁与影响

近些年，主产于云南澜沧江流域的普洱茶与滇红受到热捧给当地的经济带来了巨大的发展，也让当地人民过上了温饱富裕的生活，随着每家每户财富的增多，以及生活观念的改变，导致当地人不再希望继续过着原来的生活，更希望能够和现代社会接轨，住上钢筋水泥的楼房、明亮的房间，拥有广阔的视野，使用现代化的家具、通信工具。甚至本地的茶农已经逐渐脱离茶地劳作，更多的是雇佣外来务工人员进行茶叶的种植，采摘和加工。当地的茶农成为了资源的拥有者和销售者。当地人对待茶叶的态度也完全由过去的农耕物资演变到现在的纯商品资源。

茶文化变迁的一个典型代表就是大理白族的"三道茶"（李洪朝等，2000）。云南大理宾川县大罗村白族的茶文化变迁说明了在现代社会背景下，"三道茶"演变过程。如前所述，"三道茶"是大理白族典型的饮茶文化，人们赋予"三道茶"及其深刻的寓意。然而，随着时代变迁，尤其是20世纪80年代以来，随着生活节奏和城市化的脚步的加快及广播电视在村里的普及，大罗村白族男女青年对学习长辈的礼仪准则的兴趣在衰减，长辈在文化传承过程中的权威在下降。不少青年人对传统的"三道茶"已不再像父辈们那样津津乐道，而是热衷于追逐所谓的时尚文化。他们认为"三道茶"制作程序烦琐，浪费时间，因而到了20世纪90年代中后期，喝"三道茶"在村中已变成稀罕之事，取而代之的被称做"雷响茶"。与"三道茶"相比,"雷响茶"的制作工序则大为简化:先将茶投入陶罐内烘烤,并不停翻抖,待茶叶烤黄并发出清香味时冲入开水,这时陶罐内会发出类似雷响的声音,随后是人们的欢声笑语声。煮好后的茶水再倒入茶盅,由少女双手献给客人饮用。虽然"雷响茶"与"三道茶"相比其文化内涵已大为淡化,但冲茶的"雷响声"中混杂着人们的欢笑声也反映了白族人热情好客的豪爽性格。跨入21世纪后,随着学校教育的普及及民族之间交往的频繁,再加上许多青年人外出求学和务工,白族青年对本民族传统的茶文化了解甚少。人们在接待客人时大多采用开水泡茶。用开水泡茶也是待人接物的基本礼仪,一杯清淡清淡无奇,虽不会让客人有受到怠慢的感觉,但与"三道茶"和"雷响茶"比起来,开水泡茶更缺少的是文化内涵。从白族待客的茶文化变迁,我们看到了社会发展变化对传统文化的影响,从长辈对晚辈嘱托的"三道茶"到待客祝福的"三道茶",再到热闹欢喜的"雷响茶",并最终演化为清淡一杯的开水泡茶,这种沏茶工序和敬茶程序由繁琐到简化的过程也是白族传统文化不断丢失的过程,这同时也隐含了现代人际关系的冷淡。调查中发现,白族的青少年对"三道茶"和"雷响茶"知之甚少,只是近年来随着大理旅游业的发展,"三道茶"作为一个旅游开发项目受到游客的欢迎和媒体的关注,人们才对"三道茶"有所耳闻。但是,"三道茶"在婚礼活动中的传统意义已经丢失殆尽,在祭祀仪式中也更多的是为了迎合开发旅游的需要,传统意义上的茶礼茶俗已经渐渐消失。

茶叶最基本的用途是饮用,后来发展成礼品和贡品(供奉神灵和上贡朝廷),现在发展成商品、展品,甚至是艺术品,茶文化也发展成为经济炒作的噱头,成为旅游的招牌。在为经济和文化做贡献的同时,茶叶,特别是贡茶,已经失去了它原有的神圣性,现在成为一般商品,有钱者居之。

随着经济的发展,文化也做出相应的适应。在市场经济的起伏动荡中,并非所有的调适都是积极有益的。某些从短期看是适应的行为,从长期看就可能是不适应的,甚至会引起灾难性的后果(王卫锋,2007)。文化变迁和社会变迁紧密相关,一个民族在发展变化的过程中,体现民族特征的文化特点也在随之变化(黄淑娉和龚佩华,1998)。这种变迁不仅源于外部因素的强烈冲击,也源于内部因素的调适。在社会发展的进程中,文化变迁是一种必然的趋势。在市场经济大潮中,传统文化的变迁更是不可避免的历史进程。当前澜沧江流域的居民对待茶叶的态度所发生的转变,也使得其文化的适应能力得到了进一步的提升。当现代化浪潮袭来时,传统文化不会自动终止或放弃自身文化运行机制并被动地处于外来力量的消解之中。相反,在文化变迁的过程中,传统文化具有随社会发展而不断进行自我更新、调适的能力与机制(肖青,2008)。从这个意义上讲,市场经济背景下的文化调适就是文化机制的内部潜能与市场环境的外部需求之间的相互作用,以达到动态平衡的过程。"文化并没有使所有的人都健康和幸福,从长远看,文化并未确保所有社会的发展或生存,成功的社会并不是无限期的原封保存它们的文化,而是必须使之变化"(亨廷顿和哈里森,2010)。澜沧江流域的人民在茶叶经济的兴起中不断地与外界交流联系,也让当地的传统文化在和外界文化交流碰撞中得到了调适,任何为了保证原生态而阻止文化调适的过程都是阻碍文化正常发展的,当地居民和政府应该理智的应对外界力量带来的冲击、机遇和挑战。

4.4 茶文化保护的建议

澜沧江流域的茶文化是众多民族尤其是少数民族共同创造的物质和精神财富,随着外来文化的介入以及茶叶产业化进程建设的加快,茶文化的保护与传承面临着严峻的挑战。因此,保护传承这一传统文化,不仅是当地少数民族,也是政府和学者的共同愿望。

4.4.1 茶产业的前景与展望

云南省澜沧江流域有着悠久茶叶生产历史、是世界公认的茶树原产地。该区域还是中国重要茶叶生产基地,其丰富茶树种质资源、优越生产条件和具有保健功能独特、易存耐储特性的普洱茶,更是该地区发展区域经济的重要资源。该流域天高云淡、水源清洁、空气清新、生态优良,拥有优越的茶树生长环境和优质的茶树品种资源，尤其在低纬度、高海拔地带，远离污染源、土壤肥、日照足、云雾浓、湿度大，特别适应云南省特有大的叶种茶树种植。茶叶具有芽叶肥壮、萌发较早、生长旺盛、采摘期长的特点，鲜叶中的水浸出物、多酚类、儿茶素、咖啡因含量均高于国内其他优良品种。生产的红茶、普洱茶和绿茶在国内外市场上享有较高知名度。只要紧紧抓住质量这一关键，云南省以普洱茶为主的茶产业的总体发展趋势仍将会呈稳步发展的良好势头。采取有力措施强力推动茶叶产业做大做优做强，使"云茶"成为了继"云烟""云花"和"云药"之后的又一知名品牌，继续保持稳健的发展势头。预计再过10~20年，云南省茶叶单产将达世界先进水平，总产量约占全球总量的1/10，在全国茶叶产量、产值、创汇中的比例可分别达到30%左右，"云茶"将像烤烟一样，成为支撑财政和农民收入的一大支柱，并有可能左右全国茶叶市场乃至对世界饮料产业产生重大影响（丁强，2009）。

通过保护、建设、发展，把澜沧江流域发展成为世界知名的茶叶生产基地和国际茶叶交易中心。历经数千年，茶作为一种传统农业作物，一种古朴的文化习俗载体，已成为云南省各族人民社会、经济、文化、生活的共性理念，饮茶、种茶、爱茶、敬茶是全社会的群体风尚。崇尚茶叶、呵护茶业的社会文化氛围，与优越的自然条件、卓越的品质、坚实的产业基础规模和安全可靠的质量卫生保障，共同营造了澜沧江茶业优越的产区环境。

4.4.2　茶文化保护的建议

"人类学之父"爱德华泰勒1871年出版的《原始文化》一书中，将文化作为一个中心概念提出，并把它定义为："文化是一个复合的整体，包括知识、信仰、艺术、法律、道德、风俗，以及人类所获得的才能和习惯。"澜沧江地区的茶文化也是当地人们在生活生产实践中不断积累，慢慢发展而来的，是为了顺应生产和生活的需要而产生的一个复合的整体。人们从种茶，采茶，制茶，饮茶，从茶生活到茶文化一步一步地沉淀积累，是中华文明中不可或缺的一部分。但是随着现代商业化进程的加快，人们开始有目的地利用茶文化做文章，为商业利润做赚吆喝，在某些意义上，这并不利于茶文化的健康良性的发展。只有人人真正地爱茶、懂茶、珍惜茶，才能让茶文化得以传承和发扬。费孝通先生曾经说过："各美其美，美人之美，美美与共，天下大同。"其实在茶文化上也是同样适用：制茶的人美化自己的心灵，为了真正地做好茶而努力，不为掺假，以次充好花费心思，这样做出来的茶也有着更好的品质。买茶的人买到也很高兴，喝茶的人更是舒心，大家都为了一致的目的而努力，最终茶文化就会沿着健康长久的方向发展。

旧的秩序被打破了，新的秩序必然要诞生了。在人们在为打破旧的秩序付出代价的同时，也将享受到新的秩序带来的恩惠。澜沧江流域的居民在茶叶经济一枝独秀以前都是一直是以茶叶和其他农作物同时耕作的方式来生产生存，在茶马古道发展的2000年内，这些居民也只是用茶叶来换取他们生活的必需品，茶叶充其量也只是一种农副产品的作用。但是现在，茶叶是作为主要经济作物，起着发家致富的作用。而茶叶经济也成为当地发展的风向标，成为政府的政绩的主要考量。茶叶经济的发展给当地居民的生产生活方式、居住环境、人文环境、文化表现形式等各方面都带来了翻天覆地的变化。茶叶在刺激了当地经济腾飞的同时，也带动了文化，旅游等各方面发展。也许，这些变化是当地居民所乐意接受的，因为经济的发展给他们的生活质量带来了质的飞跃，还有其他方面的种种好处。但是也有一些负面影响目前尚未暴露出来，或者是还没有引起足够的重视。这些负面的东西也是他们必须要承受的。不能不说这也是一种强加。哈维兰（2006）在《文化人类学》中提到"原住民对强加在他们身上的变化会做出很不一样的反应。一些民族退缩到别人难以接近的地方去，希望能不被骚扰，而另外一些则陷入了一种冷漠的状态之中。还有一些民族，如特罗布里恩德岛民，他们通过将外族的习俗加以修改使其与本土的价值相符合，从而重申他们传统文化的价值。如果一种文化的价值偏离现实太远，就可能出现复兴运动。一些复兴运动想要加速涵化的过程，以便从优势文化中获得更多的利益。有的想要重新建设一种已经消失了的但却并未被遗忘的生活方式。而在另外一些情况中，某个下层群体可能会试图引入一种基于他们自己的意识形态的、新的社会秩序。"澜沧江流域的居民也应该重视到这些"被强加"上的负面影响，尽早做出适应与防范。据此，提出以下几点建议。

一是做好茶园的生态保护，保证茶叶的原生态，远离化肥、农药，避免现代化学用品对茶叶品质的影响。

二是保证茶文化的健康，良性的发展。不急于借助茶文化的影响为经济发展造势，发展经济的同时，也要保证茶文化遭受过度的开发和畸形的改变和不正常、不理性的展示。茶文化在过度的受到外界文化元素的干扰后就会偏离它正常的发展轨迹，最终成败难以掌控。

三是保护茶文化古迹，遗址，传统表现形式的完整性。保证茶文化的物质文化遗产和非物质文化遗产的完整。以保证茶文化的良性有序的传承。传承，不仅仅是表演；传承，不是复制。传承是发展，是发扬，是进步。所以传承也应该与时俱进，传承，更不能脱离文化的载体——人民群众。所以，传承更应该切实与人民群众的实际的生产生活相结合。而不应该只放进博物馆里，或者成立脱离人们实际生活的某些团体，只为了做汇报演出。

四是旅游市场的开发也应该与茶文化的实际情况相结合，不能为了开发旅游市场，而人为的临时开发不实的茶文化现象作为宣传噱头。真是的表现当地的茶文化，有利于保存和传扬当地的茶文化，有助于茶文化的健康良性的发展。

五是当地政府不仅要在茶树的栽培上下工夫，更要在茶农的良知上做文章。如果一心只看中 GDP 的快速增长，而忽略了长远的发展，必然会造成茶文化方面的缺失，将会把茶叶经济单一的孤立成一种商业行为，如果没有文化的支撑，经济将很难有长远的发展。

六是认真对待外来文化元素对当地茶文化的影响。随着经济的发展，旅游的开发，人员的流动，各种媒体的作用，各种媒介的作用，不断有新的，外来的文化元素会对当地茶文化造成冲击。如何保证当地茶文化的健康发展，如何在广袤的文化海洋中得以保全和发展，是留给政府和各界人士的一个重大课题。

第5章 | 澜沧江流域稻作文化及其变迁[①]

5.1 引　言

中国西南边陲的澜沧江流域不仅是人类重要的发祥地之一，也是世界稻和稻作文化的起源地之一。澜沧江流域稻作历史悠久，尽管已发现的栽培稻遗存年代较晚，但种种证据使之成为稻作起源研究的焦点之一。从考古上看，云南省先后在昆明、呈贡、晋宁、安宁、元谋、宾川、江川、剑川、曲靖等20多处出土文物，发现有炭化稻粒、稻穗凝块或陶制器具上的穗芒压痕。在宾川白羊村遗址发现的炭化稻粉末，为公元前3770±85年的遗物，据此推断，云南省的稻作历史至少在4000年以上。从稻谷驯化、演变的自然条件看，我国栽培稻均由普通野生稻演变而来，云南省是同时具有我国目前确认的三种野生稻——普通野生稻、疣粒野生稻、药用野生稻的唯一省份；云南省普洱县是我国既有野生稻又有炭化稻的唯一地区；在西双版纳州的哈尼村寨，仍大量栽培水陆未分化的古老品种"且谷"（冷山谷）；据科研人员对云南省现有稻种的同工酶分析，发现野生稻与现代栽培稻种酶谱一致。由于气候、土壤、温度、海拔等条件的不同，野生稻演变分化为籼稻、粳稻两个亚种和早晚、水陆、黏糯3个主要类型。

澜沧江流域立体型气候，具有野生稻变为籼型水稻和变为粳型水稻的不同的海拔、气温等气候条件。而对不同的土壤水分的适应性导致了旱稻和水稻的分化。糯稻是栽培稻的一个变种，西南地区多山，气候无常，晴雨多变，早晚温差大，为糯稻栽培提供了良好的条件。在澜沧江流域，地理环境复杂，各种类型的气候并存，自然生态呈多样化，既有高山峻岭，又有低湿河谷，海拔势差可达3000m以上，在坝区、河谷、山腰、山顶，都有稻谷栽培，因而稻谷品种多样，耕作形式也多样并存。因此，国内外学者公认西南地区，尤其澜沧江流域是值得注意的稻作起源地之一，如日本学者渡部忠世曾提出亚洲人工栽培水稻起源于阿萨姆、云南这一地区的假说。我国学者汪宁生认为云南省是值得注意的稻作起源地（李子贤和胡立耘，2000）。

澜沧江流域是一个多民族聚居的地区，这一区域的民族按分布的地理位置，由北向南主要有藏族、傈僳族、纳西族、白族、普米族、回族、彝族、傣族、拉祜族、佤族、哈尼族、布朗族、基诺族、德昂族14个少数民族和汉族，共有15个民族居住在这一区域。由于澜沧江流域特殊的地理气候条件和众多民族聚居于此，导致了澜沧江流域的稻作文化也表现出极大的差异性。

5.2　澜沧江中游地区的稻作文化

澜沧江中游多为高山深谷，水流湍急，流域面积狭小，该区域以中亚热带、北亚热带、暖温带气候为主。澜沧江中游位于横断山脉，包括云南河段的迪庆、丽江、大理等州区。该区域较之上游地区，气候温暖、地势平缓，在河谷及一些低洼地带适宜稻作文化的发展，在山区地带垂直农业也较为普遍。

澜沧江中游生活着氐羌系统的诸民族如藏族、纳西族、普米族、傈僳族、彝族、白族、拉祜族等少数民族。其中，藏族、普米族、傈僳族、彝族、拉祜族等主要聚居在山区，而纳西族、白族以及汉族则聚居在河谷、坝子。在澜沧江中游地区，生活在这一区域的民族根据地理条件，发展了以垂直农业为主，

河谷、坝子等为辅的稻作文化。

5.2.1　世界上海拔最高的稻作区

　　澜沧江流域的丽江—维西一线是我国水稻种植海拔最高的区域，是目前水稻种植的高海拔极限点。位于川滇接合部的丽江市宁蒗县的永宁坝子是一个高原盆地，四面环山，海拔 2650m，面积 41.23 km²。永宁坝子是摩梭人最大的聚居区，并有不少的汉族、彝族和普米族杂居。坝子里盛产稻谷、玉米、小麦、白瓜子，该坝据称是世界上水稻种植海拔最高的地方。永宁县为历史上茶马古道要冲，现在也是联系川滇的要道，四川省凉山州境内的盐源县前所乡、木里县屋脚蒙古族乡、俄亚纳西族乡等地进出多要经过永宁，甘孜州稻城县也有路线与之相连。永宁交通较为方便，商贸十分活跃。20 世纪 30 年代，丽江宁蒗海拔 2632m 的永宁坝开始种植水稻，20 世纪 80 年代又将水稻种植到了海拔 2710m，是目前我国水稻分布最高的地方，也是世界水稻分布海拔上限的最高地区。维西县海拔 2500 m 以上的攀天阁乡则在 20 世纪初就开始种植水稻。近年来，攀天阁坝子的水稻已种至海拔 2630 m 以上。研究表明，水稻分布海拔上限随纬度递升而升高的实质是由于热带湿润地区受西南季风海洋暖湿气流影响，夏日多雨，气温反而低于亚热带，在滇西北横断山区，更因层层南北纵向大山拦挡住印度洋暖湿西南季风的去路使暖湿气流逐级削弱雨量向东递减，日照及气温向东递增，水稻的分布海拔上限也向东增高。概括丽江—维西一线水稻分布海拔上限地区的气象条件，均具备年平均气温 11～12℃，4 月份平均气温 10℃以上，7～8 月日平均气温 17～18℃，年均降水量 730～1100mm。分布在海拔 2400m 以上地区的水稻地方品种（黑谷为主）长期在栽培环境条件下适应了高原生态环境，植株较矮，分蘖较弱，生长缓慢，较能抗寒耐贫瘠，不耐肥，抗倒伏，易感稻瘟病。

5.2.2　山区河谷稻作农业

　　山区由于海拔高度的限制，使得这一区域的稻作农业并不发达，而是作为山区农业的一个组成部分或是补充，这以迪庆藏族自治州的山地农业为代表。藏族源于古代氐羌系统，远古时期是以游牧为主的族群。历史上不断游牧南迁的羌人进入滇西北后，与当地土著相融合，成为藏族先民的一支。他们在继续保留游牧传统的同时，为适应当地高山草地与河谷台地相间的自然环境，逐步开始从事农业生产。随着"茶马互市"的开辟和滇藏印茶马古道的开通，大批藏民投身于商贸活动中。最终，迪庆藏族自治州形成了农、牧、商三业并举的生产方式和经济结构。

　　农业方面，迪庆高原的主要农作物有玉米、青稞、小麦、土豆、大麦、荞子、蔓菁等。在澜沧江河谷中地区也能种植水稻。藏族人民总结多年的实践经验，形成了一套适应当地气候和土壤情况的轮作制度。例如，在江边河谷区水田中，实行稻谷、蚕豆、小麦（油菜）、稻谷、小麦三年六熟制，或稻谷、小麦、玉米、蚕豆（油菜）两年四熟制；在旱地实行玉米、绿肥（小麦）、玉米、豌豆（春土豆）、玉米三年五熟制。高寒地区熟地实行土豆（荞子、蔓菁）、青稞（土豆）、青稞（春小麦）、荞子（蔓菁）三年轮作制；瘦地（低湿地）实行春小麦、蔓菁、青稞、荞子五年轮作制；二荒地实行荞子、土豆、青稞、青稞四年轮作制；半山区实行小麦（豌豆）、玉米、青稞两年三熟制，或小麦、玉米、豌豆、青稞（土豆）两年四熟制。这种轮作制度既保证了农业品种和粮食作物的多样化，又有效地保持了地力，使农业在不盲目扩大耕地的条件下实现了可持续发展（郭家骥，2008）。

　　在这一区域实行稻作农业的还有维西县的傈僳族。傈僳族源于古代氐羌，其族称最早见于唐人樊绰的《蛮书》记载的"栗粟两姓蛮"。傈僳族是从唐代"乌蛮"部落集团中分化出来的，与彝族在族源上有密切的亲属关系，其先民居住在今西昌、冕宁、盐边一带。15～16 世纪中叶，居住在丽江、维西一带的傈僳族受丽江木氏土司的统治，大批傈僳族被迫参加了与藏族农奴主的战争。由于战争及反对木土司的压迫，大批傈僳族人在头人刮木必的率领下，渡过澜沧江，翻越碧罗雪山，进入怒江地区。此后，又有傈僳族陆续向西和向南迁移，形成今日的分布格局。经过数次迁徙，傈僳族居住区域十分广阔，并且与其他民族交错杂居。

据文献记载，维西县早在元代时期就开始种植水稻。随着汉族移民进入澜沧江河谷地区，当地傈僳族的水稻种植方法受到了汉族的影响，并逐渐形成了延续至今的以水稻、小麦套种为主的一年两熟制。由于同乐村的河谷耕地离村庄较远，同乐村的每户人家都得派劳动力到地里看护。看护田地的工作一般由老人来完成。看护田地每个星期进行一次，主要是放水浇地、除草等杂活。这些杂活需要一、两天的时间，所以，同乐村几乎每户都在自家的田边修建了临时性的土墙瓦房，他们称为"重很"，风格与汉族房屋相似。首先，这些临时性的房屋标志着田地的归属；其次，这种土墙瓦房既是同乐村村民在澜沧江边的"歇脚地"，也是水稻、小麦收获后的一个临时仓库（韩汉白等，2012）。

此外，维西县同乐村的傈僳族根据海拔差异发展出了一套行之有效的垂直农业系统：在海拔1740m的澜沧江河谷中形成以种植水稻、小麦为主的生产模式；在海拔1840m的村寨周围形成以种植玉米、核桃、瓜果、蔬菜为主的生产模式；在海拔2000m的轮歇地形成以种植荞麦、土豆、中草药为主的生产模式；在海拔2500m以上高山形成以畜牧为主的养殖模式。同乐村的垂直农业体系以河谷耕地、村寨周边耕地、轮歇地和高山牧场4个部分组成一个有机的整体，这个体系的充分运行为傈僳族提供充足的粮食、肉类和瓜果蔬菜。不仅如此，同乐村垂直农业体系中的每个部分都可以独立进行生产活动。当某一部分因自然灾害而减产时，并不会影响其他部分的正常生产。这为傈僳族生活提供了一个稳定、可靠的生存保障。垂直农业体系是同乐村傈僳族适应当地环境的产物，并且在历史发展过程中，傈僳族形成一套与之相适应的传统文化体系（韩汉白等，2012）。

5.2.3　坝子稻作农业

这一区域的稻作农业以大理白族最为典型。白族主要生活在大理州等地势较为平坦的地区，所以白族的农业生产技术有着悠久的历史，较之于澜沧江中游地区的其他民族更为先进。宾川白羊村遗址出土的大量文物证明，远在距今约4000年前，生活在洱海周围地区的先民，已开始定居，广泛使用石斧、石刀等石器和陶器，不仅种植旱稻，还学会驯养猪、狗等家畜。在遗址中发掘的48个储粮窖穴，表明当时的人们生产的粮食已自给有余，刀耕火种式的农业已初具规模。大理市大展屯出土的东汉时期的水田模型及粮仓模型，说明东汉时期洱海区域已采用池塘水灌溉农田，并利用水塘进行养殖。东汉以后，中原二牛三夫的耕作技术传入洱源区域，进一步促进了农业的发展（杨镇圭，2002）。

南诏、大理国时期，大理成为云南政治、经济、文化的中心，农业生产也得到空前的发展。稻、麦复种制在南诏得到了推广。《蛮书》卷七载："水田每年一熟，从八月获稻，至十二月之交，便于稻田种大麦，三月四月即熟。收大麦后还种粳稻。""蛮治山田，殊为精好"，已接近唐代内地的生产水平（杨镇圭，2002）。

南诏、大理国时期，在水利建设方面也卓有成效。由于修建了段家坝（今祥云）、清湖（今祥云）、赤水江（今弥渡）、神庄江（今大理凤仪）等水利工程，改善了灌溉条件。当时，除种植水稻、麦、豆等农作物以外，还种植柚、梨、李、梅、杏等果树。热带地区已会种甘蔗，用甘蔗制砂糖。据《通典》载，白族先民"西洱河蛮"的稻作收获"与中夏同"。畜牧业也有了很大的发展。《南诏源流纪要》中写道："唐初年间，南诏境内孳畜繁衍，部众日盛。"据《蛮书》卷七记载，南诏时期，"阳苴（今大理）及大厘（今喜洲）、邓川各有槽枥，喂马数百匹"。养牛也十分盛行，"天宝中，一家便有数十头"。"猪、羊、猫、犬、骡、驴、兔、鹅、鸭，诸山及人家悉有之。"在《南诏野史》中则有"牛马遍点苍"的记载。可见南诏畜牧业发展盛况空前。大理马享誉全国，除了满足本地需要和运输需要外，还通过朝贡和市场贸易，不断输送到中原，有时还远销印度。《宋史·大理传》中说："政和七年，大理贡唐三百八十四马。"《桂海虞衡志》中说："大理，古南诏国也。地连西戎马生犹蕃。大理马，为西南蕃之最。"据《建炎以来系年要录》卷三十三记载，南宋在邕州（今南宁），遣使大理国求市马，大理国曾以千骑至横山寨。据

《玉海》卷一百四十九《绍兴牧马监》记载，邕州置"马司"，以后，"自是岁得千匹"；绍兴十一年（公元1141年）达"二千四百五十匹"。大批的马从大理输入中原，大大补充了宋朝军队用马的不足。据传连抗金名将岳飞乘骑的战马，也选的是大理的"白骑驹"。这些零星的史料记载，足以说明洱海区域是云南驯养大理马的重要基地。元末明初，洱海区域由于战乱不断，农业生产一度凋零。明代实行军屯后，大量汉人从江苏、湖南、四川等省迁入白族地区实行屯种。他们从内地带来了先进的耕作技术和优良品种，白族地区的农业生产又有了新的发展，水碾、水磨、水车等水力机械普遍得到推广使用（杨镇圭，2002）。

明代是白族地区农田水利事业得到较快发展的时期。洪武十四年（公元1381年），朱元璋派傅友德、蓝玉、沐英率领30万大军到云南，经过十余年的征战，削平了各地奴隶主、农奴主的割据和叛乱，统一云南的政治和经济，实行军民屯田，出现一个比较安定的局面。这一时期，出现了一次以农田水利建设为中心的农业生产高潮。白族地区的一些著名水利工程，在这个时期得到兴修和整治。例如，云南县（今祥云）的宝泉坝，下关河尾疏浚工程，邓川的弥苴怯江堤和横江堤，大理的穿城三渠，浪穹（今洱源）的三江口渠及鹤庆黑龙潭坝、漠龙潭渠等的扩建等，增加了灌溉面积。特别值得一提的是祥云的地龙工程，利用地下渠道把山阴水和雨水积聚起来作灌溉用，不占面上土地，不易蒸发，又可防洪，一举多得，是我国水利史上的一项创造。清光绪七年（公元1881年），剑川县甸南的白族木匠杨沛盛，以家产担保，利用连通原理，集资用木筒在海尾河上架设"倒虹吸"引水工程获得成功。这也是白族在水利建设中的一项创造。屯垦汉族不仅带来了内地先进的生产技术，还带来了内地的粮食、蔬菜新品种，使白族地区种植的粮食、蔬菜品种不断增多。据万历《云南通志》卷二载，大理府的物产有：稻之属二十五，糯之属十四，黍秫之属九，来牟之属五，荞稗之属六，菽之属十二，瓜之属七，薯芋之属五。农业生产也逐步形成了一套精耕细作的制度。坝区"二月播种，三月收豆，四月收麦，五月插秧，六、七月耘，凡耘必三遍，否则茶蓼滋蔓，九、十月获稻种豆，十一月种麦，每岁仅得两月隙，而正二三四月河工之役尚未计焉"。"将犁，必布以粪，粪少则柯叶不茂，多则骤盛而不实。"由此可见当时的耕作已与现今十分接近。由于能依据节令适时栽种，定期施肥、灌溉、锄耘，如不遇灾害，粮食产量比较稳定，有些达到高产。据《洱海丛谈》载，清康熙年间，内地人来到大理，称赞太和城"土脉肥饶，稻穗长至二百八十粒，此江浙所罕见也"（杨镇圭，2002）。

新中国成立后，大理地区发生了翻天覆地的巨大变化，农业生产取得了令人瞩目的成就。兴修了数百个大小水利工程，农田灌溉条件得到很大改善，全州灌溉面积达到 1.3×10^5 hm^2，水利化程度达67%。在农业生产中，广泛采取了推广良种、药剂处理籽种、薄膜育秧、水稻宽窄行条栽、包谷定向栽培、小麦宽幅条播、蚕豆起垄点种、科学配方施肥、化学药剂除草、喷施增产菌微肥、建设稳产高产田、人工防雹等一系列科技措施，取得明显成效，全州粮食总产量比新中国成立初期翻了4倍多。在大理白族地区试验成功的"滇榆1号""合榆1号""榆杂29"良种单产分别达到1014.04 kg、1024.64 kg和1108.55 kg，先后3次创粳稻单产的世界纪录。"桂朝2号"曾创我国籼稻单产的最高纪录。"凤麦13号"小麦、"凤豆1号"蚕豆和"掖单13号"包谷单产都曾创云南省最高纪录（杨镇圭，2002）。

有关水稻的祭祀活动：水稻成为坝区白族人民的主要食粮，水稻的丰歉与每一村、每一户、每个人的生存和发展息息相关，在白族的传统观念中，稻作是非常神圣的。由于水稻生产所需要的重要条件诸如阳光、雨水等，远不是人的能力所能够控制和左右的，再加上人们对自然认识的不足，使得人们往往把丰收的希望寄托于神灵，因此在水稻生产的过程中，各种农事祭祀活动应运而生。白族传统社会中与水稻种植有关的祭仪规模有大有小、形式各异、文化内涵丰富多彩，主要有绕三灵，栽秧会和祈雨。

绕三灵是在每年栽秧之前举行的祈雨祭祀活动，是通过歌舞升平取悦神灵、通过男女交合促进天地阴阳和合，风调雨顺，秧苗正常生长的一种原始祭祀活动。即绕三灵活动所负载的文化信息足以证明：其活动的主题是祈雨求丰（金少萍，2005）。

栽秧会每年农历5月夏至栽秧季节，大理白族坝区盛行栽秧会，这是一种村民临时性的劳动互助组织，以换工的方式栽插。这种临时性组织的出现，与白族社会内部沿袭了世世代代的、优良的互相帮助传统有关，同时又是白族历来注重水稻栽插农时节令的一种体现。栽秧会既是劳动生产与娱乐相结合的一种活动，又是祈求水稻丰作的农事祭祀活动（金少萍，2005）。绕三灵是整个大理坝区的祈雨求丰活动。而栽秧时节，若天旱无雨，还有以村为单位的祈雨祭祀。各村的祈雨祭祀活动主要有祭祀本主求雨和祭龙求雨（金少萍，2005）。

澜沧江中游地区稻作文化的发展受到环境的极大限制。例如，藏族、傈僳族等生活在山区的少数民族因地制宜，充分的利用有利条件来发展农业，农业、畜牧业、商业的共同发展和垂直农业的应用是该区域稻作文化的特殊之处。而聚居于坝区的白族，因当地本身拥有悠久的稻作文化发展史，再加上长期与汉族移民共同生活劳动，学习了汉族较为先进的生产技术，发展稻作文化比藏族、傈僳族等更有优势。从宏观上的发展方向看，少数民族通过多元化的产业模式来弥补农业发展的缺陷；从具体的技术层面，少数民族利用山区立体气候，在不同的海拔发展不同的农作物。总之，在现有的条件下，澜沧江中游地区的各民族都充分利用了当地的资源来发展稻作文化，来增加自己的收入，来提高自己的生活水平。

5.3 澜沧江下游地区的稻作文化

澜沧江下游河道变宽，流速减缓，且流经地区多为盆地和低山丘陵地区（包括西双版纳热带宽谷盆地地区与思茅亚热带低山丘陵盆地区），该区域以北热带雨林、季风雨林、南亚热带季风雨林以及干热河谷气候为主（刘立涛等，2012）。澜沧江下游位于中南半岛丘陵，包括了临沧、普洱、西双版纳等地。该区域地势低平、降水充沛、光热条件丰富，稻作文化历史悠久技术发达。

澜沧江下游生活着百濮族系的诸民族如德昂族、布朗族、佤族和百越族系的诸民族如傣族等。其中，拉祜族、佤族、哈尼族、布朗族、基诺族、德昂族等主要聚居在山地，而傣族聚居在坝子，因而在这一区域存在着坝区稻作农业和梯田稻作农业，前者以西双版纳州的傣族为代表，后者则以红河流域到澜沧江流域的哈尼族为代表。

5.3.1 坝区稻作农业

西双版纳傣族具有种植水稻的悠久历史和丰富经验。在长期的生产实践中，傣族人民通过与自然环境的相互影响和主动适应，创造了独具特色的稻作文化。这一文化体系以适宜稻作农耕的自然生态环境为基础，以稻作生计方式为核心，以相应的资源管理制度、农耕礼俗、精神信仰和优长互补的山坝民族关系为保障，维持了西双版纳傣族地区数千年来生态环境的平衡和谐、社会经济的持续发展和民族文化的长盛不衰（郭家骥，2008）。随着工业化、现代化浪潮的推进和橡胶种植业的迅速发展，傣族传统稻作文化体系受到了前所未有的冲击和挑战。

西双版纳州地处云南省南部边疆，全境属于横断山系纵谷地区的最南端，东部为无量山山地，西部为怒山山地，两山以澜沧江相隔。境内分布着大小2762条河流，纵横交错，均属澜沧江水系。全州以山地为主，面积达 $1.8 \times 10^6 hm^2$，占总面积的95%。这里居住着基诺族、哈尼族、布朗族、瑶族、拉祜族等山地民族。在广阔山地中有许多大小不一的坝子，面积为 95 333 hm^2，占总面积的5%，坝区是傣族人民的聚居地。傣族在长期的稻作过程中，积累了丰富的传统知识和技术，对此郭家骥进行了较为仔细的研究。以下关于傣族坝区的稻作技术内容主要引自郭家骥的《发展的反思：澜沧江流域少数民族变迁的人类学研究》一书。

5.3.1.1 耕作制度与休闲肥田

20世纪50年代以前，整个西双版纳傣族地区地广人稀，人均耕地面积较多。1955年曼远村有30户人家，196人，却有耕地103 hm^2，人均0.52 hm^2。在如此宽广的土地上一年种一季已使粮食自给有余。加之当时的西双版纳州因地理位置边远偏僻，山高谷深的自然环境构成与祖国内地经济交往的天然屏障。

交通不便使自给有余的粮食没有多少销路，因而自然形成了一年种一季，其余时间放荒休闲的耕作制度。这种耕作制度一方面造成土地利用率和土地产出率均较低，另一方面却又在当时条件下保证了稻作农业的持续发展。傣族是一个爱好洁净而又笃信宗教的民族，人畜粪便均被视之为不洁，尤其禁忌人粪。认为用之肥田，长出的粮食用来祭神便会触犯"神灵"。因此傣族传统稻作农耕技术的一大特点就是不施肥，即所谓种"卫生田"。然而，在不施肥的条件下要长期保持从土地中获取适量的产出，仍然必须补充土壤养分，休闲制便是补充土壤养分的最简便的途径和最有效的方法之一。傣族传统每年公历 5 月撒秧，10 月收割，土地休闲期长达半年。在热带高温高湿的自然条件下，微生物生长快、活动频繁，在土壤中活动后转化为自然肥力；各种杂草长得更快，在休闲期结束时田地里已长满杂草；加之传统水稻多为高秆品种，植株高一般都 1.5 m 以上，收获时留桩甚高，这无异于为每亩农田保留了 1000 ~ 2000 kg 绿肥；休闲稻田又通常被用作冬季牧场。傣族农民几乎每家都养有几头水牛和黄牛，每到冬季便驱之入休闲稻田中吃草越冬。经过牛群的反复踩踏便将野草、谷茬和牛粪踏入田土之中。所有这些，都为傣族不施肥的"卫生田"补充了天然肥料。

5.3.1.2　品种多样性与病虫害防治

西双版纳州是农作物品种资源的宝库。据 1980 ~ 1982 年全州大规模农作物品种资源普查中，全州仅稻谷品种就有 1600 多个，其中水稻 800 多个；景洪市有稻谷品种 419 个，其中水稻品种 202 个。曼远村傣族农民 50 年代前经常种植的水稻品种主要有"毫蒙享""毫滚干""毫禾禾好""毫达哥""毫黑章""毫场垄""毫场囡""毫火汗光""毫乃列""毫孟样""毫拱笼""毫嘎木龙""毫嘎木到""毫哄勐养""毫哄勐仑"等 18 种糯稻和"毫岸笼""毫岸波咏""毫岸档""毫岸满"4 种黏稻。这些稻谷品种除可分为黏、糯外，还可按类型分为籼、粳，按壳色分为白、黄、紫，按米色分为白、红、紫，按株型分为高秆（1.5 m 以上）和矮秆（1 m 以下）等。这些不同的品种对田块高低、水旱程度和土壤肥力都有不同的需求。傣族农民便根据自己多年积累的经验将不同的品种种植在与其品性相适应的不同的田块中，从而使每一个傣族家庭在其所拥有的土地上都种有若干个不同的品种。这样做虽然在一定程度上增加了种植和管理的困难，但却通过对自然环境的主动调适充分发挥了不同田块的生产能力，同时也满足了傣族人民生活对稻谷多样性的需求。

5.3.1.3　水利灌溉技术

在西双版纳地区，虽然年降水量和地表水资源都很丰富，但因降雨和河流的时空分布不均，因而使傣族稻作农耕的发展对人工水利灌溉设施的依赖性很大。历史上，勐景洪地区的傣族经过长期努力，修建了多达 13 条、每条长达数十公里的人工灌溉沟渠，形成了全勐性的纵横交错的水利灌溉网络和较为发达的水利灌溉系统。勐罕地区的水利设施虽没有勐景洪地区完善，但亦有自己的特点。在曼远村，稻田灌溉一靠天然降雨；二靠从基诺山流下来的"卫乃""卫达"和"卫蒙"3 条小河；第三就靠本村农民自己修建的、连接 3 条小河和无数在田地中纵横成网的人工沟渠了。20 世纪 50 年代前，曼远村自己的山地和其背靠的基诺山区，仍为茂密的原始森林所覆盖，林中堆积着厚厚的枯枝落叶和腐殖物，直到 20 世纪80 年代初森林遭大规模破坏前，林中还保留着上百厘米厚的枯枝落叶和二三十厘米厚的腐殖层。这些东西经过雨季的大雨冲刷和平时的高山潺潺流水，沿小溪河流和人工沟渠进入稻田中，便成为上等的天然肥料；大雨冲刷还将村寨周围的人畜粪便和泥土带入田中淤积下来，既肥田又能改良土壤。由此看来，傣族传统的水利灌溉技术虽然因陋就简，但却是因地制宜的巧妙和高超的行为。它同时收到了水利灌溉和改土肥田的双重功效。

5.3.1.4　耕作技术与耕作程序

在西双版纳州的曼远村，用传统技术种一亩水稻通常需要经过以下 27 道工序：较为重要的是选种，耕作精细的人家采用穗选法，即当谷子成熟时到大田中去一穗一穗地选，将粒多饱满的谷穗选好拿回家，用稻草扎成草袋，将种子装入，吊挂在屋梁上，让其自然风干。既防鼠防雀，又防霉变和混杂。有的人家则采用块选法，即哪块田谷子长得好就在哪块田中选种。选种一般要半个工。育秧，育秧又分水育秧和旱育秧两种。水育秧即在秧厢理好后便撒水，然后把浸泡了 24 小时已经发芽的谷种撒播于秧田中，过 5～7 天，待苗高 2～3 cm 时又灌水，淹水 2～3 天又撒水，过 10～15 天后再灌水浸泡直至栽插。这种反复灌水撒水对合理调节对秧苗正常生长有好处，是傣族稻农经过长期实践总结出来的宝贵经验。水育秧从播种到几次管水所花费的时间合计起来也需要一个工。旱育秧是傣族稻农在水利化程度较低的条件下恰又碰上天干，导致秧田无水，为抢节令而采取的一种适应性育秧方法。这种方法把育秧场地从稻田转移到山中大树下面的湿润地带，将地面挖开泥土捣细平整后便撒秧播种，再盖上捣细了的鸡粪土，防止家禽和小鸟糟蹋。旱育秧的特点是秧苗根系发达。因为秧苗要吸水就必须长根，这种秧苗的抗旱能力和生长能力比水育秧还强。寄秧又称教秧，是傣族农民为培育壮秧和抢节令抗旱栽插而创造出来的一种与自然环境主动调适的独特方法。秧苗长到 20～25 天时，按节令便应移栽到大田中去。但此时雨水未丰而难以保证大田的灌溉用水，人工沟渠引来的有限的山泉小溪水只能灌溉靠近水源的一部分稻田；这些稻田靠近水源和村寨，历年接受雨水冲刷而来的腐殖物、人畜粪便等天然肥料较多，因而都是上等肥田。傣族农民把秧田中的秧苗寄栽到这些肥沃保水的上等田中再培育 25～30 天，一方面保证了按节令抗旱栽插，另一方面又把原来肥力不够的牛毛秧培育成能抗倒伏、抗病虫害的壮秧。因为这种方法只是把秧苗暂时寄栽在肥沃保水的田地中进行再培育，故称寄秧。通过寄秧再培育的秧苗移栽到大田后，一般都穗大粒多、籽粒饱满，比直接由牛毛秧移栽的每亩均增产 20% 以上。

许多学者在谈到傣族稻作农业时，几乎都认定其传统技术是粗放的，生产力水平是低下的。诚然，如果以傣族稻作农业一年只种一季，且从不施肥亦无力消灭病虫害等因素来衡量，应该承认其传统技术确实是粗放的；如果把 20 世纪 50 年代前西双版纳州每亩水稻平均单产约 150 kg，与今天杂交稻的平均亩产 400～500 kg 相比，也应该承认其生产力水平是低下的。但是，当我们用生态学观点认识上述粗放因素的生态意义及详细了解其耕作技术和耕作程序后，就会发现，傣族农民种一亩水稻需 27 道工序，要投入 31 个人工和 6 个牛工，这在当时地广人稀的条件下已很难再视之为粗放；同样，利用传统技术耕作的稻田产量虽低但却年复一年持续发展而一般不减产，并且还保持了生态环境的良性循环，因而其生产力水平也并不十分低下（郭家骥，2008）。

5.3.1.5 辅助生业和历法与农事

曼远村傣族稻作文化发展除以水稻生产为基础外，还有其他多种多样的辅助生业。例如，在山地中种植少量的旱稻、玉米等粮食作物和花生、芝麻、黄豆、豌豆、蚕豆、甘蔗、茶叶、菠萝、卡亡果、椰子、柚子等经济作物；在村寨周围种植大量的黑心树以做薪柴；上山打猎，下河捕鱼摸虾，进山挖竹笋、采野菜，等等。这些辅助生业满足了傣族农民生活的多样性需求，也为稻作农业的发展起到了补充和辅助作用。傣族较为完善的稻作农耕技术及其诸多辅助生业的发展，都是建立在对天文现象的科学认识基础之上的。在傣族民间传说和唱词中，常常讲到他们的祖先看日影辨时间，按星星的位置和各种物候现象来安排生产和生活。这就是傣族处于萌芽状态的天文历法知识。后来，在汉族天文学和印度天文学的影响下，傣族人民通过吸收、借鉴和自己的独特创造，形成了一套自成体系的天文历法。这套历法对傣族稻作农耕及其诸多辅助生业的发展起了指导作用。

傣族历法与曼远村传统的主要农事活动：1 月，傣历三月（冷山），砍山地，割草，备料盖房子，砍烧柴。2 月，傣历四月（冷伙），继续砍山地，盖房子。3 月，傣历五月（冷哈），烧地，拣地，盖房子。4 月，傣历六月（冷哄），过新年，过完年后即开始备耕，修水沟，犁耖耙田，理秧厢，浸种、晒种、播种。5 月，傣历七月（冷基），犁、耖、耙寄秧田，拔小秧、栽寄秧，山地种旱谷。6 月，傣历八月（冷别），收菠萝，犁、捂、堆、耙、平大田，拔寄秧移栽入大田。7 月，傣历九月（冷告），地薅草，继续栽秧，砍竹子编篱笆围栅稻田，管水。8 月，傣历十月（冷取），种菠萝，稻田管水、除草，山地收玉米、花生、豆等。9 月，傣历十一月（冷西别），篱笆、镰刀、弯棍等打谷工具。10 月，傣历十二月（冷西双），稻田开始收割，山地收旱谷并搬运回寨。11月，傣历一月（冷惊），稻田选种、收割、堆谷、打谷。12月，傣历二月（冷干），水稻收打完毕，搬运粮食入仓，开始备料盖房子。

5.3.1.6　性别分工和村社成员的互助协作

傣族在生产技术上的男女性别分工由来已久。元朝李京在《云南志略》中记述金齿白夷的生产情形说："男子不事稼穑。""妇女尽力农事，勤苦不辍，及产方得稍暇，既产，即抱子浴于江，归付其夫，动作如故。"《马可·波罗行纪》亦说："其俗男子尽武士，除战争、游猎、养鸟外，不作他事，一切工作皆由妇女为之，辅以战争所获俘奴而已。"这种农业生产以妇女为主的状况，一直延续到明初。钱古训、李思聪所著的《百夷传》说："地多平川沃土，妇女用独镘锄地，事稼穑，地利不能尽。"此后男子逐渐参加农业生产劳动，并形成了技术上的男女性别分工。即男子犁田、耙田、放水、围篱笆、撒秧拔秧、挑秧、堆谷、打谷；妇女栽秧、薅草、割谷、挑谷。习俗认为，妇女犁田会"遭雷打""牛会哭""庄稼不长"等。这种技术上的性别分工一旦固定为习俗，便一直沿袭至今，只是今天已不如以往严格。例如，今天的栽秧也仍由妇女专门负责，但如果妇女人手不够而又必须抢节令栽插，男子也同样可以下田栽秧。每到栽插和收割的大忙时节，傣族村社群众便自发地进行互助与协作。互助协作仍然遵循性别分工习俗，一般是男请男工、女请女工。互助协作有两种形式：一种是亲朋好友间小范围的互助，这种互助不给报酬也不严格计工，主人只需招待一顿中饭即可。另一种是全村或跨村大范围内的请工帮助，这种帮助就必须严格计工并按工付酬（郭家骥，2008）。

5.3.2　哈尼梯田稻作农业

5.3.2.1　哈尼稻作梯田起源

梯田作为一种稻作农业景观，其起源古老，在世界许多地方都有分布。我国则是世界上最早开发梯田的国家之一。梯田始于何时，现无法考证，据推测，梯田应是在坡田和平田基础上发展起来的。据《尚书》载，早在大禹时，我国就已经开始了大规模的治山活动，经过治理，"眠番既艺……蔡蒙旅平……厥土青黎，厥田唯下上。厥赋下中三错"，"荆歧既旅，终南停物一厥土唯黄壤，厥田唯上上。"《禹贡》既"艺"且"旅"，田、税又定了等级（共九等），而黄土高原一带的雍州田地竟为一等（"上上"），这些情况推断，先秦时我国北方应该孕育了"坡式梯田"。隋唐是我国梯田大发展时期，元明清是我国古代梯田的成熟时期，其主要标志，一是出现较系统的梯田理论论述，二是梯田开发范围进一步扩大。

我国梯田按地区主要可分为南北两大类型，若细分，则又可分出黄土高原、云贵高原以及江南丘陵等梯田，黄土高原和云贵高原梯田堪作北南方梯田的代表（马倩，2001）。其中最为壮观的是位于红河流域一直到澜沧江流域的哈尼族梯田。其梯田的分布区域与哈尼人的生存区域合二为一，举凡哈尼族聚居或散居的地区，都有梯田散布其间（雷兵，2002）。从总体上看，从红河水系向西至澜沧江水系，哈尼族梯田的布局规模呈逐渐递减的态势。以分布区域的海拔和气候作为参照系，哈尼族梯田可以分为三大类：即海拔800m以下的热带河谷梯田，海拔800~1800m的亚热带中山梯田，以及海拔1800m以上的暖温带山区梯田。其中，热带河谷梯田和暖温带山区梯田的比例较少，亚热带中山梯田是哈尼族梯田的主体。

哈尼族文化的所有事项，从衣食住行、婚丧嫁娶、节日庆典、宗教祭仪等各类有形的民俗活动，直至思维方式、人生态度、处世原则、伦理道德、审美意向等无形的意识形态，无一不是从梯田这一本中衍生出来的。作为哈尼文化本根的梯田稻作，赖以植根的基础是优越的生态环境；而对天地自然本质的认知把握、天人观念，以及处理人地关系的准则，则是哈尼族聚居区域千百年来始终保持良好生态景观的人文机制。

哈尼族垦田种稻的历史源远流长。早在春秋战国时期，中国的梯田已经出现。《尚书·禹贡》记载，

"瀺水"(大渡河)畔,"其土青黎,其田下上,其赋下中三错"。这是中国汉文史籍对梯田最早的文字记载,同时也是对哈尼族耕治梯田的最早的文字记载。大渡河畔是哈尼族先民"和蛮""和夷"的居住地之一。清胡渭《禹贡锥指》说:"和夷,瀺水南之夷也。""和",古音读"瀺","瀺水"因此得名。因此可以说,哈尼族先民是中国梯田的首创者之一。《山海经·海内经》记载,哈尼族先民居住的"黑水"(大渡河、雅砻江、金沙江之间),"有都广之野,后稷葬焉。爰有膏菽、膏稻、膏稷,百谷自生,冬夏播琴。"《史记·西南夷列传》记载,早在西汉初期,包括哈尼族先民在内的"西南夷"中,有的已经"种田邑聚",开始从游牧向农耕转型了。《后汉书·西南夷列传》云:西南夷"造起陂坡池,开通灌溉,垦田二千余顷"。当时被称之为"阿泥"蛮的哈尼族便居住在那里,今安宁河也因此而得名"阿泥河"。由此可证,那时的哈尼族和藏缅语族中的一些民族一样,已进入既游且耕的阶段。尔后,哈尼族再次大规模往南迁徙,其耕作山田的技术也不断得到提高和完善。至唐,哈尼族的垦田种稻技术已步上了一个新的台阶。唐代樊绰《蛮书·云南管内物产》赞叹:"蛮治山田,殊为精好。""灌田告用源泉,水旱无损。"可见当时哈尼族的梯田农业已十分发达。宋代,梯田有了正式的名称。宋范成大(1126~1193年)的《骖鸾录》载:"仰山岭阪之间皆田,层层而上,至顶,名梯田。"明代科学家徐光启(1562~1633年)全面总结我国历史上的农业形态、农田样式和农耕技术,在他的《农政全书》中,把历代的耕田技术分别归类,概括出区田、圃田、围田、架田、柜田、梯田、涂田 7 种田制。《农政全书》卷五《田制·农叠诀田制篇》引元代《王祯农书》"梯田"说:"梯田,谓梯山为田也。夫山多地少之处,除磊石及峭壁,例同不毛。其余所在土山,下至横麓,上至危巅,一体之间,栽作重蹬,即可种菽。如土石相半,则必垒石相次,包土成田,又有山势峻极,不可展足。播殖之际,人则伛偻蚁沿而上,构土而种,蹑坎而耘。此山田不等,自下登陟,俱若梯蹬,故总曰梯田。"徐氏还以诗的形式,以饱满的激情对梯田的地理环境、开垦技术、耕耘情况、水利条件等作了淋漓尽致的描述:世间田制多等夷,有田世外谁名题;非水非田何所兮,危巅峻麓无田蹊、层蹬横削高为梯,举手扪之足始跻;伛偻前向防巅跻,佃作有具仍兼携。明清以来,哈尼族已散居哀牢山和无量山之间的山区、半山区,随着置驿道、开道路、修水利,移民屯田等对哀牢山区的着意开发,至清代哈尼族梯田已蔚为壮观,日臻化境。清嘉庆年间的《临安府志》曾以惊叹的语调描述过当时哀牢山区哈尼族那令人赞叹不已的梯田耕作情景:"依山麓平旷处,开凿田园,层层相间,远望如画,至山势峻极,蹑坎而登,有石梯蹬,名曰梯田。水源高者,通以略杓(涧槽),数里不绝。"从哈尼族的神话传说和在哈尼族居住过的地方出土的大量文物和植物学家的新近发现,更证实了哈尼族与梯田稻作的渊源关系。

哈尼族在梯田稻作农业实践中所创造技术充满了极高的生态智慧,引起了生态学家和民族学家的极大兴趣,对此王清华作了较为详细的研究(王清华,1999)。

5.3.2.2 梯田营造

哈尼族营造梯田,讲求季节时机。开挖梯田的最佳时节是每年的阳春三月,这段时间气候宜人,土质干燥,开挖时,哪里渗水,看得清楚,可及时补漏加固。对垦田位置的选择也十分考究,要综合考虑光照、水源、地势、土质等因素,一般选择在地势较缓、土质较好、光照充足、有水源可供灌溉的地带营造梯田。

第一步,根据坡度的大小,确定梯田的高度和宽度。用板锄、撮箕、刮板等工具把高处的土往低处搬运,顺地势平整松土,辟为台地,播种若干季旱地作物。通过施肥、翻挖耕作,提高土地的肥力和含水率。

第二步,台地经过日晒雨淋的自然沉降,让土地落实黏固,形成稳固的基础后,待水沟挖通,解决了水利灌溉后才着手夯筑田埂。田埂是用开挖时挖出的大土饼层层垒起。一般采用依山就势,由点而面,由山脚向山顶叠置而上,层层套接,上下错层跌落六七十级,有的甚至达数百级:田埂分上埂下埂,二者的高度因山势的缓陡而不同。缓坡地带,田埂较低,也较薄,有十五六厘米,人行其上,非老练不能走稳。高山陡峭,田埂较高,有的高达五六米。高埂厚实宽大,二人并行,毫无问题。垒砌的田埂必须保证坚固耐用，确保水田不跑水、跑土、跑肥。这就需要开挖时要有精湛的筑田技术。梯田建成，需小心维护。每年要铲修田埂，不让野草滋生、老鼠打洞。抿糊下埂，使土地黏结，田埂牢固。高山梯田，常年放水，以水养土，以水保田。低山梯田，秋收之后，放水养田，增加肥力（王清华，1999）。

哈尼族的梯田，根据土质的肥瘦和地质状况，可以分为干田、撼田、水田三种类型。干田，哈尼语称"东哈"。这种梯田一般离水源较远，保水性能差，土质较为贫瘠，主要靠雨水才能栽种，所以又称为"雷响田"。撼田，哈尼语称"虾纳"，是在山脚的沼泽地上开挖出来的梯田。这种田淤泥很深，人畜进去容易陷落，一般不用耕牛犁耙。水田，哈尼语称"欧虾"，主要分布在水源充分的山梁上。这种田田泥上稀下干，不易渗水，日照充分，有保水、保肥、保温的特点，有利于水稻的生长，哈尼族的梯田大都属于这一类。

5.3.2.3　兴水利建设与水资源管理

哈尼族地区溪河纵横，山间泉水终年流淌不断。但充足的水源在许多地方并不能直接引灌梯田，于是哈尼人民巧夺天工，依靠自己的聪明才智走出了一条高山引水的山区水利建设之路。他们巧妙地利用当地"山有多高、水有多高"的自然优势，或凿山为沟，引水开渠，或架设涧槽，数里不绝，把高山丛林中的泉水顺山势，蜿蜒导入沟渠，流入梯田。有的水沟长达数十里，跨越邻县，直接水源，这样可保农田用水长年不息。元阳县洞铺村，仅有梯田 63hm²，而盘山而下的水沟就有 22 条，其中大沟 5 条，中沟 4 条，小沟 13 条；攀枝花的情况更为惊人，有水沟 162 条，其中大沟就有 42 条。从高山顺沟而来的水，由上而下注入最高层的梯田，高层梯田水满，流入下一块梯田，再满再往下流，直至汇入河谷江河。这样，每块梯田都是沟渠，构成自上而下的灌溉网络。山间泉水都是长年不断的活水，不仅便于灌溉，而且便于排水、冲肥，使得灌与排有机地统一起来。山水遥遥而来，夹带碎石泥沙，为了防止梯田沙化和堆集碎石，于是，在每片梯田的进水口处挖一个积沙坑，在此清除石沙十分方便。

兴修水沟是集体的事业，而且还不仅仅是一村一寨的事：水沟跨州连县，密如蛛网，灌区所有的人都视水沟为命根，对水沟有着义不容辞的责任。不但兴修时出力，护养沟渠也为己任。沟渠稍有破损，谁见谁修，不计报酬，蔚然成风。每年冬季，各村出动，疏通沟渠，砍去杂草。这种集体主义风尚是山区梯田农业所决定的，反过来它又促使梯田农业保持、发展和完善。保护林木，防止水土流失是保护梯田农业的根本。哈尼人对树木的爱护早已升华到崇拜的境界。各个村寨都有一片护佑本寨神灵居住的丛林，哈尼语称"昂玛俄波"。不让牲畜入内，禁止乱砍树枝。每年"昂玛突"（祭寨神）节日，敬献祭祀，教育后代保护林木，保护自然生态，以维系自身的生息、繁衍。合理分享水利已成为世代相袭、共同遵守的传统美德。例如，约定俗成的水规，哈尼语称之为"欧头头"，意即"刻木分水"。具体方法是，根据灌区面积和沟水流量，按沟渠流经的先后顺序，在田沟分界处埋置一横木，按每一片田的实际需水量在横木上凿槽刻度，使水自行流进田中，这种简便易行的分水方法既使高地梯田水量适度，又能保证低地稻田的灌溉。"欧头头"分水法开拓了山区水利灌溉之先河，这种就地取材的水源管理方法，至今为哈尼人民所沿用，而且被人们自觉地遵守着，每一田户都不会因自家田水不足而自行扩大刻度或私自扒水。

5.3.2.4　谷种选择

在哀牢山区，哈尼族培育使用的传统稻谷品种达数百种，仅元阳哈尼族就拥有本地品种 180 个左右。这些品种分别在不同的海拔及气候带中使用：在海拔 1600~1900m 的气候温凉的上半山，使用小花谷、小白谷、月亮谷、旱谷、冷水谷、抛竹谷、冷水糯、皮挑谷、雾露谷、皮挑香等耐寒稻谷品种；在海拔 1200~1650m 的气温湿和的中半山，使用大老梗谷、细老梗谷、红脚老梗、老梗白谷、大白谷、麻车、蚂蚱谷等温性高棵稻谷品种；在海拔 800~1200m 的气候温热的下半山，使用老皮谷、老糙谷、大蚂蚱谷、木勒谷、勐拉糯、七月谷等耐热稻谷品种；在海拔 150~800m 的炎热河谷，使用麻糯等耐高热稻谷品种。

在哀牢山区，由于地形、气候复杂到"隔里不同天，一山分四季"的地步，因而绝大多数稻谷品种适应面积往往不超过 1 万亩, 有不少品种只在几百亩甚至几十亩中适用。于此可见梯田农业生态的极端复杂性, 以及哈尼族在与哀牢山大自然进行物质交换时所付出的艰辛努力。同时, 哈尼族的稻谷品种, 无论高山耐寒的、中山温性的, 还是低山耐热的, 一般都必须具备两个特点。

一是易脱粒。哈尼族梯田处于不同气候带中, 稻谷成熟有先有后。由于哀牢山气候多变, 先成熟者必须尽早收割, 在田间用谷船尽快脱粒, 将谷子背回寨中; 继而随熟随收, 保证颗粒归仓。如果稻谷难以脱粒, 不仅劳动强度增大, 耗费时日, 而且严重地影响和拖延逐步成熟的稻谷收割, 气候一变, 造成丰产不丰收。另外, 哈尼族田在山下, 人住山上, 如果脱粒不易, 又担心气候变化, 就需收割后连稻棵一起背回山寨, 这样劳动强度将大大增加; 而且哈尼族所居无平地, 无法在村中建打谷场, 连茎稻谷背回村寨, 徒劳无益, 且造成更多麻烦, 还不能保证颗粒归仓, 万无一失。所以, 在哀牢山特殊的地理气候环境中, 梯田稻谷必须易于脱粒, 随熟随收, 方能保证丰收丰产。

第二个特点是高棵。高棵, 即稻谷长得高、稻草长。这个特点真是意味深长。哈尼族住房为土墙草顶。为了保证冬暖夏凉的居住效果, 哈尼族每 1 ~ 2 年更换厚重的住房草顶, 这就需要大量的长棵稻草; 另外, 耕牛是哈尼族梯田农业的重要工具和劳动者。夏季植物茂盛, 哈尼族野放耕牛使其自行啃青, 春秋农忙, 喂以粮食和稻草使其奋力耕田, 冬季万物凋零, 耕牛入厩, 全靠稻草过冬, 这也需要大量的稻草。高棵稻谷正满足了这种生产生活需要。哈尼族选留谷种有两种方法: 一是块选, 即观察农田中稻谷的长势、颗粒多少、饱满程度, 哪一块好就留做种子。二是棵选, 即在田里看到哪一穗好就选留做种。收取谷种是在稻谷长到九成熟时, 过熟的种成活率不高, 过生的则不易保存, 成活率也低。每到春耕时节, 哈尼族将选好的谷种用瓦缸装好, 然后用水浸泡, 一昼夜后将谷种捞出, 取稻草覆盖, 放在阳光下晒, 以加速其发芽。每天用清水喷洒一道, 如此 7 天之后, 即播入秧田中, 秧苗长成, 拔出移栽至梯田中。栽秧株距的确定, 是与梯田这一农业特殊的形式、耕种的过程以及施肥特点密切相关的。由于山高谷深, 梯田上下, 使用冲肥, 田水长流, 肥料较多地积于低山梯田中, 再由于气候不等, 高层梯田为了保温保埂, 常年泡田, 低层梯田较热, 秋收后可放干晒田增加地力。于是, 低山梯田肥于高山梯田。根据这一特点, 为确保产量, 高山梯田采用密植, 每亩需 7.5 kg 左右谷种的秧, 株距 10 ~ 13 cm; 低山梯田, 株距较稀, 13 ~ 16 cm, 需 4.5 kg 左右谷种的秧。秧栽完后, 从山脚到山顶, 层层梯田株距不同, 有的密有的疏, 表面看来栽秧毫无规矩, 株距全无讲究, 孰不知, 这正是立体气候中梯田农业生态特有的规矩和讲究, 是哈尼族长期对自然环境认识和梯田农业实践中产生的大智慧。

5.3.2.5 梯田的管理

梯田耕作程序哈尼族有一整套科学完整的梯田耕作方法。以一年为周期, 全年生产过程大致可分为歇耕期和耕种期两个阶段。从 10 月至次年的 2 月, 是哈尼族梯田的歇耕养田期。这段时间梯田不种任何作物, 秋收一过就把田翻犁过来, 灌满田水, 施蓄肥料, 保水养田。哈尼梯田, 一般在 10 月收割结束, 11 月底以前就要犁头道田, 哈尼语称为 "虾哈切", 特指秋收后的第一次挖田。挖梯田的第一道程序是搭埂子, 第一步, 把田水放干, 用脚后跟把田埂内侧踩下 1/3 左右, 使埂形成一个斜坡状。这样做, 一方面能把上年被黄鳝、泥鳅打的洞堵塞起来, 保证新埂不漏水, 另一方面, 泥巴不易下滑, 便于使所搭的新埂子坚固结实, 棱角分明, 整洁美观。第二步, 在埂子上, 用自制的大板锄, 沿着埂边挖捞田中的泥巴, 贴补于埂子的斜面上, 再用锄头背面用力挤压, 使泥巴夯实紧贴于埂子的基础上。这道工序很重要, 哈尼语叫 "沃玛同"。第三步, 哈尼语称 "崩玛前", 即用锄头把高低不平的埂子摊平。第四步, 哈尼语称为 "农来来", 即把埂子外侧的泥巴用锄背抹滑。第五步, 留水口, 每一块田都要留出水口, 水口高低要适度, 低了水太浅, 高了水太深, 埂子容易倒塌。最后一步, 哈尼语称为 "崩索索", 把埂子内侧的泥巴用锄头打平后抹滑。

埂子完成以后, 就可以翻犁水田。无论用牛犁还是人工挖, 原则是田面泥巴要平整, 要把稻茬、埂草等物均匀地翻埋在泥块下, 以使其腐烂。梯田翻挖完之后, 灌满水闲置一个月左右, 就可开始第一次耙田。先从右边田埂耙起, 头三道耙田主要是将田中土块、杂草全部耙起来, 每两米左右堆成一堆, 哈尼语称为"卡切切"。这道工序完成后，再向相反的方向耙三道，目的是把高低不平的地方耙平，将泥块耙细，头道田耙过一个月左右，就要犁二道田。此次犁田，作用在于减少田中的杂草，使原先埋于田中的杂草便于腐烂，提高肥力，增加田泥的温度，增强梯田的蓄水能力。最后一次耙田在梯田插秧之前，哈尼语称为"俄搓虾卡"，即栽秧耙田之意。要把水田四周的杂草铲尽，修整田埂的内侧，对于残缺的地方，要用田泥补上，使其平滑无缝。

梯田歇耕期另一重要的工作是为梯田施肥。送肥的方式，除了人背马驮外，还有一种十分独特的送肥方式，即水冲施肥法。哈尼族梯田的特征是田水长流、以田为渠、长年不息，可以说是一种活水粮食种植业。哈尼山寨大都在上半山上，山脚的梯田一直连到村寨边。有的梯田虽然离村寨较远，但村寨与梯田都有水渠相通，在云南亚热带山区，山高谷深，行走不便，不要说使用汽车、马车、小推车，就是扁担这样的工具也完全不适用，田间驮运的装载就是背箩。因而，如果像内地及平坝那样施肥，必将耗时耗力，增加劳动强度。于是，哈尼族创造出了利用流水把肥料送到田间的独特的施肥方式：一方面，梯田用水来自深山老林，原始森林中的大量腐质物顺流来到田间；另外，当地民族的牲畜往往野放山林，雨水将人畜粪便冲至沟渠，顺水而来，加上水中固有的养分，因此，哈尼族梯田所用之水有较强的肥力，流水长年流过梯田，这是一种自然的施肥。另一方面，是人为的施肥，梯田的田埂十分高大，杂草丰厚，每年春耕，首先就是将杂草砍下焚烧于田，再行耕种。然而，最为重要也最为别出心裁的施肥方法是"冲肥"，有两种：一是冲村寨肥塘。在哈尼族各村寨，村中都有一个大水塘，平时家禽牲畜粪便、垃圾灶灰积集于此。栽秧时节，开动山水，搅拌肥塘，乌黑恶臭的肥水顺沟冲下，流入梯田；另外，如果某家要单独冲畜肥入田，只要通知某家关闭水口，就可单独冲肥入田。二是冲山水肥。每年雨季初临，正是稻谷拔节抽穗之时，在高山森林沤了一年的枯叶、牛马粪便顺山而下，流入山腰水沟，进入梯田。

哈尼族在创造出极高的稻作农业技术的同时，也发展出了梯田农耕祭祀文化。哈尼族梯田稻作生产活动的全过程，自始至终伴随着对梯田、稻谷的各种祭祀祭礼活动。这些祭祀活动，由一个村寨或几个村寨共同进行的，也有独家独户进行的。

5.3.2.6 梯田祭祀

(1) 祭田神

哈尼语称"吓侯侯"，是一项私祭活动。在秧苗栽下20多天以后至两个月内进行。祭祀日要避开家人的生日属相，煮好鸡鸭蛋和米饭，带到田间。在梯田的中间部位选择平坦的田埂，用树枝搭成小棚子，奉上米饭和鸡鸭蛋，插上用千万枝做成的筷子，然后跪拜祭祀，请田头、田中和田脚的神灵来享用祭祀礼品。这项活动须年年进行，如果一家人在不同地点有几份田，那么就要分别去祭献。不经过这项祭祀活动，这块田的稻子就不能入仓，也不能用来祭献祖先。

(2) 祭田坝

哈尼语称"德龙和"，含祭田坝、请田神的意思。这是一项公祭活动，由一个村寨或几个村寨共同进行。各地时间不尽统一，一般在从开秧门算起，到第三个属龙日进行。哈尼族认为成片的梯田都是由田神统一司管的，只有逐年进行祭祀，田神才会尽心保护梯田的稻谷，从而获得丰收。祭祀当日，人们虔诚地赶着猪，提着鸡、鸭来到寨脚田边，举行祭田活动。上午，家家户户要春粑粑祭祖。中午，每户由一男性参加祭田坝田神。其过程首先是杀好猪、鸡、鸭，做成各种菜肴。然后在田坝搭一个祭台，铺上树叶把做好的各种菜肴、酒、饭等摆上，面向田埂进行祭献。参加祭祀的人，向祭台和田坝磕头后，就地野餐，享用祭牲。

(3) "木阿纳"

有的地方叫"苗阿纳"，为栽种停止了之意。时间一般在开秧门后第三轮属马日。这天全村寨的人不事生产，一大早家家户户忙着春粑粑，杀鸡祭献祖先、牛马牲口、锄头犁耙等农具以及劳动时穿的衣服。有的地方还把茶水、酒、肉、饭用青草包起来喂耕牛。经过春耕大忙季节，人和耕牛体力消耗很大，通过这样的活动，使人畜恢复体力。

（4）"宗吹吾"

"宗吹吾"是对人、粮、畜的综合祭祀，目的是希望五谷丰登，人畜兴旺。祭祀在农历三月间，秧苗撒下，旱地作物籽种下地之后进行。所需祭品有鸡、鸭、蛋、米、酒、茶、贝壳等。祭祀要请"摩批"来主持，一般在晚上孩子入睡之后进行。祭献时不能点火，忌讲话，祭祀过程中，"摩批"除了念祭词外，还要拿三颗分别代表人、粮、畜的贝壳往簸箕里丢。边丢边念道：三种庄稼好起来，三层人都强起来，三种牲畜旺起来。

澜沧江下游地区地势低平、降水充沛、光热条件丰富，稻作文化历史悠久、技术发达。生活在这一区域的民族多为百越民族体系的后裔，历史上的百越族生活于水草丰茂的中国南方，有着悠久种植水稻的历史。百越族的部分支系迁移到澜沧江下游地区后，由于相似的自然环境，使得他们的稻作文化得以继续发展。澜沧江下游地区较之于中游地区的稻作文化，除了自然条件的不同之外，最大的优势在于有一套完整的灌溉体系和农业祭祀制度。特别是水利灌溉系统不仅是稻作农业的基础，而且对水资源的分配利用模式也极大地进行了塑造如傣族、哈尼族稻田的外部形态和他们的社会结构，最为典型的就是坝区傣族的分水系统和半山区哈尼族的梯田水渠。

5.4　澜沧江流域稻作文化面临的挑战

澜沧江是一条国际性河流，且澜沧江流域于东南亚多国交界。不仅如此，当今在这澜沧江流域生活着 15 个民族。澜沧江流域的和平稳定发展关系到我国西南边疆的安定。而农业是澜沧江流域经济建设和发展的基础。该区域农业发展不仅可以为云南省经济发展提供粮食、副食品、工业原料、资金和出口物资等，而且发展农业对保持边疆少数民族地区稳定有着重要的意义。澜沧江流域的稻作文化对该区域农业发展有巨大的促进作用。澜沧江流域的稻作文化有着悠久的历史，是该区域各民族在历史发展过程中总结出来的农业生产经验，这种稻作文化和当地的自然条件、民族文化紧密结合在一起，是实现农业可持续发展的保证，也是实现少数民族村寨稳定的保证。

不过，澜沧江流域稻作文化发展仍存在着许多问题。其中较为突出的是澜沧江中游地区的道路、通信等基础设施建设薄弱、水电站建设导致的良田被毁和移民、农村劳动缺乏等问题；澜沧江下游地区橡胶种植导致的农田面积减小、水土流失等问题。杨旺舟等（2010）以云南怒江州为例，提出了滇西北农业发展的问题以及建议。作者认为，造成上述问题的原因有三个方面：①由于纵向岭谷区南北走向的高耸山系、深切河谷的特殊环境格局，对地表主要自然物质和能量输送表现出明显的南北向"通道"作用和扩散效应、东西向的"阻隔"作用和屏障效应。"通道–阻隔"作用，主导了滇西北人口和经济活动沿怒江、澜沧江、独龙江河谷展布或聚居于海拔相对较低的山间盆地，导致这些地区受人类活动影响较大，生态退化和水土流失严重。②滇西北农业生态环境本底脆弱，宜耕地较少，并受社会经济发展水平的制约，农业基础设施落后，重用轻养，广种薄收，粮食单产水平低。随着人口增长而采用毁林开荒、陡坡垦殖来扩大耕地面积，加上对森林的过度采伐，使河谷区及两岸地区植被急剧减少，导致水土流失严重，使土壤瘠薄而保水、保肥能力下降，农业赖以发展的土地资源、生态环境基础退化。这又进一步导致土地产出下降，陷入越穷越垦，越垦越穷的恶性循环，成为制约滇西北农业可持续发展的主导因子，并制约和支配其他矛盾的发展方向。③"以粮为纲"的传统发展方式，导致土地利用结构和方式单一，与资源结构和生态环境基础不相协调，使可利用的林地、草地、生物资源得不到充分利用，导致资源闲置和浪费，生物资源优势也得不到充分发挥。

农业土地资源利用结构、利用方式不合理，农业土地资源过度开发与闲置并存，农业发展以生态环境退化为代价，是滇西北农业土地资源不可持续利用的主要症结。农业面临发展生产和生态保育的双重任。因此，农业土地资源可持续利用的关键在于通过选择技术可能、经济可行、社会可接受且无生态负效应的方式，因地制宜，调整和优化农业用地结构，充分、合理地利用农业土地资源，发挥生物资源的比较优势，加快受损农业生态系统修复或重建，增强农业发展与资源、环境基础的协调性。构建复合生态农业系统，促进农、林、牧业的联动发展，推进生态建设产业化和产业发展生态化，形成以林草养畜、以畜产肥、以肥养田、以田产粮、以粮促畜、促林的生态农业发展模式，实现农业发展和生态保育的良性耦合。

5.5　澜沧江流域稻作文化保护与发展建议

5.5.1　野生稻资源保护

一是加强野生稻栖息地的保护。目前，对野生稻的保护措施主要有原地保护或原位保护（in-situ conservation）和易地保护或异位保护（ex-situ conservation）两类。原位保护是指在野生稻原始生态环境下，采取一定的人为设施（如建立自然保护区或天然公园等）就地保存和保护野生稻种质的方法（卢宝荣，1998）。鉴于原位保护既有利于保存野生稻的遗传多样性和变异性，又有利于促进其自然演变进化，因此建立原位保护区被作为野生稻保护的最佳途径和国际推崇的种质资源保存方式。2001年国家科技部和农业部专项在耿马县孟定区建立了药用野生稻原生地保护区，在景洪市建立了13.33hm²疣粒野生稻原生地保护区，收集保存疣粒野生稻材料35份（李玉萍等，2007）。然而，存在的问题是，在这些保护区内，由于人类活动频繁，使得野生稻的生境出现了不同程度的破碎化。因此，加强保护区的管理，限制保护区内人类的生产活动是原位保护的当务之急。同时，还应将野生稻保护和流域保护、天然林保护有机结合起来，通过保护其栖息地达到稻种遗传资源及其多样性保护的目的。对于那些目前还没有被划为保护区的野生稻分布点，应采用一些简单易行、行之有效地方法保护其栖息地及其居群。例如，通过围栏隔离、植物篱笆（如栽种龙舌兰、剑麻）等减少人为破坏。

二是引导村民参与野生稻的保护。考察中发现在野生稻分布点的村民对野生稻缺乏保护意识。究其原因，一方面是村民不认识野生稻，将其作为杂草来处理；另一方面是对野生稻的重要性不了解，将其作为一般的药用植物来看待，随意地采集。因此，要加强宣传教育，提高当地村民对野生稻资源重要性的认识，引导村民参与到稻种资源和农业多样性保护的行动中。同时，进一步完善野生稻种质资源保护的法律、法规，加大普法、执法力度，搞好管理监督工作，使野生稻资源得到切实有效的保护。

三是加强对外来入侵植物的治理。外来物种的入侵导致野生稻栖息地不断缩小、生境破碎化，因而加强对外来入侵植物的治理是保护野生稻栖息地的重要措施之一。外来物种的治理绝非易事，针对野生稻保护区可采用人工的方法。该方法简单易行，治理的时间应选在外来物种（如紫茎泽兰、飞机草）的花期前进行，可在每年2~3月或者10月的农闲期，组织村民对外来入侵物种进行全面清理，将其根、茎清除并及时销毁，防止再次萌发。同时，结合植树造林造草，对清除的地方及时种草种树，不给入侵植物留下繁殖体萌发或入侵后的生存空间。

四是做好水电站建设中的生态保护规划。水电站的建设在国民经济中起着十分重要的作用，具有十分可观的经济效益。毋庸置疑，澜沧江水电站的建设会对野生稻及其栖息地产生影响。因此，在大坝的建设规划中，要特别注重对野生稻资源的保护，对此应作出专门的保护规划。同时，国家应建立适应市场经济体制的野生稻保护投入机制，要求澜沧江水电企业参与到野生稻保护的行动中来，努力实现经济与生态建设的协调发展。

5.5.2　哈尼梯田保护

一是利用梯田生态农业和世界农业文化遗产品牌，开发认证系列生态产品以提高当地居民的收入，并促进梯田稻作景观的保护。具体措施如下：①发掘或研究水稻的品种，提高水稻的产量、质量，保证粮食安全；②利用水稻品种多样性混合间栽控制稻瘟病，对作物品种多样性进行农家保护，这样不仅可提高水稻产量,同时也可保护当地农业生物多样性;③加强本地大米、野生菌、鱼、鸭、茶、香蕉、荔枝、橘子等及鱼腥草、水芋、水芹菜等产品的市场营销力度,最大程度地阻止农户将水稻梯田改作其他农业用途,进行生态大米、生态蔬菜、生态鱼、生态菌等产品的认证,促进当地经济的发展,保证梯田稻作农业文化系统的稳定性和持续性。

二是以梯田景观为核心,利用当地独特的自然景观和人文资源发展生态旅游,促进当地经济发展。作夫村房屋密集,较好地保留了古老哈尼生产耕作方式和生活居住特点,磨菇房的住宅方式具有典型的民族特色,此外当地还有一些其他独特的景观。因而,作夫村独特的自然和人文风光具有巨大的旅游开发潜力,这对于保护当地农业生态系统和农业生产方式具有极大的推动作用。

三是制定以当地传统管理理念为基础的保护计划,辅以当地留存下来的乡规民约,如水资源利用和管理方式、森林管理方式,以保持边疆民族地区的生物多样性和文化多样性。

第6章 澜沧江中下游地区古茶园的农业文化遗产特征

6.1 引 言

茶是当今世界"三大饮料"之一，距今已有六七千年的历史，中国是世界上最早发现茶树、栽培茶树和利用茶叶的国家。云南省是世界上野生茶树群落和古茶园保存面积最大、古茶树和野生茶树保存数量最多的地区（沙丽清和郭辉军，2005）。尤其是澜沧江中下游地区，其独特的地理环境和生态环境，孕育和保护了丰富的古茶树资源。遍布于该地区的野生茶树群落和古茶园不仅是茶树原产地、茶树驯化和规模化种植发源地的有力证据，也是未来茶叶产业发展的重要种植资源库，与当地的生态环境和少数民族共同构成了特殊的生态系统与民族茶文化，具有多重价值和保护意（何露等，2011）。

近50年来的人口增长、不合理采摘、过度开发，以及大面积毁茶种粮、种甘蔗、单一化茶园替代以及在古茶园周围建新茶园等，导致了茶叶基因漂变，尤其是最近几年来古茶园生产的天然有机茶引起了国际国内市场的极大关注，商家过分炒作古树茶叶，当地茶农受经济利益驱使，砍伐野生古茶树，毁灭性采摘古茶园茶叶，云南省古茶园的面积由20世纪50年代的33 000余公顷减少到21世纪初的13 000余公顷（秦晴和崔砺金，2004）。如何保护与利用古茶树资源值得关注并亟须解决。2012年，云南省普洱古茶园与茶文化系统正式成为GIAHS保护试点之一，以此为契机，引入农业文化遗产的动态保护模式，将有利于澜沧江中下游地区古茶树资源的保护与合理利用，从而促进当地经济、环境与文化协调发展。

澜沧江中下游地区包括西双版纳、普洱、临沧和保山等州（市），分属滇南和滇西茶区，是云南省古茶树的主要产地（沈培平等，2007）。

表6-1中列举的是澜沧江中下游4个州（市）古茶树资源现状概况，可以看出古茶树主要分布在海拔760~2750m的地区，类型包括野生茶树和栽培型古茶园。其中普洱市古茶树面积最大，达到90 220hm^2；而临沧市的古茶树茶种以野生茶树为主，且类型最丰富，包括了4个茶系，7个茶种。

表6-1 澜沧江中下游四州市古茶树现状

州（市）	面积/hm^2	海拔/m	类型	种质数量
西双版纳	8 700	760~2 060	栽培古茶园	3个茶系，7个种和变种
普洱	90 220	1 450~2 600	野生茶树和栽培型古茶园	2个茶系，4个茶种
临沧	17 034	1 050~2 750	野生茶树	4个茶系，7个茶种
保山	4 000	1 200~2 400	野生茶树和栽培型古茶园	3个茶系，5个茶种

根据《云南省古茶树保护条例》中所提出定义："古茶树是指分布于天然林中的野生古茶树及其群落，半驯化的人工栽培的野生茶树和人工栽培的百年以上的古茶园（林）"。古茶资源包括野生古茶树、野生古茶树群落、栽培型古茶树、过渡型古茶树及古茶园。云南省澜沧江流域分布的古茶树就包括有野生型、栽培型和过渡型三种生态类型，分别以西双版纳勐海巴达野生大茶树、南糯山栽培型茶树王、澜沧邦葳过渡型大茶树为代表（宋永全和苏祝成，2005）。从表6-2可以看出云南省古茶树资源类型完整丰富，且大部分集中在澜沧江中下游。

本章执笔者：何露、袁正、闵庆文。

表 6-2 云南省古茶树资源主要分布地区

类型	分布地区
古茶树资源	镇沅、勐海、景谷、景东、宁洱、澜沧、龙陵、昌宁、腾冲、临沧、云县、双江、镇康、凤庆、永德、沧源、金平
野生古茶树	景东、镇沅、宁洱、澜沧、西盟、永德、勐海、景东、保山
栽培型古茶树	镇沅、宁洱、景谷、双江、凤庆、云县、勐海、腾冲
古茶园	景谷、景东、镇沅、墨江、澜沧
古茶树群落	哀牢山、勐库大雪山、千家寨无量山、南糯山、佛海茶山、巴达山、布朗山、景迈山、白莺山、勐宋山、南峤山

资料来源：陈杖洲和陈培钧，2007。

6.2 古茶树资源价值分析

6.2.1 生态价值

6.2.1.1 丰富的生物多样性

古茶园是当地居民长期利用林窗的合适光照、水湿条件，种植茶树形成的。种植于林窗之中的茶树受天然森林的遮阴，凋落物量大、有机质丰富，不需要喷洒农药和施用化肥即可获得较高产量。古茶园生态系统的植物多样性丰富，保存了大量的野生植物资源，仅在澜沧景迈地区的古茶园生态系统中，就调查并记录了125科489属943种和变种。而与新式茶园相比，古茶园的物种数和多样性指数要高得多。从生态系统的物种多样性上来看，古茶园与天然林较为接近而与新式茶园完全不同（齐丹卉等，2005）。同时，农民对古茶园物种有意识地进行选择，使得与同纬度地区旱谷地和橡胶林的农业物种相比，丰富度指数要高得多（付永能等，2000）。因此，古茶园在生物多样性的保护上起着非常重要的作用。

6.2.1.2 茶树种质资源

古茶园不仅保存了大量的野生植物资源，更重要的是它还蕴藏着丰富的茶树种质资源。迄今为止，世界上已发现茶组植物共4个系，37个种，3个变种，而仅云南省就分布有4个系，31个种，2个变种，占世界已发现茶种总数的82.5%，其中云南省独有25个种，2个变种（李光涛，2006）。澜沧江中下游主要的11个茶种和变种，包括了野生茶、栽培茶和过渡型茶（表6-3）。其中普洱茶种（*C. assamica*）和茶种（*C. sinensis*）分布最多，是普洱茶的主要生产原料。

表 6-3 澜沧江中下游现有茶树种

种或变种名	类型	分布地区
大理茶种（*C. taliensis*）	野生茶	普洱、保山、临沧
滇缅茶种（*C. irrawadiensis*）	野生茶	西双版纳、普洱、保山、临沧
厚轴茶种（*C. crassicolumna*）	野生茶	普洱
普洱茶种（*C. assamica*）	栽培茶	西双版纳、普洱、保山、临沧
茶种（*C. sinensis*）	栽培茶	西双版纳、普洱、保山、临沧
勐腊茶种（*C. manglaensis*）	栽培茶	西双版纳、保山、临沧
大苞茶种（*C. grandibracteata*）	野生茶	临沧
细萼茶种（*C. parvisepala*）	栽培茶	临沧
多萼茶种（*C. multisepala*）	栽培茶	西双版纳
苦茶变种（*C. assamica* var. *Kucha*）	栽培茶	西双版纳
邦崴大茶树（*Camellia* sp.）	过渡型	普洱

古茶区茶树资源遗传基础丰富，几乎包括了原始和进化的各种类型，是研究茶树起源、演化等不可或缺的材料（王平盛和虞富莲，2002），其中野生大茶树是遗传多样性最丰富最具有保存和研究价值的初级茶树种质资源。古茶园由于种植历史悠久，面积大，古茶树多，通过长期的自然选择和人工选育形成了丰富的茶树品种资源。与普通无性系茶园不同，野生状态的古茶树对各种病虫害、冷害、冻害等抗性更强（季鹏章等，2007）。这些野生型、过渡型栽培型茶树均是难得的种质资源库。如果这些资源丧失，不仅会使茶叶品种基因源的多样性受到严重威胁，使茶叶栽培新品种选育的遗传基础更加狭窄，而且与茶叶有关的种植管理技术、传统知识以及民族文化等也将随之逐渐消失。

6.2.2　经济价值

古茶园是独特的茶林混种系统，排除了人为的营养物质供给和病虫害的防治，没有农药和化肥等投入，形成了无污染的自然有机茶园。相较于化肥农药投入高的台地茶节约了成本。古茶树的茶叶和古茶园鲜叶成茶口感优于台地茶园，醇厚度好，茶多酚、儿茶素、总糖和铁锰铜等微量元素含量高于台地茶（陈继伟，2011）。同时古茶园由于乔灌木的遮阴作用保证了更适于茶树生长的湿度和温度，形成了特有的小气候（张一平和刘洋，2005），也使古茶树的茶叶品质更优良。随着消费者消费水平的提高，消费观念的转变，无公害茶、有机茶产品已经成为广大消费者的首选。虽然古茶园的茶叶产量比台地茶园低，但其价格大约是普通茶树茶叶产品的 2 ~ 5 倍甚至更高，其经济上的价值是显而易见的。但目前对古茶树资源的利用大都处在初步开发利用的状况，家庭制茶作坊普遍简陋、卫生条件差，制作粗放，质量堪忧。在大多数地方，古茶树原料所制茶叶和普通茶树原料所制茶叶在价格上并无区别，不超过 20 元/kg，在个别地方，古茶树原料所制茶叶价格甚至低于普通茶树原料所制茶叶。古茶树资源的价值没有被充分发挥出来。古茶园具有有机茶的生产潜力和茶制品的产业化效益，合理开发利用将使其产生巨大的经济效益。

同时古茶树资源也蕴藏着巨大的旅游开发潜力。早在唐代就名留史册的"银生城界诸山"（即后称的古"六大茶山"），正成为海内外茶界人士和茶文化爱好者寻根探源的科考、旅游的热点地区之一。享誉全球的野生型"巴达大茶树"、栽培型"南糯山大茶树"、世界上最古老的栽培型古茶树"凤庆县香竹箐大茶树"、景迈芒景万亩古茶园，以及目前发现的世界上海拔最高、面积最广、密度最大、原始植被保存最完整、抗逆性最强的双江勐库野生古茶树群落等都是独特的旅游资源。结合当地长期形成的民族茶文化，开展形式多样的茶业生态旅游，有助于茶文化的传播，也有助于旅游业与茶文化的共同发展，以茶为媒，带动区域旅游业发展。

6.2.3　文化价值

6.2.3.1　茶叶起源

在中国西南部，主要是在云南省发现多处保存有大量野生茶组植物，包括野生大叶茶和茶树野生近缘种，有些植株还相当古老，如巴达大茶树是迄今发现的最古老且又原始的野生大茶树，属大理茶种，说明云南大叶种茶树比印度的阿萨姆变种及其他栽培茶树在起源上更为古老，也是作为茶树原产地依据之一（陈兴琰，1994）。除了野生茶树，云南省还保存有大量的栽培型古茶树、过渡型古茶树和古茶园，更有距今 3540 万年的茶树始祖——中华宽叶木兰化石，从而形成了野生茶树、过渡型茶树到栽培型茶树完整的发展脉络，为云南省作为茶树栽培起源地提供了有力证据。

6.2.3.2　茶文化

云南省是个多民族的边疆省份，澜沧江中下游的世居少数民族悠久的种茶、制茶历史孕育了风格独异的民族茶道、茶艺、茶礼、茶俗、茶医、茶歌、茶舞、茶膳等内涵丰富的茶文化和饮茶习俗。陈进和裴盛基（2003）通过茶民族植物学研究，认为云南省及其邻近地区各民族（主要是布朗族、佤族等）可能是最早引种、驯化野生茶树和食用茶叶的先民。不同民族对茶的加工和饮用方式各具特色。例如，傣族的"竹筒茶"、哈尼族的"土锅茶"、布朗族的"青竹茶"和"酸茶"、基诺族的"凉拌茶"、佤族的"烧茶"、拉祜族的"烤茶"、彝族的"土罐茶"等（王平盛等，2008）已作为传统的饮茶习俗，代代相传。在各民族的婚丧、节庆、祭祀等重大节日和礼仪习俗中，茶叶常常作为必需的饮品、礼品和祭品（陈茜，2008）。同时茶还包括了许多药用的功效如提神解乏、消炎解毒、腹泻腹胀等。茶对当地各民族的影响已经浸透到生活、精神和宗教各个方面。

茶文化的另一个重要组成部分是茶马古道，它是亚洲大陆上以茶叶为纽带的古代交通网络，是世界上地势最高、形态最为复杂的古商道，具有重要的历史文化价值，它的形成和发展离不开古茶树资源这一物质基础。

6.2.3.3 传统种植管理方式

在天然林下种植茶树这一种植模式，是当地民族在逐渐摸索茶树生长习性的基础上对森林生态环境的模拟和利用，是一种特殊而古老的茶叶栽培方式。基诺族和哈尼族长期采用这种方法，而基诺族运用这种方法栽培茶叶有上千年的历史。古茶园的管理方式也有别于其他茶园。古茶园一般不进行施肥和翻耕，由于山区交通不便，茶叶向外运输困难，古茶树仅在春季采摘，而在其他时间就可以积累养分。古茶树上有较多的寄生和附生植物，其他仅发现少量的茶籽盾蝽、蚜虫和茶毛虫等病虫（许玫等，2006）。云南省古茶树群落能够存在数百年甚至上千年，除了得天独厚的自然环境和茶树丰富的遗传多样性为古茶树的生存提供了根本保证外，也得益于这些传统种植管理方式。这种源自传统经验的耕作方式使农民获得了与自然和谐相处的自然生存方式，实现了真正意义上的天、地、人和谐共处，为其他同类地区合理利用土地，发展适应本地条件的生存方式提供了有效的借鉴。

6.3 古茶园的农业文化遗产特征

按照联合国粮食及农业组织对全球重要农业文化遗产的评选标准，反映农业文化遗产地最根本特征的指标标准包括突出特征、可持续的历史证明和全球重要性三个方面（闵庆文，2010）。从以上的价值分析来看，澜沧江中下游古茶树资源具有丰富的生物多样性和文化多样性，自然林下种植体现了人与自然的和谐共处、人与社会的协同进化，蕴含着朴素的生态思想，历史悠久的茶叶栽培和生产促进了当地社会经济的可持续发展，符合全球重要农业文化遗产的定义。古茶树资源具有生物多样性和生态系统功能，林下种植茶叶的特殊农业景观特征，无污染高品质的茶叶保证了食物与生计安全性，历史悠久的茶文化与古茶园栽培方式形成了当地特有的社会组织与文化和知识体系，而众多世界级的古茶树、古茶园都显示出全球重要性，这些都说明其满足全球重要农业文化遗产评选基本标准。

根据在现有全球重要农业文化遗产地的分析和现有研究的基础上，认为农业文化遗产具有活态性、动态性、适应性、复合性、战略性、多功能性、可持续性等特点（闵庆文，2011）。古茶树的种植、栽培与茶叶的加工都离不开当地农民的参与，因此不同于其他世界遗产，它是一种活态的生产过程。古茶树种植和栽培历史悠久，农民随着社会的发展也在不断地改变着生活生产方式，而未来也将会发生变化，具有动态性。古茶树资源在不同的地区有着不同的物种组成和分布，各个民族的茶文化也各异，是长期适应不同自然条件的结果，具有适应性。

野生古茶树及古茶园所在的自然森林可以看作自然遗产，古茶园和与茶相关的建筑景观可以看作文化遗产和文化景观遗产，传统的茶叶栽培和生产技术及茶文化可以看作是非物质文化遗产，这些共同组成了古茶树资源复合系统。古茶树资源包含的古茶园丰富的生物多样性、各种类型茶树形成的特殊种质资源、古茶园传统的栽培管理技术与历史悠久的茶文化一旦消失，其独特的、具有重要意义的生态和文化价值也将随之永远消失。因此对于古茶树资源的保护具有战略性。根据本书的价值分析，古茶树资源可以提供生态、经济和文化多种功能，各种功能相互联系，共同作用，为当地可持续发展提供了基础。长期以来，茶叶都是当地居民收入的主要来源，茶文化与当地各民族的生活、精神和宗教都密不可分。而古茶园能持续几百年甚至上千年的历史也从另一个角度反映了其可持续性。总之，古茶树资源具有突出的农业文化遗产特点，可以以全球重要农业文化遗产保护试点的方式及相关思路进行保护与发展。

6.4 古茶园的保护与发展

澜沧江中下游古茶树资源丰富，遗产特征明显，全面发掘其遗产价值并加以保护利用能够为区域古茶树资源的保护起到突出作用。

6.4.1 全面发掘茶文化遗产

古茶树资源是茶文化遗产的基础，而茶文化系统是兼具自然遗产、文化遗产及文化景观综合价值的重要农业文化遗产。其内部不仅有蕴含丰富生物多样性的古茶园、与茶叶相关的传统茶叶栽培技术及生产技术、富有特色的茶文化及传统知识，还有由茶园及周边环境所组成的美丽景观。为了进一步发掘茶文化系统内部的遗产价值，应该从系统内部的茶文化、制茶技术、传统知识、生物多样性及特有品种资源等多个方面全方位认识茶文化系统的多功能价值。具体来说，应当呼吁地方对区域内部的传统茶园开展全面调查，以其系统内部茶叶质量、生物多样性丰富度、茶文化、传统知识等多个指标，综合评级其价值，以期了解到所有具有丰富价值的茶文化系统，将其中符合农业文化遗产标准的系统划入 China-NIAHS 项目中，以可持续的思想对其进行保护和发展。而对于不符合 China-NIAHS 标准的系统，也应当承认其生态、文化价值，呼吁地方将其作为地方特色进行合理开发和保护。

6.4.2 促进茶产业发展

茶产业是茶文化系统扩大知名度和增加经济收入、解决当地居民就业的一大主要方法。为了更好地挖掘茶文化系统的经济价值，并以此扩大文化系统知名度，进而进一步对文化系统进行开发和保护，应当促进其茶产业的蓬勃发展。具体来说，一是应当严格按照茶叶加工技术与管理规范和国家有关茶叶的质量标准对原有茶叶生产加工场所进行清理整顿，统一规范管理。二是应当针对于茶文化系统的遗产特点，重点打造特有茶品牌，对现有相对分散的品牌、商标进行整合。三是应当对系统内部典型产品进行地理标志农产品认证工作，并扩大有机茶认证规模。四是积极开发多种茶叶相关产品及系统内部其他农副产品，挖掘其中文化意义和地方特色，充盈产品类型和品种。五是设立生态茶园建设标准，扩大生态茶园，对茶叶经营市场进行清理整顿，规范茶叶生产经营市场，维护正常的茶叶市场秩序。六是茶产业与文化产业、旅游产业有机结合，互相促进，共同发展。

6.4.3 保护传承茶文化

茶文化系统中最核心最主要的是茶文化，因而对茶文化系统进行发掘和保护的核心是对茶文化进行发掘和保护。如今随着社会经济的不断发展，外来文化不断冲击着茶文化，年轻人由于种种原因，大多选择外出打工，茶文化的传承面临巨大危机。因而，一是应当组织具有相关专业知识的专家对包括种茶技术、加工技术、水土资源管理技术、品茶方法、制茶方法、饮茶习俗等方面的茶文化及传统知识进行调查记录工作。二是应当利用文化旅游中的节庆活动、茶艺表演等活动对茶文化进行宣传工作，扩大其传播范围，在呼吁更多专业人士对茶文化开展研究工作的同时，加大普通人对茶文化的了解和认知。三是应当在当地年轻人中进行宣传工作，组织其对茶文化进行体验，对系统进行参观，加深其对于茶文化的认同感，进而呼吁其对茶文化进行传承工作，缓解茶文化所面临的巨大危机。四是对于现有的文化传承人应当予以一定补助和福利，并对其授予一定荣誉，保障传承人生活水平，鼓励其继续进行传承工作并利用榜样作用呼吁更多人进行保护传承工作。五是在对茶产品进行开发，茶文化进行宣传时对其核心内容做好保护工作，确保不被剽窃。

6.4.4　开展茶文化遗产旅游

从茶文化系统的内部结构及农业文化遗产角度看，茶文化遗产贯穿于茶叶生产加工的全过程，从茶树的栽培到茶叶的采摘、加工、销售、冲饮，其中的文化遗产包括富含传统知识的茶叶种植、加工技术，体现当地传统茶文化的茶俗活动及茶艺表演，以及具有鲜明地方特色的茶叶售卖市场。这些文化遗产既可以独立成为景观，同时也可和其他景观有机地融为一个更加丰富的整体。在此过程中，考虑到茶文化系统的价值及脆弱性，应当进行保护性开发，即以资源调查为前提，全面摸清茶文化系统中的资源现状，制定合理的开发规划，采取先进的开发理念并建立可靠的保障机制，有针对性地对茶文化旅游进行保护与开发（朱生东等，2012）。以此，通过旅游业的健康发展推动茶文化系统这一重要农业文化遗产的保护工作，实现茶文化系统保护与旅游经济的全面、协调、可持续发展。

6.4.5　加大交流与合作

由于不同的区域特色及管理思想不同，茶文化系统在管理、开发及保护方面也具有不同的方法和对策。为了更好地对茶文化系统总体进行发掘和保护，应当呼吁不同茶文化系统间就遗产地的合理开发与保护进行经验交流，并定期组织各系统代表到工作较好的区域进行参观学习，过程中可以邀请相关农业文化遗产专家和茶叶专家对茶文化系统的保护与发展进行相关知识的讲解。与此同时，可以与国内外相关饮料及食品企业建立合作关系，利用企业的平台推广系统内部有机、生态、富有文化内涵的茶产品，同时做好惠益共享工作，明确茶文化、传统知识、传统技艺的归属权。此外，还可与国内外其他类型的农业文化遗产地进行沟通交流，学习其效果较好较为成功的相关经验，并有选择的按照茶文化系统的特色，进行适当改进后运用于茶文化系统中。

第7章 | 傈僳族垂直农业的生态人类学研究[①]

7.1 引 言

垂直农业的定义有广义与狭义之分。广义上的垂直农业是指根据各种动物、植物、微生物的特性及其对外界生长环境要求各异的特点，在同一单位面积的空间内，最大限度地实行种植、栽培、养殖等多层次、多级利用的一种综合农业生产方式。狭义的垂直农业是指在地势起伏的高海拔山地、高原地区，农、林、牧业等随自然条件的垂直地带分布不同，按一定规律由低到高相应呈现出多层性、多级利用的垂直变化和立体生产布局特点的一种农业（卢良恕，1993）。根据气候学的原理，山地海拔每增高100m，温度平均下降$0.4 \sim 0.6℃$。到一定高度后，降水也随高度每上升100m而减少60mm，并且其他的气候因子也按一定的规律变化。在不同的海拔条件下，有着适合不同生物群落生长的气候条件。所以，利用呈现出垂直分布的气候资源，在不同的海拔高度，发展不同的农业类型，可以获得最大的收益。本章从狭义的垂直农业定义出发，以生态人类学的适应理论为基础，应用参与观察、深度访谈等方法，对云南省维西县同乐村傈僳族的垂直农业体系及其传统文化体系展开调查，试图探索一条既能保护傈僳族传统文化，又可以不断提高傈僳族生活水平的发展道路。

7.2 同乐村概况

同乐村隶属于云南省迪庆藏族自治州维西傈僳族自治县叶枝镇。叶枝镇位于维西傈僳族自治县北部，东与德钦县霞若乡接壤，西与贡山县茨开乡毗邻，北与巴迪乡连接。叶枝镇辖叶枝、同乐、巴丁、梓里、傈那、新洛、松洛、拉波洛8个村民委员会。同乐村位于叶枝镇南边，距镇政府所在地2km。同乐村村委会辖白质洛、同乐、打吾底等12个村民小组。同乐村，一般指的是同乐大寨，由同乐村村委会的一、二、三、四组组成，亦即本书的田野调查点。同乐村地处澜沧江东岸的高半山区，属于中温带低纬季风气候。同乐村四面环山，新洛河自东向西流入澜沧江。村寨周围植被保护完好，森林覆盖率在98%以上（迪庆藏族自治州文化馆，迪庆藏族自治州非物质文化遗产保护中心，2010）。同乐村面积$28.8km^2$，年平均气温14.30℃，年降水量947.7mm，适宜种植水稻、玉米、小麦等农作物。同乐村有耕地$63.5hm^2$（水田$8.5hm^2$，旱地$55hm^2$）、林地$2277hm^2$、水面面积$19 hm^2$、草地$497 hm^2$。同乐村属于绝对贫困村，农业为同乐村村民的主要收入来源，年人均收入656元（中共叶枝镇委员会，叶枝镇人民政府，2012a）。同乐村是典型的傈僳族村寨，地处世界自然遗产"三江并流"的腹地，是傈僳族传统文化保护区的中心，被联合国教科文组织命名为生态文化村（中共叶枝镇委员会，叶枝镇人民政府，2012b）。同乐村傈僳族的阿尺目刮歌舞闻名遐迩，是国家级非物质文化遗产保护项目，并且同乐村中还有数位傈僳族传统文化传承人。

根据同乐村老人回忆，该村有1000多年的历史。2010年，同乐村有村民123户，565人。同乐村以傈僳族为主，其中傈僳族529人，其他民族30多人。傈僳语是同乐村的主要语种，傈僳语属于汉藏语系藏缅语族彝语支。傈僳族有文字，在不同居住地区先后出现了四种文字。其中有老傈僳文、"格框式"拼

---

① 本章执笔者：韩汉白、崔明昆、闵庆文。

音文字、竹书和新傈僳文。当前，同乐村傈僳族主要使用汉文。傈僳族相信万物有灵，信仰原始宗教。傈僳族崇拜的神灵繁多，其中主要有天神、地神、山神、家神、祖神、灶神、猎神。19 世纪末，西方传教士进入滇西北传教，部分傈僳族信仰了传入滇西北的天主教、基督教（彭永岸和罗立山，2000）。傈僳族从古至今仍保持着一个氏族居住在一个村寨。主要的氏族有荞氏族、虎氏族、熊氏族、竹氏族、鸟氏族、鱼氏族、麻氏族等。不过，随着傈僳族地区经济社会的发展，氏族组织特征已经基本消失，而逐渐转化成一个村寨以一个姓氏为主。例如，同乐村的余姓是从鱼氏族演化而来。傈僳族的传统民居有木楞房和千脚落地房。这种建筑是在滇西北特殊的自然生态环境中逐渐发展起来的，是适应当地环境的一个居住方式。同乐村的木楞房在维西县傈僳族村寨中保存的最为完好。

7.3　同乐村傈僳族的垂直农业

同乐村傈僳族根据海拔差异发展出了一套行之有效的垂直农业系统：在海拔 1740m 的澜沧江河谷中形成以种植水稻、小麦为主的生产模式；在海拔 1840m 的村寨周围形成以种植玉米、核桃、瓜果、蔬菜为主的生产模式；在海拔 2000m 的轮歇地形成以种植荞麦、土豆、中草药为主的生产模式；在海拔 2500m 以上高山形成以畜牧为主的养殖模式。同乐村的垂直农业体系以河谷耕地、村寨周边耕地、轮歇地和高山牧场 4 个部分组成一个有机的整体，这个体系的充分运行为傈僳族提供了充足的粮食、肉类和瓜果蔬菜。不仅如此，同乐村垂直农业体系中的每个部分都可以独立进行生产活动。当某一部分因自然灾害而减产时，并不会影响其他部分的正常生产。这为傈僳族生活提供了一个稳定、可靠的生存保障。垂直农业体系是同乐村傈僳族适应当地环境的产物，并且在历史发展过程中，傈僳族形成一套与之相适应的传统文化体系（韩汉白等，2012）。

7.3.1　澜沧江河谷的生产模式

同乐村在澜沧江河谷中有 6.7 hm² 的耕地。耕地由靠近江边水田和公路边缓坡上的旱地组成。耕地所处的河谷地带海拔在 1740m 左右，年日照时数为 1987h，日照率为 45%，无霜期为 260 天，年平均气温16.9℃。最低气温 -9.6℃，最高气温 30.9℃，有效积温 2895℃，年降水量 741.3mm（维西傈僳族自治县志编纂委员会，2009）。澜沧江河谷地区每年的 3~4 月是春雨期，当地人称"小雨季"。6~10 月是一年中降水高峰期，当地人称"大雨季"（维西傈僳族自治县志编纂委员会，2009）。根据河谷的地势和气候，同乐村的河谷耕地十分适合种植水稻、小麦、玉米以及蚕豆等农作物。

以同乐村的余家为例，余家在河谷中有 0.13 hm² 的水田，0.07 hm² 的旱地，以种植水稻和小麦为主。耕地方式仍然使用牛耕。为了增加产量，余家的化肥使用量越来越多，完全代替了过去使用的农家肥。2011 年，余家的地收获 600kg 左右的稻谷和 200kg 左右的小麦。在粮食收获之后，余家把粮食暂时储存在河谷中的土墙瓦房里，用三轮摩托分批运回同乐村。但由于同乐村水田面积有限、劳动力紧缺，余家种植的大米不够一家人一年的需求量，所缺的粮食只能到叶枝镇购买。

澜沧江捕鱼也是同乐村傈僳族的一项重要活动。同乐村村民在河边干完农活后就会到澜沧江里钓鱼、网鱼。同乐村以余姓为主，而余姓是由傈僳族历史上的"鱼氏族"逐渐形成的（云南省维西傈僳族自治县志编纂委员会，1999）。历史上，傈僳族认为自己的祖先和某种动物、植物有亲缘关系。通过神话传说，鱼这种动物演化为鱼氏族图腾崇拜的象征，也是现在余姓傈僳族的共同祖先。这说明很久以前，鱼类在同乐村傈僳族的生活中有着十分重要的意义。村民在水田边的临时住房里保留着鱼竿和渔网。不过，现在很难在江里捕到鱼，而且同乐村的农活很多。捕鱼逐渐变成同乐村傈僳族休闲时的一项娱乐活动。

同乐村的傈僳族利用澜沧江河谷水源充足、积温较高的有利条件，在夏季种植水稻，冬季种植冬小麦的耕作方式，实现了在低海拔的河谷地带的不同季节耕种不同的农作物，这是充分利用生态环境及其变化以获得最大农业收益的典范。

7.3.2　低山村寨周边的生产模式

同乐村，也称同乐大寨，又叫同洛村，傈僳语叫"罗托拉"，海拔 1840m。同乐村的木楞房错落有致的分布在山坡上，几乎完全融入到墨绿的树林之中。由于同乐村木楞房保存完好，风格独特，逐渐成为了维西傈僳族自治县的一张名片（迪庆藏族自治州文化馆，迪庆藏族自治州非物质文化遗产保护中心，2010）。同乐村木楞房为木质结构，加之屋内常年烧材烤火，村寨中难免发生火灾。因此，村民在村外的小溪边建有十多座小木屋作储存粮食之用。同乐村每户的庭院里种植着各种蔬菜，有青菜、白菜、辣椒、萝卜、黄瓜、韭菜、苦瓜、菠菜、豆类等。这些蔬菜以满足家庭需要为主。山上种植着核桃、板栗等经济林木，这些树木不仅可以为村民提供一笔可观的收入，还是同乐村的薪柴来源之一。玉米是同乐村低山地区种植的主要作物，玉米的种植面积占低山地区耕地面积的 60% 左右。同乐村的玉米一般是 5 月份播种，10 月收获。主要用途是酿酒、食用和做饲料。酒在傈僳族的生活中有着极其重要的作用。首先，同乐村海拔较高，傈僳族的体力劳动繁重，而酒是人们恢复体力和放松心情的必备的饮料。其次，酒是祭神祭鬼、过年过节、婚丧嫁娶的必需品，傈僳族认为只有用酒才能反映出自己的诚心。并且，酒在傈僳族的社会关系里是代替钱币的等价物。由于同乐村的所有村民都沾亲带故，传统上村民都用酒来交换实物或报酬。玉米除酿酒外，一般挂在木楞房的屋檐下晒干，作为平时的食物或者用来喂猪。猪是同乐村傈僳族最重要的牲口，是傈僳族肉食的主要来源。每年 4 月份左右，同乐村周围的野草逐渐茂盛，村民就把猪带到野外放养。每天下午，家里的小孩或者老人用两个小时来放猪。直到 11 月天气渐冷后就把猪圈养起来"续膘"。喂猪都是由妇女来完成，每天早上 10 点、下午 5 点各喂一次。猪食主要是野草、玉米和剩饭剩菜。傈僳族在过年前吃杀猪饭，多余的猪肉制作成琵琶肉储存起来。当然，在婚丧嫁娶、节日仪式时也需要杀猪。

同乐村傈僳族的生活燃料是木柴。傈僳族用柴火来取暖、做饭、煮酒、煮猪食、熏制琵琶肉等。村民砍柴以砍松树的树枝为主，也会砍核桃树、板栗树等。每次砍柴可以背"一背"。"一背"大概有 30kg 左右。在夏天，"一背"柴够烧两天，主要用来煮饭、煮猪食。在冬天，主要用于取暖和煮饭，只够烧一天。砍柴是村民的一项重要的日常工作，而同乐村的薪炭林离村子较远。为此，早在 20 世纪 70 年代，县政府专门修建了一条从山顶到同乐村的钢索。村民把这条钢索叫作"夫得"。它给砍柴的村民带来了很大的方便，村民可以把薪柴从山顶"溜"到同乐村。傈僳族砍柴并不是外人想象中竭泽而渔的滥砍滥伐，他们砍柴是在不影响树木生长的前提下进行的。首先，傈僳族信仰的原始宗教不允许随意砍伐。同乐村的老人说："森林里住着神灵，有森林才有傈僳族的饭吃，随便砍树会受到神灵的惩罚"；其次，同乐村的柴薪来源主要是老树、死树和一些枯枝。同乐村的林地面积很大，平均每户有 0.7hm² 的林地。假如每天的"一背"薪柴都必须砍新枝的话，那么村民会选择从不同的树木上砍树枝。同乐村的森林并没有因为村民的砍柴而受到破坏。相反，以同乐村老人的经验，有人砍柴的薪炭林一般都比禁止砍伐的森林生长得更好，从生态学的角度来讲，适当的砍伐有利于森林的更新。每到冬天，许多滇金丝猴和猕猴会从高山迁移到同乐村周围的森林里，这说明同乐村傈僳族传统的燃料获取方式并没有造成森林的破坏。同乐村是傈僳族生产生活的中心，河谷耕地、轮歇地、高山牧场的农品最终都要汇集到同乐村进行加工。而村民利用同乐村的相对较好的地理位置和温暖的气候，在村寨周围种植玉米、进行放猪和砍柴等活动，充分发挥当地的有利条件，既没有破坏生态环境，也便于村民的日常生活劳作。

7.3.3　中山轮歇地的生产模式

同乐村的中山轮歇地也称作"油菜地"，"油菜地"因原来大面积种植油菜而得名。"油菜地"地处海拔 2000m 左右，从同乐村出发要走两个小时的山路。"油菜地"地势陡峭，坡度在 30°～45°。"油菜地"周围森林茂盛，树种以云南松、杉树、核桃树、板栗树为主。野生动物种类十分丰富，黑熊、滇金丝猴时常出没。在新中国建立以前，"油菜地"是同乐村进行刀耕火种的主要区域。同乐村傈僳族在"油菜地"主要种植玉米，每块轮歇地只能种 3 ~ 4 年，之后就必须抛荒 15 年，等荒地上的树木长大之后，再次砍倒焚烧，才能继续耕种。刀耕火种是傈僳族适应山区环境的主要生计方式。清代余远庆的《维西见闻录》中记载到傈僳族是"喜居悬岩绝顶，垦山而种，地瘠则去之，迁徙不常。"新中国建立后，随着相关的法律法规的出台，同乐村傈僳族的刀耕火种逐渐消失，"油菜地"也被平均的分给了同乐村的每一户人家，根据土地的好坏，每户大概分到了 0.2 ~ 0.3 hm^2 的土地。但是，这些土地由于连年耕种，肥力下降十分明显，每户都有 50% 的土地抛荒。而且，这些土地非常分散，以至于有的家庭在"油菜地"修建两座简易木板房以供休息。当前，同乐村傈僳族在"油菜地"主要种植荞麦、土豆、白菜、青菜、秦艽、木香、梨、苹果、木瓜等。从 4 ~ 10 月是当地的雨季，这些作物几乎不需要人工浇水。并且，"油菜地"附近的森林盛产各种野生菌，最著名的是松茸和羊肚菌。2011 年，松茸在叶枝镇可以卖到 600 元/kg，羊肚菌则卖到 1200 元/kg。采集野生菌可以给家庭带来很大的一笔额外收入。

"油菜地"既是同乐村重要的辅助耕地，也是同乐村到高山牧场的中转站。每年的 4 月，同乐村村民就开始陆续到"油菜地"干活，直到 11 月返回，有的甚至到过年前才回到同乐村。在每年的 4 ~ 11 月，同乐村村民一般都集中在"油菜地"，人数平均在 100 人以上，在农忙时甚至会超过 200 人。也就是说，平均每家都有 1 ~ 2 个劳动力在"油菜地"。村民们白天干农活，晚上聚在某一家的木板房里吃饭喝酒。从前，到高山牧场放牧的村民下山可以直接在"油菜地"补充粮食蔬菜，也顺便把在山上采到的野生菌交给"油菜地"的亲人带到叶枝镇出售。

同乐村的中山轮歇地海拔较高，坡度较大。同乐村傈僳族虽然不再进行刀耕火种，但也必须轮流耕种每块土地才能有较好的收成，这也是傈僳族传统文化对生态环境变迁的一种调节与适应。

7.3.4 高山牧场的生计模式

同乐村的高山牧场，村民也称"大场"，在村寨的东南边，海拔在 2500 ~ 3000m，以草地和森林为主。高山牧场地处深山，从同乐村出发需要步行两天。据同乐村老人说："牧场占地面积谁也说不清楚，大概有两三个山头那么多"。从前，同乐村的牛和马是由每家各自派人到上山去放牧。由于路程遥远和生活不便，放牧者一般两个星期就得到"油菜地"补充粮食蔬菜。最近几年，同乐村改变了传统的放牧方式。村民把全村的牛、马全部集中在一起，交由同乐村的两个年轻人看管。他们每年 5 月赶着全村的 100 多头牛和马上山，到 10 月，天气转凉的时候返回。由于这种放牧方式节省劳动力，再加上同乐村牧场草场茂盛，附近村庄的村民纷纷把自家的牛、马交给同乐村管理，因此牧场的牛、马的数量在逐年增加，2011 年已经达到 500 多头。外村委托放牧每头牲口要交 15 块钱的管理费，这笔钱部分归看管人，部分归同乐村集体所有，用作祭祀山神的开销。每年 5 月同乐村的牛、马上山之前，村民最重要的活动就是祭祀山神。傈僳族把山神称作"果尼"，认为山神掌管山中的一切动物植物的生死。为了全村牲畜的安全，同乐村每年都要进行祭祀，求得山神的许可和保佑。祭祀地点在进山道路边的一个较为平坦的山坡上，离同乐村大概有两公里路。山坡上有一棵上百年的杉树，村里老人说："晚上山神像人类一样的睡觉，白天到大树附近巡视"。仪式由同乐村的老"东巴"主持，全村每户都必须派出家庭成员参加。祭祀山神时，首先在杉树下搭起石三脚，在上面架起大锅烧水。接着，由老"东巴"用傈僳语说祭词，大意是请山神保佑放牧顺利，以及保佑全村老小四季平安，五谷丰登，六畜兴旺等。然后，仪式主持人在杉树下杀鸡，把鸡血淋到冒出地面的树根上。之后，由参加祭祀的妇女烹饪午饭。最后，把做好的饭菜和酒先贡给山神，然后大家才开始吃饭喝酒。祭祀山神的费用大部分由每户平摊，其余来自牧场外村交的管理费。祭祀山神不仅是傈僳族传统文化的表现形式之一，还强化了傈僳族敬畏自然的观念，对保护森林以及野生动物大有裨益。高山牧场的生产模式是当地人利用高海拔的生态环境条件发展出的畜牧方式，并按照气候的变化规律，及时进行转场，以免对高山草甸造成破坏。放牧不仅为同乐村的傈僳族提供了耕地、运输所需的牲畜，而且为傈僳族提供了充足肉类，以保证身体健康。而傈僳族祭祀山神仪式的意义与我国可持续发展的理念不谋而合。同乐村的农业是一个由澜沧江河谷中的水田、低山村寨周边耕地、中山轮歇地以及高山牧场组成的垂直农业体系，这是当地傈僳族在生存和发展的历史过程中，利用多样化的生态环境条件的结果，是一种复合型的生计模式。这一复合型、多样化的生计模式中的各个部分相互补充，能够有效地减小自然灾害发生时对村民生活造成的威胁。例如，在近3年云南省连续干旱中，干旱对同乐村澜沧江河谷和低山村寨周边的生计模式造成较大影响，而对中山轮歇地和高山牧场生计模式影响很小，因此同乐村的粮食生产和傈僳族的日常生活并没有受到明显干扰。这种多样化的生计模式，不仅为傈僳族的生存发展提供了较为稳定的基础，而且也是一种利用自然、保护自然的可持续发展模式。

7.4 同乐村垂直农业面临的挑战与对策

7.4.1 挑战

随着云南省经济社会的迅速发展，在维西县的公路、电话、网络等基础设施不断完善的同时，同乐村所处的维西傈僳族自治县在政治、经济、文化等各个领域都发生了翻天覆地的变化。地处偏远、信息闭塞的傈僳族传统社会与突如其来的现代化进程产生了强烈的碰撞。傈僳族的传统生产方式、生活方式和思想观念在外界的影响下发生了巨大的变化（李月英，1998）。而同乐村傈僳族垂直农业体系和传统知识体系也受到了极大的挑战。

一是同乐村劳动力的缺乏是同乐村垂直农业体系面临的主要威胁。同乐村常年在外打工的有40多人，几乎所有年轻人都有外出打工的经历。同乐村多样化的生产方式，使得每户都需要2～3个劳动力才能够维持。特别是在轮歇地耕作和高山牧场放牧。由于条件艰苦，必须由身强力壮的年轻人来完成。可是，村中的年轻人大量外出务工，原有的生产方式难以为继。

二是同乐村原始宗教的约束力量在逐渐削弱。同乐村傈僳族信仰以万物有灵论为基础的原始宗教。傈僳族先民在自然及一些不可抗拒力量的威慑下，逐渐产生了把自然界人格化、神秘化的"万物有灵"观念。傈僳族对山神的崇拜，在很大程度上，限制了人类对森林的破坏（寸瑞红，2002），使同乐村生态系统得以保存至今。但是，随着通讯和媒体的介入，尤其是外出打工的年轻人把外界的观念带回同乐村，傈僳族年轻一代对神山、神树的敬畏和崇拜的程度在不断地下降，随意到神山中砍伐树木的事情时有发生。

三是市场的供求对同乐村影响越来越大。目前，市场最需要的是野生菌、核桃油。由于野生菌的高额利润，有的村民放下农活，专门进山采集野生菌。而野生菌的生长期与同乐村的农忙季节相冲突，这对传统农业的影响可想而知。并且，同乐村核桃树的种植面积在逐年扩大，作为傈僳族传统树种的漆树几乎被砍伐殆尽，采集生漆和制作漆油的传统工艺也在逐渐消失。毕竟，核桃树的经济价值更高。而像水稻、小麦等这类基本的农作物，由于投入减少，产量较低，使得原来可以维持口粮的家庭不得不从市场购买粮食。

四是同乐村畜牧业过度发展对生态环境的威胁。从生态学的角度，集中放牧不仅可以保持同乐村牛和马的种群数量，而且可以减少黑熊的威胁。但是，随着种群密度的增加，牛和马的数量逐渐达到并超过了环境容纳量。在历史上，同乐村牧场的牛马数量最多时也只有200头左右，之后一直维持在100多头。但是，最近几年由于劳动力缺乏导致的放牧方式改变，尤其是周边村寨将自己的牛马交给同乐村来放养，使得同乐村牧场牛马数量逐渐增加到500多头。牲口数量的增长不仅对草场造成破坏，还导致牲口食物短缺的现象发生。以至于2011年8月初，同乐村牧场的20多头牛为了寻找食物跑到10km以外的康普牧场，并由此引发了村寨之间的争端。

总之，作为傈僳族传统文化的承载体，同乐村的垂直农业体系面临着诸多挑战。如何处理好发展经济与保护当地生态环境、保护傈僳族传统文化的关系是政府官员、学者以及村民所共同面临着的难题。

只有在充分利用垂直农业体系的基础上，通过提高对土地、森林的利用率，才能增加当地少数民族的经济收入，从而实现经济发展和文化保护同步进行，走一条农业可持续发展之路。

7.4.2 对策

第一，加强同乐村基础设施建设。加强基础设施建设不仅可以吸纳农村剩余劳动力，而且还可以提高农民收入。同乐村的基础设施建设应该包括道路、供电、网络、照明、饮水等硬件设施的建设，还应该包括文化站、图书馆、民族博物馆等文化基础设施，以满足村民在精神文化上的需求。李锡鹏（2009）提出了许多中肯的建议，如"要不断完善农村公共文化服务体系，以省、州、县三级政府投入为主，动员社会力量为辅，建立农村公共文化服务体系基金。将政府公共文化服务体系建设基金纳入省、州、县三级财政年度支出预算，并根据经济增长情况按比例逐年增加。现在已经有的专项资金，如'千里边疆文化长廊'资金，'百县千乡宣传文化工程'建设资金，贫困县'两馆一站'建设补助资金，'星光工程'等建设资金可一并纳入基金之内统一协调安排使用"。

第二，发展同乐村特色旅游。同乐村有着得天独厚的自然风光和民族文化优势。依托同乐村的森林、牧场，独具一格的木楞房和国家级非物质文化遗产"阿尺木刮"以及无公害的天然美食吸引国内外游客。例如，李灿松和孙智明（2012）认为"特殊类型贫困地区独特的区位优势，地理环境，人文景观和民族风情，通常都具有很好的文化资源和文化产业发展前景，这也成为了特殊类型贫困地区发展经济的良好途径。一要突出文化优势和地方特色。文化具有传承性、地域性、民族性、交融性等特性。实现贫困地区的民族文化开发，就必须突出地域特色，打造自己的特色文化品牌，并衍生出相关的民族文化产品、服务和旅游产业。二要坚持走自身发展和可持续发展之路。积极培育民族文化民营企业，衍生相应的文化产品和以文化服务为主的文化产业，并在发展模式上坚持可持续发展道路，使文化资源得到永续利用。三要坚持民族文化开发与市场有机结合的路子。要充分把握文化的经济化和经济的文化化的市场规律，使文化的开发与市场经济发展紧密相结合。四是发展目标要切合本地实际的发展要求。要充分把握本地发展目标与国家政策导向的一致性，并切实符合本地区的文化发展要求和群众发展要求。"

第三，加快民族地区教育现代化是促进同乐村发展的重要因素。罗淳（2004）认为，"政府应承担落后地区农村人力资源投资的主体角色，其中包括青少年的基础教育和面向成年劳动力的职业技术培训。一方面，基础教育作为提高国民素质的主渠道，是培养合格劳动力的基本前提。结合国家东西部协调发展战略构想，国家应在人力、财力、物力诸方面承担对民族落后地区农村人力资源投资的主体角色，通过财政转移支付或设立农村教育专项基金等办法，加大对民族地区农村基础教育的投资力度。力促九年义务教育在云南省民族地区的全面实现。另一方面，建议尽快制定和实施旨在针对民族农村地区劳动力人口的职业技能培训计划。只有这样，才能加快民族地区农村人力资源的开发和农业劳动力的转移，使农村巨大的人口资源转化为现代化建设所需要的人力资源。"李月英（1998）认为"傈僳族贫困的最根本原因是'人的因素'，即整体文化素质低下造成的，完全可以说，怒江的经济贫困实际上是一种文化的贫困。所以，要促进怒江傈僳族地区的现代化发展，使怒江各族人民早日实现脱贫致富奔小康的蓝图，就必须从提高人口文化素质入手，创造一个安定和谐的社会文化发展环境。"

|第8章| 云南双江4个主要民族的食用生物资源利用研究^①

8.1 引 言

生物资源是重要的自然资源，也是影响生态环境及生物多样性的重要因素。作为生物资源重要组成部分的食用生物资源是人类对于生物资源最主要的利用形式，体现了人类在长期发展过程中与自然环境适应的结果。食用生物资源根据来源可分为野生食用资源和人工种植、养殖食用生物资源；按照物种分类则可分为食用植物、食用动物和食用菌类。这些食用生物资源保障着人们的日常生活，具有不可忽视的作用和地位。

我国是一个多民族国家，各民族的文化、宗教信仰及饮食习惯存在差异，因而在生物资源利用方面也产生了差异。目前，关于少数民族饮食习惯与其生物资源利用的实证研究较多，如哈斯巴根等（2011）对内蒙古蒙古族野生食用植物进行调查研究，指出当地蒙古族对于野生食用植物存在一些特殊用法，与其饮食习惯息息相关；于志海等（2006）、郑希龙等（2013）、任安云等（2014）分别对湘西苗族、海南黎族、黔西南布依族等地区少数民族食用植物利用民族植物学方法进行调查研究，指出这些民族对于生物资源存在独特利用，应当继续发扬，并且此部分利用信息对于食物新资源开发具有重要参考价值。这些实证研究指出各少数民族因为其特有的饮食习惯，因而对于生物资源存在一些独特利用。同时，各少数民族饮食习惯与其民族文化息息相关，是民族文化的重要体现，应当对我国少数民族饮食文化及食用生物资源进行进一步研究和发扬（杨昌岩等，1995）。

本研究以双江拉祜族佤族布朗族傣族自治县（简称双江自治县）勐勐镇忙建村、南京村、沙河乡邦协村和景亢村4个自然村为调查地点，利用问卷访谈法及半结构式访谈法对云南省临沧市双江拉祜族佤族布朗族傣族自治县4个主要民族的食用生物资源利用进行调查，旨在通过对实证研究，总结4个民族食用生物资源利用的现状及主要特征，为该地区生物资源保护提供参考（马楠等，2017）。

8.2 拉 祜 族

8.2.1 食用生物资源利用现状

（1）食用植物资源

通过对双江自治县勐勐镇忙建自然村拉祜族居民进行食用生物资源利用的相关调查，共记录到食用植物131种，分属于57个科和106属。其中，含物种最多的科依次是豆科（Leguminosae，14种）和禾本科（Gramineae，10种）。最多的属是芸薹属（*Brassica*，5种）。根据用途可将所有食用植物简单分为四类：作为粮食食用、作为蔬菜食用、作为水果食用及与饮食相关的其他用途，具体内容见于表8-1。

---

① 本章执笔者：马楠、闵庆文、袁正。

表 8-1 拉祜族食用植物的分类

具体用途	植物的数量	所属科的数量	所属属的数量	传统品种
粮食作物	12	6	9	5
蔬菜	35	11	27	16
野菜	38	27	35	—
水果	35	24	32	13
坚果	4	4	4	1
调味料	6	5	5	0
茶	1	1	1	1
总数	131	78	113	36

就传统品种的比例来说，忙建村拉祜族日常食用的植物资源中，除茶类外，其他类别植物资源传统品种占比均低于 50%，其中传统品种均为当地拉祜族世代种植，它们普遍具有品质口感好、适应当地生长条件和居民口味等特点，因而可一直得以保留。

就来源来说，当地拉祜族食用的粮食作物多来源于自家种植，部分来源于市场购买；蔬菜来源于自家种植和市场购买的比例接近；野菜多来源于野生采摘，部分来源于市场购买；水果多来源于市场购买，部分来源于自家种植，还有少数来源于野生采摘；坚果多来源于市场购买，只有 1 种来源于自家种植；调味料和茶均来源于市场购买。由上述数据结合调查所得居民基本信息，可以发现忙建村拉祜族村民收入主要以种植业为主，大部分村民家中都种植有粮食作物和蔬菜，部分村民家中种植有水果。

就食用方式来说，当地拉祜族多采取煮食和炒食两种食用方式，另外还有腌制、蒸食、凉拌及生食等多种食用方式。例如，糯米（*Oryza sativa* L.）除了可以被蒸做糯米饭外，还可被捣碎制作糯米粑粑。

就食用部位来说，当地拉祜族食用的 38 种野菜中，有 27 种野菜可食用其叶、20 种野菜可食用其茎部、8 种野菜可食用其根、两种野菜可以食用其花及 1 种野菜可以食用其果实。从上述数据可以看出，当地拉祜族村民食用野菜多食用其茎叶，并且很多野菜的多个部位均可被食用。例如，菝葜（*Smilax china* L.）（当地称为"金刚藤"）的茎和叶均可被食用。

就采食时间来说，当地拉祜族日常的食用野菜的采食时间遍及一年的 12 个月，其中 3~4 月能够采集的野菜最多，除了豆薯［*Pachyrhizus erosus*（L.）Urb.］（当地称为土瓜）和苣荬菜（*Sonchus arvensis* L.）（当地称为"尖刀菜"）等 4 种野菜，其余野菜在 3~4 月均可被采集到。此外，龙竹（*Dendrocalamus giganteus* Munro）、麻竹（*D. latiflorus* Munro）、金竹（*Phyllostachys sulphurea*）和苦竹［*Pleioblastusamarus*（Keng）Keng］因其食用部位为嫩笋，通常在雨后可被采食。

（2）食用动物资源

通过对忙建村拉祜族居民进行食用生物资源利用的相关调查，共记录到食用动物 36 种，分属于 20 个科。其中，含物种最多的科依次是蝉科（Cicadidae，5 种）、象甲科（Curculionidae，4 种）、鲤科（Cyprinidae，3 种）和蚁科（Formicidae，3 种）。根据物种来源可以将所有食用动物资源分为家畜、家禽、水产品以及昆虫四类，具体内容见于表 8-2。

表 8-2 拉祜族食用动物的分类

分类	动物的数量	所属科的数量	传统品种
家畜	4	3	2
家禽	5	2	5
水产品	8	5	0
昆虫	19	7	11
总数	36	17	18

就传统品种的比例来说，当地拉祜族食用的各类动物资源中传统品种分别在各自类别中占比 50%、100%、0% 和 57.9%。其中，当地拉祜族所食用的黄牛（*Bos taurus domestica*）、羊（*Caprinae* spp.）和鸭（*Tadorna* spp.）均为当地世代养殖的品种，具体品种未经过鉴定考证，因而跟随当地称呼记为"本地黄牛""本地黑山羊""本地黄山羊""旱鸭"和"麻鸭"。当地拉祜族所食用的猪（*Susscrofa*）为引进种"杜洛克""约克"和"长白"，分析其原因可能为与传统品种相比，这 3 个品种养殖较为容易且肉质较好，因而随着时间推移逐渐将传统品种淘汰。

就来源来说，当地拉祜族居民日常食用的家畜多来源于自家养殖，只有兔科（*Leporidae*）和部分猪来源于市场购买；家禽多来源于自家养殖，只有鹅（*Anserdomestica*）和部分鸭来源于市场购买；水产品多来源于市场购买，只有少量来源于野生捕捉；昆虫均来源于野生捕捉。由上述数据可以看出，当地多数村民家中多养牛、羊、猪、鸡，部分居民养殖鸭，很少有人养殖兔、鹅及昆虫类。

就食用方式来说，当地拉祜族居民对于家畜、家禽及水产品多采取煮食和炒食两种食用方式，对于昆虫多采用炸食和炒食两种食用方式。此外，还有蒸食、炖食、煎食等多种食用方式。

就食用部位来说，当地拉祜族居民食用家畜、家禽及水产品多食用其全只，食用蜂类和松毛虫类多食用其蛹，食用蝉类和蚁类多食用其成虫，食用象甲类多食用其幼虫。

（3）食用菌类资源

通过对忙建村拉祜族居民进行食用生物资源利用的相关调查，共记录到食用菌类 22 种，其中有 3 种菌类无法核实其具体物种，因而只跟随当地称呼记录，其余 19 种菌类分属于 13 科。其中，含物种最多的科依次是红菇科（Russulaceae，4 种）、侧耳科（Pleurotaceae，2 种）和口蘑科（Tricholomataceae，2 种）。就来源来说，当地拉祜族使用的 22 种菌菇类中，有 17 种来源于野生，占比 77.3%，说明当地食用菌资源相对丰富，野生菌和少量人工菌就能满足人们的食用需求。就传统品种的比例来说，当地拉祜族日常食用的 22 种菌菇中有 18 种为传统品种，占比 81.8%。就食用方式来说，当地拉祜族对于日常食用菌类多采用炒食，除此之外还有煮食、炖食、凉拌等多种食用方式。

8.2.2　食用偏好

通过对忙建村拉祜族对各类食用生物资源的食用偏好及数量进行调查，可以发现当地拉祜族食用的各类生物资源中食用最多的分别为杂交水稻（*O. sativa* L.）、杂交玉米（*Zea mays* L.）、大豆［*Glycine max*（L.）Merr.］、阳芋（*Solanum tuberosum* L.）、白菜（*Brassica pekinensis*）、蕺菜（*Houttuynia cordata* Thunb.）（当地所称"折耳根"或"鱼腥草"）、柑橘（*Citrus reticulata* Blanco.）、花生（*Arachishypogaea* L.）、草果（*Amomum tsaoko* Crevost et Lemarie）、猪、原鸡（*Gallus gallus* L.）（当地所称"茶花鸡"）、中国结鱼［*Tor*（*Tor*）*tor sinensis*］（当地所称"鲤鱼"）、松毛虫类（当地所称"摇头虫"）及多汁乳菇（*Lactarius volemus* Fr.）（当地所称"奶浆菌"）。

分析其原因可能为：随着人口数量的增长，居民对于粮食产量的需求也随之增长，而杂交水稻和杂交玉米因为其高产量和种植条件较为容易两个特点，成为当地种植量最多并且食用最多的稻类和玉米类；大豆、阳芋、白菜、柑橘、花生、猪、原鸡及中国结鱼是其相应类别中当地存在数量最多的，因而其食用量最多，同时此种偏好又推动在当地种植、养殖量的上升，形成一个正向循环；当地拉祜族居民对于蕺菜和松毛虫的食用偏好与其存在量关系不大，主要与当地拉祜族的饮食爱好有关。

8.2.3　食用生物资源的多重用途

在忙建村拉祜族日常食用的 189 种生物资源中，有 14 种还有其他用途。其中，具有药用用途的有 8 种，被用做饲料的有两种，被用做榨油的有 4 种。

具有药用价值的食用生物资源及用途为：糯米具有解暑、败火、治疗腹泻等作用；平车前（*Plantago*

depressa Willd.) 具有清热、利尿、祛痰、抗炎、解毒等作用；蕺菜具有清热、解毒、消炎等作用；草果具有燥湿除寒、祛痰截疟、理气补虚等作用；砂仁（*Amomum villosum* Lour.）具有温暖脾肾、下气止痛、理气消食等作用；鼎突多刺蚁（*Polyrhachis vicina* Roger）具有消炎护肝、增强免疫力等作用；松茸 [*Tricholoma matsutake*（lto et lmai）Sing.] 具有补肾强身、理气化痰等作用；灵芝 [*Ganoderma Lucidum* (Leyss. ex Fr.）Karst.] 具有补气安神，止咳平喘，增强免疫力等作用。

能够作为饲料使用的食用生物资源及用法为：杂交玉米，将其磨成粉后混合其他饲料，喂食鸡鸭等家禽；番薯（*Ipomoea batatas*（L.）Lam.），将其煮熟后与其他饲料混合，喂猪。

忙建村拉祜族居民所使用的食用油包括菜油、芝麻油、大豆油及花生油，其村内种植的部分油菜（*Brassica campestris* L.）、芝麻（*Sesamum indicum* L.）、大豆和花生均卖出用以榨油，但村内很少有人进行榨油。

8.2.4 特殊活动中的食用生物资源利用

在祭祀等特殊活动中忙建村拉祜族同样利用了一些食用生物资源。

祭祀时，当地拉祜族居民会看鸡卦，具体为在杀鸡之前会观察鸡的眼睛和舌头，观察其舌头颜色和眼睛亮度，只会杀死健康活泼眼睛明亮的鸡。在杀死鸡之后，将其整只放在锅里煮食，在煮熟后还会看其大腿部的肱骨，用以卜测之后一年的吉凶。

结婚时，当地拉祜族居民会准备大量菜肴，除了会制作日常生活食用的各式菜肴，还会用鸡肉混合大米、野菜和菌类，再加入辣椒和盐，制成鸡肉稀饭，非常好吃并且便于消化。此外，当地拉祜族还会吃烤肉，具体制作方法为用芭蕉叶将猪肉包住，随后将包有肉的芭蕉叶包埋入火中，待其烧熟后撒上辣椒和盐，烤肉外脆里嫩，鲜辣可口。另外，当地拉祜族居民还会制作竹筒饭，具体制作方法为将肉、各式蔬菜、野菜及佐料和水放入新鲜竹筒内煮熟，清香美味。在结婚当天晚上，当地拉祜族居民会打歌、跳舞，用以庆祝。

丧葬时，当地拉祜族会在死者灵前供奉一碗放有筷子的米饭和一只熟鸡，在正屋右侧的火塘旁停尸至良辰吉日出殡。所有前往吊唁的人都必须携带鸡、猪和酒以作伴礼。

过年时，当地拉祜族居民会在大年二十四将家内外的环境打扫干净，并且会在大年三十之前宰猪杀牛，准备好过年要吃的各式菜肴。和结婚时一样，过年的菜肴中也会准备鸡肉稀饭、烤肉以及竹筒饭。在大年三十晚上全家会一起喝酒吃肉，部分家庭还会向过去一样唱年歌、跳芦笙舞。在大年初一早上，每家都会携带米、酒以及新打的水一起敬给"火神"和祖宗。在大年初二清晨，当地拉祜族居民会杀 1只公鸡献祭秋千架，同时还会在献祭时燃蘘荷（*Zingiber mioga*（Thunb.）Rosc.）（当地所称"野姜"）以驱鬼。

除上述节日外，在农历二月初八的时候，当地拉祜族会到佛寺拜佛，喝佛水，之后会去祭拜已去世的亲人，其类似于汉族的"清明节"。祭拜时，当地拉祜族会将一整块猪肉放在亡人坟前，之后磕头敬酒或茶。

8.3 佤　　族

8.3.1 食用生物资源利用现状

（1）食用植物资源

通过对双江自治县勐勐镇南京自然村佤族居民进行食用生物资源利用的相关调查，共记录到食用植物 119 种，分属于 48 个科和 90 属，其中有两种野菜未能辨别确认其具体物种。其中，含物种最多的科依次是豆科（Leguminosae，12 种）和禾本科（Gramineae，9 种），最多的属是芸薹属（*Brassica*，5 种）。根据用途可将所有食用植物简单分为四类：粮食、蔬菜、水果以及与饮食相关的其他用途（表 8-3）。

表 8-3　佤族食用植物的分类

具体用法	植物的数量	所属科的数量	所属属的数量	传统品种
粮食作物	11	6	8	6
蔬菜	32	11	23	15
野菜	29	19	25	—
水果	37	24	32	13
坚果	5	5	5	1
调味料	4	3	3	0
茶	1	1	1	1
总数	119	48	91	36

就传统品种的比例来说，南京村佤族食用的植物资源除茶类和粮食作物外，其他类别植物资源传统品种占比均低于 50%，其中传统品种均为当地佤族世代种植，它们普遍具有品质口感好、适应当地生长条件和居民口味等特点，因而可一直得以保留。

就来源来说，当地佤族食用的粮食作物和蔬菜多来源于自家种植，部分来源于市场购买；野菜多来源于野生采摘，部分来源于市场购买；水果多来源于市场购买，部分来源于自家种植，还有少数来源于野生采摘；坚果多来源于市场购买，只有 1 种来源于自家种植；调味料和茶均来源于市场购买。由上述数据结合调查所得居民基本信息，可以发现当地佤族大部分村民家中都种植有粮食作物、蔬菜和甘蔗，少数村民家中种植有水果和茶。

就食用方式来说，当地佤族多采取煮食和炒食两种食用方式，另外还有腌制、蒸食、凉拌及生食等多种食用方式。例如，大豆除了可以煮食、炒食、腌制成豆豉以外，还可被磨碎了制作豆腐。

就食用部位来说，当地佤族食用的 29 种野菜中，有 16 种可食用其叶、15 种可食用其茎、9 种可食用其根、3 种可食用其花及 1 种可食用其果实。从上述数据可看出，南京村佤族食用野菜多食用其茎叶，并且很多野菜的多个部位均可被食用。例如，野蕉（*Musa balbisiana* Colla）的花和果均可被食用。

就采食时间来说，当地佤族日常食用野菜的采食时间遍及一年的 12 个月，其中 3~4 月能够采集的野菜最多，除了树番茄（*Cyphomandra betacea* Sendt.）（当地称为"大树番茄"）、穿龙薯蓣（*Dioscorea nipponica* Makino）（当地称为"野山药"）等 4 种野菜，其余野菜在 3~4 月均可被采集到。此外，龙竹、麻竹、金竹和苦竹因其食用部位为嫩笋，通常在雨后可被采食。

（2）食用动物资源

通过对南京村佤族进行食用生物资源利用的相关调查，共记录到食用动物 59 种，分属于 26 个科。其中，含物种最多的科依次是缘蝽科（Coreidae，6 种）和蝉科（Cicadidae，5 种）。根据物种来源，可以将食用动物资源分为家畜、家禽、水产品以及昆虫四类（表 8-4）。

表 8-4　佤族食用动物的分类

分类	动物的数量	所属科的数量	传统品种
家畜	4	3	2
家禽	5	2	5
水产品	8	5	0
昆虫	42	16	11
总数	59	26	18

就传统品种的比例来说，当地佤族食用的各类动物资源中传统品种分别在各自类别中占比 50%、100%、0% 和 26.2%。其中，当地佤族所食用的黄牛、羊和鸭均为当地世代养殖的品种，具体品种未经过鉴定考证，因而跟随当地称呼记为"本地黄牛""本地黑山羊""本地黄山羊""旱鸭"和"麻鸭"。当地佤族所食用的猪为引进种"杜洛克""约克"和"长白"，分析其原因可能为与传统品种相比，这 3 个品种养殖较为容易且肉质较好，因而随着时间推移逐渐将传统品种淘汰。

就来源来说，当地佤族居民日常食用的家畜来源于自家养殖和市场购买的比例相近；家禽多来源于自家养殖；水产品多来源于市场购买，少量来源于野生捕捉；昆虫均来源于野生捕捉。由上述数据结合调查所得居民基本信息可以得出，当地多数村民家中养有猪和鸡，部分居民养殖牛、羊和鸭，很少有人养殖兔、鹅及昆虫类。

就食用方式来说，当地佤族对于家畜、家禽及水产品多采取煮食和炒食两种食用方式，对于昆虫多采用炸食和炒食两种食用方式。此外，还有蒸食、炖食、煎食等多种食用方式。

就食用部位来说，当地佤族食用家畜、家禽及水产品多食用其全只，食用蚁类、蝉类、蜻蜓类、蝗虫类、龙虱类多食用其成虫，食用蜻类、松毛虫类及蜂类多食用其蛹，食用象甲类多食用其幼虫。

(3) 食用菌类资源

通过对南京村佤族进行食用生物资源利用的相关调查，共记录到食用菌类 26 种，其中有 3 种菌类无法核实其具体物种，因而只跟随当地称呼记录，其余 23 种菌类分属于 16 科。其中，含物种最多的科是红菇科（Russulaceae，4 种）。就来源来说，有 17 种仅来源于野生，占比 65.4%，说明当地食用菌资源相对丰富，野生菌和少量人工菌就能满足人们的食用需求。就传统品种的比例来说，有 18 种为传统品种，占比 69.2%。就食用方式来说，当地佤族对于日常食用菌类多采用炒食，除此之外还有煮食、炖食、凉拌等多种食用方式。

8.3.2 食用偏好

通过对南京村佤族对各类食用生物资源的食用偏好及数量进行调查，可以发现当地佤族食用的各类生物资源中食用最多的分别为杂交水稻、杂交玉米、豌豆（*Pisum sativum* L.）、番薯、青菜（*Brassica chinensis* L.）、蕨（*Pteridium aquilinum* var. *latiusculum*）（当地所称"龙爪菜"或"拳菜"）、柑橘、澳洲坚果（*Macadamia ternifolia* F. Muell.）、草果、猪、原鸡、中国结鱼、蜻类（当地所称"臭皮虫"）及多汁乳菇。

杂交水稻、杂交玉米成为其类别中食用最多的生物资源的原因与拉祜族相同；青菜、柑橘、花生、猪、原鸡、中国结鱼是其相应类别中当地存在数量最多的，因而其食用量最多，同时此种偏好又推动当地种植、养殖量的上升，形成一个正向循环；当地佤族居民对于豌豆、番薯、蕨、蜻类和多汁乳菇的食用偏好与其存在量关系不大，主要与当地佤族居民的饮食爱好有关。

8.3.3 食用生物资源的多重用途

南京村佤族对于其日常食用的 204 种生物资源，有 15 种还有其他用途。其中，具有药用用途的有 9 种，被用做饲料的有两种，被用做榨油的有 3 种，被用以酿酒的有两种。

具有药用价值的食用生物资源及用途为：平车前具有清热、利尿、祛痰、抗炎、解毒等作用；蕺菜具有清热、解毒、消炎等作用；山茶（*Camellia japonica* L.）的花具有消炎止血等作用；小米辣（*Capsicum frutescens* L.）具有通气祛湿等作用；草果具有燥湿除寒、祛痰截疟、理气补虚等作用；砂仁具有温暖脾肾、下气止痛、理气消食等作用；鼎突多刺蚁具有消炎护肝，增强免疫力等作用；松茸具有补肾强身、理气化痰等作用；灵芝具有补气安神，止咳平喘，增强免疫力等作用。

能够作为饲料使用的食用生物资源及其用法为：杂交玉米，将其磨成粉后混合其他饲料，喂食鸡鸭等家禽；大豆，将其磨成粉后与其他饲料混合，可喂食猪和鸡。

南京村佤族居民所使用的食用油包括菜油、大豆油及花生油，其村内种植的部分油菜、大豆和花生卖出用以榨油，但村内很少有人进行榨油。

南京村佤族居民通常将糯米和糖一同发酵，酿成米酒；将糯玉米和糖一同发酵，酿成水酒。这两种酒是当地佤族特产的自酿酒，口感清甜，温润适口，即使喝多也不会出现头疼的情况。

8.3.4 特殊活动中的食用生物资源利用

在祭祀等特殊活动中南京村佤族同样利用了一些食用生物资源。

祭祀时，当地佤族居民通常会携带芭蕉、甘蔗、茶叶、糯米、糯玉米、公鸡、猪头等祭品，其中选取的公鸡要羽色鲜亮、眼睛有神，选取的糯米需要是当年新米，选取的芭蕉、甘蔗及糯玉米都需是最新鲜的，选取宰杀的猪也需是健康的。当地参与祭拜的佤族居民虔诚地将这些祭品摆在祭祀台前，随后在祭祀台前杀死携带的公鸡进行祭祀。

结婚时，当地佤族居民会准备大量菜肴，除了会制作日常生活食用的各式菜肴，还会用鸡肉混合大米、青菜和腌好的酸笋，再加入辣椒和盐，制成鸡肉烂饭，即一种介于干饭和稀饭之间类似于汉族黏饭的半干半稀的饭，此种饭煮好后味道鲜美诱人。在结婚当天，当地佤族村民会在二胡、葫芦丝及竹笛的伴奏下进行打歌，参与庆祝的人会随着音乐起舞，以表示喜悦，并对结婚的新人送上祝福。

丧葬时，当地佤族居民会在死者口中放置茶叶、盐块或糖块。所有前往吊丧的亲人和村民（需为成年人）都会携带一碗糯米、一块茶饼、一包烟叶及一筒当地特产的水酒以作伴礼。死者家人在死者病危时都会杀猪宰牛，因而在亲友村民前来吊丧时，会将杀死的猪和牛煮或炒后进行招待，此外还会另外杀鸡做菜来招待。

过"崩南尼"、播种节等节日之前，当地佤族居民都会准备好各式饭菜，备好水酒，也会准备"鸡肉烂饭"和"糯米粑粑"。节日当天，家家户户都会一起喝酒吃肉，所吃肉类多为猪肉，其他肉类食用较少。特别的，当地佤族会身穿民族服装在二胡、竹笛及葫芦丝等乐器的伴奏下跳舞唱歌，以表达自己的喜悦和快乐。

招待外来的客人时，当地佤族居民都会奉上当地特产的水酒。主人拿右手敬酒，客人拿右手接酒后应当将杯中水酒倒一点儿到地上，意为敬祖，随后主人和客人需同时将杯中水酒喝干，客人如不喝或未喝干在当地佤族看来都表达了对主人的不尊重和不满。同时，当地佤族居民会为原来的客人准备"鸡肉烂饭"等丰富菜肴，主客边吃边喝，其乐融融。

此外，当地佤族居民无论在这些特殊活动中还是在日常生活中，都很少直接用水泡茶喝，而是将茶叶放入小壶内进行煮茶，煮后的茶入口极苦，回甘清甜，对于当地佤族居民是一种很好的解暑提神的饮品。

8.4　布　朗　族

8.4.1　食用生物资源利用现状

（1）食用植物资源

通过对双江自治县沙河乡邦协村布朗族居民进行食用生物资源利用的相关调查，共记录到食用植物118种，分属于52个科和92属。其中，含物种最多的科依次是豆科（Leguminosae，12种）和禾本科（Gramineae，10种），最多的属是芸薹属（*Brassica*，5种）。根据用途可将所有食用植物简单分为四类：粮食、蔬菜、水果以及与饮食相关的其他用途（表8-5）。

表 8-5　布朗族食用植物的分类

具体用法	植物的数量	所属科的数量	所属属的数量	传统品种
粮食作物	11	6	9	5
蔬菜	34	11	25	15
野菜	26	19	24	—
水果	36	25	32	12
坚果	4	4	4	1
调味料	6	6	6	0
茶	1	1	1	1
总数	118	52	93	34

就传统品种的比例来说，当地布朗族食用的植物资源除茶类外，其他类别植物资源传统品种占比均低于 50%，其中传统品种多为当地布朗族世代种植，它们普遍具有品质口感好、适应当地生长条件和居民口味等特点，因而一直得以保留。

就来源来说，当地布朗族食用的粮食作物和蔬菜多来源于自家种植，部分来源于市场购买；野菜多来源于野生采摘，少量来自于市场购买；水果多来源于市场购买，部分为自家种植，还有少量来源于野生采摘；坚果多来源于市场购买，少量向日葵（*Helianthus annuus* L.）（当地所称"葵花籽"）来自于自家种植；调味料均来源于市场购买；茶多来源于自家种植，少量来自于市场购买。由上述数据结合调查所得居民基本信息，可以发现当地布朗族大部分村民家中都种植有粮食作物、蔬菜、甘蔗和茶，少数村民家中种植有水果。

就食用方式来说，当地布朗族多采取煮食和炒食两种食用方式，另外还有腌制、生食等多种食用方式。例如，小麦（*Triticum aestivum* L.）通常被磨碎成为面粉制作面条和馒头。

就食用部位来说，当地布朗族食用的 26 种野菜中，有 13 种可食用其叶、11 种可食用其茎、7 种可食用其根、3 种可食用其花及 1 种可食用其果实。从上述数据可看出，当地布朗族多食用野菜的茎叶，并且很多野菜的多个部位均可被食用。例如，蕺菜（当地所称"鱼腥草"或"折耳根"）的全株均可被食用。

就采食时间来说，当地布朗族对于食用野菜的采食时间遍及一年的 12 个月，其中 3～4 月能够采集的野菜最多，除了山茶、小缬草（*Valeriana tangutica* Bat.）等 4 种野菜，其余野菜在 3～4 月均可被采集到。此外，龙竹、麻竹、金竹和苦竹因其食用部位为嫩笋，通常在雨后可被采食；野蕉、桫椤［*Alsophila spinulosa*（Wall. ex Hook.）R. M. Tryon］（当地所称"树蕨"）等 6 种野菜全年均可被采食。

（2）食用动物资源

通过对邦协村布朗族进行食用生物资源利用的相关调查，共记录到食用动物 27 种，分属于 14 个科。其中，含物种最多的科依次象甲科（Curculionidae，4 种）、鲤科（Cyprinidae，3 种）和雉科（Phasianidae，3 种）。根据物种来源，可以将食用动物资源分为家畜、家禽、水产品以及昆虫四类（表 8-6）。

表 8-6　布朗族食用动物的分类

分类	动物的数量	所属科的数量	传统品种
家畜	4	3	2
家禽	5	2	5
水产品	8	5	0
昆虫	10	4	10
总数	27	14	17

就传统品种的比例来说，当地布朗族食用的各类动物资源中的传统品种分别在各自类别中占比50%、100%、0%和100%。其中，当地布朗族所食用的黄牛、羊和鸭均为当地世代养殖的品种，具体品种未经过鉴定考证，因而跟随当地称呼记为"本地黄牛""本地黑山羊""本地黄山羊""旱鸭"和"麻鸭"。当地布朗族所食用的猪为引进种"杜洛克""约克"和"长白"，分析其原因可能为与传统品种相比，这3个品种养殖较为容易且肉质较好，因而随着时间推移逐渐将传统品种淘汰。

就来源来说，当地布朗族居民日常食用的家畜多来源于市场购买，部分来源于自家养殖；家禽多来源于自家养殖，部分来源于市场购买；水产品多来源于市场购买，少量来源于野生捕捉；昆虫均来源于野生捕捉。由上述数据结合调查所得居民基本信息可以得出，邦协村多数村民家中养有猪和鸡，部分居民养殖鹅。

就食用方式来说，当地布朗族居民对于家畜、家禽及水产品多采取煮食和炒食两种食用方式，对于昆虫多采用炸食和炒食两种食用方式。此外，还有蒸食、炖食、煎食等多种食用方式。

就食用部位来说，当地布朗族食用家畜、家禽及水产品多食用其全只，食用蜂类和松毛虫类多食用其蛹，食用象甲类多食用其幼虫。

（3）食用菌类资源

通过对邦协村布朗族进行食用生物资源利用的相关调查，共记录到食用菌类22种，其中有3种菌类无法核实其具体物种，因而只跟随当地称呼记录，其余19种菌类分属于13科。其中，含物种最多的科是红菇科（Russulaceae，4种）。就来源来说，有16种仅来源于野生，占比72.7%，说明当地食用菌资源相对丰富，野生菌和少量人工菌就能满足人们的食用需求。就传统品种的比例来说，有16种是传统品种，占比72.7%。就食用方式来说，当地布朗族对于日常食用菌类多采用炒食，除此之外还有煮食、凉拌和炖食三种食用方式。

8.4.2 食用偏好

通过对邦协村布朗族居民对于各类食用生物资源的食用偏好及数量进行调查，可以发现当地布朗族食用的各类生物资源中，食用最多的分别是杂交水稻、糯玉米、蚕豆（*Vicia faba* L.）、番薯、青菜、蕺菜、苹果（*Malus pumila* Mill.）、胡桃（*Juglans regia* L.）（当地所称"核桃"）、草果、猪、原鸡、中国结鱼、蜂类及鸡枞菌［*Termitornyces albuminosus*（Berk）Heim］。

杂交水稻成为该类别中食用最多的生物资源的原因与拉祜族相同；蚕豆、青菜、苹果、猪、原鸡、中国结鱼是其相应类别中当地存在数量最多的，因而其食用量最多，同时此种偏好又推动当地种、养殖量的上升，形成一个正向循环；当地布朗族居民对于糯玉米、番薯、鱼腥草、胡桃、草果和鸡枞菌的食用偏好与其存在量关系不大，主要与当地布朗族居民的饮食爱好有关；当地布朗族居民对于蜂类的食用偏好主要与其民族文化有关，据当地布朗族居民所说，蜂类是布朗族最崇拜的昆虫，传说在古时当地爆发的一场洪水中是蜂类引着布朗人逃跑，因而躲过一劫，得以繁衍生息。

8.4.3 食用生物资源的多重用途

邦协村布朗族对于其日常食用的167种生物资源，有13种还有其他用途。其中，具有药用用途的有6种，被用做饲料的有3种，被用做榨油的有4种，还有1种被用做制作器具。

具有药用价值的食用生物资源及用途为：蕺菜具有清热、解毒、消炎等作用；草果具有燥湿除寒、祛痰截疟、理气补虚等作用；砂仁具有温暖脾肾、下气止痛、理气消食等作用；山茶花具有消炎止血等作用；肉桂［*Cinnamomum cassia* Presl］具有补气温里等作用；灵芝具有补气安神、止咳平喘、增强免疫力等作用；松茸具有补肾强身、理气化痰等作用。

能够作为饲料使用的食用生物资源及其用法为：将杂交玉米磨成粉后混合其他饲料，喂食鸡鸭等家禽；将大豆磨成粉后与其他饲料混合，可喂食猪和鸡；将番薯煮熟后与其他饲料混合，喂猪。

当地布朗族居民所使用的食用油包括菜油、芝麻油、大豆油及花生油，其村内种植的部分油菜、芝麻、大豆和花生均卖出用以榨油，但村内很少有人进行榨油。

当地布朗族利用黄牛的皮和茉莉树的树干一起制作布朗族特有器具"蜂桶鼓"。一般在节庆活动或祭祀等特殊活动中，当地布朗族村民都会打起蜂桶鼓，跳"蜂桶鼓舞"来庆祝。

8.4.4 特殊活动中的食用生物资源利用

在祭祀等特殊活动中邦协村布朗族同样对于食用生物资源有一些利用。

祭祀时，当地布朗族居民会根据鸡的舌头颜色和眼神亮度来选取所要宰杀的鸡。选取好健康漂亮的鸡后，布朗族居民会将鸡毛插在"龙树"的树根处，将鸡血滴在神坛周围，然后将鸡和糯米等祭品虔诚的奉在神坛上。另外，布朗族还会将鸡毛和鸡血撒在路口，以祈求出入平安。

结婚时，当地布朗族居民会准备大量菜肴，除了会制作日常生活中食用的各式菜肴外，还会和南京村的佤族一样制作鸡肉烂饭，具体制作方法为将鸡肉、酸笋、野菜和大米混合，再加入盐巴和辣椒，放入锅中煮至半干不稀的状态，吃起来清香鲜美，并且便于消化。此外，当地布朗族还会吃一种叫"橄榄生"的菜，具体制作方法为将橄榄肉剥下来，加入醋、辣椒还有盐一起凉拌，吃起来清爽鲜香。另外，当地布朗族还会吃"米花"，具体制作方法为将糯米蒸熟后晒干，然后用油炸至金黄即可。

和傣族一样，当地布朗族居民也过"泼水节"。在节日当天，布朗族村民首先会用鸡和"米花"来祭龙树，之后会像往常一样食用猪肉、鸡肉、鱼肉、青菜等各式菜肴，另外还会食用"鸡肉烂饭""橄榄生"及"米花"。在节日当天，当地布朗族居民还会穿上民族服装跳布朗族特有舞蹈"蜂桶鼓舞"，以表达喜悦和快乐。

当地布朗族还会过"过年节"。在节日当天，当地布朗族除了会像过"泼水节"一样食用"鸡肉烂饭""橄榄生""米花"及各式日常食用菜肴之外，还会吃红糖糯米粑粑。具体制作方法为将新糯米加入红糖煮熟，之后放在器具中不停舂打，直至其质地均匀黏稠，随后撒上红糖拿芭蕉叶包住后食用，吃起来口感甜糯，带有芭蕉叶特有的植物清香。此外，在"过年节"当地布朗族也会跳"蜂桶鼓舞"来庆祝。

另外，当地布朗族居民还会组织"百家宴"，即村内每一户人家都会制作一道自己的拿手菜肴，然后在宴会当天放在村子专门准备的一列长桌上，村民可以从一列长桌的这头吃到那头，吃的过程中还会喝茶或酒。

无论在日常生活还是上述各类特殊活动中，当地布朗族居民都会喝"竹筒茶"，具体制作方法为，将龙竹砍成竹筒后，放入炒好的新茶，随后用芭蕉叶将其封口，用藤条系紧后放在火塘边烤干水汽，待竹筒表面烤焦即可，喝时将茶叶取出用水泡，口感浓郁。此外，当地布朗族还会吃"酸茶"，具体制作方法为将新采的茶叶加盐腌制，待腌好后或直接口嚼咽下或加入朝天椒及各种调味料凉拌。

8.5 傣 族

8.5.1 食用生物资源利用现状

(1) 食用植物资源

通过对双江自治县沙河乡景亢自然村傣族居民进行食用生物资源利用的相关调查，共记录到食用植物 142 种，分属于 62 个科和 110 属，其中有 3 种野菜未能辨识出其确切物种。其中，含物种最多的科依次是豆科（Leguminosae，12 种）和禾本科（Gramineae，10 种），最多的属是芸苔属（Brassica，5 种）。根据用途可将所有食用植物简单分为四类：粮食、蔬菜、水果以及与饮食相关的其他用途（表 8-7）。

表 8-7　傣族食用植物的分类

具体用法	植物的数量	所属科的数量	所属属的数量	传统品种
粮食作物	12	6	9	6
蔬菜	36	12	27	16
野菜	42	31	36	—
水果	40	26	36	14
坚果	4	4	4	1
调味料	6	5	5	1
茶	3	1	1	1
总数	143	62	111	39

就传统品种的比例来说，景兀村傣族食用的各类植物资源传统品种占比均小于50%，其中传统品种多为当地傣族世代种植，它们普遍具有品质口感好、适应当地生长条件和居民口味等特点，因而可一直得以保留。

就来源来说，当地傣族日常食用的粮食作物多来源于自家种植，部分来源于市场购买，少量来自于野生采摘；蔬菜多来源于自家种植，部分来源于市场购买；野菜多来源于野生采摘，部分来源于市场购买；水果多来源于市场购买和自家种植的比例相近，来源于市场购买的稍多，还有少数来源于野生采摘；坚果多来源于市场购买，只有花生来源于自家种植；调味料多来源于市场购买，只有丛林素馨 [*Jasminum duclouxii* (levl.) Rehd.]，即当地所称"鸡爪花"来源于野生采摘；茶均来源于市场购买。由上述数据结合调查所得居民基本信息，可以发现景兀村傣族村民收入主要以种植业为主，大部分村民家中都种植有蔬菜和甘蔗，部分村民家中种植有其他如杧果（ *Mangifera indica* L. ）的水果。

就食用方式来说，当地傣族多采取煮食和炒食两种食用方式，另外还有腌制、蒸食、凉拌及生食等多种食用方式。例如，糯米除了可以被蒸做糯米饭、捣碎制作糯米粑粑外，还可被磨碎制作汤圆。

就食用部位来说，当地傣族食用的42种野菜中，有25种可食用其叶、21种可食用其茎、8种可食用其根、6种可食用其花、3种可食用其果实及1种可食用其树干（髓心）。从上述数据可以看出，当地傣族多食用其茎叶，并且很多野菜的多个部位均可被食用。例如，臭牡丹（ *Clerodendrum bungei* Steud. ）的叶和花均可被食用。

就采食时间来说，当地傣族对于食用野菜的采食时间遍及一年的12个月，其中3～4月能够采集的野菜最多，除了小缬草、川续断（ *Dipsacus asperoides* C. Y. Cheng et T. M. Ai ）（当地称为"象鼻子草"）等6种野菜，其余野菜在3～4月均可被采集到。此外，龙竹、麻竹、金竹和苦竹因其食用部位为嫩笋，通常在雨后可被采食。野蕉、水香薷（ *Elsholtzia kachinensis* Prain ）等10种野菜可在全年被采食。

（2）食用动物资源

通过对景兀村傣族进行食用生物资源利用的相关调查，共记录到食用动物39种，分属于20个科。其中，含物种最多的科为象甲科（Curculionidae，4种）和蝗科（Acrididae，4种）。根据物种来源，可以将食用动物资源分为家畜、家禽、水产品以及昆虫四类（表8-8）。

表 8-8　傣族食用动物的分类

分类	动物的数量	所属科的数量	传统品种
家畜	4	3	2
家禽	5	2	5
水产品	8	5	0
昆虫	22	10	11
总数	39	20	18

就传统品种的比例来说，当地傣族食用的各类动物资源中传统品种分别在各自类别中占比50%、100%、0%和50%。其中，当地傣族所食用的黄牛、羊和鸭均为当地世代养殖的品种，具体品种未经过鉴定考证，因而跟随当地称呼记为"本地黄牛""本地黑山羊""本地黄山羊""旱鸭"和"麻鸭"。当地傣族所食用的猪为引进种"杜洛克""约克"和"长白"，分析其原因可能为与传统品种相比，这3个品种养殖较为容易且肉质较好，因而随着时间推移逐渐将传统品种淘汰。

就来源来说，当地傣族居民食用的家畜多来源于自家养殖，只有兔和部分猪来源于市场购买；家禽多来源于自家养殖，部分来源于市场购买；水产品多来源于市场购买，部分来源于自家养殖，还有少量来源于野生捕捉；昆虫均来源于野生捕捉。由上述数据可以看出，景亢村多数村民家中养有牛、羊、猪、鸡，部分居民养殖鱼类，很少有人养殖兔、鹅及昆虫类。

就食用方式来说，当地傣族居民对于家畜、家禽及水产品多采取煮食和炒食两种食用方式，对于昆虫多采用炸食和炒食两种食用方式。此外，还有蒸食、炖食、煎食等多种食用方式。

对于食用部位来说，当地傣族居民对于家畜、家禽及水产品多食用其全只，食用蜂类和松毛虫类多食用其蛹，食用蚁类、蝗类、蜻蜓类和蜘蛛类多食用其成虫，食用象甲类多食用其幼虫。

（3）食用菌类资源

通过对景亢村傣族进行食用菌类资源利用的相关调查，共记录到食用菌类24种，其中有5种菌类无法核实其具体物种，因而只跟随当地称呼记录，其余19种菌类分属于14科。其中，含物种最多的科是红菇科（Russulaceae，4种）。就来源来说，有19种仅来源于野生，占比79.2%，仅有4种只来源于人工培育，说明当地食用菌资源相对丰富，野生菌和少量人工菌就能满足人们的食用需求。就传统品种的比例来说，有19种是传统品种，占比79.2%。就食用方式来说，当地傣族对于日常食用菌类多采用煮食，除此之外还有炒食、炖食、腌制等多种食用方式。

8.5.2　食用偏好

通过对景亢村傣族居民对于各类食用生物资源的食用偏好及数量进行调查，可以发现当地傣族食用的各类生物资源中，食用最多的分别是杂交水稻、糯玉米、大豆、阳芋、白菜、蕺菜、苹果、胡桃、香蓼（*Polygonum viscosum* Buch. - Ham. exD. Don.）、黄牛、原鸡、中国结鱼、松毛虫类（当地所称"摇头虫"）及鸡枞菌。

杂交水稻成为该类别中食用最多的原因与拉祜族相同；糯玉米、大豆、阳芋、白菜、苹果、胡桃、原鸡及中国结鱼是其相应类别中当地存在数量最多的，因而其食用量最多，同时此种偏好又推动当地种、养殖量的上升，形成一个正向循环；当地傣族居民对于黄牛、香蓼和松毛虫的食用偏好与其存在量关系不大，主要与当地傣族的饮食爱好有关。

8.5.3　食用生物资源的多重用途

景亢村傣族对于其日常食用的206种生物资源，有16种还有其他用途。其中，具有药用用途的有11种，被用做榨油的有3种，被用做酿酒的有3种，被用来酿醋的有两种，还有3种被用做饲料。

具有药用价值的食用生物资源及用途为：鸡蛋花（*Plumeria rubra* L. cv. Acutifolia）具有清热解暑、利湿止咳等作用；臭牡丹具有祛风祛湿、解毒消肿等作用；平车前具有清热、利尿、祛痰、抗炎、解毒等作用；蕺菜具有清热、解毒、消炎等作用；小米辣具有通气祛湿等作用；草果具有燥湿除寒、祛痰截疟、理气补虚等作用；砂仁具有温暖脾肾、下气止痛、理气消食等作用；丛林素馨具有消肿止痛等作用；鼎突多刺蚁具有消炎护肝，增强免疫力等作用；灵芝具有补气安神，止咳平喘，增强免疫力等作用；松茸具有补肾强身、理气化痰等作用。

当地傣族通常将甘蔗（*Saccharum officinarum* L.）发酵成酒，也将糯玉米和糖一起发酵成酒，还会将阳芋和糖一起发酵成酒。此三种酒是当地傣族特产酒类，口感清润绵甜，饮用后很少出现头疼恶心的症状。

当地傣族通常将糯米、红糖、白酒、冷水还有酸豆（*Tamarindus indica* L.）一起发酵，制成当地特产醋。当地傣族喜好酸辣，一般都食用此种醋，而不是使用市场购买的醋。

当地村傣族居民所使用的食用油包括菜油、芝麻油及花生油，其村内种植的部分油菜、芝麻和花生卖出用以榨油，但村内很少有人进行榨油。

能够作为饲料使用的食用生物资源及其用法为：将杂交玉米磨成粉后混合其他饲料，喂食鸡鸭等家禽；将大豆磨成粉后与其他饲料混合，可喂食猪和鸡；将番薯煮熟后与其他饲料混合，喂猪。

8.5.4　特殊活动中的食用生物资源利用

除了日常生活中的食用生物资源利用，在祭祀等特殊活动中景亢村傣族同样对于食用生物资源有一些利用。

祭祀时，由于信仰南传上座部佛教，当地傣族居民会携带提前准备好的鸡肉、猪肉、牛肉等各式菜肴前往缅寺叠水赕佛，以祈求来年的平安顺利。待和尚念完祭词后，前往祭祀的傣族村民将一同食用所携带的各式菜肴。特别的是，当地傣族会携带当地特色食物"牛撒撇"，具体制作方法为在宰牛之前给牛喂食五加（*Acanthopanax gracilistylus* W. W. Smith.）叶和香蓼，一个多小时后将牛宰杀，随后把牛肚取出拿开水烫两三分钟，捞出后快速刮洗干净，然后切条加入牛胃中初步消化的草汁、朝天椒、八角（*Illicium verum* Hook. f.）、草果、盐以及新鲜的香蓼凉拌后即可食用，口感酸辣清爽。此外，当地傣族还会携带"牛干巴"，具体制作方法为选取肥壮黄牛的后腿肉，加入盐、花椒（*Zanthoxylum bungeanum* Maxim.）、八角等辅料揉搓腌制，随后将其风干，食用时将其和辣椒等辅料一同油炸即可，制成的"牛干巴"香辣可口。

结婚时，当地傣族居民通常会选择在天还没亮时就将新娘由家中接来，其内在含义为天没亮时新娘看不清路，因而不能逃婚。结婚当天，新人家庭会从佛寺请来和尚为新人念经祝福，同时新人也会跪在长辈面前得到长辈的祝福和叮嘱。全村每户人家都会出人去给新人祝福庆祝，而新人家里会准备10～15个包括"牛撒撇"和"牛干巴"的菜来招待前来参加婚礼的亲朋好友。

丧葬时，当地傣族村民会从佛寺中请来和尚为亡者念经超度，之后会将亡者倒抬出村子火化。之后，办丧事的傣族会在家中准备5或7道菜来招待参与葬礼的亲友和村民。

在过"泼水节"时，当地傣族村民会杀牛宰猪，制作包括"牛撒撇"和"牛干巴"在内的众多菜肴，此外还会用现舂的糯米制作糯米饭吃。除此之外，在泼水节当天，当地傣族会去当地各个傣村内的佛寺进行赕佛。在赕佛结束后，村民回到村子里一起吃饭喝酒。

当地傣族村民在红白喜事之前，都会前往佛寺叠水。此外，当地傣族村民在过年时会祭奠死去的亲人和祖宗，希望其安息的同时也祈求其保佑家人平安幸福。

无论在日常生活还是上述各类特殊活动中，当地傣族居民都爱好酸辣，当地特产菜肴为"酸肉""酸鱼"及各种腌菜。其具体制作方法为将肉切成大片后放入盆中，加入花椒叶、盐、辣椒及白酒，拌匀后放入瓦罐封口，一个月后即可食用；将鲜鱼洗净，去除鳃和内脏，然后将花椒叶末、薄荷叶、葱末、姜末、朝天椒末、芫荽末等辅料加上草果粉、盐、料酒拌匀后装入鱼腹，用芭蕉叶将处理好的鱼包住，埋入木柴烧后的热灰中，待其焖熟后去除芭蕉叶即可食用；将嫩笋或其他菜类切成条状，加入盐和辣椒腌制，腌好后辅以当地自酿的醋和朝天椒末即可食用。

另外，当地傣族村民除了会将茶拿水泡后饮用之外，还会将苦茶腌制后拌饭吃。具体制作方法为将新鲜苦茶茶叶辅以盐和辣椒，放入瓦罐中腌制，腌好后食用时加入自酿醋和盐，与米饭拌在一起食用。

8.6 4个民族食用生物资源的比较分析

8.6.1 食用生物资源多样性

（1）食用生物资源总量

本书共记录到189种拉祜族食用生物资源、204种佤族食用生物资源、167种布朗族食用生物资源及206种傣族食用生物资源（图8-1）。

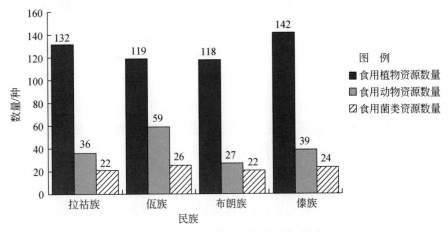

图8-1 双江自治县4个民族食用生物资源

就总量来说，傣族记录到的食用生物资源数量最多，布朗族记录到的食用生物资源数量最少。分类来看，傣族的食用植物资源数量最多，佤族的食用动物资源和食用菌类资源数量最多。傣族对于食用生物资源的利用率较高，其日常饮食变化多样，尤其喜爱食用一些植物资源，如水果和野菜。佤族对于生物资源的利用次之，但其对于动物资源和菌类资源利用最多，佤族对于动物资源和菌类资源的利用率要高于其他3个民族。拉祜族和布朗族对于食用生物资源的利用率较其他2个民族较低。

就传统品种的比例来说，本研究中，4个民族食用生物资源的传统品种比例分别为拉祜族58.2%、佤族49.5%、布朗族55.7%及傣族57.3%，这些传统品种主要为野菜、菌类和昆虫，而粮食作物等类别中的传统品种比例较低。应当有针对性的对一些传统品种进行保护。

（2）食用植物资源结构特征

本书共记录到131种拉祜族食用生物资源、119种佤族食用生物资源、118种布朗族食用生物资源及143种傣族食用生物资源（图8-2）。

就食用植物资源总量来说，傣族最多，拉祜族次之，佤族和布朗族较少。食用植物资源又可细分为粮食作物、蔬菜、野菜、水果、坚果、调味料及茶，以下将就各种类具体分析。

就粮食作物来说，总量4个民族相差不多，但具体物种存在一些差异。其中4个民族均食用的物种为杂交水稻、糯米等9种，但其中杂交水稻因为各民族所在村海拔不一样，存在一些差异，傣族除食用其他3个民族均食用的大白糯之外，还食用黑紫糯。小麦只有拉祜族和布朗族食用；荷包豆（*Phaseolus coccineus* L.）（当地所称"花豆"）只有拉祜族和佤族食用；荞麦（*Fagopyrum esculentum* Moench）只有拉祜族食用；苦荞麦（*Fagopyrum tataricum*（L.）Gaertn.）只有佤族食用；粘山药（*Dioscorea hemsleyi* Prain et Burkill）只有布朗族食用；高粱［*Sorghum bicolor*（L.）Moench］、紫薯（*Ipomoea batatas*）和光叶薯蓣（*Dioscorea glabra* Roxb.）（当地所称"紫山药"）只有傣族食用。这些食物的选择和各民族长久以来形成的习惯存在一定联系。例如，傣族日常除食用杂交水稻外，还喜爱食用糯米和薯类，而拉祜族和佤族除

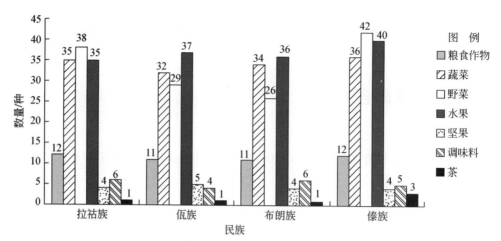

图8-2　双江自治县4个民族食用植物资源

食用杂交水稻外，还会食用一些面食。

就蔬菜来说，总量和种类4个民族都相差不大。分析其原因可能为随着经济发展，双江自治县与外界沟通密切，各类蔬菜均能见于当地的蔬菜市场，而各少数民族群众随着生活质量的提高，对于蔬菜种类的选择也不仅限于自家种植，而是会进行多样选择，因而4个少数民族食用蔬菜的数量和种类都相差不大。

就野菜来说，总量和种类4个民族的差别较大。傣族食用野菜的数量最多，有42种，拉祜族次之，有38种，佤族和布朗族较少分别为29种和26种。傣族对于野菜资源的利用率较其他3个民族更高，布朗族对于野菜资源的利用率较其他民族略低。野蕉、薄荷（Mentha haplocalyx Briq.）、水香薷等20种野菜4个民族均食用。小缅草和酸苔菜（Ardisia solanacea Roxb.）除佤族其他3个民族都食用。此外，还有多种野菜是两个民族均食用的，如布朗族和佤族都食用山茶，布朗族和傣族都食用桫椤。另外，鸡蛋花、臭牡丹等7种野菜仅傣族食用，野茼蒿［Crassocephalum crepidioides（Benth.）S. Moore］、淡黄香青（Anaphalis flavescens Hand.-Mazz.）等6种野菜仅拉祜族食用，杧果（Mangifera indica）叶仅布朗族食用，蘘荷（Zingiber mioga（Thunb.）Rosc.）仅佤族食用。

就水果来说，总量傣族稍多有40种，其他3个民族数量相差不大，分别为拉祜族35种、佤族37种、布朗族36种。双江自治县盛产水果，各民族可选择食用的水果种类多样。其中，香蕉（Musa nana Lour.）、杧果、木瓜［Chaenomeles sinensis（Thouin）Koehne］等32种水果是4个民族均食用的；诃子（Terminalia chebula Retz.）和山柿子果（Lindera longipedunculata Allen）为除佤族都食用；番荔枝（Annona squamosa L.）为除布朗族都食用；番石榴（Psidium guajava L.）为除拉祜族都食用；仅有佤族和傣族食用红毛丹（Nephelium lappaceum L.）和无花果（Ficus carica Linn）；仅有布朗族和傣族食用槟榔（Areca catechu L.）；仅有佤族食用木奶果（Baccaurea ramilflora Lour.）；仅有傣族食用佛手（Citrus medica L. var. sarcodactylis Swingle）。

就坚果来说，4个民族均食用双江自治县一直种植的板栗（Castanea mollissima）、向日葵、花生和胡桃4种坚果。此外，佤族较其他民族多食用澳洲坚果，此种坚果是近几年新引进的品种，适宜在南京村的自然环境中生长，因而佤族除食用县内往年种植的4种坚果外还会食用此种坚果。

就调味料来说，4个民族的总量相差不大，但物种存在一些差异。其中4个民族均食用芝麻、花椒和草果，仅有拉祜族和布朗族食用茴香（Foeniculum vulgare）和八角；仅有拉祜族和佤族食用砂仁；仅有傣族食用香蓼、五加及丛林素馨。调味料的差别与各民族对于味道的喜好有一定关系，同时，也与各民族发展至今的一些特有菜肴有关。

就茶来说，4个民族主要饮用的茶均为双江自治县特产茶勐库大叶种茶［Camellia assamica（Mast.）Chang］。除此之外，傣族还会饮用滇红茶（Camellia irrawadiensis）和苦茶［Camellia assamica（Mast.）

Chang var. *kucha* Chang et Wang〕。

（3）食用动物资源结构特征

本书共记录到 36 种拉祜族食用动物资源、59 种佤族食用动物资源、27 种布朗族食用动物资源及 39 种傣族食用动物资源（图 8-3）。

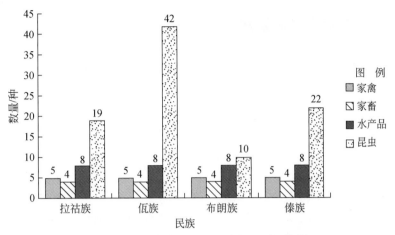

图 8-3 双江自治县 4 个民族食用动物资源

就食用动物资源总量来说，佤族最多，傣族次之，拉祜族和布朗族较少。食用动物资源又可细分为家禽、家畜、水产及昆虫，4 个民族所食用的家禽、家畜和水产品基本一致，差异主要体现在其对于昆虫的食用选择。其中，佤族食用的昆虫数量最多，包括蛛类、龙虱类等 10 类；傣族食用的昆虫数量次之，包括蚁类、蝗类等 7 类；拉祜族食用的昆虫数量略少，包括蜂类、蚁类、蝉类、象甲类和松毛虫类；布朗族食用的昆虫数量最少，包括蜂类、象甲类和松毛虫类。这些昆虫广泛存在于 4 个民族所在地区，因而各民族食用昆虫种类的差别主要与各民族对于昆虫种类的喜好有关系。

（4）食用菌类资源结构特征

本书共记录到 22 种拉祜族食用菌类资源、26 种佤族食用菌类资源、22 种布朗族食用菌类资源及 24 种傣族食用菌类资源（图 8-4）。

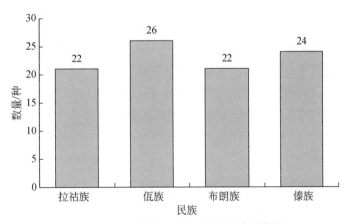

图 8-4 双江自治县 4 个民族食用菌类资源

就食用菌类资源总量来说，佤族最多，傣族次之，拉祜族和布朗族较少，但各民族间相差不大。就种类来说，4 个民族均食用平菇（*Pleurotus ostreatus*）、鸡油菌（*Cantharellus cibarius*）、牛肝菌（*Boletaceae*）等 20 种菌类，仅拉祜族和傣族食用竹荪（*Dictyophora indusiata*）；仅佤族和布朗族食用杏鲍菇（*Pleurotus eryngii* Quel.）和双孢菇（*Agaricus bisporus*）；仅佤族和傣族食用茶树菇（*Agrocybe aegerita*）；

仅拉祜族食用姬菇（*Pleurotus ostreatus*）；仅佤族食用毛头鬼伞 [*Coprinus comatus*（MUII. Fr）Gray] 和巴西菇（*Agaricus blazei* Murrill）；仅傣族食用羊浆菌和白菌。这些种类差异产生的原因在于各民族对于食用菌的认识程度和喜好选择。例如，羊浆菌对于傣族是可食用的，但对于其他 3 个民族来说并没有之前的食用历史和经验，因而不会选择食用。

8.6.2 食用生物资源的多重用途

本书除调查到具体物种的各种利用信息，同时还得到了 4 个民族对于相应食用生物资源的其他用途（表8-9）。

表8-9 双江自治县4个民族食用生物资源的其他用途

用途	拉祜族	佤族	布朗族	傣族
药用	糯米、平车前、戟菜、草果、砂仁、鼎突多刺蚁、松茸、灵芝	平车前、戟菜、山茶花、小米辣、草果、砂仁、鼎突多刺蚁、松茸、灵芝	戟菜、草果、砂仁、山茶花、肉桂、灵芝、松茸	鸡蛋花、臭牡丹、平车前、戟菜、小米辣、草果、砂仁、丛林素馨、鼎突多刺蚁、灵芝、松茸
榨油	油菜、芝麻、大豆、花生	油菜、大豆、花生	油菜、芝麻、大豆、花生	油菜、芝麻、花生
饲料	杂交玉米、番薯	杂交玉米、大豆	杂交玉米、大豆、番薯	杂交玉米、大豆、番薯
酿酒	无	糯米、糯玉米	无	甘蔗、糯玉米、阳芋
酿醋	无	无	无	糯米、酸豆
器具	无	无	黄牛	无

经调查，拉祜族具有其他用途的食用生物资源有 14 种，佤族有 15 种，布朗族有 13 种，傣族有 16 种，就数量来说，4 个民族间的差异不大，傣族最多，布朗族最少，但就其所占食用生物资源总量的比例来说，布朗族占 7.83% 最多，佤族占 7.35% 最少。

就物种和种类来说，每个民族都有一些药食两用的物种，都会将一些食用生物资源加工成饲料供自己使用，都会将一些食用生物资源卖出榨油，以换取经济效益。不同民族在物种间存在一些差异，这些差异主要与民族文化和长久以来形成的生活经验有关。其中，药食两用的生物资源间的差异较大：仅有拉祜族使用糯米和其他生物资源一同加工成"糊米茶"以治疗腹泻；仅有傣族使用鸡蛋花、臭牡丹及丛林素馨以作药用；而 4 个民族均使用的戟菜也因为不同民族在使用方式和主治症状方面存在一些差异。

此外，佤族和傣族因为本民族爱好饮酒，且本民族具有一些民族特有的酿酒方式，因而会将一些食用生物资源发酵酿制成酒类供本民族饮用；布朗族民族文化中存在一种独特的器具"蜂桶鼓"，此种器具均为本民族使用黄牛皮和茉莉树的树干纯手工制作的；傣族喜好酸辣，而长久的生活经验中，其形成了本民族独特的酿醋方法，即利用糯米、酸豆及红糖等辅料一同发酵形成。

8.6.3 食用偏好

本书调查得到 4 个民族对于稻类等多个食用生物类别的食用偏好（表8-10）。

表8-10 双江自治县4个民族食用偏好

类别	拉祜族	佤族	布朗族	傣族
稻类	杂交水稻	杂交水稻	杂交水稻	杂交水稻
玉米类	杂交玉米	杂交玉米	糯玉米	糯玉米
豆类	大豆	豌豆	蚕豆	大豆

续表

类别	拉祜族	佤族	布朗族	傣族
薯类	阳芋	番薯	番薯	阳芋
蔬菜类	白菜	青菜	青菜	白菜
野菜类	蕺菜	蕨	蕺菜	蕺菜
水果类	柑橘	柑橘	苹果	苹果
坚果类	花生	澳洲坚果	胡桃	胡桃
调料类	草果	草果	草果	香蓼
茶类	勐库大叶种茶	勐库大叶种茶	勐库大叶种茶	勐库大叶种茶
家禽类	原鸡	原鸡	原鸡	原鸡
家畜类	猪	猪	猪	黄牛
水产品类	中国结鱼	中国结鱼	中国结鱼	中国结鱼
昆虫类	松毛虫类	蟒类	蜂类	松毛虫类
菌类	多汁乳菇	多汁乳菇	鸡枞菌	鸡枞菌

4 个民族食用最多的稻类均为杂交水稻,茶类均为当地特产茶种勐库大叶种茶,家禽均为原鸡,水产品均为中国结鱼,分析其原因为这 4 种均为其分类中当地存在数量最多的,因而 4 个民族均食用较多,与各民族饮食习惯关系不大。

就玉米类来说,拉祜族和佤族食用最多的为杂交玉米,因为杂交玉米具有生长快速、适宜当地地理水热条件等优点,因而在当地存在数量较多,受到拉祜族和佤族的选择;布朗族和傣族食用最多的为糯玉米,因为此两个民族较杂交玉米来说更加喜欢糯玉米黏糯的口感,因而相对食用较多。

就豆类来说,拉祜族和傣族食用最多的为大豆,因为大豆在当地存在数量较多且除了平常的煮食外,还可磨豆浆等;佤族食用最多的为豌豆,布朗族食用最多的为蚕豆,此两种豆类的选择与其在当地的存在量关系不大,主要由佤族和布朗族的饮食喜好所决定。

就薯类来说,拉祜族和傣族食用最多的为阳芋,因为阳芋在当地存在数量较多且除了可做配菜食用外还可做主食;佤族和布朗族食用最多的为番薯,因为虽然番薯在当地并不是数量最多的,但此两个民族更加喜欢番薯的口感,因而食用较多。

就蔬菜来说,拉祜族和傣族食用最多的为白菜,佤族和布朗族食用最多的为青菜,此两种蔬菜均为相应民族种植数量最多的,因而相应民族食用较多。

就野菜来说,佤族食用最多的为蕨,因为蕨存在数量较多且佤族喜欢用蕨制作腌菜,因而食用较多;除佤族外,其他 3 个民族食用最多的为蕺菜,因为蕺菜在这些民族分布区域存在数量较多,且是云南省各民族广泛食用的特色野菜,因而会有人专门进行野外采摘后在市场进行售卖,3 个民族除可自行进行野外采摘外,还可在市场上购买。

就水果来说,拉祜族和佤族食用最多的为柑橘,布朗族和傣族食用最多的为苹果,此两种水果均为相应民族所在地存在数量最多的,且因为是长久以来一直食用的,受到广泛喜爱,因而相应民族食用较多。

就坚果来说,布朗族和傣族食用最多的为胡桃,其在当地存在数量较多,且是当地少数民族长久以来一直所食用的,因而食用较多;拉祜族食用最多的为花生,其在当地存在数量较多,且为传统品种,被当地世代种植食用,因而食用较多;佤族食用最多的为澳洲坚果,其为当地近几年新引进的坚果种类,其口感较其他传统种植品种更加受到当地佤族的喜爱,因而食用较多。

就调味料来说,傣族食用最多的为香蓼,因为傣族特有菜肴"牛撒撇"等菜肴都主要使用香蓼进行调味，且傣族较为偏爱香蓼的味道，因而食用较多；除傣族外，其他 3 个民族食用最多的为草果，因为此 3 个民族一直以来都使用草果调味，已经较为适应草果的味道，并且草果具有一定药用价值，能够温补祛湿，因而食用较多。

就家畜来说，傣族食用最多的为黄牛，因为傣族特有菜肴"牛撒撇"和"牛干巴"的原料均为黄牛，且傣族相对于其他家畜来说，更加喜欢黄牛肉的口感，因而食用较多；除傣族外其他 3 个民族食用最多的为猪，因为猪为当地存在数量最多的家畜，且养殖容易，食用方式简单，因而食用较多。

就昆虫来说，拉祜族和傣族食用最多的为松毛虫类，当地称为"摇头虫"，因为此两个民族较其他昆虫种类来说更加喜欢松毛虫类的口感；佤族食用最多的为蝽类，当地称为"臭皮虫"，因为蝽类存在数量较多，且佤族居民较其他昆虫种类来说更加喜欢蝽类的口感；布朗族食用最多的为蜂类，主要原因与其民族文化有关，蜂类为当地布朗族最崇拜的昆虫，因而食用较多。

就菌类来说，拉祜族和佤族食用最多的为多汁乳菇，即当地所称"奶浆菌"，此种菌类在当地存在数量较多，且口感鲜美，因而食用较多；布朗族和傣族食用最多的为鸡枞菌，因为其不仅口感鲜美，并且营养丰富，受到两个民族居民的喜爱，因而食用较多。

从上面可以看出，就各民族的食用偏好来说，稻类、家禽及水产品 4 个民族没有差别，而其他类别的食用生物资源 4 个民族间存在一些偏好差异，这些差异出现的原因包括物种存在数量、口味喜好、历史沿袭及民族文化，原因多种多样。

8.6.4 少数民族饮食习惯与生物资源利用的关系

经调查，本研究所选取的 4 个民族对于食用生物资源在物种选择、食用偏好等方面存在差异，这些差异体现了各民族不同的饮食习惯，少数民族饮食习惯对于生物资源利用存在一定影响。

就物种选择来说，因为饮食习惯的差异，导致不同民族对于食用生物资源的选择方面存在一些差异，这些差异使得不同民族对于生物资源在利用物种量方面存在差异，在同一片区域中，不同少数民族对于相差不大的生物资源本底中差别的选取具体生物资源食用。而为了能够延续不同饮食习惯所导致的这种差异性生物资源利用，有些少数民族会有意识的对一些野生物种进行保护，部分表现为将野生物种进行人工种植、养殖。在本研究中显著表现在对野菜和昆虫的选择，如鸡蛋花等 7 种野菜仅傣族食用，为了使得能够一直食用这些野菜，傣族在进行采摘时，会有意识地进行留种，具体表现为会在不同的区域进行野菜采摘，以便之前采过的区域进行恢复。

就食用偏好来说，因为饮食习惯的差异，不同民族对于同一类别食用生物资源在食用量方面存在差异。例如，本研究中，所调查的 4 个民族均食用多汁乳菇和鸡枞菌，但拉祜族和佤族食用多汁乳菇最多，布朗族和傣族食用鸡枞菌最多。这些差异使得不同民族为了满足饮食习惯而导致的此种食用偏好得到延续，会有意识地增加对于喜好物种的种植、养殖量，这可能会对当地生物资源物种的构成比例产生一定影响。

就特殊活动中的食用生物资源选择来说，因为民族文化和饮食习惯的差异，不同民族在节庆、红白喜事、祭祀等特殊活动中对于食用生物资源的选择存在差异，如拉祜族在特殊活动中食用由鸡肉、大米、野菜等原料制作的"鸡肉稀饭"，布朗族会食用由大米制作的"米花"，这样区别性的选择体现了各民族在长久历史中被延续下来的丰富的饮食习惯。同时，由于一些特殊活动中的食用生物资源选择，对日常生活中的食用偏好和物种选择也会产生一些影响。例如，傣族一直在特殊活动中喜爱食用以黄牛肉为原料的"牛撒撇"和"牛干巴"，这种选择使得日常生活中对于食用家畜的选择，相较于其他 3 个食用较多猪的民族，傣族食用黄牛更多。这种选择也使得相较于其他少数民族，傣族村落会有意识地养殖更多黄牛以保证肉类的供应。

因为不同的饮食习惯，使得本研究中的 4 个民族虽所处地理环境相似，可选择的生物资源数量基本相同，但对于食用生物资源选择的物种数量、具体物种的食用量、特殊活动中的食用生物资源选择存在差异，这种差异使得各少数民族对于食用生物资源的利用存在多样性。这种多样性构成了当地丰富多样的民族饮食习惯，体现了各少数民族不同璀璨的民族文化，同时对于生物资源利用产生影响。此种影响多数表现为正向影响，如佤族食用昆虫种类较多，一定程度上减轻了对于具体某个种类的偏向性采取，有利于资源多样性的保留。

第9章 | 景迈傣族茶与社会文化变迁研究①

9.1 引　言

景迈村位于云南省普洱市澜沧县惠民乡西南部，坐落在有"自然博物馆"之称的"千年万亩古茶园"中。距惠民乡政府驻地 20km，东与旱谷坪村相邻，南与糯福乡阿本嘎村相连，西与芒景村相连，北和西双版纳州勐海县勐满镇城子村接壤。全村面积 66.88 km²。全村辖芒埂、勐本、老酒房、景迈大寨、糯干、帮改、笼蚌、南座共 8 个村民小组。2013 年年末共有农户 749 户、3064 人。辖区内居住着傣族、汉族、布朗族、哈尼族、拉祜族、佤族 6 种民族，以傣族居多，有 2837 人，占全村总人口的 92.6%。

景迈村地处北回归线以南，气候主要属南亚热带夏湿冬干山地季风性气候，雨量充沛，雨水多集中在 6~9 月。日照充足，冬无严寒，夏无酷暑，干雨季分明。由于地形地貌复杂，海拔高差悬殊，立体气候明显。气温高，热量足。平均海拔 1500 m，年均气温 19.4℃，年降水量 1800mm，年日照 2098h。丰厚的热区资源，适宜甘蔗、茶叶、橡胶、咖啡、南药、水果等经济作物生长。

景迈村的先民们在 2000 年前就开始大面积的种植茶园，留下了被誉为"茶树自然博物馆"的千年万亩古茶园，景迈茶山是"普洱茶"的发源地之一。在景迈 2000 多年的种茶历史中，围绕茶叶的种植、加工、使用、销售，景迈傣族与生态环境形成了特殊的关系模式和文化传统。

在傣语中，茶即为"腊"，原意为"弃""丢掉"的意思。当地人解释，人一旦生病了，只要吃了"腊"，或者用"腊"来浸泡擦洗全身，就能"弃掉"病痛。据当地人口述，佛历 452 年（公元前 91 年），景迈头人召糯腊的夫人南应腊得了疾病，召糯腊上山找药，发现茶叶能治病，饮用后可以清除病魔，就将此茶叶取名为"腊"，傣语"腊"解释成汉语为弃掉或丢掉。意为"腊"可以除去病魔，傣家人对茶的称谓"腊"由此而诞生。知道茶的药用作用后，头人召糯腊下令将山上的茶树加以保护，此后人们开始移植和种植茶树。

根据景迈村老人口述，在当地人一代又一代人传承的记忆中，南应腊是第一个用茶叶治好的人，也是首先与召糯腊一起尝试将野生茶驯化育苗并学会种茶的人，是景迈千年万亩古茶园的开创者之一。在生产实践中，她学会了种茶、采茶、制茶，以及尝试了多种茶的食用、药用的方法。并将这些关于茶的知识传递给族人，教会族人如何种茶与加工，最终带领族人一起坚持不懈地开拓发展了景迈山茶叶事业。在她和召糯腊的倡导和努力下，并且经过几代的景迈人的奋斗，最终形成了如今令人叹为观止的景迈 1067 hm² 古茶园，共有古茶树 717 864 株，年产量 120t。

如今的景迈傣族人民也在延续着祖先的传统，种茶、敬茶、爱茶，将茶与茶文化传承与发扬下去。只是，今天的景迈茶叶的种植与制作，早就跨过了当初为了换取基本的生活物资，满足自身的饮用需要的时代，已经成为一种消费品，声名远扬，远销国内外。景迈傣族将茶叶经济发展的如火如荼，极大地推动了景迈人民的生活水平的提高。

景迈村主要产业依靠茶叶经济。2012 年全村茶业经济总额为 1736 万元，是当之无愧的第一产业，未来景迈村仍将以发展茶业经济为主。2012 年年末实有茶园面积 1818 hm²，年末实有采摘面积 1263 hm²，年内茶叶总产量 421 591kg，年内茶叶出售量 418 605kg。

---

① 本章执笔者：余有勇、崔明昆。

9.2　茶文化与茶产业变迁

9.2.1　茶的种植及变迁

从景迈村傣族祖先种下第一棵茶树至 20 世纪 60 年代，在 2000 多年的种茶历史中，茶的种植方法一直代代相传，变化不大。但是在 20 世纪 60 年代以后，景迈茶的种植经历了两个剧烈的演变过程。

9.2.1.1　从古茶园到台地茶园

景迈村的古茶园处于森林的中心位置，古树茶与森林植被构成了一个和谐的生态系统，造就了"远看是森林、走近是茶园"的美妙景观。古茶园中的茶树病虫情况较少，一般不需用药防治，也不需进行修剪、中耕施肥等管理，处于一种半放养的状态。20 世纪 60 年代以前，景迈村民采取的种茶方式多为点播形式，即在树林中插挖一个洞眼，放入茶籽，让其自然生长。并且，景迈村民多把茶树与其他树种混种在一起，形成了茶树与森林层叠的奇特景观（图 9-1）。

图 9-1　"隐藏"在森林下的茶园
资料来源：调查组摄于景迈村大寨茶园

在 20 世纪 60 年代之后，随着市场需求不断增加，密植高产的"台地茶"开始出现，台地茶比古茶更受到市场的欢迎，致使古茶园一度遭到景迈村民的遗忘。20 世纪 60 ~ 70 年代，政府曾经对景迈老茶园进行过改造，分别是老茶地改台地茶、老茶地"坡改台"两项工程，但是均未取得成功。1991 年，澜沧县茶厂和景迈村合作，在景迈村联合办理茶叶加工厂。开始引导当地居民开挖山林种植茶树，大面积的种植台地茶。台地茶采取挖沟种植，在沟内加入化肥、农家肥等，每亩约种茶树 3000 株，形成一棵茶树紧挨一棵茶树的密集靠拢的种植现象，以达到密植、高产的目的。因为茶树一般生长 5 ~ 6 年就能采摘，所以村民看到未来的收益以后，就开始自发地开山种植茶树。自 1992 年起，大片的山林被开挖种植成茶园。不仅如此，当地人甚至将景迈山的山坡上的树林和林下的古茶树砍毁，重新种植台地茶。此后，经过 20 多年的开挖种植，整个景迈山便出现了成片的、低矮的、整齐划一的台地茶茶园，遍布山野，气势相当壮观。

2012 年年末实有茶园面积 1818 hm²，年末实有采摘面积 1263 hm²，古茶园面积 1067 hm²。也就是说，景迈村民从 20 世纪 60 年代至今，在这不到 50 年的时间内将景迈村的茶园面积扩张至原有规模的两倍。景迈村面积 66.88 km²，其中，仅茶园面积就占据其中的近 1/3（图 9-2）。

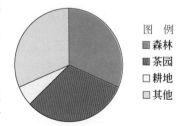

图 例
■森林
■茶园
□耕地
▨其他

图 9-2　景迈村土地资源分布图

9.2.1.2 从台地茶园到生态茶园

景迈山茶树的种植方式，在这近十年的普洱茶市场开拓进程中，变化明显。原来大规模的台地茶种植，尽管带来了明显的产量的变化，却也在价格上出现大规模的滑坡，且市场反映一般。古树茶在21世纪初期得到了市场的认可和收藏者与爱好者的追捧，价格呈直线攀升趋势。在当今社会的"绿色""生态""有机""无污染"等观念的影响下，"生态茶"受到了市场的追捧。并且在相关"普洱茶文化"多年努力的宣传和造势下，普洱茶的声势和地位逐年得到了提升，最终形成了普洱茶新的定位——生态的，无污染的有机茶。

在这形势下，2010年年初，由政府主导的"台地茶"改"生态茶"工程开始实施，对台地茶实施保茶还林改造，即在每一亩台地茶园里种植38棵树，所植树种必须在5种以上，形成上有高大乔木遮阴、下有杂草供肥的茶园生态系统。以此促使台地茶的生长环境逐渐恢复到生物多样性的有利生态环境条件下，实现台地茶的生态改造。其目的是恢复至原有的生态系统，减少农药、化肥的使用，提高茶叶品质，保护景迈茶山的品牌形象。如此，原来"密植高产"的台地茶中80%以上的茶树就要被砍掉或挖掉，因此当地茶叶产量和茶农近几年内的经济收入势必大幅降低，主要依赖茶叶的生计方式面临着挑战。由于澜沧县在景迈村推进这项工作的过程中受到了较大的阻力。因此，政府提供给农户每亩300元的改造费用，以求加快改造进程。

将"台地茶"改造为"生态茶"的目的就是建设"有机茶园""无公害茶园"，提高茶叶的品质，进而增强茶叶的市场竞争力、提升品牌形象。景迈村在"十二五"规划中，将本村667 hm² 的台地茶改造为生态茶，建设了生态茶园，实现了茶叶的有机绿色生态转换。调查组在2014年去景迈田野调查的时候了解到，这项工作已经基本完成。

景迈村茶产业在不断发展的同时，生态环境面临的压力却日趋增大，茶园自然生态调控功能、茶树的病虫害抵御能力仍有待提高。建设生态茶园，丰富生物多样性，提高茶叶品质是景迈人一直在努力建设的长期工程。

9.2.2 古树茶认知变迁

景迈傣族祖先自2000年前开始种植茶树，经数代人的共同努力，至今保留古茶园面积16 000亩，古茶树是景迈傣族祖先栽培种植流传下来的珍贵资源，成为了今天盛名在外的"前年万亩古茶园"生态文化景观，在环境和文化上都有着非同寻常的意义。但是这些珍贵的资源曾一度遭到怀疑、改造，甚至是部分毁坏，所幸大部分得以保存。1984年，景迈村将古茶按照人头（人均约400棵，具体每个寨子略有不同）分配，划分到具体每家每户中。

调查组在调查中发现，2003年美国101公司（澜沧裕岭—古茶园开发有限公司）入驻景迈茶山，对当地的茶叶经济产生了很大的影响。因此，对于景迈村茶叶经济来说，2003年是景迈村茶叶经济的一个重要的分水岭，使村民对茶的认识发生了巨大的变化。

9.2.2.1 2003年以前村民眼中的古树茶

据景迈村芒埂寨子老人王福永[①]（男，汉族，1944年生）回忆："1992年发展台地茶时，政府有技术人员来支持的，人工挖台地是村民自己开挖，给村民一点工费、籽种、肥料，卖茶叶的钱也都归村民所有，开挖成台地茶的土地之前是种稻谷的（旱稻），景迈村在历史上有刀耕火种的经历，除了开山种地以

[①] 王福永，1964年参加工作，在思茅地区澜沧地贸站外贸茶叶组工作。1983年被分到澜沧县茶厂，担任保管员一职。1965年来到景迈村之后就一直留在景迈村，并于1971年与芒梗寨子的傣族姑娘结为夫妇，从此在景迈村安定下来。

外，当地人还把小茶树砍掉，因大茶树太高采摘不到所以也被砍掉了。所以现在很多古茶园里大的古茶树很少，村寨周围的大古茶树保留相对较多一些。自 1992 年开始发展台地茶，由澜沧县茶厂组织建成景迈芒景联办茶厂。这个时候主要收台地茶，台地茶的大小均匀，色泽鲜亮，产量大，所以更受欢迎。"

景迈村村委会副主任科宝介绍道："1996 年以前台地茶鲜叶 1~2 元/kg，古茶就基本没有什么人去采，因为当时茶价格也不好。以前种的古茶都是在村子旁边，盖新房或者是村寨扩展都会砍倒古茶树，当时古茶叶也不值钱。直到 2003 年 101 公司进入景迈山开始收古茶，101 公司只收鲜叶，他们自己加工。当时收的价格是 5 元/kg 的鲜叶，中国台湾老板意识到古茶不用化肥、农药，更有价值。101 的茶叶销往国外，2006~2007 年 101 产的古茶外销价格从每千克几千元到上万元不等，景迈的茶价格从此就被炒的很高了。"

调查组在调查中总结发现，2000 年以前，古树茶没有受到重视的原因，主要是和当地人对古树茶认知有关系，这个认知是以经济效益为导向的。总的来说，大致可以从以下几点探讨。

首先是古茶外观较差。古茶和生态茶以及台地茶的价格都是一样的时候，由于台地茶的产量更高，鲜叶的外形也更为好看，所以当地的茶农均以采摘台地茶为主。

其次是采摘困难。古茶的采摘比较困难，由于古茶的茶树比较大，采摘往往需要爬上树或者搭梯子才能采摘，大大增加了采摘的难度和安全性。所以当古茶价格不高的时候，人们多不愿涉险采摘。除非是在台地茶不够采摘的时候，茶农才会去增加古茶的采摘量。

还有就是劳动力缺乏。景迈居民每家都有很多的茶地，台地茶，生态茶，古茶等。景迈村大部分的青壮年都有过外出务工的经历，在茶价低廉的时候，劳动力的外流也是导致古茶很少采摘的重要原因之一。

最后古茶的口感适应期长。在口感上，古茶相对于台地茶和生态茶均较为苦涩，对于古茶不是很了解的饮茶者多难以很快接受，即古茶饮用的适应过程相对于台地茶要长一些，这导致古茶在市场发展不成熟的时期，其市场份额相对较低。

9.2.2.2 2003 年以后村民眼中的古树茶

自 2003 年美国 101 公司入驻景迈茶山，开始对当地的普洱茶进行包装宣传。美国 101 公司是政府招商引资的茶叶公司，其掌握有加工精制绿茶的先进设备和技术，并且已经建立了国际市场的绿茶销售网络。在 101 公司的销售和宣传下，景迈茶叶逐渐为世人所知，景迈山普洱茶的声名开始得到远扬。尤其是古茶在美国 101 公司入驻景迈后开始得到了空前的重视，古树茶的深层功效因经济利益的驱使得到了当地居民的认识和热切对待。2003~2007 年是普洱茶被"炒"的最火热的几年。并且从 2003 年后，在当地政府的参与、管理和保护下，每棵古茶树都被标上编号，得以最周全的看护。

在如今的茶叶市场上，古树茶和台地茶之间的价格差异较大，前者往往是后者的数倍。原因是，古树茶与台地茶在感官品质上有较大差异，老树茶的茶气更足，滋味协调、味厚回甘，叶底薄大而柔软，而台地茶滋味欠协调、味薄、生津回甘较差，叶底较硬。在口感上，古树茶也更受市场的欢迎。

景迈傣族对于古树茶认知的转变受经济利益驱使的意味浓厚，家住勐本寨子的王哥（男，傣族，1983 年生）告诉调查组："20 世纪 90 年代的时候，台地茶由于外形好看，容易采摘，因而更受茶商的青睐。当时的台地茶是古树茶的几倍。因此，当地人还想方设法把古树茶往台地茶里掺，就是为了卖个好价钱。在台地茶受宠的时期，古树茶由于疏于管理，死掉的很多。甚至有人家将古茶园推掉，重新种植台地茶。古树茶的命运，一直到美国 101 公司来到景迈村才开始转变。美国 101 公司在整个景迈山收购古树茶，大大提高了古树茶的价格。后来古树茶受到了追捧，当地人也逐渐开始重视起古树茶。现在，由于古树茶的价格比生态茶（2012 年生态茶改造以后，就不再用台地茶的名称了）价格高几倍，有些不规矩的人又开始把生态茶往古树茶里掺。"

调查组在王哥茶厂茶叶鲜叶的收购记录里看到，往年收购的生态茶和古树茶价格相差悬殊，以 2013 年为例，生态茶鲜叶的价格在 20~36 元/kg，而古树茶鲜叶的价格在 80~160 元/kg。

古树茶作为普洱茶里的贵族，在景迈山传承千年，"越陈越香""年份越久越好"等。大量的宣传和造势，让其本来就数量有限的产量在市场的"疯狂"追捧下，迅速表现出"供不应求"，古树茶已经不再单单作为一种饮品出现在市场上，还成为了一种收藏品，一种投资。普洱茶在2007年的时候就曾出现过"泡沫破灭"的情况，给很多茶农和茶商都带来了很大的损失。自2008年以后，政府开始介入景迈山茶叶市场以规范化管理，对于恶意炒作的商贩起到了一定程度的遏制作用。同时，景迈傣族人民在市场浪潮的历练中也渐渐变得成熟起来，对于市场的行情有了一定的判断能力，景迈村的茶叶经济发展也逐步变的稳定。

9.2.3　茶叶加工方式的变迁

茶叶从普通植物到商品的蜕变过程就是茶叶的加工过程。在景迈，茶叶的加工有着悠久的历史传统，最初茶叶用来食用的时候，有腌制、煮食等方法，或直接用鲜叶入食。20世纪60年代，在景迈村设置收购点的时候，景迈村民是用传统的土锅制作加工毛茶。土锅除了制作茶叶外，还用于给牲畜煮食。从20世纪90年代末期茶叶经济开始兴起后，本地人开始专门搭建杀青锅灶台，引进杀青机、揉茶机等专业设备。现代化茶企带来了现代化的生产、加工理念和制作工艺，景迈傣族人民的茶叶加工制作方式受到了市场现代化工艺的冲击，正逐渐发生着改变。

9.2.3.1　传统加工工艺

传统普洱茶的制作工序是：将采摘回来的鲜叶经过杀青、揉捻、晒干后，即晒青毛茶，也称之为滇青，属于生茶，是绿茶的一种。要形成有独特陈香与口感的普洱茶，晒青茶必须经过"后发酵"过程，制成熟茶，它属于黑茶类型。普洱茶也因是否进行"后发酵"而分为生茶和熟茶两大系列。

晒青毛茶经过汽蒸后，放入布袋中揉压成型，在置于干燥之地自然阴干，目的是为生普洱紧压茶。晒青毛茶被放置在一个湿度和温度适当的环境下，经过45天渥堆发酵，然后经过干燥、分筛、捡剔，成为熟普洱散茶，再经过蒸茶、入模定型、阴干、包装，最终成为熟普洱紧压茶。

9.2.3.2　现代加工工艺

由于景迈村在近些年成立了茶叶生产农民专业合作社和茶叶初制所，这些地方在茶季的时候，每天收购的茶叶量较大，传统单纯的手工制作已经难以完成加工任务，从而引进了机器化的加工设备，如杀青机（图9-3）、揉茶机（图9-4）等。茶叶加工方式的改变，促使原来的手工制茶，到现在的机械化，工厂化转变。

图9-3　杀青机　　　　　　　　　　　　　　图9-4　揉茶机

(1) 加工工具

在景迈，一个标准的茶厂的制茶设备基本包括炒锅、滚筒式杀青机、揉茶机、晒干设备等。其他设备包括烘干机、理条机等，但未普及，景迈茶叶以晒干为主。

(2) 烘干与晒干

本地在传统的制作方式是杀青（晒青）—揉捻—晒干，现在也经常会用烘干的方法。区别是，晒干后的茶叶还可以继续发酵制成熟茶，而烘干后的茶叶就只能是绿茶了（图9-5）。这是由于在烘干的过程中温度较高，高温破坏了茶叶内可以发酵的活性酶的成分，让茶叶变成了"死茶"，而晒干的茶叶依旧保存酶的活性，在存储的时候依旧可以继续发酵。晒干茶与烘干茶在口味上的差别在于晒干茶的香气不如烘干茶浓厚。

图9-5　景迈村福泺茶厂的红茶烘烤设备

(3) 工艺的创新

传统的普洱茶多以生茶、熟茶之分，其他如酸茶、竹筒茶等制作的茶叶相对较少。现在随着普洱茶市场的打开，很多公司或者个人在尝试了新的加工及后期发酵的方法，创新工艺的品种有美人茶、月光白、红茶、茶膏等。

景迈人在实际的加工制作过程中，根据不同时期的茶叶特性加工不同品种的茶叶，不但在工艺上创新，而且在加工制作理念上也迈出了一大步。

9.2.4　茶业经营方式的变迁

调查组从王永福老人的口述中了解到，景迈茶叶组成立于1955年，原来属于勐海茶厂管制。20世纪60年代初中期，由澜沧县茶厂负责。1965年王福永随茶叶组来到景迈。景迈山的茶叶由茶叶组统一收购。当地居民将鲜叶制成毛茶①卖给茶叶组，茶叶组将毛茶运回茶厂，加工包装后供给省内省外。1983年澜沧县政府成立澜沧县茶叶公司。1989年，澜沧县茶叶公司被取缔，被合并到澜沧县茶厂。1998年年初，澜沧县茶厂倒闭。此后，联办厂就被景迈村民个人承包了。

另据《澜沧拉祜族自治县概况》（2007）记载，"1975年新建县茶叶加工厂"。

改革开放以来，"全县新办的各种形式的企业层出不穷，主要有：1983年……惠民粗精制茶厂……1991~2000年，先后新建的有福利公司制茶车间、澜沧美茗茶叶实业有限公司、富邦精制茶厂及陆续新建的94所散布在全县各村寨的粗精制茶叶加工所，使全县精茶生产能力达到5000余吨，为发展全县的茶

---

①　当时的茶叶组将毛茶分成12个等级，从1~10为级内茶，符合收购标准，11、12级就要看情况而定了。

叶生产奠定了良好的基础······1998 年组建的澜沧古茶公司"。

"1993 年，县供销社与昆明英茂股份有限公司共同组建了县内首家股份制企业——澜沧美茗茶叶实业有限公司。此后逐步加快了以产权为中心的企业改革步伐，相继对县茶厂等实行破产拍卖或重组。"

20 世纪 90 年代末期，茶叶政策开放，税务政策减免，让更多的茶商介入到景迈，茶叶收购价格开始攀升。从此，逐渐形成了自由开放的茶叶市场环境。

9.2.4.1　茶叶生产农民专业合作社的诞生

勐本寨子的刀玉（女，傣族，1982 年生，参与组建茶叶生产农民专业合作社）告诉调查组："我们当时成立合作社的目的就是为了统一茶叶标准，控制茶叶的种植栽培过程，保证原生态，不施化肥，不剪枝，不混杂，便于管理，开始的时候村里 50 多家都要加入，我们只吸收了 10 家，太多了也管理不了，反而不好。现在村里有很多家合作社。"

由于大多数普通村民在资金、技术、知识等方面处于弱势地位，其经济权益往往会受到侵害。因此，寻找一条有策略的、有效的、创新的、制度性的、适宜少数民族发展需要的、能够增强贫困少数民族社区发展能力的社会组织及其能力建设的社会资本投入，是现阶段扶贫与发展的重要策略与措施。"基于此认识，自 2006 年起，景迈村的居民开始陆续建立茶叶生产农民专业合作社，至今景迈村共建立起 30 余家。组建茶叶生产农民专业合作社的目的是"推动建立当地农民自己的村社经济组织······公平地保障农民的利益"，也改善弱势群体的市场竞争条件、降低其交易成本，实现规模经济。其具体做法是：①入社自愿、退社自由；②民主管理；③茶叶种植管理技术统一、分户管理；④统一采摘；⑤统一加工；⑥统一品牌；⑦统一价格；⑧统一销售；⑨保障每个社员的权益。在后来的实践中，的确是验证了这些做法的可行性①。

9.2.4.2　自建茶厂自产自销

截止到 2013 年年底，景迈村总人口 3064 人，总户数 749 户，却建有茶叶初制所（将茶叶的鲜叶加工成毛茶的茶厂）127 个，平均不到 6 户人家就会建立一个茶叶初制所，家庭作坊是几乎每家都有的。当地人告诉调查组，建立一个茶叶初制所大约需要成本 15 万元，其中厂房 12 万元，加工设备 3 万元。这样的投入在景迈村几乎每家都可以拿出，但是由于并非每户都可以将每个环节做得很好，因而有一半的居民只是从事茶叶的种植到采摘的工作，将余下的过程交给本村合作社、初制所或者其他的购买方去完成。

如果把茶叶的种植—采摘—加工—包装—销售作为一个完整的供应链的话，那么景迈人只是完成了这个供应链的整个过程的一半，因为他们只是把加工成的毛茶卖给中间商或者是大的茶叶公司。当地的合作社或是小茶厂也都只是加工成毛茶，这是一个基本处于半成品状态。后期的发酵和压制以及包装等工序都交由销售商来完成，这样会导致茶叶利润的大部分掌控在经销商手中。景迈居民将毛茶以 200 ～ 300 元/kg（2011 年）的价格卖给经销商，经销商经过后期的加工包装后，价格一般能翻在 3 ～ 4 翻后卖到消费者手中。这也同时反映了一个问题，经销商在后期的加工和制作，使其成为最终销售的商品，其中要制作成什么样的品质，赋予什么样的文化内涵都是由经销商来掌控。也就是说，景迈人种植、培养、采摘、加工了茶叶，最后却不知道茶叶最终会被定位于什么样的产品。

景迈人在普洱茶的销售、经营、管理、宣传方面存在着诸多的问题。由于每家都是相对独立的完成采摘、收购、加工和销售的过程，在宣传和销售环节中，都是面临着来自不同地方、不同渠道、不同背景的经销商，在茶叶的包装，加工和宣传上也都存在着很大的差异，在普洱茶的茶文化的挖掘、利用、宣传，甚至赋予上都无法做到一致，要做到普洱茶的销售，经营、管理、宣传的规范化将是一个长期努力的过程。

---

① 摘自景迈村茶叶生产农民专业合作社管理条例。

9.2.4.3 产品的多样化

当地居民为了适应市场多样化的需求，在茶叶制作品种上有了大胆的创新和改良，从原来的生茶、熟茶，到月光白、红茶等一系列引用其他茶类加工工艺与当地原有的制茶工艺相融合，从而更能适应市场的多样化需求。

景迈因为茶叶而被世人所知，全国乃至世界各地的茶商均纷纷慕名来到景迈，也带来了不同的加工制作工艺。茶叶的加工制作是在不断的尝试，磨合，最终创新。现在景迈茶叶新品美人茶、月光白、红茶等，都是在这样的历程中诞生。

9.2.4.4 营销方式及渠道的多样化

景迈人在生产茶叶和制作茶叶的过程中，也在不断地总结经验、教训，不断地创新求发展。随着茶叶生产规模的不断扩大，景迈人也在开始尝试将茶叶压制成茶饼，包装成型，建立和最终消费者直通的销售渠道。

近些年，景迈村民引进来（招商引资、吸引游客），走出去（出去参观、考察、学习），以及在电视、媒体、网络、智能手机等多方面的影响下，景迈村民已经意识到传统等待上门收购的方式的不足，开始关注新的销售方式和渠道，在茶叶销售方式以及渠道上也出现了多样化的趋势。例如，网络营销、宣传册、户外广告牌、电话销售，甚至是微信，都作为销售新型的销售方法在景迈村民中得以使用，并且获得了很好的营销效果。

9.2.5 茶业经济与发展

9.2.5.1 景迈茶叶的市场行情

景迈茶叶价格的变动受到宏观社会背景和经济环境的影响，据现有资料显示，1980年以前，古茶的鲜叶价格为0.2~0.3元/kg，干茶是3~4元/kg，到2004年，古树茶春茶是30元/kg，2005年约为50元/kg，到2006年最高已飙升到150元/kg，而2007年则达到了历史最高的200元/kg，甚至短期内还出现了鲜叶200元/kg、干茶600元/kg的行情（图9-6）。以景迈大寨为例，2007年年末共有182户，786人，全村民小组年末实有茶园面积654 hm²，年末实有采摘面积500 hm²，年内茶叶出售量149 000kg，户均819kg，人均190kg，按照当年的茶叶价格计算，2007年景迈大寨人均收入达近6万元。

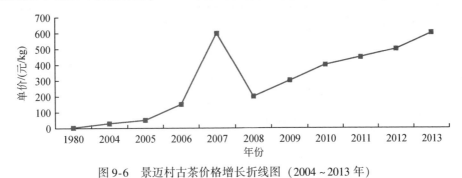

图9-6 景迈村古茶价格增长折线图（2004~2013年）

调查组统计景迈村自2006~2013年8年里的茶叶经济总收入情况（表9-1）如下。

表9-1 2006~2013年景迈村茶叶经济总收入 单位：万元

年份	2006	2007	2008	2009	2010	2011	2012	2013
收入	1228	1228	1228	652	850	825	1736	2400

景迈村的茶叶价格从 2003 年起涨势明显，经历 2007 年产业泡沫以后，市场变得理性，茶叶的价格也逐步稳定下来。调查组在调查中了解到，从 2008～2014 年，景迈春茶（3～4 月），生态茶鲜叶的价格一直维持在 20～30 元/kg，古树茶鲜叶在 30～100 元/kg 徘徊，而单株古树茶鲜叶甚至高达 120～160 元/kg，不过数量较少。经过加工后，生态毛茶价格在 200～400 元/kg，古茶毛茶价格在 300～700 元/kg。在如此好的市场行情下，景迈茶山丰富的茶叶资源给当地人带来丰厚的经济收益就变得不难理解了。

9.2.5.2 景迈茶叶的发展之路

自 2003 年以后，景迈村民专心投入到茶叶的经营中。这 10 多年是茶叶挑起了景迈村经济快速发展的大梁，如今的茶叶经济占据全村经济收入的九成以上，这里已经被经营成为了一个名副其实的茶叶经济大村，景迈村的每一个村民都是经营者，积极参与到了这场经济建设的浪潮中去。

由于茶叶产量较大，加之景迈地区茶叶的品质优良，现在的景迈茶叶早已声名远扬，在市场上广受好评，商家以景迈茶叶作招牌，茶客以能够收藏到正宗的景迈茶为荣。具体分析来看，景迈村的茶叶受到市场的好评有两点原因：一是景迈茶山优秀的自然环境保证了原料的上乘；二是景迈傣族人民勤劳淳朴的精神在守卫着祖先留下的财富，并一直传承、创新，最终发扬光大。

9.3 茶与社会文化的变迁

景迈山是普洱茶的主要产地之一，茶叶经济的兴起对当地传统文化的影响深刻。以茶为媒，外界文化和景迈傣族传统文化产生了剧烈的碰撞。茶叶经济是当今景迈村民联系外界的最重要的途径，在茶叶和资金上互动的同时，传统文化也在承受着外界文化的冲击，对景迈傣族的生计模式、生活方式、家庭婚姻、文化教育、宗教信仰等诸多方面产生了巨大的影响。

9.3.1 生计模式的变迁

景迈全村有耕地总面积 362.5 hm²（其中，水田 170 hm²，旱地 192.5 hm²），人均耕地 0.13 hm²，主要种植水稻等作物；拥有林地 3906 hm²，其中经济林果地 1493 hm²，人均经济林果地 0.56 hm²，主要种植茶叶等经济林果；其他面积 800 hm²。该村的主要产业为茶叶，主要销往省内。景迈村目前正在发展茶叶特色产业，计划大力发展茶叶产业。

9.3.1.1 传统生计模式的颠覆

景迈傣族是最早学会种植稻谷的少数民族之一，并且，这里延续着水稻和旱稻两种耕作并存的种植方式，保存着古老的农耕文化传统。传统的水稻和旱谷的耕种也因工作量大，收成少的特点让景迈居民不堪忍受，因此在茶叶经济所带来的收入可以满足当地人的生活需求的时候，很多人果断的放弃了其他农作物的耕种。这就直接导致了当地生计方式的改变，从原来是粮食生产为主，茶叶和其他多种农副产品生产为辅的生计方式，转变成现在以茶叶种植为主，其他为辅，甚至是日渐单一的生计方式。茶叶经济的兴起使得景迈傣族有能力购得生活物资，从而远离了传统农耕的生产方式，从而颠覆了传统的生计模式。

9.3.1.2 外出打工归来

在 2005 年以前，景迈村很多村民都有在外务工的经历。但是随着茶叶价格的攀升，外出务工的青壮年也都纷纷回到家里，在家里劳作，采茶、制茶。调查组在和村民的访谈中也了解到，景迈村民很多人都有过在外务工的经历，但是现在，这些有过在务工经历的人都已经回到了寨子里。每年茶季的时候，除了在外读书的学生之外，其他人均回到寨子，专心的在家经营茶叶。

9.3.1.3 新的劳动关系的形成

景迈村每到茶季的时候，就是当地最繁忙的时候，大片的茶园全靠自家人采摘，是一个不小的工程。而且，如此巨大的采摘量就意味着晚上要花费更多的精力去完成加工工作。因此，吸收外来务工人员是景迈人的一个不错的选择。

如今，景迈山吸收外来务工的现象已经成熟，外来务工人员均是本乡或者是附近乡镇的，有长工，也有短工，有按日发工资，也有按量发工资的。长工是长期在雇主家里或者厂里工作的劳务人员，负责茶树的护理，茶地的施肥除草，茶叶采摘，制作加工等。一般吃住均有雇主负责。这种长工也分是常年生活工作在景迈的和茶季生活工作在景迈的两种。后面一种情况较更为常见。茶季一个茶叶初制所请五六个工人的情况也比较普遍。打零工的情况出现在茶季繁忙时节，附近打零工的人会骑着摩托车来到景迈山，有需要请工人的茶农就按需请一定数量的短工帮忙采茶，这种雇佣方式是按照被雇佣方自己的劳动成果来计算工钱的，一般是按照采茶的重量计算，一斤按照 3~4 元付费不等。茶叶旺季，每人每天采茶 20~30 斤实属正常。

9.3.1.4 促进第三产业的发展

景迈山自然环境优雅，民族风情浓郁，热情好客的傣族人民在其土生土长的家园里盛情迎接八方来客。景迈傣族种植培养的千年茶园成为当今发展生态旅游的一个重要看点，吸引了众多慕名而来的商人、游客、茶叶爱好者等。茶叶不仅是景迈傣族发展经济的重要资源，也成为了发展地区旅游的重要砝码。景迈傣族也充分利用茶叶经济带来的机遇大力配合政府发展旅游。在培育茶产业、发展茶旅经济的过程中，可以有效地把茶产品与旅游文化节结合起来，将茶资源与旅游宣传资源结合起来，为大众进行深度体验提供可能，从而形成一种新的经济模式——茶旅经济。

发展旅游和茶产业相配合，其实也是为了避免当地生计模式的过于单一，充分利用当地优秀的生态环境和人文环境，开拓创新发展旅游业，对茶产业也是一种支撑。在当前情况下，茶产业能够带动旅游业的发展。同时，旅游业也能给茶产业带来更大的知名度。二者相辅相成，相互促进。合理有效的利用二者的优势，将有利于将景迈村的产业构成变的更加合理。

景迈茶山的旅游发展走的是特色发展之路，以良好的生态环境和茶山，茶文化和民族资源为基础，同时，与开发娱乐、茶道、购物等相配合。目前，与积极发展旅游相关的配套设施的建设工作目前正在努力进行中。这也反映了景迈人的旅游观念发生了变化，对茶山旅游前景有了乐观的预计。

9.3.2 生活方式的变迁

9.3.2.1 促进了居住环境的改善

由于受到外来现代化建筑思维的冲击，在茶叶经济给当地居民带来丰厚收益的今天，追求更加舒适的居住环境已经成为一种趋势，传统的干栏式民居的地位岌岌可危。2012 年年初，调查组第一次去芒梗寨子的时候，看到的就是几乎整个寨子都在进行推倒旧房建新房，而当年的勐本寨子则保留了近九成的老房子。但是，当调查组 2014 年再去比较的时候发现，勐本的老房子已经剩下不到三成，而且还在被计划翻建当中。看到这样的情景，调查组也深感惋惜，老房子是传承了无数代景迈傣族文化精髓所在，而现代化的建筑让人有更加开阔的居住空间，更加舒适的居住体验，这两者之间的矛盾难以调和。因此，老房子被替代的这种趋势似乎已经很难被阻挡。

9.3.2.2 加速了火塘文化的没落

火塘边的茶文化历史悠久，因此可以说，景迈傣族的茶文化是和火塘文化息息相关的，或者说景迈傣族在火塘边继承了发扬了茶文化（图9-7）。

图 9-7 景迈傣族的火塘

景迈傣族的火塘，是在房内的木板上铺上 2~3m² 的泥土，然后在泥土上生火做饭。因为泥土的阻隔，不用担心将火烧到傣族木结构的房子，这也反映了傣族人民的生活智慧。以前，火塘裏立有三块石头，用来作为支架，现都改用铁三脚架。火塘是生活中非常重要的一部分，每年都要进行火塘祭祀，祈求家人安泰。景迈傣族在火塘边做饭、煮茶、取暖、接待客人，历史悠久，他们在火塘边诞生了丰富多彩的火塘文化。

随着现代建筑风格的更替，以及燃气灶、电磁炉等现代厨具的传入，一些当地人已经渐渐开始接受并选择新的做饭方式。传统的火塘还能在景迈人的家里保留多久，或许等到景迈人将老房子翻建完毕，火塘也将很少存在，火塘文化也渐渐远离景迈人的生活，将逐渐从生活中转向记忆中，最后将只存在历史资料中。

9.3.2.3 茶对农闲生活的促进

茶叶经济兴起对当地居民的影响涉及了生活的方方面面，居民有经济能力建更好的房子，买更好的车，过更好的生活。可以让日子过得更加舒适和体面的同时，在传统节日和新型娱乐方式上也表现的毫不吝啬。因此，从节日到娱乐等各个方面，无不透露出当地人有金钱"铺垫"的痕迹。

茶叶经济的发展，让景迈村民年龄在20~40岁的年轻人，快速成长为家庭的主力，在家庭内部，他们对家庭收入有较大的支配权。这群人基本都有过外出的经历，较早的接触电视、网络等现代媒体，对现代流行元素有着更深层次的认识和理解。因此，他们在娱乐方式上的选择上更加的多样化。

茶叶经济的发展促进了当地的精神娱乐的发展。芒梗寨子在2012年调查组到达的时候，就已经有了本寨子共同出钱组建的乐团。这个乐团会经常在农闲时候表演节目，也经常在节日或者游客接待的时候安排活动。2013年这个乐团发行了自己的歌曲，在文化娱乐上将景迈村的整体水平推进了一大步。

9.3.2.4 从酒到茶的转变

酒进入傣族生活中，不仅仅是佐餐的饮料，而在生活的各个领域显示了巨大的文化功能。傣族对酒倾注了特殊的感情，说明了酒具有一种文化特质，深深的藏匿着某种深刻的文化内涵。景迈傣族人爱酒但不嗜酒，有亲友和客人来访，傣族人除了奉茶，还要倒酒，以示款待。

酒在招待客人的时候，随着量的增加，最终醉了客人的身体。而用茶叶招待客人的时候，最终"醉"了客人的心灵。景迈傣族在茶桌上热情款待了亲朋好友，温暖了远方来的客人，结交了忠实的生意伙伴，留住了到访者的心灵。与此同时，宣扬了景迈傣族茶的文化与理念。让更多的人了解景迈傣族的茶，体会到了景迈傣族的茶文化。

9.3.3　文化教育的变迁

9.3.3.1　传统教育方式的没落

景迈傣族在其千年的传承和发展历史中，茶叶涉及生活的方方面面，人们在种茶、采茶、制茶以及茶的使用过程中，创造了丰富多彩的茶文化，也成就了灿烂的"傣莱文明"。当地居民对于传统文化及生产技术的习得和传承是一个濡化的过程。而寺庙教育则是扮演了现代教育的角色，不仅教会当地人基础文化知识，更培养了当地人良好的文化礼仪和传统。

景迈傣族在其2000多年的历史中创造了灿烂的民族文化，诸如大刀舞、傣族调子，或者其他一些具有景迈傣族传统特色的民族文化，但是，在当今社会中这些具有民族特色的传统文化都出现了要失传的危机。另外，在茶叶经济的影响下，居民经济收入的大幅度提高，也让景迈傣族的年轻人们有条件去追逐现代化潮流，衣食住行，无一例外。在手机、计算机、电视、网络等途径的带领下，他们更愿意将时间和精力花费在电影、流行音乐和游戏上。在这种情况下，对待传统文化的态度，出现冷淡、甚至不愿理睬的现象，就显得尤为正常了。

9.3.3.2　现代教育与成果

而在现代教育上的观念和投入也随着茶叶规模的扩大和茶叶经济的发展发生了巨大改变。茶叶经济的兴起大力推动了景迈村文化、教育的发展。调查组从80前（1980年出生以前的人群），80后（1980～1989年间出生的人群），90后（1990～1999年间出生的人群）和00后（2000年后出生的人群）4个不同年龄段的人群进行比较分析，其分析结果见表9-2。

表 9-2　景迈村不同年龄阶段受教育情况

人群	80 前	80 后	90 后	00 后
较多情况	当和尚	小学，或者小学毕业	初中	全新的教育意识
较少情况	社会学习	受到更高层次的教育	高中	
极少情况	父母传授	当和尚	大学	

文化教育的传播不是一种途径，随着普洱茶的外销，也为景迈带来了一批批慕名而来的商人、探访者、研究者、旅游者，他们的到来也为当地的居民带来了一些不同文化的影响。从原来不读书，到现在九年制义务教育的普及。同时，从整个寨子里没有人懂得汉字，到现在青少年都在学习、使用汉字，反而出现了不认识傣文的现象。

9.4　几点反思与建议

9.4.1　茶与社会文化变迁的反思

9.4.1.1　生存环境问题的产生

景迈傣族是一个世世代代居住在山区的少数民族，在其近2000年的发展历程中，对于其生活的环境一直保持着崇高的敬畏之心。自古以来他们是一个崇尚自然、亲近自然、热爱自然、信仰自然神灵和祖先崇拜的民族。祖先们在选择寨址的时候就依山而建，傍水而居，把一座座美丽的村庄建在环境优美的丛林间。因此，景迈傣族长期坚守着景迈茶山这片古老而神奇的土地，坚信这里的神灵会给他们带来幸福美好的生活。因为景迈有如此好的生态环境，才能产出如此好的茶叶，为了茶叶经济的兴起提供了基础。

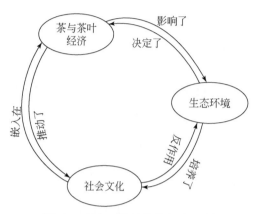

图 9-8　茶与环境及文化的关系图

　　茶叶经济的兴起导致当地的生态环境有趋于单一化的趋势，过分依赖茶叶收入来维持生活。在当地，茶季的时候全部的精力都在摘茶和制茶上，在非茶季，当地的居民又处于一种等待茶季的状态，在生态多样性上趋于单一，不利于生态环境的平衡发展。人类通过文化在地球景观中创造了丰富的人文景观，包括作物种类不同的农业景观、土地利用形态不同的农业景观，以及各色各样人类文化活动的景观等（周鸿，2001）。而景迈山因为茶树的突显却让环境的多样性变得愈加单一化。

　　在景迈，茶树和其他植被争夺"领土"的历史由来已久。景迈村民希望在茶叶经济势态良好的今天，努力的扩大茶树的种植规模，从 20 世纪 60 年代至今，已经将茶园面积扩张至原来的近两倍规模，这其中有很大程度上是牺牲了其他农作物耕地和森林资源换来的，茶叶种植将大片的原来用于刀耕火种的山林，原来的自留山，碳材山，甚至很多是水源林都变成了茶园。

　　在茶叶经济主导的今天，一切事物都在为茶叶让路。无疑，在这场领土之争的战役中，茶叶完胜。这样的结果给当地的生态环境带来了一些不好的影响，首先，表现在生态环境的单一化上，为了发展茶业，大面积的茶树种植让景迈山上的植被覆盖趋向单一化，从生态学角度来说，这将非常不利于生态环境的稳定与长久；其次，茶园占据了景迈山原有的水源林的位置，茶树的保水能力有限，盲目的茶园扩张让如今的景迈村陷入了水资源供应不足的尴尬局面；再次，在茶园建设扩张初期，农药与化肥的使用给当地的生态环境带来了较大污染；最后，茶业的迅速发展，外来人员与事物急速的覆盖到景迈山的各个角落，加剧了景迈山生态环境破坏的速度，以及诸多尚未呈现出来的问题等。

9.4.1.2　传统生态观丧失

　　景迈具有适合茶叶生长的得天独厚的自然生态条件，当地各族群在长期的生产生活过程中积累了丰富的地方性知识，形成了独具特色的茶文化传统。茶在当地人的物质文化和非物质文化中都占据了重要的地位。

　　景迈祖先采用的林下种茶的方式就是利用生态环境自身特点，便于茶树管理，具有成本低、茶叶品质好等特点，但单位产量较低。在 20 世纪 60 年代之后，随着市场需求不断增加，密植高产的"台地茶"开始出现，尤其在 20 世纪 80 年末至 90 年代初，景迈山的山坡上的树林和林下的古茶树被砍毁，出现了成片的、低矮的、整齐划一的台地茶，人工雕琢的茶园取代了原来自然天成的茶文化景观，"远看是茶树、近看也是茶树"。台地茶产量显著提高，但需要投入大量人力物力使用农药、化肥，管护成本极高，有限的土地资源和人力物力均让位于台地茶。茶叶种植成为主要的、甚至是唯一的生计方式。原有的生计方式如水稻、甘蔗、香蕉等作物的种植，以及猪、牛、羊等的养殖都被大幅削减，与之密切相关的生物多样性和文化多样性趋于危亡。所幸的是，茶对于傣族等少数民族来说远不仅是一种生计方式，而与他们的宗教观念以及文化生活中的诸多方面紧密相连，因而部分山林中的古茶树得以保存下来，成为当地人最为珍贵的自然和文化遗产。

传统上，景迈傣族在原始森林中进行人工驯化种植茶叶，以天然的方式防治病虫害和增加土地肥力，使茶树与森林物种和谐共生，形成了"远看是森林，近看是茶树"的景观，体现出基于"万物有灵"信仰的尊重自然、与自然和谐相处的生态伦理。这本身就是景迈傣族很好地处理了人与自然之间关系的体现。但是今天，在茶叶经济利益的驱使下，景迈傣族将其一直秉承的珍贵理念放置起来，一心投到了经济利益的圈套中去，从而失去了良好的传统，也让人与自然对等的天平变得倾斜。

9.4.2　几点建议

9.4.2.1　正确理解茶与社会文化变迁的必然性

景迈山的茶叶让当地人民过上了富裕的生活，改变了当地人的传统文化习俗和生产、生活。在生活方式上，努力的向社会现代化靠齐，建造现代化建筑，使用现代化交通工具，利用现代化通讯、网络、媒体，接收或传递最新资讯，虽然住在山村，却已经和城市接轨；在生计模式上，从原来是粮食生产为主，茶叶和其他多种农副产品生产为辅的模式，转变成现在以茶叶种植为主，其他为辅，甚至唯一的生计模式；在精神文化层面上，当地人在接受着现代化的教育资源，用金钱维持宗教习俗，享受现代物质与精神娱乐，渐渐脱离传统文化习俗；在经济发展上，开始以利益为导向，利用现代化的技术和理念，尾随市场需求为目标，在追逐市场化的进程中，民族的，传统的痕迹渐渐脱落，部分人在社会上的角色也开始由农民向商人转换。

调查组的调查在于探讨茶树这样的单一植物，如何在借助市场经济的作用于人，人在市场和外来文化的冲击下如何做出对环境和文化的变迁的调适。同时当地人该如何顺应发展的需要，树立科学的可持续发展观，最终实现有效的资源和文化的良性循环。

在调查组看来，当地茶叶经济的快速发展，给当地带来三个方面的矛盾尤为突出：首先，环境资源的矛盾，茶叶在"领土之争"中成为赢家，也让当地的环境的问题暴露与眼前，如何让这片生存的土地成为理想的家园，环境与资源是当地人面临的主要矛盾。其次，物质与文化在新老更替的矛盾，任何时期都会存在这样的矛盾，在景迈村也不例外。旧的文化和传统，传承已久，新的物质和资源更能体现社会潮流，是摈弃还是融合，或者如何实现创新。最后，如何实现可持续发展，环境和文化都是景迈傣族赖以生存的保障，在茶叶经济主导的今天，景迈人民对茶叶经济的过分倚重是否已经导致了环境和文化的不平衡，是否应该把所有的"鸡蛋都放在一个篮子里"，这些问题的探讨对景迈村的可持续发展关系重大。

在社会发展的进程中，文化变迁是一种必然的趋势。在市场经济大潮中，传统文化的变迁更是不可避免的历史进程。当前景迈傣族人对待茶叶的态度所发生的转变，也使得其文化的适应能力得到了进一步的提升。当现代化浪潮袭来时，传统文化不会自动终止或放弃自身文化运行机制并被动地处于外来力量的消解之中。相反，在文化变迁的过程中，传统文化具有随社会发展而不断进行自我更新、调适的能力与机制（肖青，2008）。从这个意义上讲，市场经济背景下的文化变迁就是文化机制的内部潜能与市场环境的外部需求之间的相互作用，以达到动态平衡的过程。

任何为了保证原生态而阻止文化变迁的过程都是阻碍文化正常发展的，景迈山傣族人民在普洱茶经济的兴起中不断的与外界交流联系，也让当地的社会文化在和外界文化交流碰撞中产生变迁。当地居民和政府应该理智的应对外界力量带来的冲击、机遇和挑战，为可持续发展做好应对策略。

9.4.2.2 从世界遗产的发展认识景迈古茶园的价值

景迈古茶山由景迈、芒景、芒洪等地 9 个傣族、布朗族、哈尼族的村寨组成。整个古茶园占地面积 2.8 万亩，实有茶树采摘面积 1.2 万亩。芒景、景迈古茶山是人与自然融合的最佳典范，也是普洱茶的原生地。

景迈山是云南普洱茶产地之一，其千年古茶的面积堪称茶山之最。2003 年 8 月，中国科学院"澜沧景迈千年万亩古茶园保护与开发利用"项目研究提出：景迈千年万亩古茶园集生物宝库、文化宝库、金山银库、生态和人文旅游宝库及艺术宝库于一身，具有重大的科学价值、景观价值、文化价值和生产应用价值，将可以成为世界茶叶的发祥地，是重要的自然和人文遗产，是目前世界上保存最完好、年代最久远、面积最大的人工栽培型古茶园，是世界茶文化的根和源，也是中国茶文化发展的历史见证。

2007 年，景迈千年万亩古茶园以其独特的自然资源优势和显著的保护利用民间文化遗产成效，被命名为首批"中国民间文化遗产旅游示范区"。日本茶叶专家松下智和八木洋行先生称景迈山为"人类茶文化史上的奇迹""世界茶文化历史自然博物馆"。为保护好澜沧景迈山的自然生态、古茶树、古村落，普洱市采取了多种手段和保护措施，通过立法工程加以规范和保护。自 2009 年以来，先后出台了保护景迈山古茶园和景迈、芒景古村落的一系列地方性政策法规。同时，在上景迈山的路上设立关卡，禁止外面的茶叶、未审批的钢筋水泥建筑材料、违禁农药化肥等流入景迈山，对不符合规划的茶厂和民居建筑进行拆除，还逐步引导景迈山申遗区居民逐步搬迁，减少景迈山的人流量和车流量，保持申遗区原有生态环境和人文环境。另外，普洱市加大对景迈山自然生态的保护力度，实施退耕还林、生态恢复造林等工程，切实保护好景迈山的一草一木。

普洱市加快推进澜沧景迈山古茶园申报世界文化遗产工作。2013 年，景迈山古茶园已通过了国家文物局遗产专家现场考察评估，并成功入选中国世界文化遗产预备名单。

申遗，并不仅仅是为了荣誉，更是为了表明对文化遗产和自然环境保护的一种态度。当地居民积极配合当地政府的申遗工作。申遗成功意味着有了国际影响力。有了更多的投入去保护，同时也扩大了知名度。经济效益不是主要的，保护才是根本。景迈山古茶园申遗就是为了能够更好地保护和传承景迈山古茶园的自然与文化遗产。申遗虽然是在政府的主导下进行的，但是也与景迈人民自身的努力分不开，申遗项目的启动，有利于当地人民发现和认识到问题的存在，从实际情况出发，有则改之无则加勉，重拾先辈们传递下来的人与自然和谐共处的优良传统，同时也找到一条适应当今社会经济发展需求的共荣之路。

9.4.2.3 加强乡村生态文化景观的保护

景迈村在茶叶经济繁荣的背后也看到了问题和危机，由景迈村委会带领全体村民共同制定的《景迈村民委员会村规民约》，如今正发挥着其维护全村共同利益的作用。《景迈村民委员会村规民约》中从土地使用、房屋建设规划、卫生、森林保护等各个方面对村民的行为做出规范，景迈村民在现实面前意识到了环境改变后果的严重性，在村委会的牵头下，开始有针对性的培养自身的生态保护意识，树立生态伦理观念。从一心只想着在环境中索取，到开始意识到环境的承受能力，最终树立爱护、保护生态环境的理念。可以说，景迈村民在生态伦理建设上迈出了一大步。但是，就目前的形势来看，这尚处于起步阶段，未来，景迈村民在生态保护的意识和行动上都还将有很长的路要走。

9.4.2.4 加强茶园仿自然的生态化改造

由政府主导的"台地茶"改"生态茶"工程的实施，其目的是恢复原有的生态系统，减少农药、化肥的使用，提高茶叶品质，保护景迈茶叶的品牌形象。这样，在茶园中再种上其他的树种，以维持茶园生态系统的多样性。形成上有高大乔木遮阴、下有杂草供肥的健康茶园生态，有效地维护了生态系统的多样性。或许，这种即将形成的景观与原生林中的茶文化景观尚不可同日而语，但是，景迈村民一直在努力地保护自然，顺应自然规律，适应生态环境，以求达到人和自然更加和谐的探索精神。在景迈的茶文化积累和变迁的历史中，人们通过茶与生态环境形成了不同的关系模式，从尊重自然、改造自然，再到适应自然，人们对茶的观念也在改变，从对茶的尊崇，到对茶的物用，再到对茶的异化，最后回归到对茶的尊重，让茶重新回到他们一直尊敬和崇拜的"茶"。

在政府的指导和市场的调节下，景迈村民再次将台地茶改造成生态茶，恢复先辈们一直遵循的自然规律，重新将茶园回归到森林中去。在环境的改变上，因时间较短，目前效果尚不明显，但未来定会效果显著。

参 考 文 献

艾怀森. 2010. 傈僳族采集调查研究. www. lisuinfo. cn.

白兴发. 2003. 傣族生态文化略述. 普洱学院, 19 (4): 27-30.

白艳莹, 伦飞, 曹智, 等. 2012. 哈尼梯田传统农业发展现状及其存在的问题——以红河县甲寅乡作夫村和咪田村为例. 中国生态农业学报, 20 (6): 698-702.

曹磊. 2001. 近年傣族传统医药研究进展. 中国民族民间医药, (2): 72-74.

陈红伟, 王平盛, 陈玫, 等. 2010. 布朗族与基诺族茶文化比较研究. 西南农业学报, 23 (2): 594-597.

陈红伟. 2002. 充分发挥优势推动西双版纳茶业可持续发展. 茶叶科学技术, (2): 14-16.

陈继伟, 梁名志, 王立波, 等. 2011. 古茶园与台地茶园鲜叶常量成分及成茶品质比较研究. 中国农学通报, 27 (4): 339-344.

陈进, 裴盛基. 2003. 茶树栽培起源的探讨. 植物分类与资源学报, (增刊) (14): 33-40.

陈茜. 2008. 云南少数民族茶祭祀研究. 衡阳师范学院学报, 29 (1): 43-145.

陈兴琰. 1994. 茶树原产地——云南. 昆明: 云南人民出版社.

陈学文. 2013. 中华青鳉胚胎发育及胚胎低温保存的初步研究. 上海: 上海海洋大学博士学位论文.

陈勇. 2008. 武定鸡的开发利用与品种资源保护. 云南农业, (5): 35-36.

陈杜洲, 陈培钧. 2007. 丰富的古茶树资源是世界茶树原产地的最好证明. 农业考古, (5): 257-267.

程在全, 黄兴奇, 钱君, 等. 2004. 珍稀濒危植物——云南药用野生稻自然生态群的新发现及其特性. 植物分类与资源学报, 26 (3): 267-274.

程志斌, 廖启顺, 苏子峰. 2010. 大理州驴产业发展现状与对策. 饲料博览, (8): 19-24.

池福敏, 幸塔, 幸雪各, 等. 2015. 西藏察隅龙爪稷营养成分、重金属含量与农药残留分析. 食品与发酵工业, 41 (5): 187-191.

寸瑞红. 2002. 高黎贡山傈僳族传统森林资源管理初步研究. 北京林业大学学报: 社会科学版, 1 (2): 43-47.

戴陆园, 吴丽华, 王琳, 等. 2004. 云南野生稻资源考察及分布现状分析. 中国水稻科学, 18 (2): 104-108.

戴陆园, 刘旭, 黄兴奇. 2013. 云南特有少数民族的农业生物资源及其传统文化知识. 北京: 科学出版社.

迪庆藏族自治州文化馆, 迪庆藏族自治州非物质文化遗产保护中心. 2010. 迪庆藏族自治州非物质文化遗产保护名录 (第一卷). 昆明: 云南民族出版社.

丁强. 2009. 云南茶产业概况. http://www. yntea. org/showArticle. aspx? cid=188&aid=1003.

董恺忱, 范楚玉. 2000. 中国科学技术史 · 农学卷. 北京: 科学出版社.

段森华, 何耀华. 2009. 滇西北生物、文化多样性保护与经济社会可持续协调发展研究 (第一卷). 昆明: 云南出版集团公司.

段兴东, 郭云然, 徐品传, 等. 2010. 云南高峰牛保种及开发利用. 养殖与饲料, (1): 75-77.

房雪. 2016. 宁洱县云南麻鸭遗传资源品种保护的现状与对策. 上海畜牧兽医通讯, (2): 68-69.

付应霄, 郭成裕. 2009. 云南大理马的种质特性. 当代畜牧, (10): 40-41.

付永能, 崔景云, 陈爱国, 等. 2000. 热带地区橡胶林和旱谷地户级水平农业生物多样性评价——以西双版纳大卡老寨为例. 植物分类与资源学报, (S1): 93-103.

葛长荣, 田允波. 1998. 云南瘤牛. 黄牛杂志, 24 (2): 9-14, 21.

耿言虎. 2015. 生态视域下的森林管理制度变迁及其反思——云南M县案例研究. 中国农业大学学报: 社会科学版, 32 (5): 31-40.

龚绍荣, 苏仁乔. 2013. 保山猪保种与开发利用. 云南畜牧兽医, (1): 9-10.

辜琼瑶, 卢义宣, 刘小利, 等. 2006. 云南软米资源研究与利用. 云南农业大学学报自然科学, 21 (2): 255-258.

谷星慧, 杨硕媛, 余砚碧, 等. 2015. 云南省烟蚜茧蜂防治桃蚜技术应用. 中国生物防治学报, 31 (1): 1-7.

郭家骥. 2006. 云南少数民族对生态环境的文化适应类型. 云南民族大学学报 (哲学社会科学版), 23 (2): 48-53.

郭家骥.2008.发展的反思——澜沧江流域少数民族变迁的人类学研究.昆明:云南出版集团公司.

哈斯巴根,裴盛基.2001.阿鲁科尔沁蒙古族民间野生食疗植物.中药材,(2):83-85.

哈斯巴根,苏亚拉图,满良,等.2005.额济纳蒙古族传统野生食用植物及其开发利用和民族生态学意义.内蒙古师范大学学报(自然科学汉文版),(4):471-474.

哈斯巴根,晔孺罕,赵晖.2011.锡林郭勒典型草原地区蒙古族野生食用植物传统知识研究.植物分类与资源学报,33(2):239-246.

哈维兰.2006.文化人类学.上海:上海社会科学院出版社.

韩汉白,崔明昆,闵庆文.2012.傈僳族垂直农业的生态人类学研究——以云南省迪庆州维西县同乐村为例.资源科学,34(7):19-25.

何露,闵庆文,袁正.2011.澜沧江中下游古茶树资源、价值及农业文化遗产特征.资源科学,33(6):1060-1065.

何大明,吴绍洪,彭华,等.2005.纵向岭谷区生态系统变化及西南跨境生态安全研究.地球科学进展,20(3):338-344.

和四池,李俊东,和林泉.2010.兰坪绒毛鸡品种特征及保护利用.中国畜牧业,(3):44-45.

和志军.2006.浅溪独龙牛基本情况.中国畜禽种业,2(3):55-56.

亨廷顿,哈里森.2013.文化的重要作用:价值观如何影响人类进步.北京:新华出版社.

胡泽学.2010.中国传统农具.北京:中国时代经济出版社.

黄彩霞,高媛,孙宝忠,等.2012.牦牛品种品质研究进展.肉类研究,(9):30-34.

黄桂枢.1993.云南思茅地区新石器时代遗址调查.考古.(9):769-780.

黄开银.1996.大理裂腹鱼及其繁殖保护.科学养鱼,(1):16.

黄淑娉,龚佩华.2013.文化人类学理论方法研究.广州:广东高等教育出版社.

季鹏章,张俊,王萍盛,等.2007.云南古茶树(园)遗传多样性的ISSR分析.茶叶科学,27(4):271-279.

江应梁.1983.傣族史.成都:四川民族出版社.

蒋会兵,梁名志,何青元,等.2011.西双版纳布朗族古茶园传统知识调查.西南农业学报,24(2):813-818.

蒋会兵,汪云刚,唐一春,等.2009.野生茶树大理茶种质资源现状调查.西南农业学报,22(4):1153-1157.

金少萍.2005.大理白族稻作祭仪及其变迁.中南民族学院学报:人文社会科学版,21(3):48-51.

康祖杰,杨道德,黄建,等.2015.湖南鱼类新纪录——灰裂腹鱼.四川动物,(3):434.

孔祥颖,张丽,保善科,等.放养过程中补饲对青海高原牦牛产肉能力及肉品质的影响.中国畜牧兽医,2015,42(1):104-108.

喇明清,胡文明.2009.普米族简史.北京:民族出版社.

赖庆奎,晏青华,张先勤.2008.云南山区林下野生牧草资源可持续利用研究.西南林学院学报,28(4):95-98.

赖庆奎,晏青华.2011.澜沧江流域主要混农林业类型及其评价.西南林业大学学报,31(2):38-43.

赖毅,严火其.2015.彝族农业生物多样性智慧研究.北京:科学出版社.

雷兵.2002.哈尼族文化史.昆明:云南民族出版社.

雷峰.1993.思茅县志.北京:三联书店.

冷启鹤,毛德易,罗承绪,等.1993.景谷傣族彝族自治县志.成都:四川辞书出版社.

李灿松,孙智明.2012.特殊类型贫困地区特色反贫机制探讨——以三江并流区为例.学术探索,(8):39-42.

李福山.1987.西藏大豆资源考察报告.大豆科学,6(7):79-83.

李福山.1983.西藏昌都地区大豆及野生大豆资源.中国种业,(4):36-37.

李光涛.2006.普洱茶文化概述.茶业通报,(1):42-44.

李洪潮,杨新丽,崔明昆.2010.白族茶文化变迁的民族植物学研究——以云南大理宾川县大罗村调查为例.资源科学,32(6):1072-1076.

李沐森,郭文场.2016.藏羊的类型分布及生活习性.特种经济动植物,(3):5-8.

李文华.2015.农业文化遗产的保护与发展.农业环境科学学报,34(1):1-6.

李锡鹏.2009.云南农村文化基础设施建设问题探究.中共云南省委党校学报,10(6):58-61.

李旭.1994.滇藏茶马古道宗教文化.云南民族大学学报(哲学社会科学版),(3):23-27.

李玉萍,曾亚文,杜娟,等.2007.中国野生稻对粮食安全贡献与保护进展.科技咨询导报,(27):193-194

李月英.1998.面对现代化发展的傈僳族传统文化.云南民族学院学报(哲学社会科学版),(4):39-43.

李志农.2010.全球化背景下的云南文化多样性.昆明:云南人民出版社.

李州玉.2010.中国茶园生态系统碳平衡研究.杭州:浙江大学,博士学位论文.

李子贤,胡立耘.2000.西南少数民族的稻作文化与稻作神话.楚雄师范学院学报,(1):65-75.

梁名志,夏丽飞,张俊,等.2006.老树茶与台地茶品质比较研究.云南农业大学学报,21(4):493-497.

刘立涛,沈镭,高天明,等.2012.基于人地关系的澜沧江流域人居环境评价.资源科学,34(7):1192-1199.

刘孝华.2008.泥鳅的生物学特性及养殖技术.湖北农业科学,47(1):93-95.

刘旭,王述民,李立会.2013b.云南及周边地区优异农业生物种质资源.北京:科学出版社.

刘旭,郑殿生,黄兴奇.2013a.云南及周边地区农业生物资源调查.北京:科学出版社.

龙春林.2013.香格里拉藏族传统农业系统.2013中国生态学年会.

卢宝荣.1998.稻种遗传资源多样性的开发利用及保护,生物多样性.6(1):63-72.

卢良恕.1993.中国立体农业模式.郑州:河南科学技术出版社.

鲁绍雄,连林生.2013.滇南小耳猪种质资源研究进展与开发利用.中国猪业,(51):165-167.

罗帮义.2016.永平杉阳民俗——挡路节.大理日报,(3).

罗淳.2004.云南民族地区农业劳动力转移的制度约束与制度创新.云南社会科学,(5):98-101.

罗康隆,杨曾辉.2011.藏族传统游牧方式与三江源"中华水塔"的安全.吉首大学学报(社会科学版),32(1):37-42.

罗钰.1984.云南景颇族的旱地农业及其农具.农业考古,(2):361-369.

马楠,闵庆文,袁正,等.2017.云南省双江县四个主要民族野生食用植物资源调查研究,39(37):1406-1416.

马倩.2001.层登横削高为梯举手扪之足始跻——话说我国的梯田.文史杂志,(2):12-15.

马文张,赵桂英,段星泉.2013a.怒江高黎贡山猪遗传资源保护现状与对策建议.黑龙江畜牧兽医,(24):73-74.

马文张,张慧林,段星泉,等.2013b.怒江州高黎贡山猪作为高原特色优势产业发展的现状及对策.畜牧兽医科技信息,(12):12-13.

毛永江,常洪,杨章平,等.2008.青海高原牦牛遗传多样性研究.家畜生态学报,29(1):25-30.

闵庆文.2006.全球重要农业文化遗产——一种新的世界遗产类型.资料科学,28(4):206-208.

闵庆文.2010.全球重要农业文化遗产评选标准解读及其启示.资源科学,32(6):1022-1025.

闵庆文.2011.农业文化遗产的特点及其保护.世界环境,(1):18-19.

闵天禄.1998.山茶属山茶组植物的分类、分化和分布.植物分类与资源学报,20(2):127-148.

敏塔敏吉,琴真.2007.哈尼族茶文化研究.思茅师范高等专科学校学报,23(2):19-26.

南文渊.2000.藏族农耕文化及其对自然环境的适应.青海民族大学学报:社会科学版,26(2):20-25.

倪穗,李纪元.2005.我国连蕊茶组植物资源及其园林应用前景.浙江林业科技,25(5):70-73.

倪志诚.1990.西藏经济植物.北京:科学技术出版社.

欧晓红,易传辉,杨曾实,等.2002.云南主要病虫害及其生态治理、生物农药科研与产业化状况//中国昆虫学会.中国昆虫学会2002年学术年会论文集.432-436.

裴盛基,许建初,陈三阳,等.1997.西双版纳轮歇农业生态系统生物多样性研究论文报告集.昆明:云南教育出版社.

彭永岸,罗立山.2000.云南横断山区的民族文化多样性研究.资源科学,22(5):60-62.

普布次仁.2012.藏猪生产性能及行为特征研究.中国农业科学院.

齐丹卉,郭辉军,崔景云,等.2005.云南澜沧县景迈古茶园生态系统植物多样性评价.生物多样性,13(3):221-231.

祁如雄.2008.玉树州特色中藏药种植技术.现代农业科技,(17):59.

强巴央宗.2008.西藏藏鸡种质资源特性研究.南京:南京农业大学博士学位论文.

饶发祥.1996.鲫鱼种类生物学特性及其特殊的繁殖方式.北京水产,(Z1):21-23.

任安云,蒲甫,潘仕花,等.2014.黔西南布依族野生食用植物初步研究.凯里学院学报,(3):52-58.

亨廷顿,哈里森.2010.文化的重要作用:价值观如何影响人类进步.程克雄译.北京:科学出版社.

沙丽清,郭辉军.2005.云南古茶资源有效保护与合理利用//王如松.循环·整合·和谐——第二届全国复合生态与循环经济学术讨论会论文集.北京:中国科学与技术出版社.

邵侃,田红.2011.藏族传统生计与黄河源区生态安全——基于青海省玛多县的考察.民族研究,(5):40-48.

沈培平,郝春,刘学敏,等.2007.云南省古茶树资源价值及保护对策研究.中国流通经济,(6):23-26

沈培平.2008.走进茶树王国.普洱,(4):52.

石春云.2007.澜沧拉祜族自治县概况.北京:北京民族出版社.

思茅地区农业志编纂委员会.2005.思茅地区农业志.昆明:云南人民出版社.

宋永全, 苏祝成. 2005. 云南古茶树资源现状与保护对策. 林业调查规划, 30 (5): 108-111.

孙祥, 郭成裕. 2009. 云南茶花鸡的种质特性. 当代畜牧, (11): 34-35.

唐建华, 陈晓英, 宋天增, 等. 2016. 西藏黄牛种质资源保护与利用研究. 中国牛业科学, 42 (3): 48-51.

陶琨. 2015. 藏东南传统民具设计研究. 无锡市: 江南大学硕士学位论文.

王建生, 赵忠卫, 钟家尚, 等. 2004. 洱海鲤生物学特性及人工繁养殖技术的研究. 水生态学杂志, 24 (6): 43-45.

王晋, 李守青. 2011. 昆明建西部发展前沿和开放高地对港招商分局拟发展港企海外代理——桥头堡国家大战略云南大发展系列五. 香港文汇报. http://yn.wenweipo.com/newszt/ShowArticle.asp? ArticleID=14293.

王平盛, 刘本英, 成浩. 2008. 论云南普洱茶文化的历史地位. 西南农业学报, 21 (2): 533-536.

王平盛, 虞富莲. 2002. 中国野生大茶树的地理分布、多样性及其利用价值. 茶叶科学, 22 (2): 105-108.

王强, 李安娜. 2015. 深耕易耨——云南红河传统农具哈尼族耖耙设计研究. 装饰, (1): 80-82.

王清华. 1999. 梯田文化论. 昆明: 云南大学出版社.

王思明, 李明. 2015. 中国农业文化遗产研究. 北京: 中国农业科学技术出版社.

王卫锋. 2007. 人类学视角: 文化调适的相对性——对华北农业可持续发展的再思考. 华北水利水电学院学报, (3): 52-54.

王伟, 曲艳玲. 2011. 以云南昌宁苗族服饰为例谈非物质文化遗产的保护性开发. 赤峰学院学报, 32 (2): 206-207.

王永厚. 2005. 传统农具, 洋洋大观——评《中国农具发展史》. 中国农史, (2): 127-129.

王幼槐. 1979. 中国鲤亚科鱼类的分类、分布、起源及演化. 水生生物学报, 3 (4): 419-438.

维西傈僳族自治县志编纂委员会. 2009. 维西傈僳族自治县 1978—2005. 昆明: 云南民族出版社.

魏廷虎. 2011. 玉树马品种资源现状及利用前景展望. 中国畜禽种业, 07 (6): 54-56.

伍绍云, 游承俐, 戴陆园, 等. 2000. 云南澜沧县陆稻品种资源多样性和原生境保护. 植物资源与环境学报, 9 (4): 39-43.

西藏自治区高原生物研究所, 倪志诚, 李乾振, 等. 1990. 西藏经济植物. 北京: 北京科学技术出版社.

肖静. 2015. 藏族造纸技艺生产性保护研究. 北京: 中央民族大学博士学位论文.

肖青. 2008. 中国民族村寨研究省思——以 20 世纪中叶以来的学术著作为研究对象的讨论. 民族研究, (4): 29-39.

邢公侠. 1999. 中国植物志. 科学出版社.

徐庆, 覃永俊, 苏小建, 等. 2009. 掌叶大黄化学成分研究. 中草药, 40 (4): 533-536.

徐旺生, 闵庆文. 2008. 农业文化遗产与"三农". 北京: 中国环境科学出版社.

徐为山. 1988. 西双版纳椪柑. 云南农业科技, (1) 44.

徐伟毅, 刘跃天, 冷云, 等. 2006. 云南裂腹鱼繁殖生物学研究. 水生态学杂志, 26 (2): 32-33.

许玫, 王平盛, 唐一春, 等. 2006. 中国云南古茶树群落的分布和多样性. 西南农业学报, 19 (1): 123-126.

颜宁. 2009. 茶叶经济的兴衰与传统文化的调适——西双版纳南糯山僾尼人的个案. 民族研究, (2): 34-40, 111-112.

央金. 2014. 西藏羊业现状、发展趋势与对策. 中国草食动物科学, (z1): 445-448.

杨昌岩, 裴朝锡, 龙春林. 1995. 侗族传统文化与生物多样性关系初识. 生物多样性, 3 (1): 44-45.

杨甫旺. 1997. 彝族茶文化初探. 农业考古, (4): 171-173.

杨立新. 2015. 纳西族护肤植物及其传统知识的调查与评价. 北京: 中央民族大学博士学位论文.

杨丽锋. 2011. 云龙矮脚鸡资源状况及保护对策. 中国畜禽种业, 07 (4): 121-122.

杨宁宁. 2011. 论茶马古道的文化内涵. 西南民族大学学报: 人文社科版, 32 (1): 8-14.

杨旺舟, 宋婧瑜, 武友德, 等. 2010. 滇西北纵向岭谷区农业土地资源特征与可持续利用对策——以云南怒江州为例. 农业现代化研究, 31 (6): 720-723.

杨显鸿. 2012. 普洱市茶产业发展现状及对策. 中国茶叶, (4): 11-12.

杨学昌, 罗庭沙, 刘文瑜, 等. 2010. 思普麻鸡育雏技术. 现代农业科技, (1): 315.

杨勇. 2013. 邓川牛的历史演绎与发展. 中国奶牛, (2): 37-40.

杨镇圭. 2002. 白族文化史. 昆明: 云南民族出版社.

杨志雄. 杨玉昕, 范应胜. 2009. 保山市茶产业发展现状及金融支持的对策研究. 时代金融, (2): 104-107

叶绍辉, 熊茂相. 1997. 云南宁蒗黑头山羊保种现状调查. 云南畜牧兽医, (1): 10-11.

尹正发, 王维柱, 陈德寿. 2010. 德宏水牛的保种选育及利用. 中国牛业科学, 36 (2): 37-39.

于志海, 龚双姣, 谌蓉, 等. 2006. 湘西苗族聚居地野生食用植物种类调查初报. 中国野生植物资源, 25 (2): 33-35.

亏开兴, 杨世平, 和占星, 等. 2009. 云南水牛资源状况与发展对策. 中国畜牧杂志. (增刊): 201-204.

余连华 . 2013. 贡山独龙牛饲养现状与发展潜力 . 云南畜牧兽医，（4）：20-21.

云南省维西傈僳族自治县志编纂委员会 . 1999. 维西傈僳族自治县志 . 昆明：云南民族出版社 .

云南省编辑组 . 1982. 布朗族社会历史调查 . 昆明：云南民族出版社 .

云南省地方志编箸委员会 . 1998. 云南省志·农业志 . 昆明：云南人民出版社 .

占堆 . 1996. 西藏传统农具简介 . 西藏农业科技，18（1）：48-50.

张敦宇 . 2009. 布朗族土著知识对地方稻种资源多样性影响研究 . 昆明：云南农业大学博士学位论文 .

张合旺 . 2004. 南疆地区传统农具概述 . 古今农业，（3）：75-84.

张剑昆 . 2012. 金融支持临沧市茶叶产业发展的调查 . 时代金融，（2）：122.

张启龙 . 1996. 澜沧拉祜族自治县志 . 昆明：云南人民出版社 .

张荣发 . 2006. 川贝母的研究进展 . 中国药业，15（8）：62-64.

张胜邦 . 2013. 青海野生药用植物 . 森林与人类，（4）：22-35.

张亚生，谢慧，禹代林，等 . 1998. 西藏荞麦资源及在生产、经济上的价值 . 西藏农业科技，（2）：6-13.

张艳萍，赵春来，谢宪兵 . 2007. 黄鳝研究进展 . 江西饲料，（4）：21-24

张一平，刘洋 . 2005. 云南古茶园与常规茶园小气候特征比较研究 . 华南农业大学学报，26（2）：17-21.

张莹，黄绍义，达永仙，等 . 2016. 临沧长毛山羊种质特性测定 . 上海畜牧兽医通讯，（2）：34-35.

赵桂英，严达伟，苟潇，等 . 2010. 高黎贡山猪遗传资源的现状调查 . 云南农业大学学报：自然科学版，25（2）：219-225.

赵恋普 . 2010. 中国少数民族茶文化研究 . 北京：中央民族大学博士学位论文 .

赵全胜 . 2011. 云龙白族吹吹腔戏的表现形式及特征 . 民族音乐，（5）：47-49.

赵文娟，闵庆文，崔明昆 . 2011. 澜沧江流域野生稻资源及其在农业文化遗产中的意义 . 资源科学，33（6）：1066-1077.

郑希龙，孙伟，李榕涛 . 2013. 黎族野生蔬菜资源的民族植物学研究 . 湖北农业科学，52（16）：3856-3860.

中共叶枝镇委员会，叶枝镇人民政府主办 . 2012a. 维西傈僳族自治县叶枝镇同乐行政村同乐一、二、三、四组村情概况 .
    http：//www.ynszxc.gov.cn/szxc/villagePage/vindex.aspx?departmentid=94939&classid=986937［2012-04-13］.

中共叶枝镇委员会，叶枝镇人民政府主办 . 2012b. 维西傈僳族自治县叶枝镇同乐行政村人文地理 . http：//
    www.ynszxc.gov.cn/szxc/villagePage/vindex.aspx?departmentid=94903&classid=986578［2012-04-13］.

中国科学院中国植物志编辑委员会，1998. 中国植物志（第四十五卷第三分册），北京：科学出版社 .

中国农业百科全书总编辑委员会 . 1988. 中国农业百科全书：茶叶卷 . 北京：中国农业出版社 .

周传艳，陆轶，王济红，等 . 2014. 黔东南侗族利用植物资源的传统知识研究 . 广西植物，（5）：614-621.

周鸿 . 2001. 人类生态学 . 北京：高等教育出版社 .

周亮，黄自云，黄建平 . 2012. 热带植物火烧花 . 园林，（3）：69.

周万利 . 2000. 战国秦汉时期西南铁农具的传播与分布 . 西南师范大学学报，26（1）：45-50.

周伟，何纪昌 . 1993. 洱海地区的副鳅属鱼类 . 动物学研究，（1）：5-9.

朱仁俊，唐臻睿，黄启超，等 . 2012. 云南武定鸡肉品质分析 . 现代畜牧兽医，（4）：23-26.

朱生东，何玉荣 . 2012. 农业文化遗产保护背景下茶文化旅游开发模式研究 . 农业考古，（5）：36-40.

朱兴国，叶永兴，赵后会，等 . 2007. 泥鳅无公害高产高效养殖新技术 . 内陆水产，31（1）：38.

邹芙都 . 2015. 西南大学历史博物馆馆藏三件汉代有铭农具 . 农业考古，（3）：10-12.

Li W H, et al. 2011. Agro-ecological farming systems in China. New York：The Parthenon publishing Grroup.